高等职业教育智能制造系列新形态教材

公差配合与测量技术

主　编　陆玉兵　王　媛
副主编　马　辉　汪　甜　黄　锟　陈玉苗

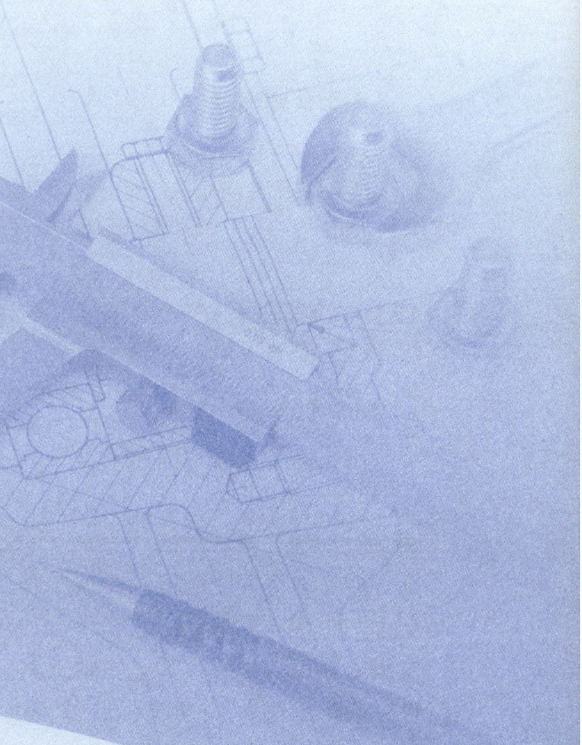

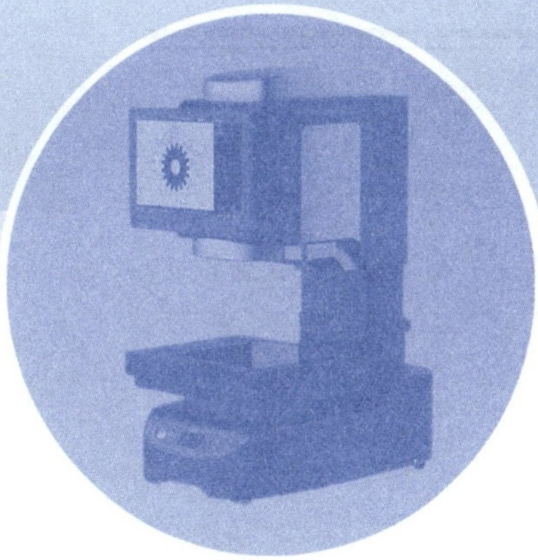

同济大学出版社
TONGJI UNIVERSITY PRESS
·上海·

内 容 提 要

本书以《国家职业教育改革实施方案》(职教 20 条)为指南,以《习近平新时代中国特色社会主义思想进课程教材指南》《职业院校教材管理办法》等文件精神为指导,对教材内容进行整合更新,并根据高等职业院校学生和职业教育教学特点编写而成。

全书内容共分为课程引入、尺寸误差检测与精度设计、几何误差检测与精度设计、表面粗糙度的检测与精度设计、典型零件的主要结构误差检测 5 个模块,共包括 4 个学习项目,涉及 13 个必选学习任务和 18 个拓展任务(知识)。本书配套电子课件,全书重难知识点、检测操作均配有微课视频供学生自主学习使用。

本书适合作为 32～60 学时高职院校、成人高校及本科院校的机械、机电及近机类专业的教学用书,也可供有关工程技术人员参考查阅。

图书在版编目(CIP)数据

公差配合与测量技术 / 陆玉兵,王媛主编;马辉等副主编. --上海:同济大学出版社,2023.12

ISBN 978-7-5765-0716-4

Ⅰ.①公… Ⅱ.①陆…②王…③马… Ⅲ.①公差—配合—高等职业教育—教材②技术测量—高等职业教育—教材 Ⅳ.①TG801

中国国家版本馆 CIP 数据核字(2023)第 014415 号

高等职业教育智能制造系列新形态教材

公差配合与测量技术

主编 陆玉兵 王 媛 **副主编** 马 辉 汪 甜 黄 锟 陈玉苗

责任编辑 任学敏 **助理编辑** 朱华茗 **责任校对** 徐春莲 **封面设计** 陈益平

出版发行 同济大学出版社 www.tongjipress.com.cn

(地址:上海市四平路 1239 号 邮编:200092 电话:021-65985622)

经　销 全国各地新华书店

制　作 南京月叶图文制作有限公司

印　刷 启东市人民印刷有限公司

开　本 787 mm×1092 mm 1/16

印　张 19

字　数 451 000

版　次 2023 年 12 月第 1 版

印　次 2023 年 12 月第 1 次印刷

书　号 ISBN 978-7-5765-0716-4

定　价 69.00 元

前　言

习近平总书记在致首届全国职业技能大赛的贺信中指出，各级党委和政府要高度重视技能人才工作，大力弘扬劳模精神、劳动精神、工匠精神，激励更多劳动者特别是青年一代走技能成才、技能报国之路，培养更多高技能人才和大国工匠，为全面建设社会主义现代化国家提供有力人才保障。党的二十大报告中也指出，加快建设国家战略人才力量，努力培养造就更多大师、战略科学家、一流科技领军人才和创新团队、青年科技人才、卓越工程师、大国工匠、高技能人才。本书以全面贯彻党的二十大精神为指导思想，以社会主义核心价值观为引领，传承中华优秀传统文化，坚定文化自信，使内容更好体现时代性、把握规律性、富于创造性；以《国家职业教育改革实施方案》(职教 20 条)提出的“建设一大批校企‘双元’合作开发的国家规划教材”，“配套开发信息化资源”，“岗课赛证”综合育人和培养生产、建设、管理和服务第一线的高等技术应用型人才为目标，根据高等职业院校学生和职业教育教学特点的实际编写而成的。

本书按“任务驱动”模式设置教学内容，以“工作过程”为导向，共编写了 4 个学习项目，涉及 13 个必选学习任务和 18 个拓展学习任务，每个必选学习任务从“任务描述”入手创建教学内容，明确学习目标，操作过程翔实。拓展任务编写有详有略，主要供教师根据课时安排进行选择性讲授，拓展任务也可供学生自主学习。在学习任务的选择上由简入繁、由浅到深，着重突出实用性与实践性，着重培养学生机械零部件技术测量能力和精益求精的工匠精神，激发学生技术报国的家国情怀。任务的实施过程，不仅可强化学生的公差配合与测量技术方面的理论知识，还能培养学生的操作技能和求真务实的工作作风，强化学生职业技能素养。全书采用了最新国家标准，并标出了相应国家标准代号，希望以此培养读者学习和应用国家标准的能力。

本书由安徽六安职业技术学院陆玉兵、王媛任主编，安徽六安职业技术学院马辉、池州职业技术学院汪甜、淮南职业技术学院黄锟、合肥共达职业技术学院陈玉苗任副主编，全书由陆玉兵统稿，其中陆玉兵编写了项目一、项目四的任务三和全书思考与练习的内容，王媛编写了项目二的任务一全部内容，马辉编写了项目二的任务二、任务三全部内容，汪甜编写了项目二的任务四、任务五全部内容，黄锟编写了项目三的任务一、任务二全部内容，陈玉苗编写了项目四的任务一、任务二全部内容。本书在编写过程中得到了杭州喜马拉雅信息科技有限公司大力支持，征求并采纳了该公司安鹏芳博士、蒋向东教授等专业技术人员的意见和建议，在封面设计中使用了优可测品牌公司提供的仪器图片，在此一并表示由衷的感谢。

由于编者水平有限，书中难免有疏漏和不妥之处，敬请广大读者批评指正。特别希望相关课程任课教师提出意见和建议，并及时反馈给我们，在此表示感谢。

编 者

2023年7月

目 录

课前引入

学习目标

知识目标

(1) 了解公差配合与测量技术课程学习要求。

(2) 了解互换性的概念、分类及意义。

(3) 了解互换性与标准化的作用及实现互换性生产的条件。

(4) 了解优先数及优先数系的相关规定。

技能目标

(1) 能够简单运用互换性原则解决产品设计与制造过程中的问题。

(2) 能够合理运用标准化思想解决工程实际问题。

一、学习要求

(1) 初步建立互换性的基本概念,熟悉与公差配合相关的基本术语。

(2) 了解与各种几何参数相关的公差标准的基本内容和主要规定,掌握与尺寸公差与配合、几何公差和表面结构特征等相关的标准和规定。

(3) 建立技术测量的基本概念,培养技术测量基本技能,能合理、正确地选择量具、量仪并掌握其调试、测量方法。

(4) 基本掌握公差与配合、几何公差和表面结构特征等精度设计(选择)原则和方法,学会正确使用各种几何公差表格,并能完成重点几何公差的图样标注。

二、互换性

在日常生产生活中,经常会有零部件互换的情况发生,例如,汽车、拖拉机、缝纫机等机器上的零部件损坏,换上相同型号的零部件后,即能正常行驶或运转。之所以维修如此方便,是因为合格的产品和零部件在材料性能、几何尺寸、使用功能上相同,即具有互换性。

在机械制造业中,零部件的互换性是指在同一规格的一批零部件中,可以不经选择、修配或调整,任取一件都能装配在机器上,并能达到规定的使用性能要求。保证产品具有互换性的生产,称为遵守互换性原则的生产。零部件的互换性涉及几何参数、力学性能和物理化学性能等方面。本书主要研究几何参数的互换性。

1. 互换性的种类

互换性按其互换性程度可分为完全互换性与不完全互换性。

(1) 完全互换性：若零件在装配或更换时，不经挑选、调整或修配，装配后能够满足预定的要求，这样的零件就具有完全互换性。如螺栓、圆柱销等标准件的装配大都属于此类情况。

(2) 不完全互换性：若零件在装配或更换时，允许有附加选择或附加调整，但不允许修配，装配后能够满足预定的要求，这样的零件具有不完全互换性。

当装配精度要求很高时，若采用完全互换法将使零件的尺寸公差很小，加工困难，成本很高，甚至无法加工，这时可采用不完全互换法进行生产，将其制造公差适当放大，便于加工。完工后，再用测量仪将零件按实际尺寸大小分组，按组进行装配。采用不完全互换法进行生产时，既可保证装配精度与使用要求，又可降低成本。此时，仅组内零件可以互换，组与组之间的零件不可互换。因此，不完全互换法也称为分组互换法。

不完全互换法只限于部件或机构在制造厂内装配时使用。对于厂外协作，则往往要求使用完全互换法。究竟采用哪种方式为宜，要由产品精度、产品复杂程度、生产规模、设备条件及技术水平等一系列因素决定。一般在大量生产和成批生产(如汽车、拖拉机厂的生产)中，大都采用完全互换法生产，精度要求很高；在轴承生产中，则常采用分组互换法，即不完全互换法生产。而在小批和单件生产(如矿山、冶金等重型机器业的生产)中，则常采用修配法或调整法生产。其中，修配法指在装配时允许用补充机械加工或钳工修刮办法来获得所需的精度，而调整法指用移动或更换某些零件以改变其位置和尺寸的办法来达到所需的精度。

2. 互换性的意义

互换性不仅会对生产过程产生影响，而且还影响产品的设计、使用、维修等方面。

(1) 设计方面。如果零件具有互换性，就可以最大限度地采用具有互换性的标准件、通用件，使设计工作简化，大大减少计算和绘图的工作量，并缩短设计周期。

(2) 制造方面。互换性是专业化协作组织生产的重要基础，整个生产过程可以采用分散加工、集中装配的方式进行。这样有利于实现加工过程和装配过程的机械化、自动化，从而提高劳动生产率、提高产品质量、降低生产成本。

(3) 装配方面。由于装配时不需要附加加工和修配，降低了工人的劳动强度，缩短了劳动周期，并且可以采用流水作业的装配方式，大幅度地提高了生产效率。

(4) 使用、维修方面。由于零部件具有互换性，当生产中各种设备的零部件或人们日常使用的拖拉机、自行车、汽车等的零部件损坏后，在最短时间内用备件加以替换，能很快地恢复其使用功能，减少修理时间，从而提高设备的利用率，延长使用寿命。

综上所述，互换性是现代化生产的基本技术经济原则，在机器的制造与使用中具有重要作用，因此，要实现专业化生产，必须遵守互换性原则。

三、标准化与标准

在实现互换性生产过程中，必须要求各分散的工厂、车间等局部生产部门和生产环节之间，在技术上保证一定的统一，以形成一个协调的整体。标准化正是实现这一要求的重要技术手段，也是实现互换性生产的前提和基础。

1. 标准化

我国国家标准《标准化工作指南　第1部分：标准化和相关活动的通用术语》(GB/T 20000.1—2014)将“标准化”定义为“为了在既定范围内获得最佳秩序，促进共同效益，对现实问题或潜在问题确立共同使用和重复使用的条款以及编制、发布和应用文件的活动。”实际上，标准化就是指在经济、技术、科学及管理等社会实践中，对重复性的事物(如产品、零件、部件)和概念(如术语、规则、方法、代号、量值)，在一定范围内通过简化、优选和协调作出统一的规定，经审批后颁布、实施，以获得最佳秩序和社会效益。

由此可见，标准化是一个活动过程，它包括制定、贯彻和修订标准，循环往复，不断提高。标准化工作的任务是制定标准、组织实施标准和对标准的实施进行监督。标准化的目的是使社会以尽可能少的资源、能源消耗，谋求尽可能大的社会效益和最佳秩序。

2. 标准化的体现形式——标准

标准化的主要体现形式是标准。我国国家标准《标准化工作指南　第1部分：标准化和相关活动的通用术语》(GB/T 20000.1—2014)将“标准”定义为：“通过标准化活动，按照规定的程序经协商一致制定，为各种活动或其结果提供规划、指南或特性，供共同使用和重复使用的文件。”标准以科学、技术和经验的综合成果为基础，以实现最佳的共同效益为目的。标准的制定和应用已遍及人们生产和工作的各个领域，如工业、农业、矿业、建筑、能源、信息、交通运输、水利、教育等方面，且在通过一段时间的执行后，要根据实际使用情况，不断修订和更新。

3. 标准的分类和分级

(1) 标准的分类。我国标准按性质分类可分为强制性标准和推荐性标准。国家标准的代号用“国标”的汉语拼音的首字母“GB”表示。强制性国家标准的代号为“GB”，推荐性国家标准的代号为“GB/T”。

强制性标准是国家通过法律的形式明确此类标准所规定的技术内容和要求必须执行，不允许以任何理由或方式加以违反、变更。强制性标准包括强制性的国家标准、行业标准和地方标准。对违反强制性标准的，国家将依法追究当事人的法律责任。

推荐性标准是指国家鼓励自愿采用的具有指导作用而又不宜强制执行的标准，即标准所规定的技术内容和要求具有普遍指导作用，允许使用单位结合自己的实际情况，灵活加以选用。

(2) 标准的层次。按标准化所涉及的地理、政治或经济区域的范围不同，标准可分为国际标准(如ISO、IEC，为国际标准化组织和国际电工委员会制定的标准)、区域标准(如EN、ANST、DIN，为欧洲、美国、德国制定的标准)、国家标准、地方标准4层。《中华人民共和国标准化法》中将标准分为国家标准、行业标准、地方标准和团体标准、企业标准。标准即技术上的法规，经主管部门颁布生效后，具有一定的法制性，不得擅自修改或拒不执行。

我国的国家标准由国家质量技术监督局委托有关部门起草，审批后由中国质量技术监督局发布，它对全国经济、技术发展意义重大，在全国范围内执行。

本书涉及的主要技术国家标准有:《产品几何技术规范(GPS) 线性尺寸公差 ISO 代号体系 第 1 部分:公差、偏差和配合的基础》(GB/T 1800.1—2020)、《产品几何技术规范(GPS) 线性尺寸公差 ISO 代号体系 第 2 部分:标准公差带代号和孔、轴极限偏差表》(GB/T 1800.2—2020)及《产品几何技术规范(GPS) 几何公差 形状、方向、位置和跳动公差标注》(GB/T 1182—2018)等。

这些新国家标准(简称新国标)的颁布,对我国的机械制造业发展起到重要的作用。产品几何技术规范(GPS)是一套关于产品几何参数的完整技术标准体系,包括尺寸公差、几何(形状、方向、位置、跳动)公差及表面粗糙度等方面的标准。它是规范产品从宏观几何特征到微观几何特征的一整套几何技术标准,涉及产品设计、制造、验收、使用、维修、报废等产品生命周期的全过程,应用领域涉及整个工业部门乃至国民经济的各个部门。

四、优先数系和优先数

为了保证互换性,必须合理地确定零件公差数值和零件的结构参数。在制定公差标准及设计结构参数时,都需要通过数值表示。任一产品的技术参数不仅与自身的技术特性参数有关,而且还会直接或间接地影响与其配套的一系列产品的参数。例如,减速器机盖和机座的紧固螺钉,按受力载荷算出所需螺钉的公称直径之后,箱体的螺孔数值一定要与之相匹配;加工用的钻头、铰刀、丝锥的尺寸,检测用的塞规、螺纹规的尺寸也随之而定;同时,与之有关的配件,如垫圈尺寸、加工安装用的辅具等也随之而定。为了避免产品数值的杂乱无章和品种规格过于繁多,减少给组织生产、管理与使用等带来的困难,必须把数值限制在较小范围内,并进行优选、协调、简化和统一。

在产品设计或生产中,为了满足不同的要求,同一品种的某一参数,从大到小取不同值时(形成不同规格的产品系列),需要建立数值标准,人们由此总结了一种科学的、统一的数值标准,即优先数和优先数系。实践证明,优先数和优先数系是一种对各种技术参数的数值进行协调、简化和统一的科学的数值标准。

优先数系是一种十进制几何级数,各项数值中包括 1,10,100,…,10^n 和 0.1,0.01,0.001,…,10^{-n} 组成的级数(n 为正整数)。几何级数的特点是任意相邻两项之比为常数,即公比。优先数系中的任意数值为优先数。

国家标准《优先数和优先数系》(GB/T 321—2005)与国际标准推荐了 5 个系列,其代号为 R,分别为 R5、R10、R20、R40 和 R80 系列,其中前 4 个为基本系列,最后一个为补充系列。等比数列的公比为 $\sqrt[r]{10}$,其含义是在同一个等比数列中,每隔 r 项的后项与前项的比值增量为 10。各系列公比如下。

R5 系列:公比为 $q5=\sqrt[5]{10}\approx1.60$。

R10 系列:公比为 $q10=\sqrt[10]{10}\approx1.25$。

R20 系列:公比为 $q20=\sqrt[20]{10}\approx1.12$。

R40 系列:公比为 $q40=\sqrt[40]{10}\approx1.06$。

R80 系列:公比为 $q80=\sqrt[80]{10}\approx1.03$。

按公比计算得到优先数的理论值，近似圆整后应用到实际工程技术中，优先数的理论值见表 0-1。

表 0-1　　优先数基本系列

R5	R10	R20	R40	R5	R10	R20	R40	R5	R10	R20	R40
1.00	1.00	1.00	1.00			2.24	2.24		5.00	5.00	5.00
			1.06				2.36				5.30
		1.12	1.12	2.50	2.50	2.50	2.50			5.60	5.60
			1.18				2.65				6.00
	1.25	1.25	1.25			2.80	2.80	6.30	6.30	6.30	6.30
			1.32				3.00				6.70
		1.40	1.40		3.15	3.15	3.15			7.10	7.10
			1.50				3.35				7.50
1.60	1.60	1.60	1.60			3.55	3.55		8.00	8.00	8.00
			1.70				3.75				8.50
		1.80	1.80	4.00	4.00	4.00	4.00			9.00	9.00
			1.90				4.25	10.00	10.00	10.00	10.00
	2.00	2.00	2.00			4.50	4.50				
			2.12				4.75				

注：摘自 GB/T 321—2005。

任务小结

互换性原则是机械设计和机械制造过程必须遵循的重要原则，可使企业获得更多的经济效益和社会效益。互换性分为完全互换性和不完全互换性，其选择由产品的精度高低、产量多少、生产成本等因素决定。对无特殊要求的产品，均采用完全互换法；对尺寸特大、精度特高、数量特少的产品，则采用不完全互换法。标准是规范加工误差的“界尺”，是标准化生产的依据。

在产品设计或生产中，为了满足不同数值的要求，同一品种的某一参数，从大到小取不同系列值时，应该采用一种科学的数值分级标准，即优先数和优先数系。国家标准和国际标准推荐了 R5、R10、R20、R40 和 R80 共 5 个系列，从而避免了产品数值的杂乱无章和品种规格过于繁多给组织生产、管理等带来困难。

思考与练习

1. 什么是互换性？简述互换性在机械制造业中的重要意义。
2. 生产中常用的互换有几种？采用不完全互换的条件和意义是什么？
3. 标准和互换性之间有何关系？
4. 什么是优先数和优先数系？为什么要采用优先数？

项目一

尺寸误差检测与精度设计

任务一 游标卡尺检测端盖零件尺寸误差

学习目标

知识目标

(1) 理解与尺寸、偏差、公差与配合相关的基本术语。

(2) 掌握标准公差与基本偏差的国家标准及有关规定。

(3) 理解技术测量(误差)的基本知识。

(4) 了解常用计量器具种类及其测量方法。

(5) 熟知游标类量具的构造及其使用方法。

技能目标

(1) 能够熟练进行孔、轴配合的极限尺寸、偏差、公差等数值的转换计算。

(2) 能够运用国家标准尺寸公差、基本偏差表格进行孔、轴的尺寸公差标准化。

(3) 能够使用游标卡尺测量轴(孔)直径及孔(槽)深度(宽度)。

任务描述

如图 1-1 所示为一端盖零件，该端盖的尺寸精度要求见图注，用游标卡尺(0.02 mm)对该零件中有尺寸公差要求的部分进行检测，以判定其合格性，其中未注公差要求的尺寸视为精度合格，不需要进行检测。

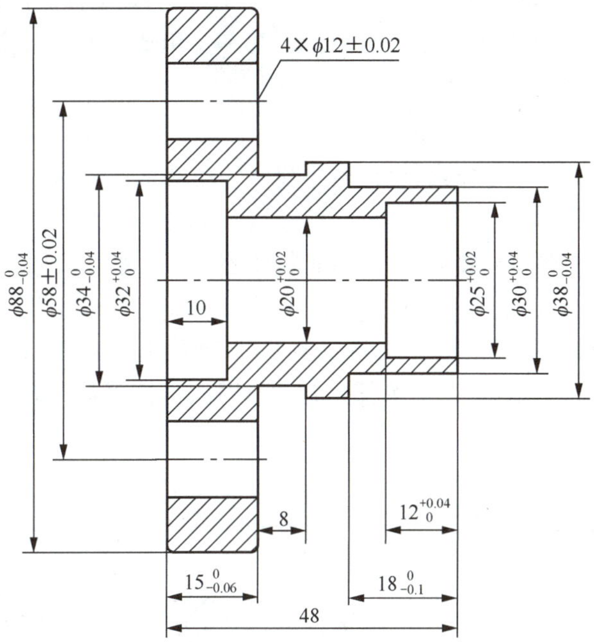

图 1-1　端盖零件

知识概述

一、基本术语

1. 尺寸要素

尺寸要素是指线性尺寸要素与角度尺寸要素。

(1) 线性尺寸要素，是指具有线性尺寸的尺寸要素。有一个或者多个本质特征的几何要素，其中只有一个可以作为变量参数，其他的参数是“单参数族”中的一员，且这些参数遵守单调抑制性。线性尺寸要素可以是一个球体、一个圆、两条直线、两个相对平行面、一个圆柱体、一个圆环等。

(2) 角度尺寸要素，属于回转恒定类别的几何要素，其母线名义上倾斜一个不等于 0°或 90°的角度；或属于棱柱面恒定类别，两个方位要素之间的角度由具有相同形状的两个表面组成。角度尺寸要素可以是一个圆锥、一个楔块等。

2. 公称要素

公称要素是指由设计者在产品技术文件中定义的理想要素。公称要素在产品技术文件中定义。公称要素可以是有限的或无限的。缺省时，它是有限的。

3. 组成要素

组成要素，属于工件的实际表面或表面模型的几何要素。组成要素是从本质上定义的，如工件的表面。为规范陈述，定义从表面模型上或从工件实际表面上分离获得的几何要素为“组成要素”，它们是工件不同物理部位的模型，特别是工件之间的接触部分，它们各自具有特定的功能。可以通过表面模型的分离、另一个组成要素的分离或其他组成要素的组合操作识别一个组成要素。

4. 轴和孔

（1）轴是指工件的外尺寸要素，也包括非圆柱形外尺寸要素（由二平行平面或切面形成的被包容面）。

（2）孔是指工件的内尺寸要素，也包括非圆柱形的内尺寸要素（由二平行平面或切面形成的包容面）。

标准中定义的轴、孔是广义的。从装配上来讲，轴是被包容面，其外没有材料；孔是包容面，其内没有材料。例如，圆柱、键等都是轴，圆柱孔、键槽等都是孔。轴和孔尺寸标注如图 1-2 所示。

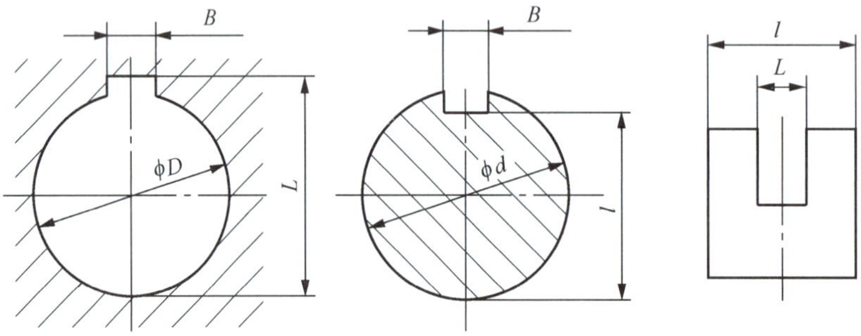

图 1-2　轴和孔尺寸标准

二、公差和偏差相关术语

1. 公称尺寸

公称尺寸是指由图样规范定义的理想形状要素的尺寸。通过公称尺寸，应用上、下极限偏差可计算出极限尺寸。公称尺寸的数值可以是一个整数或小数值，例如，32，8.75，3.5，…，通常大写字母 D 表示孔的公称尺寸，小写字母 d 表示轴的公称尺寸。

2. 实际尺寸

实际尺寸是指拟合组成要素的尺寸，通过测量得到。这里的拟合组成要素是指通过拟合操作，从非理想表面模型或实际要素中建立的理想要素。

3. 极限尺寸

极限尺寸是指尺寸要素的尺寸所允许的极限值。极限尺寸分为上极限尺寸和下极限尺寸 2 种类型。为了满足要求，实际尺寸位于上、下极限尺寸之间，含极限尺寸。极限尺寸是根据设计要求，以公称尺寸为基数给定的，用来控制实际尺寸变动范围，若实际尺寸小于等于上极限尺寸，大于等于下极限尺寸，则零件合格。

（1）上极限尺寸。上极限尺寸是指尺寸要素允许的最大尺寸（图 1-3）。孔的上极限尺寸用“D_{max}”表示，轴的上极限尺寸用“d_{max}”表示。

(2) 下极限尺寸。下极限尺寸是指尺寸要素允许的最小尺寸(图 1-3)。孔的下极限尺寸用“D_{min}”表示,轴的下极限尺寸用“d_{min}”表示。

4. 偏差

偏差是指某值与其参考值之差。对于尺寸偏差,参考值是公称尺寸,某值是实际尺寸。偏差可能为正值、负值或零,书写或标注时,正、负号或零都要写出或标注。

5. 极限偏差

极限偏差是指相对于公称尺寸的上极限偏差和下极限偏差。

(1) 上极限偏差。上极限偏差是指上极限尺寸减其公称尺寸所得的代数差(图 1-3)。孔(用于内尺寸要素)的上极限偏差用“ES”表示,轴(用于外尺寸要素)的上极限偏差用“es”表示。

孔上极限偏差 $ES=D_{max}-D$;孔下极限偏差 $EI=D_{min}-D$。

轴上极限偏差 $es=d_{max}-d$;轴下极限偏差 $ei=d_{min}-d$。

(2) 下极限偏差。下极限偏差是指下极限尺寸减去其公称尺寸所得的代数差(图 1-3)。孔(用于内尺寸要素)的下极限偏差用“EI”表示,轴(用于外尺寸要素)的下极限偏差用“ei”表示。

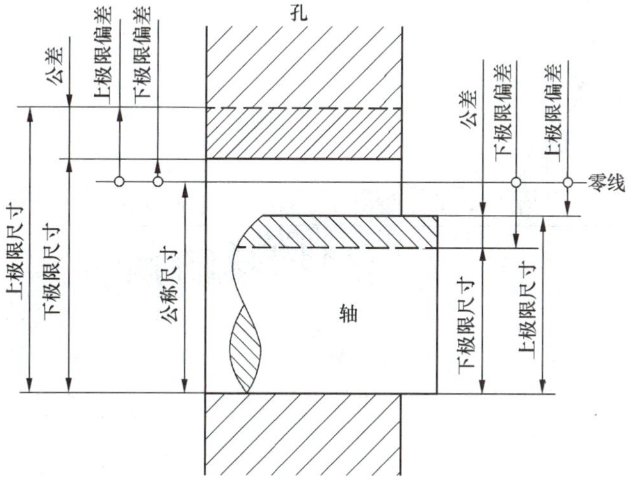

图 1-3　公称尺寸、极限偏差和极限尺寸

6. 基本偏差

基本偏差指定义了与公称尺寸最近的极限尺寸的那个极限偏差,即确定零件公差带相对零线位置的上极限偏差或下极限偏差,它是公差带位置标准化的唯一指标,一般为靠近零线的那个偏差。当公差带位置在零线以上时,其基本偏差为下极限偏差;当公差带位置在零线以下时,其基本偏差为上极限偏差。

当公差带位置与零线相交时,其基本偏差为距离零线近的那个极限偏差。以孔为例,基本偏差如图 1-4 所示。

国家标准已将基本偏差标准化,规定了孔、轴各有 28 种基本偏差,基本偏差的代号用拉丁字母(按英文字母读音)表示,大写字母表示孔,小写字母表示轴。在 26 个英文字母中去

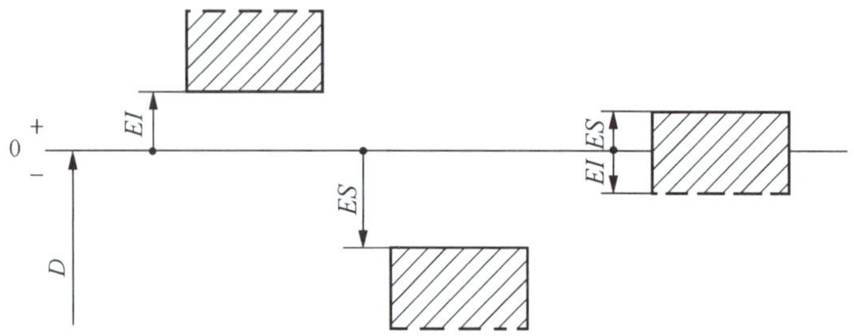

图 1-4　基本偏差

掉易与其他学科的参数相混淆的 5 个字母 I、L、O、Q、W(i、l、o、q、w)，国家标准规定采用剩余的 21 个字母，再加上 7 个双写字母 CD、EF、FG、JS、ZA、ZB、ZC(cd、ef、fg、js、za、zb、zc)，共有 28 个基本偏差代号，构成孔或轴的基本偏差系列。如图 1-5 所示为 28 种公差带相对于公称尺寸的位置。

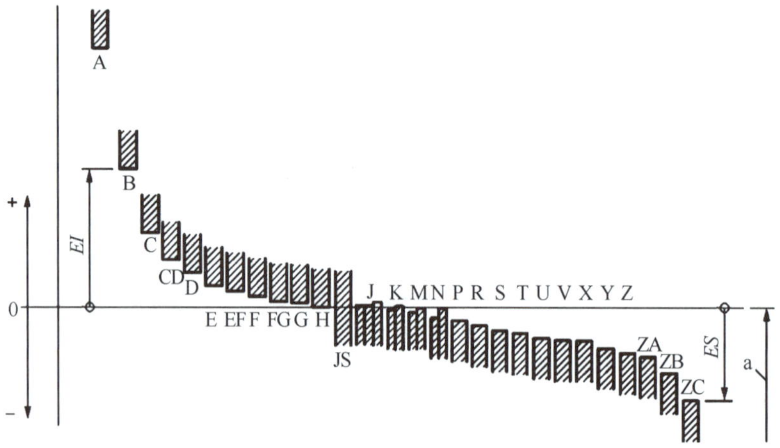

(a) 孔(内尺寸要素)

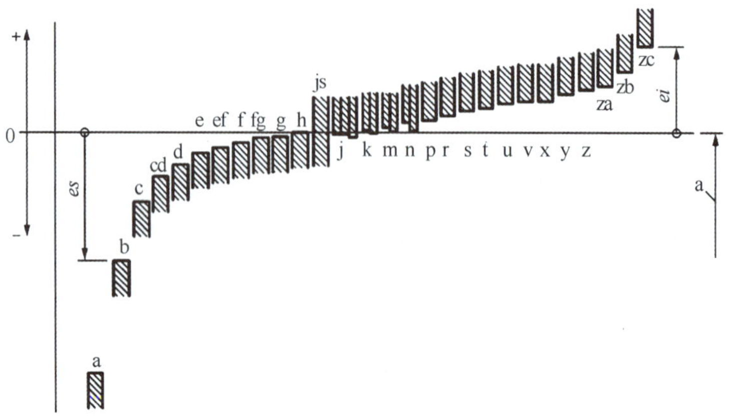

(b) 轴(外尺寸要素)

图 1-5　公差带(基本偏差)相对于公称尺寸位置的示意说明

JS(js)与零线完全对称，上极限偏差 $ES(es)=+IT/2$，下极限偏差 $EI(ei)=-IT/2$。上、下偏差均可作为基本偏差。对于孔，A～H 的基本偏差为下极限偏差 EI，其绝对值依次减小；J～ZC 的基本偏差为上极限偏差 ES，其绝对值依次增大。对于轴，a～h 的基本偏差为上极限偏差 es，其绝对值依次减小；j～zc 的基本偏差为下极限偏差 ei，其绝对值依次增大。孔、轴的绝大多数基本偏差数值不随公差等级变化，只有极少数基本偏差(J、j、JS、js、K、k、M、N)的数值随公差等级变化。由图 1-5 可知，公差带一端是封闭的，而另一端是开口的，开口端的长度取决于公差值的大小或公差等级的高低，这体现了公差带包含标准公差和基本偏差 2 个因素。

孔、轴公差代号由基本偏差代号与公差等级代号组成，如 H7、F8 为孔的公差代号，h6、f7 为轴的公差代号。尺寸要素可以用公差带代号体系进行公差标注，也可以用“+”或“−”公差标注方法标注，两种表示法是等同的。表示方法可采用下列示例之一。

孔：$\phi 50\mathrm{H8}$、$\phi 50^{+0.039}_{0}$、$\phi 50\mathrm{H8}\left(^{+0.039}_{0}\right)$

轴：$\phi 50\mathrm{f7}$、$\phi 50^{-0.025}_{-0.050}$、$\phi 50\mathrm{f7}\left(^{-0.025}_{-0.050}\right)$

配合代号用孔、轴公差带的组合表示，分子为孔，分母为轴。例如，$\phi 50\mathrm{H8/f7}$ 或 $\phi 50\dfrac{\mathrm{H8}}{\mathrm{f7}}$ 表示公称尺寸为 $\phi 50$ 的孔的公差代号为 H8，轴的公差代号为 f7。

7. Δ 值

Δ 值是指为得到内尺寸要素的基本偏差，给一定值增加的变动值。

8. 公差

公差是指上极限尺寸与下极限尺寸之差，也可以是上极限偏差与下极限偏差之差。公差是一个没有符号的绝对值。孔的公差用“T_h”表示，轴的公差用“T_s”表示。

孔的公差 $T_h=|D_{max}-D_{min}|=|ES-EI|$；轴的公差 $T_s=|d_{max}-d_{min}|=|es-ei|$。

公差表示尺寸允许的变动范围，是某种区域大小的数量指标，不存在正、负公差，也不允许公差为零。尺寸误差是一批零件的实际尺寸相对于公称尺寸的偏离范围，尺寸公差则是允许的尺寸误差范围，对于一个零件只能测出尺寸的实际偏差，而对于一批零件才可确定尺寸的误差。尺寸误差是实际尺寸与设计规定尺寸的差异程度，体现了加工方法的精度高低；尺寸公差则是设计规定的误差允许值，体现了设计者对加工方法的精度要求。

从使用和加工的角度考虑，公差用于控制一批零件实际尺寸的差异程度，反映加工难易程度。公差值越大，零件精度越低，加工越容易；反之，公差值越小，零件精度越高，加工越难。极限偏差是判断完工零件尺寸合格与否的根据，表示完工零件尺寸与公称尺寸偏离的程度。公差的数值等于两极限偏差之差的绝对值。

(1) 公差极限。公差极限是指确定允许值上界限和下界限的特定值。

(2) 公差带。公差带是指公差极限之间(包括公差极限)的尺寸变动值。在已废止的 GB/T 1800.1—2009 中术语“公差带”的应用与线性尺寸标注相关，在现行版本 GB/T 1800.1—2020 中公差带指一个尺度范围，而 GPS 中的公差带是指一个空间或一个区域。公差带位于上极限尺寸和下极限尺寸之间，由公差大小和相对于公称尺寸的位置确定

(图 1-3)。公差带不是必须包括公称尺寸，公差极限可以是双边的(两个值位于公称尺寸的两边)或单边的(两个值位于公称尺寸的一边)，当一个公差极限位于一边，而另一个公差极限为零时，这种情况是单边标示的特例。

公差带是由公差大小和其相对零线的位置的基本偏差来确定的。在 GB/T 1800.1—2020 中，公差带包含“公差带大小”和“公差带位置”两个要素。大小相同而位置不同的公差带对工件精度要求相同，而对尺寸大小的要求不同。因此，必须既给定公差带数值，又给定一个极限偏差(上极限偏差或下极限偏差)以确定公差带的位置，才能完整地描述公差带，表示对工件尺寸的设计要求。

以公称尺寸一边界线为参考线(零偏差线)，用适当的比例画出两极限偏差，其中基本偏差位置画水平粗实线，另一极限偏差线画虚线，以表示尺寸允许变动的界限及范围，称为公差带图解，习惯称为尺寸公差带图(简称为公差带图)，如图 1-6 所示。

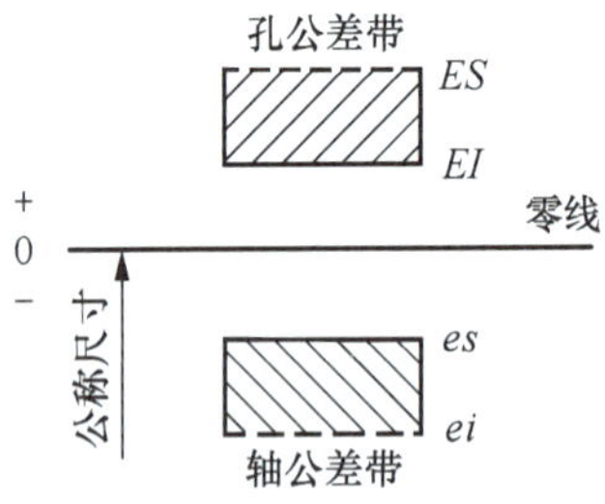

图 1-6　公差带图解

画公差带图时，以公称尺寸所在位置为基准画出一条参考线，习惯称为零线，作为极限偏差的起始线，标注出相应的“0”“+”和“-”符号。零线上方表示正极限偏差，零线下方表示负极限偏差。零线下方的单箭头必须与零线靠紧(紧贴)，并标注公称尺寸的数值，如 $\phi50$、$\phi80$ 等。

(3) 公差带代号。公差带代号是指基本偏差和标准公差等级的组合。在线性尺寸公差 ISO 代号体系中，公差带代号由基本偏差标示符与公差等级组成，如 D13 等。

公差带代号包含公差大小和相对于尺寸要素的公称尺寸的公差带位置的信息，公差带代号示出了公差大小，公差大小是一个标准公差等级与被测要素的公称尺寸的函数。

9. 标准公差等级

为了实现互换性和满足各种使用要求，GB/T 1800.1—2020 对公差值进行了标准化。公差等级是确定尺寸精确程度的等级，公差值的大小与公差等级及公称尺寸有关。上述标准规定：标准公差等级用 IT(International Tolerance)和阿拉伯数字组成的代号表示，公称尺寸在 500 mm 以内，按顺序分为 IT01，IT0，IT1，…，IT18 共 20 个公差等级；公称尺寸在 500～3 150 mm 的规定了 IT1，…，IT18 共 18 个标准公差等级，常用的公差等级为 IT5～IT13。从 IT01 到 IT18，等级依次降低，公差值按几何级数增大。同时，标准公差值还随公称尺寸的大小而增减。当标准公差等级与代表基本偏差的字母组合形成公差带代号时，IT 省略，如 H7。

标准公差值见表 1-1。每列给出了标准公差等级 IT01～IT18 间任一个标准公差等级的公差值，表中的每一行对应一个尺寸范围，表 1-1 的第一列对尺寸范围进行了限定。从 IT6～IT18，标准公差是每 5 级乘以因数 10。该规则应用于所有标准公差，还可用于表 1-1 没有给出的 IT 等级的外插值。如公称尺寸为 120～180 mm，则 IT20 的值为

$$IT20=IT15\times10=1.6\ mm\times10=16\ mm。$$

表 1-1　　公称尺寸小于等于 3 150 mm 的标准公差数值

公称尺寸/mm		标准公差等级																			
		IT01	IT0	IT1	IT2	IT3	IT4	IT5	IT6	IT7	IT8	IT9	IT10	IT11	IT12	IT13	IT14	IT15	IT16	IT17	IT18
大于	至	标准公差数值/μm													标准公差数值/mm						
—	3	0.3	0.5	0.8	1.2	2	3	4	6	10	14	25	40	60	0.1	0.14	0.25	0.4	0.6	1	1.4
3	6	0.4	0.6	1	1.5	2.5	4	5	8	12	18	30	48	75	0.12	0.18	0.3	0.48	0.75	1.2	1.8
6	10	0.4	0.6	1	1.5	2.5	4	6	9	15	22	36	58	90	0.15	0.22	0.36	0.58	0.9	1.5	2.2
10	18	0.5	0.8	1.2	2	3	5	8	11	18	27	43	70	110	0.18	0.27	0.43	0.7	1.1	1.8	2.7
18	30	0.6	1	1.5	2.5	4	6	9	13	21	33	52	84	130	0.21	0.33	0.52	0.84	1.3	2.1	3.3
30	50	0.6	1	1.5	2.5	4	7	11	16	25	39	62	100	160	0.25	0.39	0.62	1	1.6	2.5	3.9
50	80	0.8	1.2	2	3	5	8	13	19	30	46	74	120	190	0.3	0.46	0.74	1.2	1.9	3	4.6
80	120	1	1.5	2.5	4	6	10	15	22	35	54	87	140	220	0.35	0.54	0.87	1.4	2.2	3.5	5.4
120	180	1.2	2	3.5	5	8	12	18	25	40	63	100	160	250	0.4	0.63	1	1.6	2.5	4	6.3
180	250	2	3	4.5	7	10	14	20	29	46	72	115	185	290	0.46	0.72	1.15	1.85	2.9	4.6	7.2
250	315	2.5	4	6	8	12	16	23	32	52	81	130	210	320	0.52	0.81	1.3	2.1	3.2	5.2	8.1
315	400	3	5	7	9	13	18	25	36	57	89	140	230	360	0.57	0.89	1.4	2.3	3.6	5.7	8.9
400	500	4	6	8	10	15	20	27	40	63	97	155	250	400	0.63	0.97	1.55	2.5	4	6.3	9.7
500	630			9	11	16	22	32	44	70	110	175	280	440	0.7	1.1	1.75	2.8	4.4	7	11
630	800			10	13	18	25	36	50	80	125	200	320	500	0.8	1.25	2	3.2	5	8	12.5
800	1 000			11	15	21	28	40	56	90	140	230	360	560	0.9	1.4	2.3	3.6	5.6	9	14
1 000	1 250			13	18	24	33	47	66	105	165	260	420	660	1.05	1.65	2.6	4.2	6.6	10.5	16.5
1 250	1 600			15	21	29	39	55	78	125	195	310	500	780	1.25	1.95	3.1	5	7.8	12.5	19.5
1 600	2 000			18	25	35	46	65	92	150	230	370	600	920	1.5	2.3	3.7	6	9.2	15	23
2 000	2 500			22	30	41	55	78	110	175	280	440	700	1 100	1.75	2.8	4.4	7	11	17.5	28
2 500	3 150			26	36	50	68	96	135	210	330	540	860	1 350	2.1	3.3	5.4	8.6	13.5	21	33

注：摘自 GB/T 1800.1—2020。

由上表可知，标准公差值由标准公差等级和公称尺寸决定。同一公差等级、同一尺寸分段内各公称尺寸的标准公差值是相同的。同一公差等级对所有公称尺寸的一组公差也被认为具有同等精确程度。在实际应用中，标准公差数值可直接通过查表获取，不必另行计算。

10. 基本偏差数值

(1) 轴的基本偏差数值。轴的基本偏差数值是先以基孔制配合为基础，归纳轴的基本偏差构成规律，按照配合要求，然后根据生产实践经验和结果统计分析，得出轴的基本偏差计算公式，再根据轴的基本偏差计算公式进行计算，按一定规则将计算结果的尾数圆整后就可得出轴的本偏差数值。轴的基本偏差数值见表 1-2、表 1-3。

表 1-2　　轴 a～j 的基本偏差数值　　单位：μm

公称尺寸/mm		基本偏差数值(上极限偏差 *es*)												下极限偏差 *ei*		
		所有公差等级												IT5 和 IT6	IT7	IT8
大于	至	a	b	c	cd	d	e	ef	f	fg	g	h	js	j		
—	3	−270	−140	−60	−34	−20	−14	−10	−6	−4	−2	0	偏差 $=\pm\frac{ITn}{2}$，式中 n 是标准公差等级数	−2	−4	−6
3	6	−270	−140	−70	−46	−30	−20	−14	−10	−6	−4	0		−2	−4	
6	10	−280	−150	−80	−56	−40	−25	−18	−13	−8	−5	0		−2	−5	
10	14	−290	−150	−95	−70	−50	−32	−23	−16	−10	−6	0		−3	−6	
14	18															
18	24	−300	−160	−110	−85	−65	−40	−25	−20	−12	−7	0		−4	−8	
24	30															
30	40	−310	−170	−120	−100	−80	−50	−35	−25	−15	−9	0		−5	−10	
40	50	−320	−180	−130												
50	65	−340	−190	−140		−100	−60		−30		−10	0		−7	−12	
65	80	−360	−200	−150												
80	100	−380	−220	−170		−120	−72		−36		−12	0		−9	−15	
100	120	−410	−240	−180												
120	140	−460	−260	−200		−145	−85		−43		−14	0		−11	−18	
140	160	−520	−280	−210												
160	180	−580	−310	−230												
180	200	−660	−340	−240		−170	−100		−50		−15	0		−13	−21	
200	225	−740	−380	−260												
225	250	−820	−420	−280												
250	280	−920	−480	−300		−190	−110		−56		−17	0		−16	−26	
280	315	−1 050	−540	−330												
315	355	−1 200	−600	−360		−210	−125		−62		−18	0		−18	−28	
355	400	−1 350	−680	−400												
400	450	−1 500	−760	−440		−230	−135		−68		−20	0		−20	−32	
450	500	−1 650	−840	−480												
500	560					−260	−145		−76		−22	0				
560	630															
630	710					−290	−160		−80		−24	0				
710	800															
800	900					−320	−170		−86		−26	0				
900	1 000															
1 000	1 120					−350	−195		−98		−28	0				
1 120	1 250															
1 250	1 400					−390	−220		−110		−30	0				
1 400	1 600															
1 600	1 800					−430	−240		−120		−32	0				
1 800	2 000															
2 000	2 240					−480	−260		−130		−34	0				
2 240	2 500															
2 500	2 800					−520	−290		−145		−38	0				
2 800	3 150															

注：摘自 GB/T 1800.1—2020，公称尺寸小于或等于 1 mm 时，基本偏差 a 和 b 均不采用，公差带 js7～js11，若 ITn 值数是奇数，则取偏差$=\pm[IT(n-1)]/2$。

表 1-3　　**轴 k～zc 的基本偏差数值**　　单位：μm

公称尺寸/mm		基本偏差数值(下极限偏差 *ei*)															
大于	至	IT4 至 IT7	≤IT3 >IT7	所有公差等级													
		k		m	n	p	r	s	t	u	v	x	y	z	za	zb	zc
—	3	0	0	+2	+4	+6	+10	+14		+18		+20		+26	+32	+40	+60
3	6	+1	0	+4	+8	+12	+15	+19		+23		+28		+35	+42	+50	+80
6	10	+1	0	+6	+10	+15	+19	+23		+28		+34		+42	+52	+67	+97
10	14	+1	0	+7	+12	+18	+23	+28		+33		+40		+50	+64	+90	+130
14	18										+39	+45		+60	+77	+108	+150
18	24	+2	0	+8	+15	+22	+28	+35		+41	+47	+54	+63	+73	+98	+136	+188
24	30								+41	+48	+55	+64	+75	+88	+118	+160	+218
30	40	+2	0	+9	+17	+26	+34	+43	+48	+60	+68	+80	+94	+112	+148	+200	+274
40	50								+54	+70	+81	+97	+114	+136	+180	+242	+325
50	65	+2	0	+11	+20	+32	+41	+53	+66	+87	+102	+122	+144	+172	+226	+300	+405
65	80						+43	+59	+75	+102	+120	+146	+174	+210	+274	+360	+480
80	100	+3	0	+13	+23	+37	+51	+71	+91	+124	+146	+178	+214	+258	+335	+445	+585
100	120						+54	+79	+104	+144	+172	+210	+254	+310	+400	+525	+690
120	140	+3	0	+15	+27	+43	+63	+92	+122	+170	+202	+248	+300	+365	+470	+620	+800
140	160						+65	+100	+134	+190	+228	+280	+340	+415	+535	+700	+900
160	180						+68	+108	+146	+210	+252	+310	+380	+465	+600	+780	+1 000
180	200	+4	0	+17	+31	+50	+77	+122	+166	+236	+284	+350	+425	+520	+670	+880	+1 500
200	225						+80	+130	+180	+258	+310	+385	+470	+575	+740	+960	+1 250
225	250						+84	+140	+196	+284	+340	+425	+520	+640	+820	+1 050	+1 350
250	280	+4	0	+20	+34	+56	+94	+158	+218	+315	+385	+475	+580	+710	+920	+1 200	+1 550
280	315						+98	+170	+240	+350	+425	+525	+650	+790	+1 000	+1 300	+1 700
315	355	+4	0	+21	+37	+62	+108	+190	+288	+390	+475	+590	+730	+900	+1 150	+1 500	+1 900
355	400						+114	+208	+294	+435	+530	+660	+820	+1 000	+1 300	+1 650	+2 100
400	450	+5	0	+23	+40	+68	+126	+232	+330	+490	+595	+740	+920	+1 100	+1 450	+1 850	+2 400
450	500						+132	+252	+360	+540	+660	+820	+1 000	+1 250	+1 600	+2 100	+2 600
500	560	0	0	+26	+44	+78	+150	+280	+400	+600							
560	630						+155	+310	+450	+660							
630	710	0	0	+30	+50	+88	+175	+340	+500	+740							
710	800						+185	+380	+560	+840							
800	900	0	0	+34	+56	+100	+210	+430	+620	+940							
900	1 000						+220	+470	+680	+1 050							
1 000	1 120	0	0	+40	+66	+120	+250	+520	+780	+1 150							
1 120	1 250						+260	+580	+840	+1 300							
1 250	1 400	0	0	+48	+78	+140	+300	+640	+960	+1 450							
1 400	1 600						+330	+720	+1 050	+1 600							
1 600	1 800	0	0	+58	+92	+170	+370	+820	+1 200	+1 850							
1 800	2 000						+400	+920	+1 350	+2 000							
2 000	2 240	0	0	+68	+110	+195	+440	+1 000	+1 500	+2 300							
2 240	2 500						+460	+1 100	+1 650	+2 500							
2 500	2 800	0	0	+76	+135	+240	+550	+1 250	+1 900	+2 900							
2 800	3 150						+580	+1 400	+2 100	+3 200							

当轴的基本偏差确定后，在已知公差等级的情况下，轴的另一个极限偏差可根据下列公式计算(即对公差带的另一端进行封口)，即

$$es = ei + \mathrm{Ts}(\mathrm{k} \sim \mathrm{zc}) \quad 或 \quad ei = es - \mathrm{Ts}(\mathrm{a} \sim \mathrm{h})$$

(2) 孔的基本偏差数值。一般来说，对于同一字母的孔的基本偏差与轴的基本偏差相对于零线是完全对称的，即孔与轴的基本偏差对应(如 A 与 a)时，二者的基本偏差的绝对值相等，符号相反，用公式表达为

$$EI = -es \quad 或 \quad ES = -ei$$

该规则适用于所有的基本偏差，称为通用规则，但以下情况除外。

① 在公称尺寸为 3～500 mm 时，标准公差等级大于 IT8 的孔的基本偏差 N，其数值(ES)等于零。

② 在公称尺寸为 3～500 mm 的基孔制或基轴制中，给定某一公差等级的孔要与更精一级的轴相配(例如 H7/p6 和 p7/h6)，并要求具有同等的间隙或过盈，此时计算的孔的基本偏差应附加一个 Δ 值，称为特殊规则，即

$$ES = -ei(计算值) + \Delta$$

其中，Δ 是公称尺寸段内给定的某一标准公差等级 ITn 与更精一级的标准公差等级 IT $n-1$ 的差值。例如，公称尺寸段 18～30 mm 的 P7，有

$$\Delta = \mathrm{IT}n - \mathrm{IT}(n-1) = \mathrm{IT7} - \mathrm{IT6} = (21-13)\mu\mathrm{m} = 8\ \mu\mathrm{m}$$

此规则仅适用于公称尺寸大于 3 mm，标准公差等级小于或等于 IT8 的孔的基本偏差 K、M、N 和标准公差等级小于或等于 IT7 的基本偏差 P～ZC。

孔的基本偏差一般是最靠近零线的那个极限偏差，即 A 至 H 为孔的下偏差(EI)，K 至 ZC 为孔的上偏差(ES)。除孔的 JS 外，基本偏差的数值与选用的标准公差等级无关。

根据上述换算规则计算出孔的基本偏差，按一定规则将计算结果的尾数圆整后就可得出孔的基本偏差数值，见表 1-4、表 1-5。实际使用时，可直接查此表，不必计算。表 1-5 右边的最后 6 列给出了单独的 Δ 值表。Δ 是被测要素的公差等级和公称尺寸的函数。该值仅与公差等级 IT3～IT7/IT8 的偏差 K～ZC 有关。每当示出 +Δ 时，Δ 值将增加到主表给出的固定值上，以得到基本偏差的正确值。

11. 极限偏差值的确定

工程中，经常需将公差带代号标注形式转换为极限偏差的标注形式，首先将公差带代号分解为基本偏差标示符和标准公差等级数，一般情况下，根据表 1-2～表 1-5 可以确定一个极限偏差(上或下)。另一个极限偏差(下或上)可根据公式 $es = ei + \mathrm{IT}$ 或 $ES = EI + \mathrm{IT}$ 并使用表 1-1 中的标准公差值进行计算得到。如注有公差的孔的尺寸 90F7，基本偏差标示符是“F”，由表 1-4 的“80～100”行和“F”列，得到的下极限偏差 EI 为其基本偏差，偏差值为 +36 μm，根据表 1-1 查得 IT7=35 μm，依据公式 $ES = EI + \mathrm{IT}$，得上极限偏差 $ES = EI + \mathrm{IT} = +36 + 35 = +71$ μm。由以上可得 90F7 等效于 $90^{+0.071}_{+0.035}$。再如注有公差的轴的尺寸

表 1-4　　**孔 A～M 的基本偏差数值**　　单位：μm

公称尺寸/mm		基本偏差数值																		
		下极限偏差 *EI*												上极限偏差 *ES*						
		所有公差等级												IT6	IT7	IT8	≤IT8	>IT8	≤IT8	>IT8
大于	至	A	B	C	CD	D	E	EF	F	FG	G	H	JS	J			K		M	
—	3	+270	+140	+60	+34	+20	+14	+10	+6	+4	+2	0	偏差 $=\pm\frac{ITn}{2}$，式中 *n* 为标准公差等级数	+2	+4	+6	0	0	−2	−2
3	6	+270	+140	+70	+46	+30	+20	+14	+10	+6	+4	0		+5	+6	+10	−1+Δ		+4+Δ	−4
6	10	+280	+150	+80	+56	+40	+25	+18	+13	+8	+5	0		+5	+8	+12	−1+Δ		−6+Δ	−6
10	14	+290	+150	+95	+70	+50	+32	+23	+16	+10	+6	0		+6	+10	+15	1+Δ		−7+Δ	−7
14	18																			
18	24	+300	+160	+110	+85	+65	+40	+28	+20	+12	+7	0		+8	+12	+20	−2+Δ		−8+Δ	−8
24	30																			
30	40	+310	+170	+120	+100	+80	+50	+35	+25	+15	+9	0		+10	+14	+24	−2+Δ		−9+Δ	−9
40	50	+320	+180	+130																
50	65	+340	+190	+140		+100	+60		+30	+10	0			+13	+18	+28	−2+Δ		−11+Δ	−11
65	80	+360	+200	+150																
80	100	+380	+220	+170		+120	+72		+36	+12	0			+16	+22	+34	−3+Δ		−13+Δ	−13
100	120	+410	+240	+180																
120	140	+460	+260	+200		+145	+85		+43	+14	0			+18	+26	+41	−3+Δ		−15+Δ	−15
140	160	+520	+280	+210																
160	180	+580	+310	+230																
180	200	+660	+340	+240		+170	+100		+50		+15	0		+22	+30	+47	−4+Δ		−17+Δ	−17
200	225	+740	+380	+260																
225	250	+820	+420	+280																
250	280	+920	+480	+300		+190	+110		+56		+17	0		+25	+36	+55	−4+Δ		−20+Δ	−20
280	315	+1 050	+540	+330																
315	355	+1 200	+600	+360		+210	+125		+62		+18	0		+29	+39	+60	−4+Δ		−21+Δ	−21
355	400	+1 350	+680	+400																
400	450	+1 500	+760	+440		+230	+135		+68		+20	0		+33	+43	+66	−5+Δ		−23+Δ	−23
450	500	+1 650	+840	+480																
500	560					+260	+145		+76		+22	0					0		−26	
560	630																			
630	710					+290	+160		+80		+24	0					0		−30	
710	800																			
800	900					+320	+170		+86		+26	0					0		−34	
900	1 000																			
1 000	1 120					+350	+195		+98		+28	0					0		−40	
1 120	1 250																			
1 250	1 400					+390	+220		+110		+30	0					0		−48	
1 400	1 600																			
1 600	1 800					+430	+240		+120		+32	0					0		−58	
1 800	2 000																			
2 000	2 240					+480	+260		+130		+34	0					0		−68	
2 240	2 500																			
2 500	2 800					+520	+290		+145		+38	0					0		−76	
2 800	3 150																			

注：公称尺寸小于或等于 1 mm 时，基本偏差 A 和 B 及大于 IT8 的 N 均不采用，公差带 JS7 至 JS11。若 IT 值数是奇数，则取偏差 $=\pm\frac{IT(n-1)}{2}$。

表 1-5　　孔 N～ZC 的基本偏差数值　　单位：μm

公称尺寸/mm		基本偏差数值 上极限偏差 ES																Δ值 标准公差等级					
		≤IT8	>IT8	≤IT7	>IT7 的标准公差等级																		
大于	至	N		P 至 ZC	P	R	S	T	U	V	X	Y	Z	ZA	ZB	ZC	IT3	IT4	IT5	IT6	IT7	IT8
—	3	−4	−4	在>IT7的标准公差等级的基本偏差数值上增加一个Δ值	−6	−10	−14		−18		−20		−26	−32	−40	−60	0	0	0	0	0	0
3	6	−8+Δ	0		−12	−15	−19		−23		−28		−35	−42	−50	−80	1	1.5	1	3	4	6
6	10	−10+Δ	0		−15	−19	−23		−28		−34		−42	−52	−67	−97	1	1.5	2	3	6	7
10	14	−12+Δ	0		−18	−23	−28		−33		−40		−50	−64	−90	−130	1	2	3	3	7	9
14	18									−39	−45		−60	−77	−108	−150						
18	24	−15+Δ	0		−22	−28	−35		−41	−47	−54	−63	−73	−98	−136	−188	1.5	2	3	4	8	12
24	30							−41	−48	−55	−64	−75	−88	−118	−160	−218						
30	40	−17+Δ	0		−26	−34	−43	−48	−60	−68	−80	−94	−112	−148	−200	−274	1.5	3	4	5	9	14
40	50							−54	−70	−81	−97	−114	−136	−180	−242	−325						
50	65	−20+Δ	0		−32	−41	−53	−65	−87	−102	−122	−144	−172	−226	−300	−405	2	3	5	6	11	16
65	80					−43	−59	−75	−102	−120	−146	−174	−210	−274	−360	−480						
80	100	−23+Δ	0		−37	−51	−71	−91	−124	−141	−178	−214	−258	−335	−445	−585	2	4	5	7	13	19
100	120					−54	−79	−104	−144	−172	−210	−254	−310	−400	−525	−690						
120	140	−27+Δ	0		−43	−63	−92	−132	−170	−202	−248	−300	−365	−470	−620	−800	3	4	6	7	15	23
140	160					−65	−100	−134	−190	−221	−280	−340	−415	−535	−700	−900						
160	180					−68	−108	−116	−210	−252	−310	−380	−465	−600	−780	−1 000						
180	200	−31+Δ	0		−50	−77	−122	−166	−236	−284	−350	−425	−520	−670	−880	−1 150	3	4	6	9	17	26
200	225					−80	−130	−180	−258	−310	−385	−470	−575	−740	−960	−1 250						
225	250					−84	−140	−196	−284	−340	−425	−520	−640	−820	−1 050	−1 350						
250	280	−34+Δ	0		−56	−94	−158	−218	−315	−385	−475	−580	−710	−920	−1 200	−1 550	4	4	7	9	20	29
280	315					−98	−170	−240	−350	−425	−525	−650	−790	−1 000	−1 300	−1 700						
315	355	−37+Δ	0		−62	−108	−190	−268	−390	−475	−590	−730	−900	−1 150	−1 500	−1 900	4	5	7	11	21	32
355	400					−114	−208	−294	−435	−530	−660	−820	−1 000	−1 300	−1 650	−2 100						
400	450	+40+Δ	0		−68	−126	−232	−330	−490	−595	−740	−920	−1 100	−1 450	−1 850	−2 400	5	5	7	13	23	34
450	500					−132	−252	−360	−540	−660	−920	−1 000	−1 250	−1 600	−2 100	−2 600						

（续表）

公称尺寸/mm		基本偏差数值 上极限偏差 *ES*															Δ 值 标准公差等级					
大于	至	≤IT8	>IT8	≤IT7	>IT7 的标准公差等级																	
		N		P 至 ZC	P	R	S	T	U	V	X	Y	Z	ZA	ZB	ZC	IT3	IT4	IT5	IT6	IT7	IT8
500	560	−44		在>IT7 的标准公差等级的基本偏差数值上增加一个 Δ 值	−78	−150	−280	−400	−600													
560	630					−155	−310	−450	−660													
630	710	−50			−88	−175	−340	−500	−740													
710	800					−185	−380	−560	−840													
800	900	−56			−100	−210	−430	−620	−940													
900	1 000					−220	−470	−680	−1 050													
1 000	1 120	−66			−120	−250	−520	−780	−1 150													
1 120	1 250					−260	−580	−840	−1 300													
1 250	1 400	−78			−140	−300	−640	−960	−1 450													
1 400	1 600					−330	−720	−1 050	−1 600													
1 600	1 800	−92			−170	−370	−820	−1 200	−1 850													
1 800	2 000					−400	−920	−1 350	−2 000													
2 000	2 240	−110			−195	−440	−1 000	−1 550	−2 300													
2 240	2 500					−460	−1 100	−1 650	−2 500													
2 500	2 800	−135			−240	−550	−1 250	−1 900	−2 900													
2 800	3 150					−580	−1 400	−2 100	−3 200													

注：① 对小于或等于 IT8 的 K、M、N 和小于或等于 IT7 的 P 至 ZC，所需 Δ 值从表内右侧选取。例如，18～30 mm 段的 K7，$\Delta=8\ \mu m$，所以 $ES=-2+8=6\ \mu m$；18～30 mm 段的 S6，$\Delta=4\ \mu m$，所以 $ES=-35+4=-31\ \mu m$。特殊情况：250～315 mm 段的 M6，$ES=-9\ \mu m$（代替 $-11\ \mu m$）。

② 摘自 GB/T 1800.1—2020。

90f7，在表 1-1 中查得 IT7=35 μm，在表 1-2 中查得上极限偏差为其基本偏差，偏差值为 $es=-36$ μm，依据公式 $es=ei+IT$，得到下极限偏差 $ei=es-IT=-36-35=-71$ μm。由以上可得 90f7 等效于 $90_{-0.071}^{-0.035}$。

对于标准公差等级至 IT8 的 K、M、N 和标准公差等级至 IT7 的 P～ZC 的基本偏差的确定，应考虑表 1-5 右边的 Δ 值。

如注有公差的孔的尺寸 20K7，将其公差带代号标注形式转换为极限偏差的标注形式方法。根据表 1-1，对于公称尺寸大于 18～30 mm 的 IT7，IT7=21 μm，根据表 1-5，对于公称尺寸为 18～30 mm 的 IT7 的 Δ，Δ=8 μm，对于公称尺寸在 18～30 mm 范围的基本偏差标示符 K，其上极限偏差 $ES=-2+\Delta=-2+8=+6$ μm，下极限偏差 $EI=ES-IT=+6-21=-15$ μm，由以上可得 20K7 等效于 $20_{-0.015}^{+0.006}$。

再如注有公差的孔的尺寸 40U6，将其公差带代号标注形式转换为极限偏差的标注形式方法。根据表 1-1，对于公称尺寸为 30～50 mm 的 IT6，IT6=16 μm，根据表 1-5，对于公称尺寸为 30～40 mm 的 IT6 的 Δ，Δ=5 μm，对于公称尺寸在 30～40 mm 范围的基本偏差标示符 U，其上极限偏差 $ES=-60+\Delta=-60+5=-55$ μm，下极限偏差 $EI=ES-IT=-55-16=-71$ μm，由以上可得 40U6 等效于 $40_{-0.071}^{-0.055}$。

除此之外，在将标注为公差带代号标注形式的尺寸转换为极限偏差的标注形式时，也可以从《产品几何技术规范(GPS)　线性尺寸公差 ISO 代号体系　第 2 部分：标准公差带代号和孔、轴的极限偏差表》(GB/T 1800.2—2020)的表 2 至表 32 中直接查找，不需要进行转换计算。如给定公差的尺寸 60M6，在 GB/T 1800.2—2020 的表 9 中，在公称尺寸为 50～80 mm 的行和标准公差等级为 IT6 的列中查找极限偏差。查表可得其极限偏差为上极限偏差 $ES=-5$ μm，下极限偏差 $EI=-24$ μm，因此可得 60M6 等效于 $60_{-0.024}^{-0.005}$。

三、计量器具分类及技术指标

在机械制造业中，加工后的零件是否符合设计要求，需要通过技术测量来进行判断。技术测量主要是对零件的几何量进行测量和检验。其中，零件的几何量包括长度、角度、几何形状、相互位置及表面粗糙度等。国家标准是实现互换性的基础，技术测量是实现互换性的保证。

测量就是把被测量与具有计量单位的标准量进行比较，从而确定被测量是计量单位的倍数或分数的实验过程。若被测量为 L，标准量为 E，那么测量就是确定 L 是 E 的多少倍，即确定比值 $q=L/E$，最后获得被测量的量值，即 $L=qE$。一个完整的几何量测量过程涉及被测对象、计量单位、测量手段和测量精度 4 个要素。

在几何量测量中，被测对象是指长度、角度、表面粗糙度、几何误差等。用于度量同类量值的标准量称为计量单位，如长度的计量单位是米(m)。测量手段是指测量原理、测量方法、测量器具和测量条件的总和。测量精度是指测量结果与真值一致的程度。

测量结果会受测量条件的影响。测量条件是指零件和测量器具所处的环境，如温度、湿度、振动和灰尘等会影响测量结果。测量时，标准温度应为 20℃，相对湿度应以 50%～60%为宜，还应远离振动源，并且对清洁度要求也高。

1. 测量器具分类

计量器具(或称为测量器具)是测量仪器和计量工具的总称,按结构特点可分为量具、量规、量仪(测量仪器)和计量装置。通常把结构比较简单且没有传动放大系统的测量工具称为量具,如游标卡尺、直角尺、量规和量块等。量规是一种没有刻度的,用于检验零件尺寸或形状、相互位置的专用检验工具,它只能判定零件是否合格,而不能得出具体尺寸,如光滑极限量规、位置量规等。把具有传动放大系统的测量器具称为量仪,如机械比较仪、测长仪和投影仪等。计量装置是与确定被测量值所必需的计量器具和辅助设备的总称。

(1) 基准量具和量仪。在测量中体现标准量的量具和量仪,如量块、角度量块、激光比长仪、基准米尺等。

(2) 通用量具和量仪。它可以用来测量一定范围内的任意尺寸的零件,有刻度,可测出具体尺寸值,按结构特点可分为以下 7 种。

① 固定刻线量具。如米尺、钢板尺、卷尺等。

② 游标量具。如三用游标卡尺(含带表游标卡尺、数显游标卡尺等)、游标深度尺、游标高度尺、齿厚游标卡尺、游标量角器等。

③ 螺旋测微量具。如外径千分尺、内径千分尺、螺纹中径千分尺、公法线千分尺等。

④ 机械式量仪。机械式量仪是指用机械方法实现原始信号转换的量仪,如指示表、杠杆齿轮比较仪、扭簧仪等。

⑤ 光学量仪。用光学方法实现原始信号转换的量仪,如光学比较仪、工具显微镜、光学分度头、干涉仪等。这种量仪精度高、性能稳定。

⑥ 气动量仪。将零件尺寸的变化量通过一种装置转变成气体流量(压力等)的变化,然后将此变化测量出来,即可得到零件的被测尺寸,如浮标式、压力式、流量计式气动量具等。这种量仪结构简单、测量精度和效率高、操作方便,但示值范围小。

⑦ 电动量仪。将零件尺寸的变化通过一种装置转变成电流(电感、电容等)的变化,然后将此变化测量出来,即可得到零件的被测尺寸,如电感比较仪、电容比较仪、电动轮廓仪、圆度仪等。这种量仪精度高、测量信号易于与计算机接口,能够实现测量和数据处理的自动化。

(3) 量规。无刻度的专用量具。它只能用来检验零件是否合格,而不能测得被测零件的具体尺寸,如塞规、卡规、环规、螺纹塞规、螺纹环规等。

(4) 检验装置。量具、量仪和其他定位元件等组成的组合体,是一种专用的检验工具,用来提高测量或检验效率,提高测量精度,便于实现测量自动化,在大批量生产中应用较多,如检验夹具、主动测量装置和坐标测量机等。

2. 测量器具的技术指标

测量器具的技术指标是测量中应考虑的测量工具的主要性能,它是选择和使用测量工具的依据。测量器具的基本技术指标有以下 12 种。

(1) 分度间距(刻线间距)。测量器具标尺或刻度盘上两相邻刻线中心之间的距离。刻线方式一定是等距离刻线。为便于读数,一般刻线间距为 1～2.5 mm。

(2) 分度值(刻线值)。计量器具标尺或刻度盘上两相邻刻线所代表的量值之差。例如,一外径千分尺的微分筒上相邻两刻线所代表的量值之差为 0.01 mm,则该计量器具的分度值为 0.01 mm。分度值通常取 1、2、5 的倍数,如 0.01 mm、0.001 mm、0.002 mm、0.005 mm等。还可以说,分度值是一种计量器具所能直接读出的最小单位量值,它反映了读数精度的高低,也间接说明了该测量器具的测量精度高低。一般是分度值越小,计量器具的精度越高。对于数显器具,其分度值称为分辨率。

(3) 示值范围。示值是指由计量器具所指示的被测量值。示值范围则是指计量器具所能显示或指示的最小值到最大值的范围,也可以说是标尺或刻度盘全部刻度所包括的测量数值。如玻璃体温计示值范围为 35～42℃,机械式比较仪的示值范围为－0.1～＋0.1 mm(或±0.1 mm)。

(4) 测量范围。在允许的误差限内,计量器具所能测出的被测量的最小值到最大值的范围。例如,外径千分尺的测量范围有 0～25 mm、25～50 mm,机械式比较仪的测量范围为 0～180 mm。某些计量器具的测量范围和示值范围是相同的,如游标卡尺、千分尺等。

(5) 示值误差。计量器具上的示值与被测量的真值之间的代数差值。它主要由计量器具误差和仪器调整误差引起。可以从说明书或检定规程中查得,也可用适当精度的量块或其他计量标准器,来检定测量器具的示值误差。

(6) 示值变动性。在测量条件不变的情况下,对同一被测量物进行重复(一般 5～10 次)测量观察读数,其示值变化的最大差异为示值变动性。

(7) 灵敏度。计量器具对被测量变化的反应能力。若被测量变化为 Δx,所引起的计量器具的相应变化为 ΔL,则该计量器具的灵敏度为 $S=\Delta x/\Delta L$。当分子和分母为同一类量时,灵敏度又称为放大比或放大倍数,其值为常数。放大倍数 K 可以表示为 $K=c/i$,c 为计量器具的刻度间距,i 为计量器具的分度值。

(8) 灵敏阈(或灵敏限)。引起计量器具示值可察觉变化的被测量的最小变化值,它反映了计量器具对被测量微小变化的敏感能力。如百分表的灵敏阈为 3 μm,表示被测量只要有 3 μm 的变化,百分表就会有能用肉眼观察到的变化。

(9) 回程误差。在相同测量条件下,计量器具按正反行程对同一量值测量时,所得两示值之差的绝对值。它是由测量器具中测量系统的间隙、变形和摩擦等原因引起的。

(10) 测量力。在接触式测量过程中,计量器具测头与被测量表面间的接触压力。测量力太大会引起弹性变形,测量力太小会影响接触的稳定性。

(11) 修正值(校正值)。为消除系统误差,用代数法加到未修正的测量结果上的值。修正值与示值误差绝对值相等、符号相反。在测量结果中加入相应的修正值后,可提高测量精度。

(12) 不确定度。由于计量器具的误差导致对被测量的真值不能肯定的程度称为计量器具的不确定度。它是一个综合指标,反映了计量器具精度的高低,包括示值误差、回程误差等。如分度值为 0.1 mm 的外径千分尺,在车间条件下测量一个尺寸小于 50 mm 的零件时,其不确定度为±0.004 mm。

四、测量方法分类

根据不同的测量目的，可有以下 7 种分类方法。

1. 按是否直接测出被测量值分类

（1）直接测量。直接量出被测参数的量值的测量就是直接测量。如用外径千分尺直接测量圆柱体直径的测量就属于直接测量。

（2）间接测量。先测出与被测量值有关的几何参数，然后通过已知的函数关系经过计算得到被测量值。如用正弦规测量锥体的锥度。

2. 按示值是否代表被测量值的绝对数字分类

（1）绝对测量。测得的数值是被测量的绝对数值。如用游标卡尺、千分尺直接测出零件的实际尺寸。

（2）相对测量。测得的数值是被测量相对于已知标准量（或基本量）的实际差值。如用量块调整内径千分尺，测量深孔的直径，从内径千分尺读出的数据减去基本量的数据，孔的实际尺寸应加上基本量。

一般来说，相对测量的测量精度比绝对测量的测量精度要高。

3. 按被测零件表面与测量头是否是机械接触分类

（1）接触测量。被测零件表面与测量头机械接触，并存在机械作用的测量力。如用游标卡尺、千分尺测量工件。接触测量有测量力，会引起被测表面和计量器具有关部分产生弹性变形，从而影响测量精度。

（2）非接触测量。测量零件表面与仪器测量头没有机械接触，如光学投影仪测齿形等。非接触测量不会影响测量精度。

4. 按同时被测量参数的多少分类

（1）单项测量。对同一零件的多个参数进行测量时，逐一进行测量。如测量螺纹，分别测它的中径、半角、螺距等。

（2）综合测量。同时测量工件上几个相关参数，综合判断工件是否合格的测量方法。其目的是保证被测工件在规定的极限轮廓内，以满足互换性要求。如用齿轮单啮合仪测量齿轮的切向综合误差。

5. 按是否在加工过程中测量分类

（1）在线测量。在加工零件的过程中对工件进行的测量。该测量方法主要应用于自动化生产线，测量结果直接反映工件的加工过程，便于及时调整，对于保证产品质量可起到重要作用，因此是检测技术的发展方向。

（2）离线测量。在加工后对工件进行的测量。测量结果仅限于发现并剔除废品。

6. 按被测工件在测量时所处状态分类

（1）静态测量。测量时被测件表面与测量器具测头处于静止状态。例如，用外径千分尺测量轴径，用齿距仪测量齿轮齿距等。

（2）动态测量。测量时被测零件表面与测量器具测头处于相对运动状态，或测量过程是模拟零件在工作或加工时的运动状态，它能反映生产过程中被测参数的变化过程。例如，用激光比长仪测量精密线纹尺寸，用电动轮廓仪测量表面粗糙度等。

7. 按测量中测量因素是否变化分类

（1）等精度测量。在测量过程中，决定测量精度的全部因素或条件不变。例如，由同一个人，用同一台仪器，在同样的环境中，以同样方法，测量同一个量。在一般情况下，为了简化测量结果的处理，大都采用等精度测量。可以认为，每一个测量结果的可靠度和精确度都是相同的。实际上，绝对的等精度测量是无法实现的。

（2）不等精度测量。在测量过程中，决定测量精度的全部因素或条件可能完全改变或部分改变，其测量结果的可靠度和精确度都各不相同。由于不等精度测量的数据处理比较繁琐，因此一般用于重要的科研实验中的高精度测量。

对于一个具体的测量过程，可能同时兼有几种测量方法的特性。例如，用三坐标测量机对工件的轮廓进行测量，它既属于直接测量、接触测量，又属于在线测量、动态测量等。因此，测量方法不是孤立的，要根据被测对象的结构特点、精度要求、生产批量、技术条件和经济条件等来确定。

五、尺寸误差检测用计量器具

1. 游标卡尺类量具

游标卡尺类量具应用十分广泛，可测量各种工件的内外尺寸、高度和深度，还可测盲孔、凹槽、阶梯孔等；按用途和结构，游标量具有游标卡尺、带表游标尺、数显游标尺等。

（1）游标卡尺。游标卡尺有普通游标卡尺、自锁游标卡尺和微调游标卡尺 3 种。游标量具在结构上的共同特征是都有主尺、游标尺（副尺）以及测量基准面（内表面、外表面），另外还有为便于使用而设的微调机构和锁紧机构等。游标卡尺的读数是利用主尺刻线间距与游标尺（副尺）刻线间距的间距差实现的。

游标卡尺不要求估读，如游标上没有刻度与主尺刻度线对齐，则选择最近的刻度线读数，有效数字要与精度对齐。

游标卡尺主要用来测量零件的长度、厚度、槽宽、槽深、轴（孔）直径等尺寸，还可测量轴、孔的圆度误差。其由主尺和附在主尺上能滑动的游标两部分构成。游标上部有一紧固螺钉，可将游标固定在尺身上的任意位置。游标卡尺上的外测量爪（也称上爪）用来测量长度、厚度和外径；主尺上的深度尺用于测量槽和孔的深度；游标卡尺上的内测量爪（也称下爪）用来测量内径和槽宽度，如图 1-7 所示。

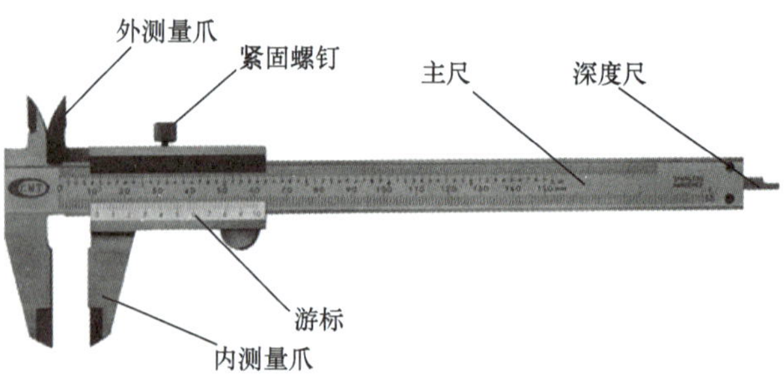

图 1-7　游标卡尺

主尺一般以 mm 为单位，而游标上则有 10、20 或 50 个分格，根据分格的不同，游标卡尺可分为十分度游标卡尺、二十分度游标卡尺、五十分度游标卡尺。

深度游标尺和高度游标尺为专用游标尺，深度游标尺为测量深度专用，高度游标尺为测量高度专用，如图 1-8 所示。

（2）带表游标卡尺。为了读数方便，有的游标卡尺上装有测微表头，称为带表游标卡尺，又叫附表游标卡尺，如图 1-9 所示。它利用机械传动装置将两测量爪的相对移动变为指示表指针的回转运动，通过尺身刻度和指示表读数。

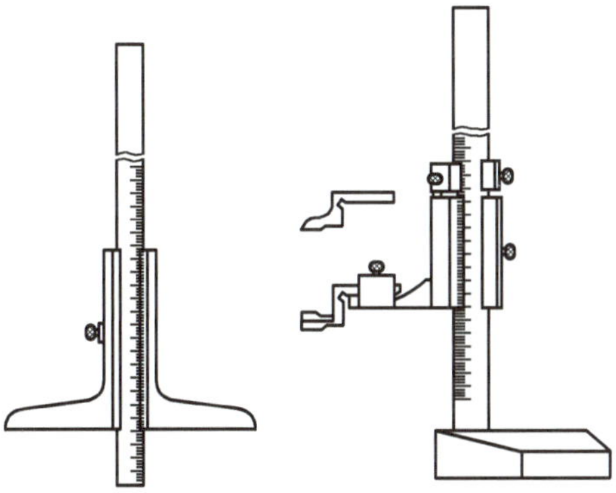

（a）深度游标尺　　（b）高度游标尺

图 1-8　深度游标尺和高度游标尺

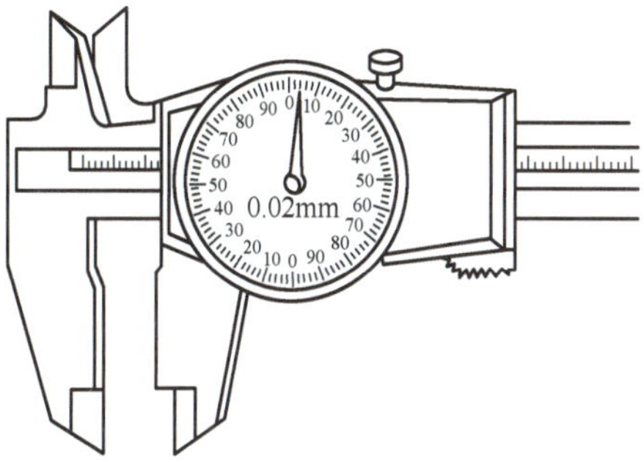

图 1-9　带表游标卡尺

带表游标卡尺利用齿条传动齿轮带动指针显示数值，主尺上有大致的刻度，结合指示表读数，比游标卡尺读数更快捷准确。指示表的分度值有 0.01 mm、0.02 mm、0.05 mm 3 种。指示表指针旋转一周所指示的长度，对分度值为 0.01 mm 的卡尺是 1 mm，对分度值为 0.02 mm 的卡尺是 2 mm，对分度值为 0.05 mm 的卡尺为 5 mm。带表游标卡尺的测量范围有 0～150 mm、0～200 mm、0～300 mm 3 种。带表游标卡尺读数时，先从尺身读毫米的整数值，再从指示表上读小数部分。

带表游标卡尺不怕油和水，但是在使用过程中需要注意防振和防尘。振动轻会导致指针偏移零位，振动重则会导致内部机芯和齿轮脱离，影响示值。灰尘会影响精度，大的铁屑进入齿条则可能会导致传动齿崩裂、卡尺报废。带表游标卡尺属于长度类精密仪器，在使用过程中，需要轻拿轻放；使用完毕，须擦拭干净，闭合卡尺，避免有灰尘和铁屑进入。

（3）数显游标卡尺。数显游标卡尺简称数显卡尺。数显卡尺（图 1-10）是以数字显示测量示值的长度测量工具，是一种测量长度，内、外径和深度的仪器，具有读数直观、使用方便、功能多样的特点。数显卡尺主要由尺体、传感器、控制运算部分和数字显示部分组成。按照传感器的不同形式划分，目前数显卡尺分为磁栅式数显卡尺和容栅式数显卡尺 2 类。数显游标卡尺常用的分度值为 0.01 mm，允许误差为±0.03 mm/150 mm；高精度数显卡尺的分度值为 0.005 mm，允许误差为±0.015 mm/150 mm；多用途数显千分卡尺的分度值为 0.001 mm，允许误差为±0.005 mm/50 mm。数显游标卡尺读数直观清晰，测量效率高。

数显游标卡尺测量范围有 0～150 mm、0～200 mm、0～300 mm、0～500 mm 等。

2. 千分尺类量具

千分尺类量具是机械制造中最常用的量具。千分尺又称螺旋测微器、螺旋测微仪或分

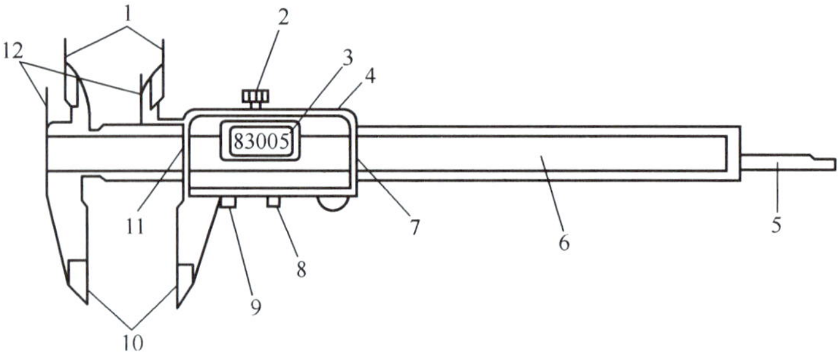

1—内测量爪;2—紧固螺钉;3—液晶显示器;4—数据输出端口;5—深度尺;6—主尺;7,11—防尘板;
8—置零按钮;9—国际单位制/英制转换按钮;10—外测量爪;12—台阶测量面

图 1-10　数显游标卡尺结构

厘卡,是比游标卡尺更精密的长度测量工具。千分尺类量具按用途可分为外径千分尺、内径千分尺、深度千分尺、杠杆千分尺、螺纹千分尺、齿轮公法线千分尺等。

3. 指示表类量仪

指示表类量仪包括百分表、千分表、机械比较仪、扭簧比较仪等。它只能测出相对数值,不能测出绝对数值。可单独使用,也可以把它安装在其他仪器中作测微表头使用。它主要用于测量形状和位置误差,也可用于机床上安装工件时的精密找正。

这类量仪的示值范围较小,示值范围最大的(如百分表)不超出 10 mm,最小的(如扭簧比较仪)只有±0.015 mm,其示值误差为±0.000 1～±0.01 mm。另外,这类量仪都有体积小、重量轻、结构简单、造价低等特点,不需附加电源、光源、气源等,也比较坚固耐用,因此应用十分广泛。

4. 立式光学比较仪

立式光学比较仪是测量精密零件的常用测量器具,主要利用量块与零件相比较的方法,来测量物体外形的微差尺寸。测量时,先将量块组放在仪器的测头与工作台面之间,以量块尺寸调整仪器的指示表到达零位,再将工件放在测头与工作台面之间,从指示表上读出指针相对零位的偏移量,即工件高度对量块尺寸的差值,则被测工件的高度为量块尺寸与工件高度对量块尺寸的差值之和。

5. 工具显微镜

工具显微镜是一种在工业生产和科学研究中使用十分广泛的光学测量仪器。它具有较高的测量精度,适用于长度和角度的精密测量。同时由于配备多种附件,使其应用范围得到了充分的扩大。工具显微镜分小型、大型和万能型 3 种类型。工具显微镜主要用于测量螺纹的几何参数、金属切削刀具的角度、样板和模具的外形尺寸等,也常用于测量小型工件的孔径和孔距、圆锥体的锥度和凸轮的轮廓尺寸等,主要的测量对象有刀具、量具、模具、样板、螺纹和齿轮类工件等。

任务分析

根据任务要求,该零件的尺寸精度要求不高,可选用 0.02 mm 的游标卡尺测量工具进行检测。由于采用直接测量的方法，需分别算出各测量尺寸的极限尺寸。各测量尺寸分别为轴向有 $15_{-0.06}^{0}$、$18_{-0.1}^{0}$ 和 $12_{0}^{+0.04}$ 3 个尺寸；径向有 $\phi 88_{-0.04}^{0}$、$\phi 58 \pm 0.02$、$\phi 34_{-0.04}^{0}$、$\phi 32_{0}^{+0.04}$、$\phi 20_{0}^{+0.02}$、$\phi 25_{0}^{+0.02}$、$\phi 30_{0}^{+0.04}$ 和 $\phi 38_{-0.04}^{0}$ 8 个尺寸及一个孔径尺寸 $\phi 12 \pm 0.02$。

各测量尺寸的极限尺寸如下。

(1) 轴向尺寸 $15_{-0.06}^{0}$、$18_{-0.1}^{0}$ 和 $12_{0}^{+0.04}$ 3 个尺寸的上极限尺寸和下极限尺寸：$15_{-0.06}^{0}$ 的上极限尺寸为 15.00 mm，下极限尺寸为 14.94 mm；$18_{-0.1}^{0}$ 的上极限尺寸为 18.00 mm，下极限尺寸为 17.90 mm；$12_{0}^{+0.04}$ 的上极限尺寸为 12.04 mm，下极限尺寸为 12.00 mm。

(2) 径向尺寸 $\phi 88_{-0.04}^{0}$、$\phi 58 \pm 0.02$、$\phi 34_{-0.04}^{0}$、$\phi 32_{0}^{+0.04}$、$\phi 20_{0}^{+0.02}$、$\phi 25_{0}^{+0.02}$、$\phi 30_{0}^{+0.04}$、$\phi 38_{-0.04}^{0}$ 的上极限尺寸和下极限尺寸：$\phi 88_{-0.04}^{0}$ 的上极限尺寸为 ϕ88.00 mm，下极限尺寸为 ϕ87.96 mm；$\phi 58 \pm 0.02$ 的上极限尺寸为 ϕ58.02 mm，下极限尺寸为 ϕ57.98 mm；$\phi 34_{-0.04}^{0}$ 的上极限尺寸为 ϕ34.00 mm，下极限尺寸为 ϕ33.96 mm；$\phi 32_{0}^{+0.04}$ 的上极限尺寸为 ϕ32.04 mm，下极限尺寸为 ϕ32.00 mm；$\phi 20_{0}^{+0.02}$ 的上极限尺寸为 ϕ20.02 mm，下极限尺寸为 ϕ20.00 mm；$\phi 25_{0}^{+0.02}$ 的上极限尺寸为 ϕ25.02 mm，下极限尺寸为 ϕ25.00 mm；$\phi 30_{0}^{+0.04}$ 的上极限尺寸为 ϕ30.04 mm，下极限尺寸为 ϕ30.00 mm；$\phi 38_{-0.04}^{0}$ 的上极限尺寸为 ϕ38.00 mm，下极限尺寸为 ϕ37.96 mm。

(3) 孔径 $\phi 12 \pm 0.02$ 的上极限尺寸为 ϕ12.02 mm，下极限尺寸为 ϕ11.98 mm。

在检测时，各实际尺寸应分别在各尺寸的上极限尺寸和下极限尺寸之间，即实际尺寸大于或等于下极限尺寸，小于或等于上极限尺寸，由此可判定该尺寸合格，否则视为不合格。

任务实施

一、任务准备

领取测量工具(分度值为 0.02 mm 的游标卡尺)、被测工件、软布、平板等用品。

用软布将量爪擦干净，使其并拢，查看游标和主尺的零刻度线是否对齐。如果对齐就可以进行测量；如没有对齐则要记录零误差：游标的零刻度线在主尺零刻度线右侧的叫正零误差，在主尺零刻度线左侧的叫负零误差(这种规定方法与数轴的规定一致，原点以右为正，原点以左为负)。如有零误差，则一律用上述结果减去零误差(零误差为负，相当于加上绝对值大小相同的零误差)，读数结果为 L＝整数部分＋小数部分－零误差。游标卡尺的握法如图 1-11 所示。

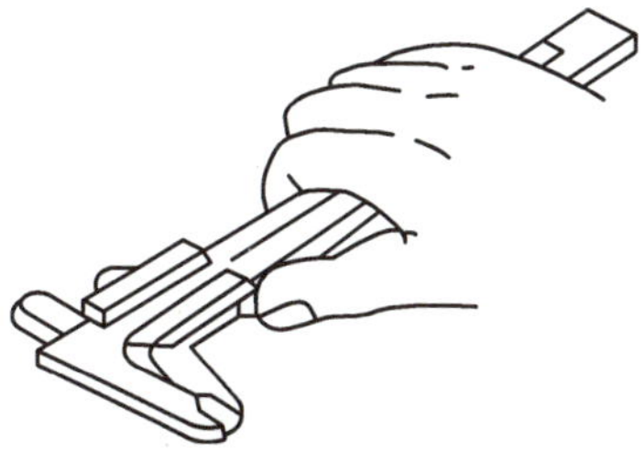

图 1-11　游标卡尺握法

二、游标卡尺的使用

测量时，右手拿住尺身，大拇指移动游标，左手拿被测零件，将卡尺的量爪逐渐靠向工件的被测表面，使量爪的测量面与工件的被测表面充分贴合，并保持尺身与工件测量表面垂直或相切。判断游标上哪条刻度线与主尺刻度线对准，可用下述方法：选定相邻的 3 条线，若左侧的线在主尺对应线左侧，右侧的线在主尺对应线右侧，中间那条线便可以认为是对准的。如果需多次测量取平均值，不需要每次都减去零误差，最后求结果时减去零误差即可。游标卡尺的使用方法如图 1-12 所示。

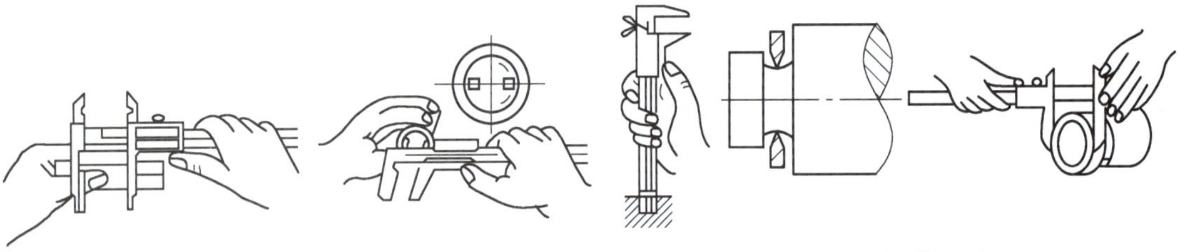

图 1-12　游标卡尺的使用方法

三、游标卡尺读数

游标卡尺读数可分 3 个步骤。

(1) 读整数。读出游标零线与左边靠近零线最近的尺身刻线数值，该读数值就是被测工件尺寸的整数值。如图 1-13 所示游标卡尺示值整数为 3×10+2=32 mm。

(2) 读小数。找出与主尺刻线对齐的游标刻线，将其格数乘以游标分度值 0.02 mm 所得的积，即为被测工件尺寸的小数值。如图 1-13 所示游标卡尺主尺刻线对齐的游标刻线为 11 格，则示值小数为 11×0.02=0.22 mm。

(3) 求和。把上面步骤(1)、(2)所得读数值相加，就是被测工件的尺寸值。如图 1-13 所示游标卡尺示值为 32 mm+0.22 mm=32.22 mm。

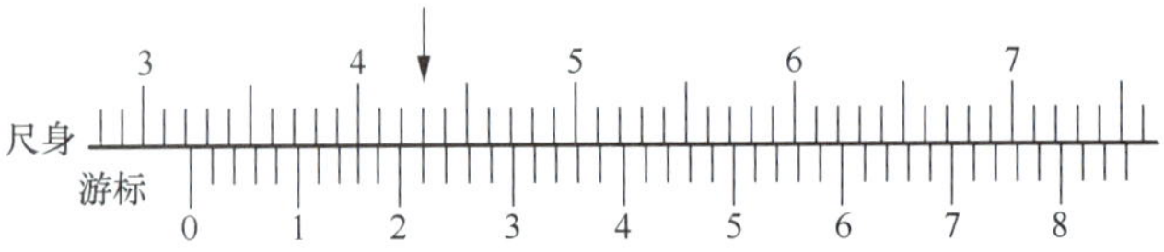

图 1-13　游标卡尺读数方法

四、测量端盖零件尺寸

按上所述测量方法和注意事项依次测量如图 1-1 所示端盖零件各尺寸。

五、填写任务书

游标卡尺检测零件尺寸的任务书见表 1-6。

表 1-6 游标卡尺检测零件尺寸

班 级		姓 名		学 号	
被测零件图 （尺规绘图）					
项次	考核项目	测量记录(3 次)			平均值
1	$15_{-0.06}^{0}$				
2	$18_{-0.1}^{0}$				
3	$12_{0}^{+0.04}$				
4	$\phi 88_{-0.04}^{0}$				
5	$\phi 58 \pm 0.02$				
6	$\phi 34_{-0.04}^{0}$				
7	$\phi 32_{0}^{+0.04}$				
8	$\phi 20_{0}^{+0.02}$				
9	$\phi 25_{0}^{+0.02}$				
10	$\phi 30_{0}^{+0.04}$				
11	$\phi 38_{-0.04}^{0}$				
12	$\phi 12 \pm 0.02$				
结论分析					
教师评语					

六、注意事项

(1) 测量时，应先拧松紧固螺钉，移动游标不能用力过猛，两量爪与待测物的接触不宜过紧，不能使被夹紧的物体在量爪内移动。

(2) 测量零件内尺寸时，必须使量爪分开的距离小于被测量的内尺寸，待量爪进入零件内孔后再慢慢张开，并轻轻地接触被测表面。用锁紧螺钉固定尺框后，轻轻取出卡尺，然后读数。

(3) 测量内孔时，应使卡尺两测量刃位于孔内最大的弦上（即直径），不能歪斜，否则测量尺寸会小于实际孔径，如图 1-14 所示。

(4) 测量零件的外尺寸时，应使卡尺测量面垂直于被测表面，否则测量尺寸会大于实际尺寸，如图 1-15 所示。

(5) 测量沟槽时，应当用量爪的平面测量刃进行测量，尽量避免用端部测量刃和刃口形

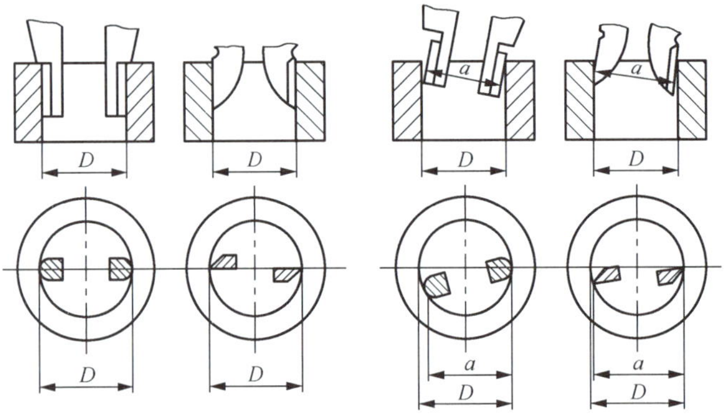

（a）正确　　（b）错误

图 1-14　测量内孔时正确与错误的位置

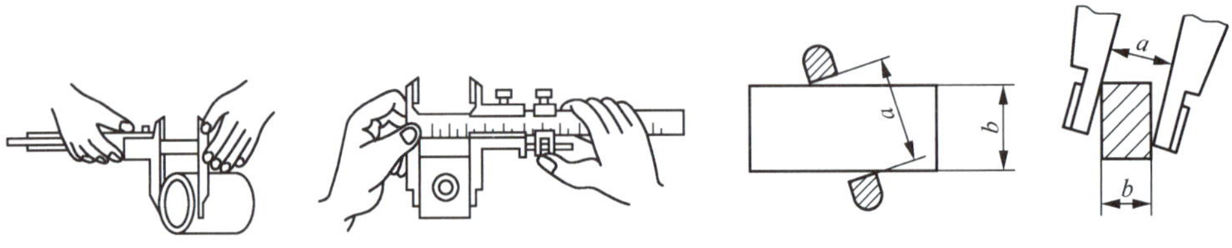

（a）正确　　（b）错误

图 1-15　测量外尺寸时正确与错误的位置

量爪去测量外尺寸。而对于圆弧形沟槽尺寸，则应当用刃口形量爪进行测量，不应当用平面测量刃进行测量，如图 1-16 所示。

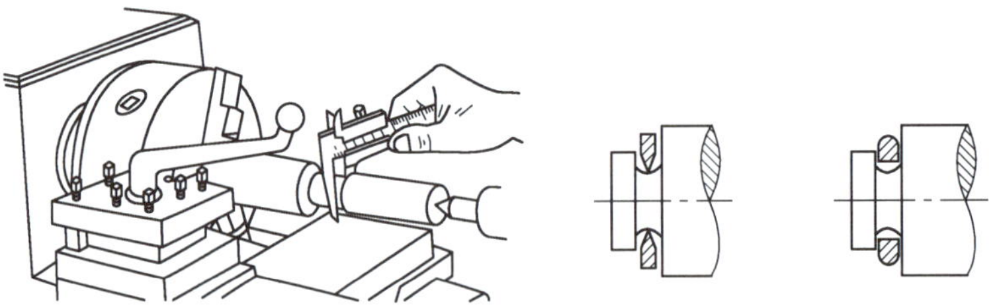

（a）测量场景　　（b）正确　　（c）错误

图 1-16　测量沟槽尺寸

（6）读数时，视线应与卡尺测线表面垂直，以免产生读数误差。

（7）反复进行 3 次读数，取平均值，并记录在任务书上。如需固定读数，可用紧固螺钉将游标固定在尺身上以防止滑动。

（8）游标类量具是比较精密的测量工具，要轻拿轻放，不得碰撞或跌落。不可用于测量粗糙的物体，以免损坏量爪。不用时应置于干燥的地方以防锈蚀。

（9）使用完毕，应用棉纱将量具擦拭干净。长期不用时应擦上机油或工业用凡士林，两量爪合拢并拧紧紧固螺钉，放入尺盒内盖好。

外径千分尺
检测轴径

拓展知识

一、外径千分尺测量轴径

1. 认识外径千分尺

外径千分尺是螺旋测微类量具的一种，生产中常用的外径千分尺是比游标卡尺更精密的测量仪，它是利用螺旋副运动原理进行测量和读数的。使用外径千分尺可测量轴的直径及圆度误差。

螺旋测微类量具按用途可分为外径千分尺、内径千分尺和深度千分尺。为了读数方便，有带测微表头的千分尺和电子数显千分尺。其规格有 0～25 mm、25～50 mm、50～75 mm、75～100 mm、100～125 mm 等，分度值是 0.01 mm。其中，外径千分尺用得最普遍，主要用于测量轴类零件，外径千分尺的外形如图 1-17 所示。

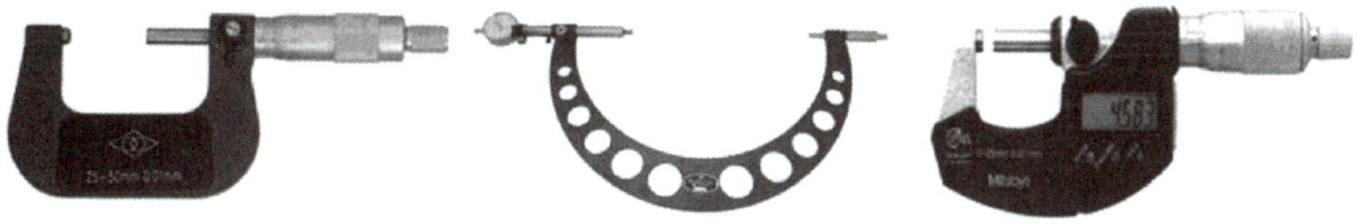

(a) 普通千分尺　　(b) 带测微头千分尺　　(c) 电子数显千分尺

图 1-17　外径千分尺的外形

如图 1-18 所示为测量范围为 0～25 mm 的外径千分尺，它主要是由尺架、测微头、测力装置等组成的。尺架 1 的一端装有固定测砧，另一端装有测微头。尺架的两侧面上覆盖绝缘板 12，用于防止使用时手的温度影响千分尺的测量精度。

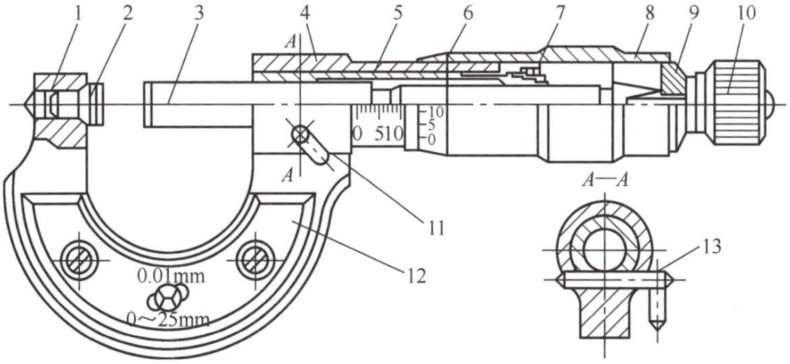

1—尺架；2—固定测砧；3—测微螺杆；4—螺纹轴套；5—固定套筒；6—微分筒；7—调节螺母；
8—接头；9—垫圈；10—测力装置；11—锁紧手把；12—绝缘板；13—锁紧轴

图 1-18　测量范围为 0～25 mm 的外径千分尺

测微头的组成：螺纹轴套 4 压入尺架 1 中，固定套筒 5 用螺钉紧固在它的上面，测微螺杆上带有螺距为 0.5 mm 的精度很高的外螺纹，它与螺纹轴套 4 右端的内螺纹紧密配合，其配合间隙可用调节螺母 7 调整，使测微螺杆可在螺纹轴套 4 螺孔内自如旋转且间隙极小。测微螺杆右端的外圆锥与接头 8 的内圆锥配合，接头上开有轴向槽，能沿着测微螺杆的外圆锥胀大，使微分筒 6 与测微螺杆结合成一体。

外径千分尺的工作原理：外径千分尺是应用螺旋副的传动原理，将角位移转变为直线位移。测微螺杆的螺距为 0.5 mm 时，固定套筒上的刻度也是 0.5 mm，微分筒的圆锥面上刻有 50 等分的圆周刻线。将微分筒旋转一圈时，测微螺杆轴向位移 0.5 mm；当微分筒转过一格时，测微螺杆轴向位移 0.5 mm×1/50=0.01 mm，这样，可由微分筒上的刻度精确地读出测微螺杆轴向位移的小数部分。因此，外径千分尺的分度值为 0.01 mm。

2. 外径千分尺的识读方法

外径千分尺的具体读数步骤如下。

(1) 读整数。以活动套管左端面为准线，读出固定套管上有数字的刻线部分，即被测零件尺寸的整数部分，单位为 mm。

(2) 读小数(含估读值)。以固定套管上的基线为基准，读出活动套管上的刻线数，再看半刻度线(0.5 mm 刻线)是否露出。若半刻度线没有露出来，则先读出的刻线数乘以 0.01 mm是被测零件尺寸的小数部分；若半刻度线露出来了，要再加上 0.5 mm 作为被测零件尺寸的小数部分。

(3) 最后将整数和小数(含估读值)相加即得被测零件的尺寸。

如图 1-19(a)所示，固定套管上露出的整数部分刻线数值是 9 mm，活动套管上的刻线与固定套管上基线重合的小数部分刻线数值(含估读值)是 0.364 mm，0.5 mm 刻线没有露出来，所以读数是 9 mm+0.364 mm=9.364 mm。

如图 1-19(b)所示，固定套管上露出的整数部分刻线数值是 9 mm，活动套管上的刻线与固定套管上基线重合的小数部分刻线数值(含估读值)是 0.364 mm，0.5 mm 刻线露出来了，所以读数是 9 mm+0.5 mm+0.364 mm=9.864 mm。

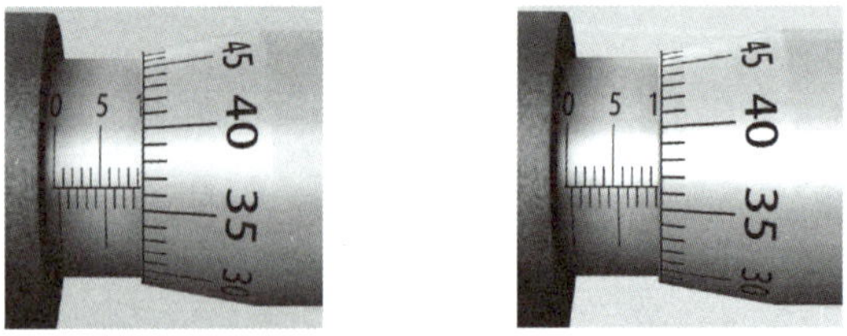

(a) 读数为 9.364 mm　　(b) 读数为 9.864 mm

图 1-19　外径千分尺读数

3. 外径千分尺的使用

(1) 零位校准。使用外径千分尺时先要检查其零位是否校准，即用标准棒校正零位。检查方法：先松开锁紧装置，清除油污，特别是测砧与测微螺杆间接触面、标准棒端部要清洗干净。顺时针转动活动套管，直至螺杆端部要接近测砧或标准棒端部时，旋转测力装置，此时会听到“咔咔”声，这时停止转动。观察活动套管端面与固定套管上的零刻度线或第一道线是否重合，同时观察活动套管零线是否与固定套管上的基线重合，即两零线重合。若两零线不重合，必须校准零位。校准方法：将固定套管上的小螺丝松动，用专用扳手（称为勾头扳手）调节套管的位置，使两零线对齐，再把小螺丝拧紧（不同厂家生产的外径千分尺的零位校准方法不一样，此处所述仅是其中一种校零的方法）。检查外径千分尺零位时，要使螺杆和测砧接触。偶尔会发生向后旋转测力装置时二者不分离的情形，这时可用左手手心用力顶住尺架上测砧的左侧，右手手心顶住测力装置，再用手指沿逆时针方向旋转旋钮，使螺杆和测砧分开。

(2) 测量。测量前将被测零件擦干净，松开外径千分尺的锁紧装置，转动活动套管，使测砧与测微螺杆之间的距离略大于被测零件直径；一只手拿外径千分尺尺架的隔热部位，将待测零件置于测砧与测微螺杆之间，另一只手转动活动套筒，当测微螺杆刚接触被测零件时，改旋测力装置，直至听到“咔咔”声；旋紧锁紧装置（防止螺杆转动），即可读数。外径千分尺的使用方法如图 1-20 所示。

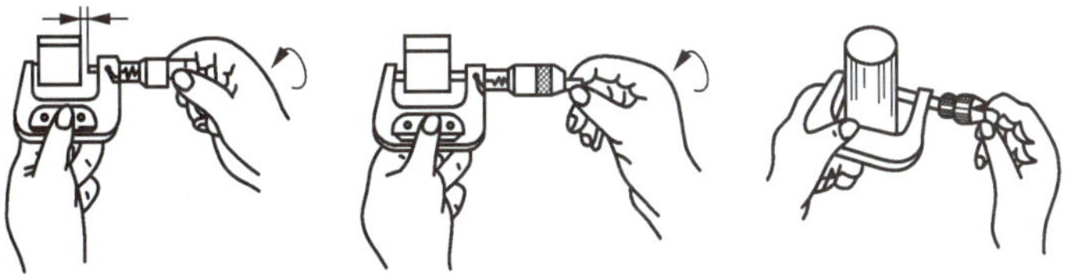

(a) 转动活动套管　(b) 转动测力装置　(c) 测量

图 1-20　外径千分尺的使用方法

4. 注意事项

(1) 外径千分尺是一种精密的量具，使用时应小心谨慎，动作轻缓，不可产生碰撞。外径千分尺的内螺纹非常紧密，使用时要注意：旋钮和测力装置在转动时都不能过分用力；当转动活动套管，使测微螺杆靠近待测物时，一定要改为旋转测力装置，不能转动活动套管使测微螺杆压在被测工件上；在测微螺杆与测砧已将被测工件卡住或旋紧锁紧装置的情况下，决不能强行转动活动套筒。

(2) 有些外径千分尺为了防止手温使尺架膨胀而引起微小的误差，在尺架上装有隔热装置，测量时应手握隔热装置，尽量少接触尺架的金属部分。

(3) 使用外径千分尺测量同一长度时，一般应反复测量几次，取其平均值作为测量结果。

(4) 使用后，应将外径千分尺用柔软干净的纱布擦干净，在测砧与测微螺杆之间留出空隙，然后放入尺盒中。若长期不使用，应在尺上抹上机油或工业用凡士林，再放入尺盒中盖好。

(5) 放置在干燥的地方，不要接触腐蚀性气体。

二、内径百分表测量孔径尺寸

1. 认识内径百分表

内径百分表是一种用比较法来测量中等精度孔径的通用量仪，尤其适合于测量深孔的直径，在大批量生产中测量更加方便。测量时先根据孔的公称尺寸 L 组合成量块组，并将量块组装在量块附件中组成内尺寸 L（或用精密标准环规），用该标准尺寸 L 来调整内径百分表的零位，然后用内径百分表测出被测孔径相对零位的偏差 L_0，则被测孔径为 $D=L+L_0$。内径百分表的测量范围有 10～18 mm、18～35 mm、35～50 mm、50～100 mm、100～160 mm、160～250 mm、250～450 mm 共 7 种。内径百分表外形如图 1-21 所示。

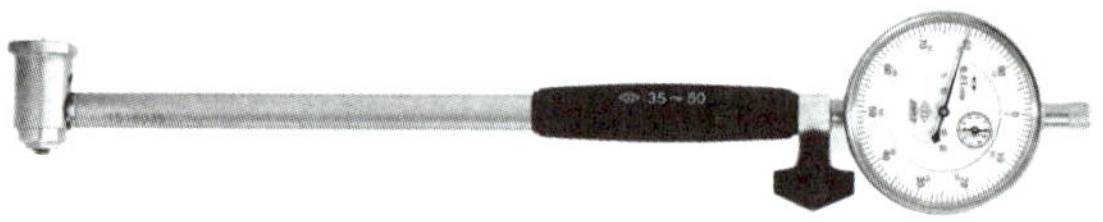

图 1-21　内径百分表外形

各种规格的内径百分表均备有整套可换测头，其结构如图 1-22 所示。它由百分表和装有杠杆系统的测量装置组成。百分表 7 的测量杆与传动杆 5 在弹簧力的作用下始终接触，弹簧 6 用来控制测量力，并经过传动杆 5、等臂杠杆 8 向外顶着活动测量头 1。测量时，活动测量头 1 的移动使等臂杠杆 8 回转，通过传动杆 5 推动百分表的测量杆，使百分表的指针偏转。由于杠杆 8 是等臂的，当活动测量头移动 1 mm 时，传动杆 5 也移动 1 mm，推动百分表指针回转一圈，所以活动测量头的移动量可以在百分表上读出。

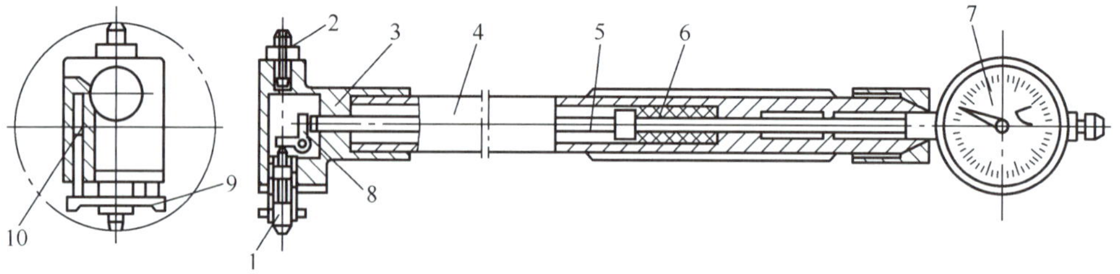

1—活动测量头；2—可换测量头；3—主体；4—直管；5—传动杆；6—弹簧；
7—百分表；8—等臂杠杆；9—定位装置；10—弹簧

图 1-22　内径百分表结构

内径百分表的表盘上每一格的刻度值为 0.01 mm，1 圈为 100 格，因此在指示盘上，大针转一圈，小针转动 1 格，表示测量杆位移 1 mm。

目前国产百分表的测量范围有 0～3 mm、0～5 mm 和 0～10 mm 3 种。定位装置 9 起到找正直径位置的作用，因为可换测量头 2 和活动测量头 1 的轴线实际为定位装置的中垂线，此定位装置保证了可换测量头和活动测量头的轴线位于被测量孔的直径位置。在调整零位和测量时，测量头在孔径内可能倾斜，影响测量结果的准确性，因此测量时，量仪应在孔内左右轻微摆动，找出百分表指针所指示的最小数值。

内径百分表活动测量头允许的移动量很小，它的测量范围是由更换或调整可换测量头的长度确定的。仪器备有一套长短不同的可换测头，可根据被测孔径大小进行了更换。内径百分表的测量范围取决于可换测头的尺寸范围。

2. 内径百分表的使用方法

(1) 测量前应将内径百分表和被测工件擦干净,并检查百分表表盘玻璃是否有破裂或脱落,测量头、测量杆、套筒等是否有碰伤或锈蚀,指针有无松动现象,指针的转动是否平稳等。

(2) 预调整。将百分表装入量杆内,预压缩 1 mm 左右(百分表的小指针指在 1 的附近)后用固定螺帽将表盘固定。根据被测零件公称尺寸选择适当的可换测量头装入量仪的头部,用专用扳手锁紧螺母。如被测对象为 40 mm 的内孔,故选用 40 mm 的量块和 35～50 mm的可换测量头。此时应特别注意,可换测量头与活动测量头之间的长度必须大于被测尺寸 0.8～1 mm,以便测量时活动测量头能在公称尺寸的正、负范围内自由运动。

(3) 调零位。因内径百分表是利用相对法测量的器具,故在使用前必须用其他量具根据被测件的公称尺寸校对内径百分表的零位。根据被测量孔的公称尺寸,选择量块(如挑选 40 mm 的量块),并把它研合后放于量块夹中(或用精密标准环规、或按公称尺寸调整好装在外径千分尺两侧砧上),如图 1-23(a)所示。将内径百分表的两测头放在量块附件两量脚之间,摆动量杆使百分表读数最小,此时可转动百分表的滚花环,将刻度盘的零刻线转到与百分表的长指针对齐。如此反复几次,检验零位的正确性,记住百分表小指针的读数,即调好零位。然后用手轻压定位板使活动测头内缩,当固定测头脱离接触时,再将内径百分表缓慢地从量块夹(或千分尺测砧)内取出。这样的零位校对方法能保证校对零位的准确度及内径百分表的测量精度,但其操作较为繁琐,且对量块的使用环境要求较高。

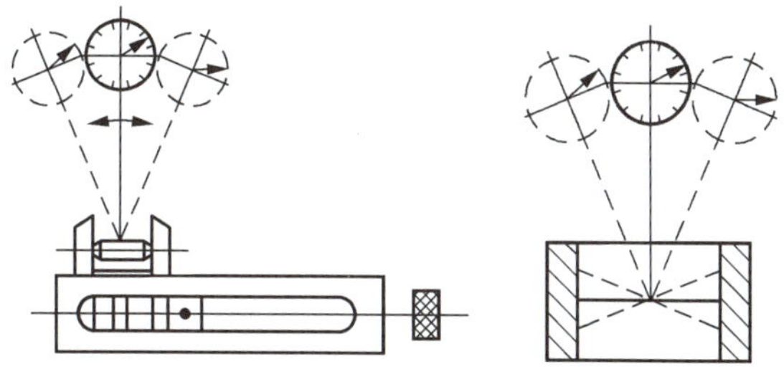

(a) 调整内径指示表示值零位　　(b) 测量内孔

图 1-23　内径百分表调零位和孔径测量

(4) 测量孔径。将量仪放入被测孔中测量孔径,使内径百分表的测杆与孔径轴线保持垂直,这样才能测量准确。沿内径百分表的测杆方向微微摆动量仪,如图 1-23(b)所示,找出指针所指最小数值的位置(顺时针方向的转折点),读出该位置上的指示值。在孔的 3 个不同横截面的每个截面相互垂直的两个方向上各测量一次,共测量 6 个点。记录测量结果,根据被测孔的公差值,给出合格性结论。

3. 注意事项

(1) 安装百分表时,夹紧力不宜过大,并且要有一定的预压缩量(一般为 1 mm 左右)。

(2) 校对零位时,根据被测尺寸,选取一个相应尺寸的可换测头,并尽量使活动测头在活动范围的中间位置使用(此时杠杆误差最小)。

(3) 内径百分表的零位校对好后,不要松动其弹簧卡头,以防零位发生变化。

(4) 装卸百分表时,不允许硬性插入或拔出,要先松开弹簧夹头的紧固螺钉或螺母。

(5) 使用完毕,要把百分表和可换测头取下擦净,并在测头上涂油防锈,放入专用盒内保存。

任务小结

在公差配合中，孔、轴的概念是广义的，不只是指一般概念的圆柱形的孔和轴。从装配关系看，孔是包容面，轴是被包容面。公称尺寸是设计时通过计算或试验确定并经过圆整后得到的，只表示尺寸的公称大小，并不是对完工后零件实际尺寸的要求，不能将公称尺寸理解成“理想尺寸”，不能认为零件的实际尺寸越接近公称尺寸越好。极限尺寸也是设计时确定的，它是根据使用要求，用来限制尺寸的变化范围的。实际尺寸是测量得到的，不能直接从图样上读出。尺寸偏差的值是某一尺寸减其公称尺寸的差。当某一尺寸为实际尺寸时，尺寸偏差就是实际偏差；当某一尺寸为最大极限尺寸时，其就是上偏差(ES、es)；当某一尺寸为最小极限尺寸时，其就是下偏差(EI、ei)。上、下偏差总称为极限偏差。基本偏差是上、下偏差中的一个，一般是指接近公称尺寸的极限偏差。偏差都是代数值，可以为正、负或零。

合格零件的尺寸偏差应在一定范围内(即由上极限偏差与下极限偏差组成)，此范围即为公差。国家标准规定了20种公差等级，各级标准公差用IT01、IT0、IT02、…、IT18来表示。在平常的叙述中，常用到公差等级数的“大、小”和公差等级的“高、低”。注意：公差等级数越小，公差等级越高，精度越高，加工越困难。国家标准对轴、孔分别规定了28个基本偏差代号，用拉丁字母表示，轴为小写字母，孔为大写字母。可用公差带形象地表示零件的公差大小和位置。公差大小由标准公差决定，公差带位置由基本偏差决定。孔和轴的基本偏差系列由字母及字母组合成28种，孔、轴公差代号由基本偏差代号与公差等级代号组成。

测量是指为确定被测量的量值而进行的实验过程，一个完整的测量过程包括的4个要素：被测对象、计量单位、测量方法和测量精度。计量器具可以从不同的角度进行分类，例如，按用途可以分为标准计量器具、通用计量器具和专用计量器具3类；按结构和工作原理可分为机械式量仪、光学量仪、气动量仪、电动量仪等。对计量器具的种类应有宏观的认识，常用测量器具有卡尺、千分尺、百分尺、千分表和光滑极限量规。卡尺、千分尺、百分尺和千分表等能确定工件的实际尺寸；光滑极限量规不能确定工件的实际尺寸，只能确定工件尺寸是否处于规定的极限尺寸范围内。计量器具的基本度量指标有分度值、示值范围和测量范围、示值误差和不确定度等。

思考与练习

一、填空题

1. ＿＿＿＿＿是指由设计者在产品技术文件中定义的理想要素，＿＿＿＿＿属于工件的实际表面或表面模型的几何要素。

2. ＿＿＿＿＿是指由图样规范定义的理想形状要素的尺寸，其数值可以是一个＿＿＿＿＿或一个＿＿＿＿＿值。

3. ＿＿＿＿＿是指拟合组成要素的尺寸，可通过＿＿＿＿＿得到。

4. ________是指相对于公称尺寸的上极限偏差和下极限偏差，是允许尺寸变化的两个界限值，它们是以公称尺寸为基数来确定的。

5. ________是指确定公差带相对公称尺寸位置的那个极限偏差，基本偏差是最接近公称尺寸的那个极限偏差，它可以是________或________，一般为靠近零线的那个偏差。

6. 国家标准根据孔、轴公差带之间的________关系，规定了________和________两种基准制。

7. 已知某基轴制的轴的公差为 0.021 mm，那么该轴的上极限偏差为________mm，下极限偏差为________mm。

8. 已知某基孔制的孔的公差为 0.013 mm，那么该孔的下极限偏差为________mm，上极限偏差为________mm。

9. 已知尺寸为 ϕ25 mm 的轴，其最小极限尺寸为 ϕ24.98 mm，公差为 0.01 mm，则它的上极限偏差是________mm，下极限偏差是________mm。

10. 已知配合代号为 ϕ50H10/js10 的孔和轴，已知 IT10＝0.100 mm，其 ES＝________mm，EI＝________mm，es＝________mm，ei＝________mm。

二、简答题

1. 设某配合的孔径为 $\phi15^{+0.027}_{0}$ mm，轴径为 $\phi15^{-0.016}_{-0.034}$ mm，试分别计算孔、轴极限尺寸、尺寸公差，并画出公差带图。

2. 使用标准公差和基本偏差值表，查出下列公差带的上极限偏差和下极限偏差。

(1) ϕ36k7； (2) ϕ280m7； (3) ϕ55P7； (4) ϕ70h11；

(5) ϕ42JS7；(6) ϕ25N6； (7) ϕ120v7；(8) ϕ70s6。

3. 根据下表中的数值，填写相应空格处的内容。

基本尺寸	配合件	极限尺寸		极限偏差		尺寸标注	公差 T
		max	min	$ES(es)$	$EI(ei)$		
ϕ20	孔	ϕ20.033	ϕ20				
	轴	ϕ19.980	ϕ19.959				
ϕ25	孔				0		
	轴						0.052
ϕ45	孔						0.025
	轴			0			
ϕ30	孔				+0.065		
	轴				−0.013		

4. 设某配合的孔径为 $\phi15^{+0.027}_{0}$ mm，轴径为 $\phi15^{0}_{-0.039}$ mm，试分别计算其极限尺寸和尺寸公差。

5. 设公称尺寸为 ϕ30 mm，公差带代号为 N7 和 m6 的孔轴相配合，试计算该孔轴的极限尺寸和尺寸公差。

任务二　轴孔配合件的配合误差检测

学习目标

知识目标

(1) 掌握配合相关概念。

(2) 掌握孔轴及其配合的优先、常用公差带国家标准的一般规定。

(3) 掌握线性尺寸公差的一般规定。

(4) 了解测量误差和数据处理基本知识。

(5) 了解长度基准、长度量值传递系统和量块基本知识。

技能目标

(1) 掌握孔轴及其配合的优先、常用公差带选择方法。

(2) 掌握孔轴尺寸公差带与配合公差带的标注方法。

(3) 掌握尺寸误差检测计量器具的一般选择方法。

(4) 掌握轴孔类零件配合尺寸的检测方法。

任务描述

如图 1-24 和图 1-25 所示分别为轴和轴套零件，如图 1-26 所示为该轴和轴套配合情况。现需根据轴和轴套零件公差标注要求，选用符合尺寸精度要求的测量工具检测轴与轴套的配合尺寸，并判断其配合误差是否合格。

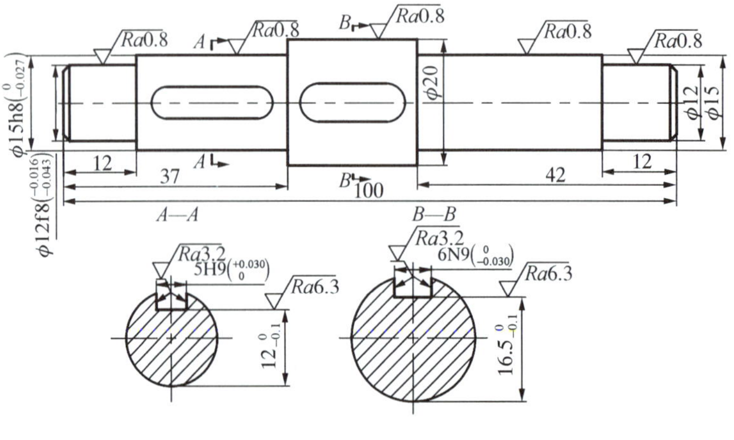

图 1-24　轴零件

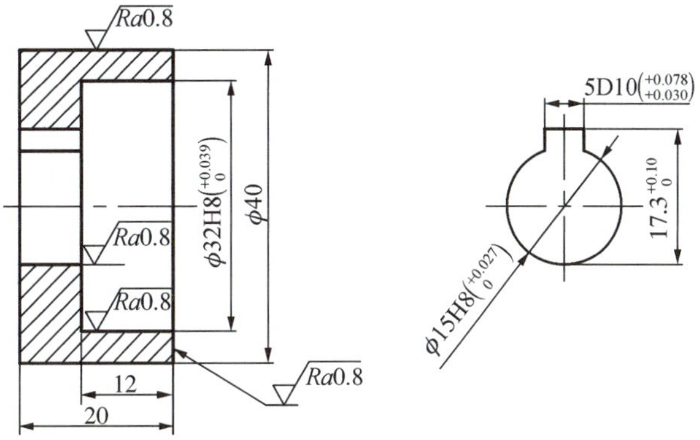

图 1-25　轴套零件

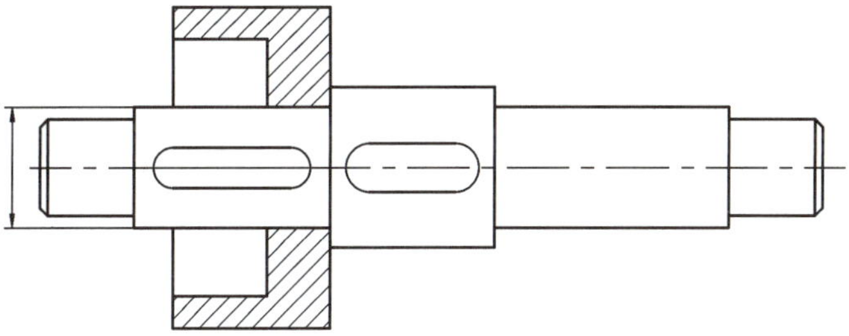

图 1-26　轴和轴套零件配合

知识概述

一、配合相关术语

1. 间隙

间隙是指当轴的直径小于孔的直径时，相配合孔和轴的尺寸之差。在间隙计算中，所得到的值是正值。间隙用“X”表示。

(1) 最小间隙，是指在间隙配合中，孔的下极限尺寸与轴的上极限尺寸之差。最小间隙用“$X_{\min}$”表示。

(2) 最大间隙，是指在间隙配合或过渡配合中，孔的上极限尺寸与轴的下极限尺寸之差。最大间隙用“$X_{\max}$”表示。

2. 过盈

过盈是指当轴的直径大于孔的直径时，相配合孔和轴的尺寸之差。在过盈计算中，所得到的值是负值。过盈用“Y”表示。

(1) 最小过盈，是指在过盈配合中，孔的上极限尺寸与轴的下极限尺寸之差。最小过盈用“$Y_{\min}$”表示。

(2) 最大过盈，是指在过盈配合或过渡配合中，孔的下极限尺寸与轴的上极限尺寸之差。最大过盈用“$Y_{\max}$”表示。

3. 配合

配合是指类型相同且待装配的外尺寸要素(轴)和内尺寸要素(孔)之间的关系。

定义说明相配合的孔和轴公称尺寸必须相同,而相互配合的孔和轴公差带之间的不同关系决定了孔和轴配合的松紧程度,也决定了孔和轴的配合性质。根据相互配合的孔和轴公差带之间的位置关系,配合分为间隙配合、过盈配合和过渡配合 3 类。

(1) 间隙配合。间隙配合是指孔和轴装配时总是存在间隙的配合。孔的下极限尺寸大于或在极端情况下等于轴的上极限尺寸。此时,孔的公差带在轴的公差带之上,通常指孔大、轴小的配合,也可以是零间隙配合。

在间隙配合中,间隙包括最大间隙和最小间隙。由于孔、轴的实际尺寸允许在各自的公差带内变动,所以孔、轴配合后的间隙也是变动的。当孔为上极限尺寸而轴为下极限尺寸时,装配后的孔、轴为最松的配合状态,此时即为最大间隙。当孔为下极限尺寸而轴为上极限尺寸时,装配后的孔、轴为最紧的配合状态,此时即为最小间隙,如图 1-27 所示。

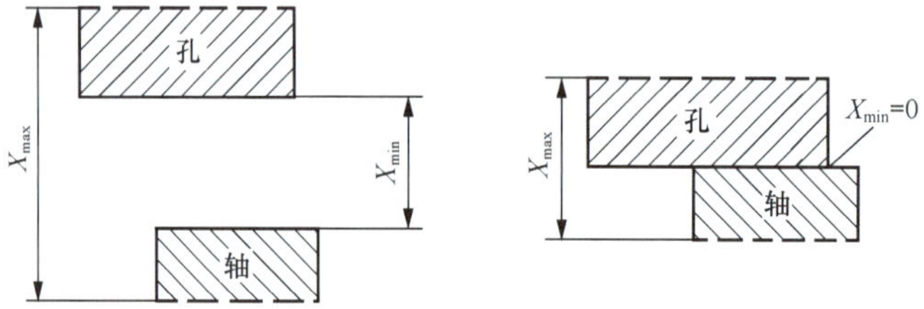

(a) 最小间隙大于零　　(b) 最小间隙等于零

图 1-27　间隙配合

极限间隙计算公式为

$$X_{max} = D_{max} - d_{min} = ES - ei$$

$$X_{min} = D_{min} - d_{max} = EI - es$$

(2) 过盈配合。过盈配合是指孔和轴装配时总是存在过盈的配合。孔的上极限尺寸小于或在极端情况下等于轴的下极限尺寸。此时,孔的公差在轴公差带之下,通常是指孔小、轴大的配合。特征参数主要是最大过盈和最小过盈。

在过盈配合中,过盈包括最大过盈和最小过盈。当用孔的上极限尺寸减去轴的下极限尺寸时,所得的差值为最小过盈,此时是孔、轴配合的最松状态;当用孔的下极限尺寸减去轴的上极限尺寸时,所得的差值为最大过盈,此时的孔、轴配合处于最紧状态,如图 1-28 所示。

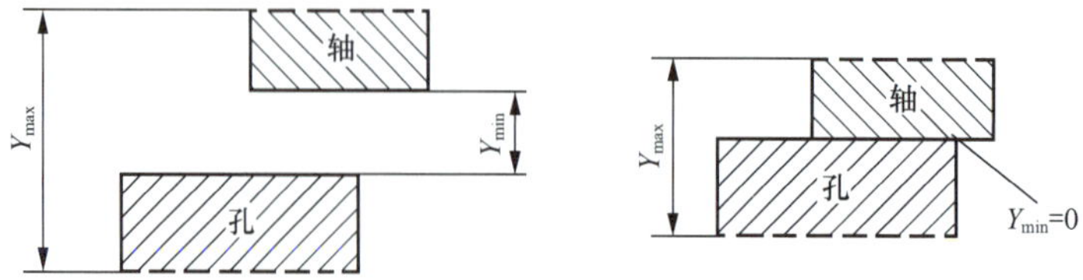

(a) 最小过盈大于零　　(b) 最小过盈等于零

图 1-28　过盈配合

极限过盈计算公式为

$$Y_{\max}=D_{\min}-d_{\max}=EI-es$$
$$Y_{\min}=D_{\max}-d_{\min}=ES-ei$$

(3) 过渡配合。过渡配合是指孔和轴装配时可能具有间隙或过盈的配合。在过渡配合中，孔和轴的公差带或完全重叠或部分重叠，因此，是否形成间隙配合或过盈配合取决于孔和轴的实际尺寸。特征参数主要是最大间隙和最大过盈。

过渡配合是介于间隙配合与过盈配合之间的配合。当用孔的上极限尺寸减去轴的下极限尺寸时，所得的差值为最大间隙 $X_{\max}$，此时的孔、轴配合处于最松状态；当用孔的下极限尺寸减去轴的上极限尺寸时，所得的差值为最大过盈 $Y_{\max}$，此时的孔、轴配合处于最紧状态。需要注意的是，其间隙或过盈的数值都较小，如图 1-29 所示。

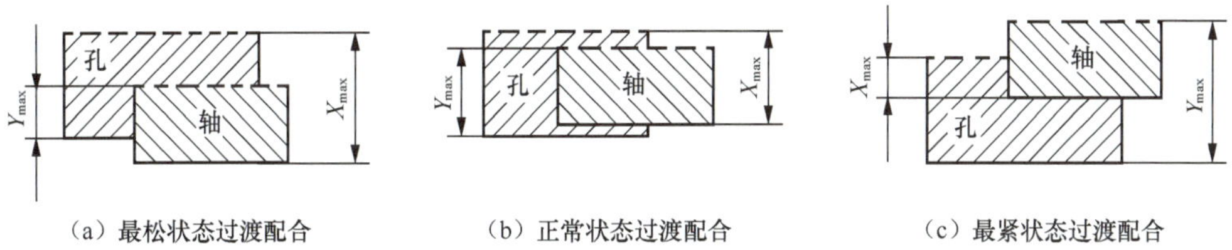

图 1-29　过渡配合

最大间隙计算公式为

$$X_{\max}=D_{\max}-d_{\min}=ES-ei$$

最大过盈计算公式为

$$Y_{\max}=D_{\min}-d_{\max}=EI-es$$

4. 配合公差

配合公差是指组成配合的两个尺寸要素的尺寸公差之和，配合公差用“T_f”表示。配合公差是一个没有符号的绝对值，其表示配合所允许的变动量。间隙配合公差等于最大间隙与最小间隙之差，过盈配合公差等于最大过盈与最小过盈之差，过渡配合公差等于最大间隙与最大过盈之差。

对于间隙配合，常用配合公差 T_f 表示间隙配合松紧均匀程度，它为最大间隙与最小间隙之差的绝对值，即间隙的允许变动量，也等于孔、轴公差之和，即

$$T_f=|X_{\max}-X_{\min}|=T_h+T_s$$

对于过盈配合，常用配合公差 T_f 表示过盈配合的松紧均匀程度，它为最大过盈与最小过盈之差的绝对值，即过盈的允许变动量，也等于孔、轴公差之和，即

$$T_f=|Y_{\max}-Y_{\min}|=T_h+T_s$$

对于过渡配合，常用配合公差 T_f 表示过渡配合松紧均匀程度，它为最大间隙与最大过盈之差的绝对值，即间隙(过盈)的允许变动量，也等于孔、轴公差之和，即

$$T_f = |X_{max} - Y_{max}| = T_h + T_s$$

由此可以看出，间隙配合、过盈配合和过渡配合的配合公差的数值大小是组成配合的孔与轴公差之和，它是允许间隙或过盈的变动量，是设计人员根据相配合件的使用要求确定的。配合公差越大，配合时形成的间隙或过盈的变化量就越大，配合后松紧变化程度就越大，配合精度就越低；反之，则配合精度高。因此，要想提高配合精度，就要减小孔、轴的尺寸公差。

【例 1-1】 已知某配合的孔尺寸为 $\phi40^{+0.025}_{0}$，轴尺寸为 $\phi40^{-0.010}_{-0.026}$，求孔、轴的极限尺寸与公差。

解 方法一(公差带图解法)。

根据题意画出公差带图，如图 1-30 所示。

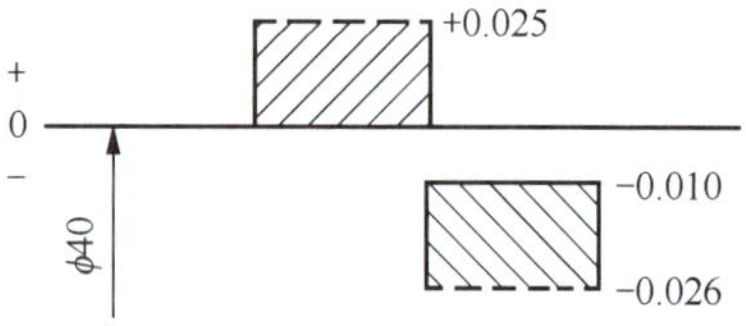

图 1-30 公差带图解

依据公差带图得：

孔的上极限尺寸 $D_{max}=40.025$ mm，下极限尺寸 $D_{min}=40$ mm；

轴的上极限尺寸 $d_{max}=39.990$ mm，下极限尺寸 $d_{min}=39.974$ mm；

孔的公差 $T_h=0.025$ mm，轴的公差 $T_s=0.016$ mm。

方法二(公式法)。

孔的上极限尺寸 $D_{max}=D+ES=(40+0.025)\text{mm}=40.025$ mm；

孔的下极限尺寸 $D_{min}=D+EI=(40+0)\text{mm}=40$ mm；

轴的上极限尺寸 $d_{max}=d+es=(40-0.010)\text{mm}=39.990$ mm；

轴的下极限尺寸 $d_{max}=D+ei=(40-0.026)\text{mm}=39.974$ mm；

孔的公差 $T_h=|D_{max}-D_{min}|=|40.025-40|\text{mm}=0.025$ mm

或 $T_h=|ES-EI|=|+0.025-0|\text{mm}=0.025$ mm；

轴的公差 $T_s=|d_{max}-d_{min}|=|39.990-39.974|\text{mm}=0.016$ mm

或 $T_s=|es-ei|=|-0.010-(-0.026)|\text{mm}=0.016$ mm。

5. ISO 配合制

ISO 配合制指由线性尺寸公差 ISO 代号体系确定公差的孔和轴组成的一种配合制度，形成配合要素的线性尺寸公差 ISO 代号体系应用的前提条件是孔和轴的公称尺寸相同。在互换性生产中，需要各种不同性质的配合。当配合公差确定后，通过改变孔和轴的公差带位置，便可获得多种组合形式的配合。为了简化孔、轴公差的组合形式，尽可能地减少配合数量，通过固定一个公差带、变更另一个公差带(无须将孔、轴公差带同时变动)的方式，便可得到满足不同使用要求且数量有限的配合。因此，国家标准根据孔、轴公差带之间的相互位置关系，规定了两种基准制，即基孔制和基轴制。基准制配合统一了孔(轴)公差带的评判基准，从而减少了定值刀具、量具的规格、数量，获得了最大的经济效益。

(1) 基孔制配合。基孔制配合是指孔的基本偏差为零(其下极限偏差等于零)的配合，即用基本偏差为零的孔的公差带，与不同基本偏差的轴的公差带形成各种配合的一种制度，如图 1-31 所示。

从图 1-31 可以看出，限制公差带的水平实线代表基准孔或不同的轴的基本偏差，限制公差带的虚线代表其他极限偏差，图中所示的基准孔与不同的轴之间可能的组合，与它们的标准公差等级有关。在基孔制中，孔是基准件，称为基准孔；轴是非基准件，称为配合轴。基准孔的基本偏差是下极限偏差，且等于零($EI=0$)，并以基本偏差代号“H”表示，应优先选用。从基孔制配合可得出轴的基本偏差构成规律如下。

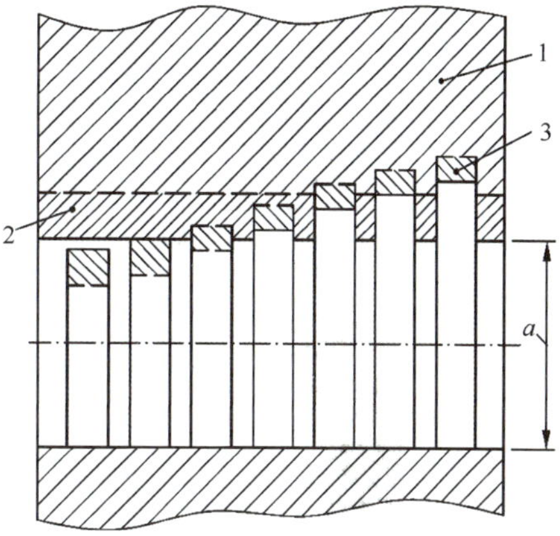

1—基准孔“H”；2—基准孔的公差带；3—不同的轴的公差带；a—公称尺寸

图 1-31　基孔制配合

① 基准孔 H 与轴 a～h 形成间隙配合。其中，a、b、c 间隙较大，主要用于热动配合，考虑到热膨胀的影响，确定基本偏差数值要增大间隙；d、e、f 主要用于旋转运动的间隙配合，为保证良好的液体摩擦，同时考虑到表面粗糙度磨损的影响，确定基本偏差数值要减小间隙；g 主要用于滑动或定心配合的半液体摩擦，要求间隙较小；h 是最小间隙为零的一种间隙配合，用于定位配合。

② 基准孔 H 与轴 j～n 一般形成过渡配合。其中，j 目前主要用于与滚动轴承配合，其基本偏差数值根据经验数据确定；k、m、n 为过渡配合，以保证有较好的对中及定心，装拆简单，一般用统计方法来确定其基本偏差数值。

③ 基准孔 H 与轴 p～zc 通常形成过盈配合，常按配合所需的最小过盈和相配基准孔的公差等级来确定基本偏差数值。基本偏差数值按优先数系的规律增长。

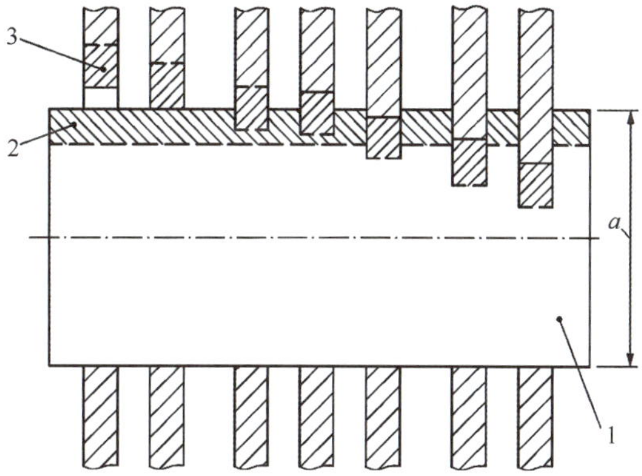

1—基准轴“h”；2—基准轴的公差带；3—不同的孔的公差带；a—公称尺寸

图 1-32　基轴制配合

(2) 基轴制配合。基轴制配合是指轴的基本偏差为零(其上极限偏差等于零)的配合，即基轴制配合用基本偏差为零的轴的公差带，与不同基本偏差的孔的公差带形成各种配合的一种制度，如图 1-32 所示。

从图 1-32 可以看出，限制公差带的水平实线代表基准轴和不同的孔的基本偏差；限制公差带的虚线代表其他极限偏差；图中所示的基准轴与不同的孔之间可能的组合，其与它们的标准公差等级有关。在基轴制中，轴是基准件，称为基准轴；孔是非基准件，称为配合孔。同时规定，基准轴的基本偏差是上极限偏差，且等于零($es=0$)，并以基本偏差代号“h”表示。

二、公差带的有关规定

根据国家标准提供的 20 个公差等级与 28 种基本偏差代号，可以组合成孔、轴均为 20×28=560 种的公差代号，但由于 28 个基本偏差中，J(j) 比较特殊，孔仅与 3 个公差等级组合成为 J6、J7、J8，而轴也仅与 4 个公差等级组合成为 j5、j6、j7、j8。这 7 种公差带逐渐会被 JS(js)所代替，故孔公差带有 20×27+3=543 种，轴公差带有 20×27+4=544 种。若将上述孔与轴任意组合，就可获得近 30 万种配合，不但繁杂，而且不利于互换性生产。为了减少定值刀具、量具和工艺装备的品种及规格，必须对公差带与配合加以选择和限制。

1. 孔、轴公差带

国家标准虽然对公差带代号进行了限制，给出了公差带代号，但其选择面非常宽，不利于工程应用。通过对公差带代号选取的限制，可以避免工具和量具不必要的多样性。GB/T 1800.1—2020 规定：孔、轴公差带代号应尽可能从图 1-33 和图 1-34 分别给出的孔和轴相应的公差带代号中选取。图 1-33 所示为孔的常用和优先公差带，其中标记方框为优先公差带。孔有 45 种常用公差带、17 种优先公差带。图 1-34 所示为轴的常用和优先公差带，其中标记方框为优先公差带。轴有 50 种常用公差带、17 种优先公差带。选用公差带时，应按优先、常用、一般、任意公差带的顺序选用，特别是优先和常用公差带，其在长期生产实践中积累了较丰富的使用经验，应尽量选用。

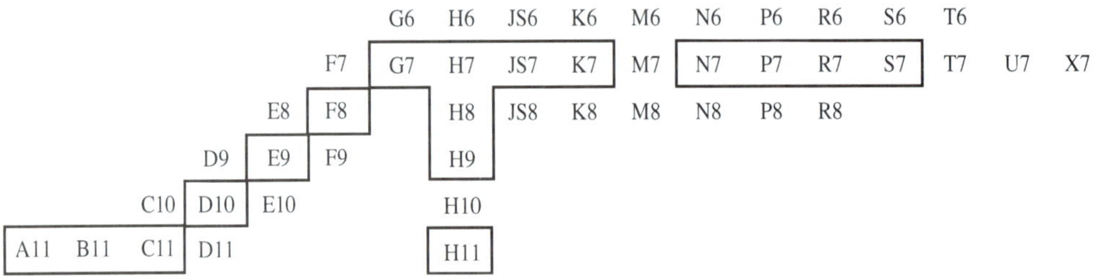

图 1-33　孔的常用和优先公差带

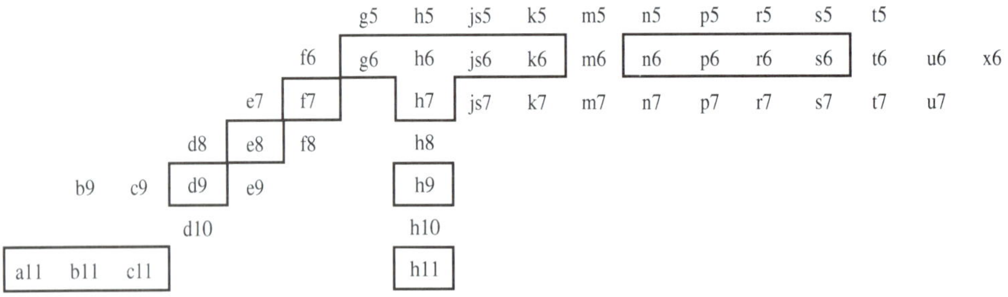

图 1-34　轴的常用和优先公差带

2. 配合公差带

基于决策的考虑，对于孔和轴的公差等级和基本偏差(公差带的位置)的选择，应能够以给出最满足所要求使用条件对应的最小和最大间隙或过盈。对于通常的工程目的，只需要许多可能的配合中的少数配合。图 1-35 中的基轴制有 38 种常用配合、18 种优先配合。图 1-36 中的基孔制有 45 种常用配合、13 种优先配合。选择时，应优先选用优先配合公差带，其次选择常用配合公差带。

基准轴	孔公差带代号																	
	间隙配合							过渡配合				过盈配合						
h5						G6	H6	JS6	K6	M6		N6	P6					
h6					F7	G7	H7	JS7	K7	M7	N7		P7	R7	S7	T7	U7	X7
h7				E8	F8		H8											
h8			D9	E9	F9		H9											
h9				E8	F8		H8											
			D9	E9	F9		H9											
	B11	C10	D10				H10											

图 1-35　基轴制配合的优先配合

基准孔	轴公差带代号																	
	间隙配合							过渡配合				过盈配合						
H6						g5	h5	js5	k5	m5		n5	p5					
H7					f6	g6	h6	js6	k6	m6	n6		p6	r6	s6	t6	u6	x6
H8				e7	f7		h7	js7	k7	m7					s7		u7	
			d8	e8	f8		h8											
H9			d8	e8	f8		h8											
H10	b9	c9	d9	e9			h9											
H11	b11	c11	d10				h10											

注：H6/n5、H7/p6 在公称尺寸小于或等于 3 mm 和 H8/r7 在小于或等于 100 mm 时，为过渡配合。

图 1-36　基孔制配合的优先配合

三、尺寸公差与配合公差的标注

1. 尺寸公差的标注

尺寸公差标注时，必须标注出公差带的两要素，即基本偏差代号（位置要素）与公差等级数字（大小要素），也可附注两极限偏差值。标注时，要用同一字号的字体（即两个符号等高）。如图 1-37 所示的尺寸公差标注分别为 $\phi20g6$、$\phi20_{-0.020}^{-0.007}$ 或 $\phi20g6(_{-0.020}^{-0.007})$。

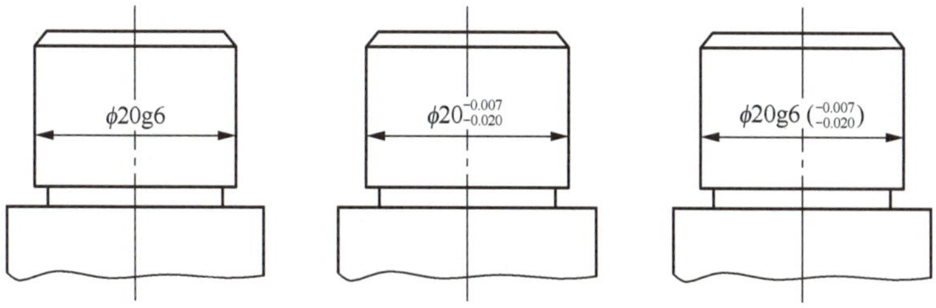

（a）$\phi20g6$　　（b）$\phi20_{-0.020}^{-0.007}$　　（c）$\phi20g6(_{-0.020}^{-0.007})$

图 1-37　尺寸公差的标注法

2. 配合公差的标注

在装配图上主要标注配合公差代号，即标注孔、轴的基本偏差代号及公差等级。配合代号标注形式是在公称尺寸后标注配合代号，配合代号用分式表示，分子表示孔的公差带代号，分母表示轴的公差带代号。在装配图上也可附注上下偏差数值。配合公差的标注法如图 1-38 所示。

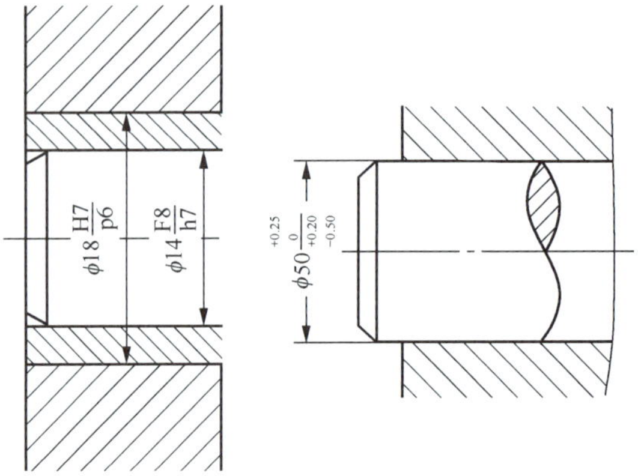

图 1-38　配合公差的标注法

四、一般公差的规定

一般公差是指在车间普通工艺条件下，机床设备可保证的公差。在正常维护和操作情况下，它代表车间通常的加工精度。采用一般公差时，在该尺寸后不标注极限偏差或其他代号，所以也称未注公差。一般公差主要用于较低精度的非配合尺寸。当功能上允许的公差等于或大于一般公差时，应采用一般公差。只有当要素的功能允许比一般公差大的公差，而该公差在制造上比一般公差更为经济时（如装配所钻盲孔的深度），则相应的极限偏差值要在尺寸后注出。在正常情况下，一般公差可不必检验。一般公差适用于金属切削加工的尺寸和一般冲压加工的尺寸。非金属材料和其他工艺方法加工的尺寸亦可参照采用。《一般公差 未注公差的线性和角度尺寸的公差》（GB/T 1804—2000）规定了 4 个公差等级，其线性尺寸的极限偏差数值见表 1-7；其倒圆半径与倒角高度的极限偏差数值见表 1-8。

表 1-7　线性尺寸的极限偏差数值　单位：mm

公差等级	公称尺寸分段							
	0.5～3	>3～6	>6～30	>30～120	>120～400	>400～1 000	>1 000～2 000	>2 000～4 000
f(精密级)	±0.05	±0.05	±0.1	±0.15	±0.2	±0.3	±0.5	—
m(中等级)	±0.1	±0.1	±0.2	±0.3	±0.5	±0.8	±1.2	±2
c(粗糙级)	±0.2	±0.3	±0.5	±0.8	±1.2	±2	±3	±4
v(最粗级)	—	±0.5	±1	±1.5	±2.5	±4	±6	±8

表 1-8　倒圆半径与倒角高度的极限偏差数值　单位：mm

<table>
<tr><th rowspan="2">公差等级</th><th colspan="4">公称尺寸分段</th></tr>
<tr><th>0.5～3</th><th>>3～6</th><th>>6～30</th><th>>30</th></tr>
<tr><td>f(精密级)</td><td rowspan="2">±0.2</td><td rowspan="2">±0.5</td><td rowspan="2">±1</td><td rowspan="2">±2</td></tr>
<tr><td>m(中等级)</td></tr>
<tr><td>c(粗糙级)</td><td rowspan="2">±0.4</td><td rowspan="2">±1</td><td rowspan="2">±2</td><td rowspan="2">±4</td></tr>
<tr><td>v(最粗级)</td></tr>
</table>

注：倒圆半径和倒角高度的含义参见《零件倒圆与倒角》（GB/T 6403.4—2008）。

对于角度尺寸的极限偏差数值，按其角度短边长度确定，具体见表 1-9。

表 1-9　角度尺寸的极限偏差数值　单位：mm

公差等级	长度分段				
	～10	>10～50	>50～120	>120～400	>400
f(精密级) m(中等级)	±1°	±30′	±20′	±10′	±5′
c(粗糙级)	±1°30′	±1°	±30′	±15′	±10′
v(最粗级)	±3°	±2°	±1°	±30′	±20′

五、测量误差和数据处理

1. 测量误差

在测量中，不管使用多么精确的计量器具，采用多么可靠的测量方法，都会不可避免地产生一些误差，即测量所得的值不可能是被测量的真值。测得值与被测量的真值之间的差异称为测量误差。在实际测量时，被测量的真值是不可知的，常用相对真值或不存在系统误差情况下的多次测量的算术平均值来代表真值。测量误差分为绝对误差和相对误差。

(1) 绝对误差 δ。绝对误差 δ 是指被测量的测得值(示值) x 与其真值 x_0 之差，即

$$\delta = x - x_0$$

由于测得值 x 可能大于或小于真值 x_0，所以测量误差 δ 可能是正值也可能是负值。测量误差的绝对值越小，说明测得值越接近真值，测量精度越高；反之，测量精度就低。这是对同一被测件而言的。如用一器具测量长度为 20 mm 的工件，绝对误差为 0.002 mm，用另一器具测量时，绝对误差为 0.003 mm，这说明后一种测量精度低于第一种测量精度。若用另一器具测量长度为 400 mm 的工件，绝对误差为 0.02 mm，这时，不能判断为第一种测量的绝对误差小，其测量精度高；第二种测量绝对误差大，其测量精度低。这是因为，二者的真值不相同，也就是不是同一量，不能进行横向比较。实际上，第二种测量的绝对误差相对于被测量的值很小，为 0.000 05，第一种则为 0.000 1。因此，需用相对误差来评定。

(2) 相对误差 ε。相对误差 ε 是指绝对误差 δ 的绝对值 $|\delta|$ 与被测量真值 x_0 之比，即

$$\varepsilon = \frac{|x - x_0|}{x_0} \times 100\% = \frac{|\delta|}{x_0} \times 100\%$$

要想比较测量精度的高低，对于相同被测件，可用绝对误差；对于不同的被测件，要用相对误差来判断。

2. 测量误差的来源

产生测量误差的原因归纳起来有以下 5 个方面：

(1) 计量器具误差。计量器具误差是指计量器具本身存在的误差，包括在设计、制造、装配调整和使用过程中的误差。这些误差的综合反映可用计量器具的示值精度或不确定度来表示。

(2) 基准件误差。基准件误差是指作为基准件或标准件本身的制造误差和检定误差。一般来说，基准件误差会直接影响测得值，因此，要保证一定的测量精度，必须选择一定精度的计量器具。

(3) 测量环境误差。测量环境误差是指测量时环境条件变化或环境不符合标准要求而引起的测量误差，如温度、湿度、振动的影响等。其中，温度变化引起的误差是最主要的环境误差。因此，高精度的测量，必须在严格的恒温条件下进行(即以 20℃为标准温度的某变动范围，如±0.5℃或±1℃等)。对于车间或小型计量室来说，应尽量做到测量时被测件、计量器具及标准器等温，在测量时尽量减少外界的影响(如手的接触等)，造成温度的较大变化。温度变化引起的误差在较大工件的测量中尤为严重，应引起重视。

(4) 测量方法误差。测量方法误差是指由测量方法不完善所引起的误差。例如，接触测量中测量力引起的计量器具和零件表面变形误差，间接测量中计算公式的不精确，测量过程中工件安装定位不合理等。

(5) 人为误差。人为误差是由测量人员的主观因素所引起的误差，如测量人员技术不熟练、视觉偏差、估读判断错误等引起的误差。

总之，引起测量误差的因素很多，有些误差是不可避免的，但有些是可以避免的。因此，测量时测量者应对一些可能产生测量误差的原因进行分析，尽量减少或消除误差，从而减少对测量结果的影响，提高测量精度。

3. 测量误差的分类

根据测量误差的性质、出现的规律和特点，通常把误差分为 3 类，即系统误差、随机误差和粗大误差。正确理解和分清这 3 类误差对于测量结果的处理十分有必要。

(1) 系统误差。在相同条件下，经多次测量同一量值时，得到的误差大小和符号保持不变或按一定规律变化，这种误差称为系统误差。当误差的大小和符号不变时，又把这种系统误差称为定值系统误差。当误差按一定规律变化时称为变值系统误差。

在测量结果中，由于系统误差的存在，会严重影响测量精度，尤其在高精度的比较测量中，由基准件(如量块)误差所产生的系统误差，可能占测量误差的一半以上，所以消除系统误差是提高测量精度的关键。系统误差越小，表明测量结果的准确度越高。虽然系统误差有着确定的规律，但常常隐藏在测量数据之中不易被发现，多次重复测量又不能降低它对测量精度的影响，所以在测量时应特别注意。

(2) 随机误差。在相同测量条件下，多次测量同一量值时，其误差的大小和符号以不可预见的方式变化的误差，称为随机误差。

随机误差是测量过程中许多独立的、微小的、随机的因素引起的综合结果。如计量器具中机构的间隙、运动件之间的摩擦力变化、测量力的变化和测量温度、湿度的波动等引起的测量误差都属于随机误差。

在一定测量条件下对同一量值进行大量重复测量时，总体随机误差的产生满足统计规律，可以分析和估算误差值的变动范围，并通过取平均值的办法来减小其对测量结果的影响。大量实验表明，随机误差呈正态分布规律，如图 1-39 所示，横坐标表示随机误差 δ，纵坐标表示概率密度 y。

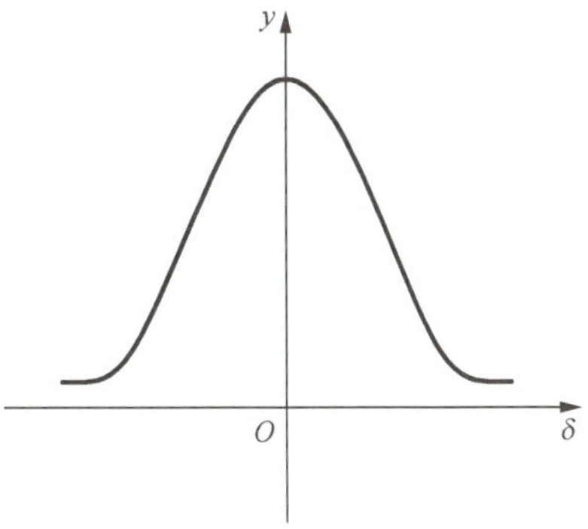

图 1-39　正态分布曲线

从图 1-39 中可以看出，随机误差具有以下 4 个特性。

① 单峰性。绝对值小的随机误差比绝对值大的随机误差出现的概率大。

② 对称性。绝对值相等的正误差与负误差出现的概率相等。

③ 有界性。在一定的测量条件下，随机误差的绝对值不会超出一定界限。

④ 抵偿性。当测量次数无限增多时，随机误差的算术平均值趋向于零。

(3) 粗大误差。粗大误差也称过失误差，因某种反常原因造成的、超出在规定条件下预计的测量误差，称为粗大误差。粗大误差的出现具有突然性，它是由某些偶尔发生的反常因素造成的。这种显著歪曲测得值的粗大误差应尽量避免，且在一系列测得值中可按一定的判别准则予以剔除。

4. 测量精度

测量精度是指被测量的测得值与真值的接近程度。前面讲到的绝对误差和相对误差就是测量精度的体现。为了说明测量过程中的系统误差、随机误差以及二者综合对测量结果的影响，引出以下概念。

(1) 准确度。准确度表示测量结果中的系统误差大小的程度，专指系统误差。其指在规定的条件下，在测量中所有系统误差的综合。系统误差越小，则准确度越高。

(2) 精密度。精密度表示测量结果中的随机误差大小的程度。其指在一定条件下进行多次测量时，所得测量结果彼此之间符合的程度。随机误差越小，则精密度越高，精密度可简称为精度。

(3) 精确度。精确度是测量结果中系统误差与随机误差的综合，表示测量结果与真值的一致程度。从误差的角度来看，精确度反映了测量的各类误差的综合影响。

通常，测量结果精密度高的，准确度不一定高，反之亦然；但精确度高时，准确度和精密度一定高。

5. 测量结果的数据处理

对测量结果进行数据处理是为了找出被测量最可信的数值，以及评定这一数值所包含的误差。在相同的测量条件下，对同一被测量进行多次连续测量，得到一系列测量数据，这些数据中可能同时存在系统误差、随机误差和粗大误差，因此必须对这些误差进行处理。

1) 系统误差的发现与消除

(1) 定值系统误差的发现。从多次连续测量测得的数据中，无法发现定值系统误差的存在。因为定值系统误差的存在，只影响测得的算术平均值，也就是只影响测量误差分布中心的位置。要发现某一测量条件下是否存有定值系统误差，可对所用量具、量仪和测量方法事先进行检定。检定时，可以在所要检定的器具上，对一已知实际尺寸的基准件进行重复测量，将测得值的平均值与该已知尺寸之差作为定值系统误差，而该基准件的实际尺寸应该使用更高精度仪器鉴定出的量块的实际尺寸来确定。

(2) 变值系统误差的发现。变值系统误差对每个测得值有不同的影响，但有确定的规律而不是随机的，因此，它既影响分布曲线的位置，又影响分布曲线的形状。发现变值系统误差可以用以下 2 种方法。

① 观察残余误差的变化。残余误差是各测得值与测得值的算术平均值之差。将一系列测得值的残余误差按测量顺序排列，若无变值系统误差，则其符号大体上是正负相间的。若残余误差的大小有规则地向一个方向递增或递减，则说明有明显的累计系统误差。如果残余误差的符号和数值是有规律的周期性变化，则说明有周期性系统误差。

② 检验残余误差的代数和。将一列测得的残余误差按测量顺序排列，分成前后 2 个组，前 K 个和后 K 个残余误差，分别求代数和。当前后 2 个组残余误差的代数和均接近于零时，观察各残余误差的符号变化规律，若符号大体上正负相同，则不存在显著的变值系统误差；若符号呈现周期性变化，则可能存在周期性系统误差。当前后 2 个组残余误差的代数和相差很大，且符号明显地由正变负或由负变正时，则可能存在累积系统误差。

(3) 系统误差的消除。

① 从器具自身找原因。在测量前，对测量过程中可能产生系统误差的各个环节进行仔细分析，从计量器具本身找原因。例如，在测量前仔细调整仪器工作台，调整零位，测量仪器和被测工件应处于标准温度状态。

② 加修正值。取该系统误差的相反值作为修正值，用代数法将修正值加到实际测得值上，可得到不包含该系统误差的测量结果。例如，量块的实际尺寸不等于标称值，若按标称尺寸使用，就会产生系统误差，按经过检定的量块实际尺寸使用，就可避免系统误差的产生。

③ 异号法取平均值。如果在测量中两次测量所产生的定值系统误差大小相等或接近而符号相反，则取其平均值作为测量结果，就可消除定值系统误差。

2) 随机误差的发现与消除

为了减小随机误差对测量结果的影响，可以用概率与数理统计的方法来估算随机误差的范围和分布规律，对测量结果进行处理。数据处理的具体步骤分为以下 4 步。

(1)计算算术平均值。在同一条件下，对同一量进行等精度的多次测量，其测得值分别为 x_1，x_2，…，x_n，则算术平均值为

$$\bar{x}=\frac{x_1+x_2+\cdots+x_n}{n}=\frac{\sum_{i=1}^{n}x_i}{n}$$

其中，n 为测量次数；$\bar{x}$ 为算术平均值。

各测量真值差分别为

$$\delta_1=x_1-x_0,\ \delta_2=x_2-x_0,\ \cdots,\ \delta_n=x_n-x_0$$

相加后有 $$\delta_1+\delta_2+\cdots+\delta_n=(x_1+x_2+\cdots+x_n)-nx$$

即 $$\sum_{i=1}^{n}\delta_i=\sum_{i=1}^{n}x_i-nx_0$$

则真值为 $$x_0=\frac{\sum_{i=1}^{n}x_i}{n}-\frac{\sum_{i=1}^{n}\delta_i}{n}=\bar{x}-\frac{\sum_{i=1}^{n}\delta_i}{n}$$

由随机误差的抵偿性可知 $$\lim_{x\to\infty}\frac{\delta_1+\delta_2+\cdots+\delta_n}{n}=0$$

因此有 $x\to x_0$。

由此可见，如果可能对某一量进行无限次的测量，在消除系统误差的情况下，无限次测量的算术平均值就接近于真值，所以，用平均值来代表真值不仅是合理的而且是可靠的。

(2) 计算残差 v_i。残差的计算公式为

$$v_i=x_i-\bar{x}$$

在测量时，真值是未知的，因为测量次数 $n\to\infty$ 是不现实的，所以在实际应用中以算术平均值 $\bar{x}$ 代替真值 x_0，以残差 v_i 代替 δ_i。

残差有如下 2 个特性。

① 异组测量值的残差代数和等于零，即

$$\sum_{i=1}^{n}v_i=0$$

此性质可以用来检验数据处理中求得的算术平均值和残差是否正确。

② 残差的平方和为最小，即最小二乘法原理。若用其他值代替 $\bar{x}$，并求得各测量值对该值之差，各个差值的平方和一定比残差的平方和大，故可以说明用算术平均值 $\bar{x}$ 代替真值作为测量结果是最可靠且最合理的。

(3) 计算测量结果中单次测得值的标准偏差。标准偏差 σ 是表征对同一被测量进行 n 次测量所得值的分散程度的参数。由于随机误差 δ_i 是未知量，实际测量时常用残差 v_i 代替 δ_i。

(4) 计算算术平均值的极限误差 $\Delta=\pm3\sigma$。

3) 粗大误差的处理

由于粗大误差会显著歪曲测量结果，所以在处理测量数据时应将含有粗大误差的测得值剔除。但是，对测得值中显著增大的或显著减小的可疑数值，不能根据主观判断随意剔除，而是应根据一定的客观标准。通常是重复测量或者改用另一种测量方法加以核对。对于等精度多次测量值，可以用 3σ 准则，即残余误差绝对值大于标准偏差的 3 倍，即认为该测量值有粗大误差，应将其剔除。

六、尺寸误差检测计量器具的选择原则

为了保证产品质量，国家标准《产品几何技术规范(GPS)　光滑工件尺寸的检验》(GB/T 3177—2009)对验收原则、验收极限、检验尺寸用的测量器具的测量不确定度允许值和计量器具选用原则等作出了规定，以保证验收合格的尺寸位于根据零件功能要求而确定的尺寸极限内。该标准适用于车间使用的普通计量器具(如各种游标卡尺、千分尺、比较仪、指示表等)，其检测的公差等级范围为 6～18 级。该标准也适用于一般公差(未注公差)尺寸的检验。

1. 误收与误废

在验收产品时，如果以被测工件规定的极限尺寸作为验收的界值，即零件的合格条件为理想条件——测得尺寸应小于最大极限尺寸，同时又大于最小极限尺寸。但在实际测量过程中，由于测量误差的影响，仪器读数有时偏大有时偏小，一方面，很可能把与公差界限极为接近，但却超出公差界限的废品错误地判断为合格品，这称为误收；另一方面，也可能把与公差界限极为接近的合格品判断为废品，称为误废。

任何测量都存在测量的误差，误差可以是正值也可以是负值，它的存在影响测量结果。例如，用千分尺多次测量轴径读数时，每次读数可能比上一次大，也可能比上一次小，这种不确定性与计量器具的不确定度有关。游标卡尺和千分尺、指示表、比较仪的不确定度分别见表 1-10、表 1-11 和表 1-12。

表 1-10　　游标卡尺和千分尺不确定度　　单位：mm

<table>
<tr><th rowspan="2">尺寸范围</th><th colspan="4">不确定度</th></tr>
<tr><th>分度值 0.01 mm 的外径千分尺</th><th>分度值 0.01 mm 的内径千分尺</th><th>分度值为 0.02 mm 的游标卡尺</th><th>分度值为 0.05 mm 的游标卡尺</th></tr>
<tr><td>>0～50</td><td>0.004</td><td rowspan="3">0.008</td><td rowspan="10">0.020</td><td rowspan="2">0.050</td></tr>
<tr><td>>50～100</td><td>0.005</td></tr>
<tr><td>>100～150</td><td>0.006</td><td rowspan="8">0.100</td></tr>
<tr><td>>150～200</td><td>0.007</td><td rowspan="3">0.013</td></tr>
<tr><td>>200～250</td><td>0.008</td></tr>
<tr><td>>250～300</td><td>0.009</td></tr>
<tr><td>>300～350</td><td>0.010</td><td rowspan="3">0.020</td></tr>
<tr><td>>350～400</td><td>0.011</td></tr>
<tr><td>>400～450</td><td>0.012</td></tr>
<tr><td>>450～500</td><td>0.013</td><td>0.025</td></tr>
<tr><td>>500～600</td><td rowspan="3"></td><td rowspan="3">0.030</td><td rowspan="3">0.020</td><td rowspan="3">0.015</td></tr>
<tr><td>>600～700</td></tr>
<tr><td>>700～1 000</td></tr>
</table>

表 1-11　　指示表不确定度　　单位：mm

<table>
<tr><th rowspan="2">尺寸范围</th><th colspan="4">所使用的计量器具</th></tr>
<tr><th>分度值为 0.001 mm 的千分表(0 级在全程范围内，1 级在 0.2 mm 范围内)，分度值为 0.002 mm 的千分表(在 1 转范围内)</th><th>分度值为 0.001 mm、0.002 mm、0.005 mm 的千分表(1 级在全程范围内)，分度值为 0.01 mm 的百分表(0 级在任意 1 mm 内)</th><th>分度值为 0.01 mm 的百分表(0 级在全程范围内、1 级在任意 1 mm 内)</th><th>分度值为 0.01 mm 的百分表(1 级在全程范围内)</th></tr>
<tr><td>≤25</td><td rowspan="5">0.005</td><td rowspan="9">0.010</td><td rowspan="9">0.018</td><td rowspan="9">0.030</td></tr>
<tr><td>>25～40</td></tr>
<tr><td>>40～65</td></tr>
<tr><td>>65～90</td></tr>
<tr><td>>90～115</td></tr>
<tr><td>>115～165</td><td rowspan="4">0.006</td></tr>
<tr><td>>165～215</td></tr>
<tr><td>>215～265</td></tr>
<tr><td>>265～315</td></tr>
</table>

表 1-12　　比较仪不确定度　　单位：mm

<table>
<tr><th rowspan="2">尺寸范围</th><th colspan="4">不确定度</th></tr>
<tr><th>分度值为 0.000 5 mm(相当于放大倍数 2 000 倍)的比较仪</th><th>分度值为 0.001 mm(相当于放大倍数 1 000 倍)的比较仪</th><th>分度值为 0.002 mm(相当于放大倍数 400 倍)的比较仪</th><th>分度值 0.005 mm(相当于放大倍数 250 倍)的比较仪</th></tr>
<tr><td>≤25</td><td>0.000 5</td><td rowspan="2">0.001 0</td><td>0.001 7</td><td rowspan="2">0.003 0</td></tr>
<tr><td>>25～40</td><td>0.000 7</td><td>0.001 8</td></tr>
<tr><td>>40～65</td><td>0.000 8</td><td rowspan="2">0.001 1</td><td rowspan="2"></td><td rowspan="2"></td></tr>
<tr><td>>65～90</td><td>0.000 8</td></tr>
<tr><td>>90～115</td><td>0.000 9</td><td>0.001 2</td><td rowspan="2">0.001 0</td><td rowspan="2"></td></tr>
<tr><td>>115～165</td><td>0.001 0</td><td>0.001 3</td></tr>
<tr><td>>165～215</td><td>0.001 2</td><td>0.001 4</td><td>0.002 0</td><td rowspan="3">0.003 5</td></tr>
<tr><td>>215～265</td><td>0.001 4</td><td>0.001 6</td><td>0.002 1</td></tr>
<tr><td>>265～315</td><td>0.001 6</td><td>0.001 7</td><td>0.002 2</td></tr>
</table>

例如，用示值误差为±4 μm 的千分尺验收 $\phi 20h6(^{\ 0}_{-0.013})$mm 的轴径时，可能的“误收”“误废”区域分布如图 1-40 所示。如以轴径的上、下极限偏差 0 和－13 μm 作为验收极限，则在验收极限附近±4 μm 的范围内可能会出现以下 4 种情况。

(1) 若轴径的实际尺寸落在 1 区，大于上极限尺寸，显然为不合格品，但此时恰巧碰到千分尺的测量误差为－4 μm 的影响，使其读数值可能小于上极限尺寸，而判为合格品，造成误收。

(2) 若轴径的实际尺寸落在 2 区，小于上极限尺寸，显然为合格品，但此时恰巧碰到千分尺的测量误差为＋4 μm 的影响，使其读数值可能大于上极限尺寸，而判为不合格品，造成误废。

(3) 若轴径的实际尺寸落在 3 区,大于下极限尺寸,显然为合格品,但此时恰巧碰到千分尺的测量误差为 $-4\ \mu m$ 的影响,使其读数值可能小于下极限尺寸,而判为不合格品,造成误废。

(4) 若轴径的实际尺寸落在 4 区,小于下极限尺寸,显然为不合格品,但此时恰巧碰到千分尺的测量误差为 $+4\ \mu m$ 的影响,使其读数值可能大于下极限尺寸,而判为合格品,造成误收。

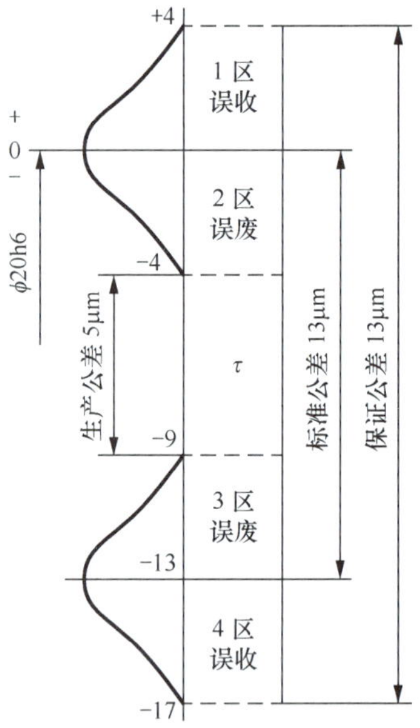

图 1-40　测量误差对验收的影响

2. 安全裕度与验收极限

误收和误废不利于产品质量的提高和成本的降低,为了适当的控制误废,并尽量减少误收,并考虑国标中关于"应只接收位于规定尺寸极限之内的工件"的规定,因此,标准规定验收极限一般采用内缩方式,即从规定的上极限尺寸和下极限尺寸分别向公差带内移动一个安全裕度 A 来确定,如图 1-41 所示。安全裕度 A 由被测工件的尺寸公差来确定,其数值见表 1-13。

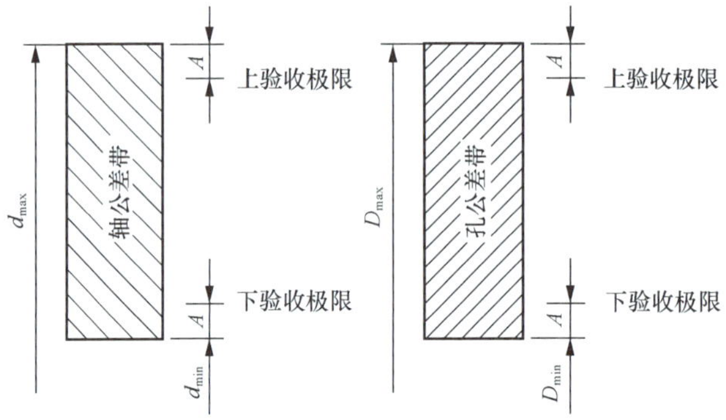

图 1-41　安全裕度和验收极限

孔尺寸的验收极限:上验收极限=上极限尺寸 $(D_{max})-A$

下验收极限=下极限尺寸 $(D_{min})+A$

轴尺寸的验收极限:上验收极限=上极限尺寸 $(d_{max})-A$

下验收极限=下极限尺寸 $(d_{min})+A$

对于遵循包容要求的尺寸、公差等级高的尺寸,检验时应按内缩原则确定验收极限,对工件进行检验;而对于非配合尺寸和一般公差尺寸,可按不内缩原则极限检验,即 $A=0$。

安全裕度 A 由被测对象的允许误差范围确定。可见,安全裕度实际上就是对测量方法提出的准确度要求,即测量不确定度的允许值 μ。因此,对规定范围内的被测对象尺寸的测量检验,应使测量不确定度允许值 μ 小于或等于安全裕度 A。

安全裕度 A 相当于测量中总的不确定度允许值 μ,它包括计量器具的不确定度允许

值 μ_1 和由温度、被测对象形状误差及接触测量时的压陷效应等因素引起的不确定度允许值。一般情况下，在采用常用计量器具按内缩方式进行测量时，这几方面的误差都不进行修正。计量器具的不确定度允许值 μ_1 是选择计量器具的依据，μ_1 可根据表 1-13 确定。表中 μ_1 的数值按尺寸段分为Ⅰ挡、Ⅱ挡、Ⅲ挡。Ⅰ挡值约为工件公差的 1/10，约为安全裕度 A 的 0.9 倍。Ⅱ、Ⅲ挡值分别约为工件公差的 1/6 和 1/4。选择计量器具时，优先选用Ⅰ挡，其次选用Ⅱ挡、Ⅲ挡。

表 1-13　　安全裕度（A）和计量器具的测量不确定度允许值（μ_1）　　单位：μm

公差等级		6					7					8				
公称尺寸/mm		T	A	μ_1			T	A	μ_1			T	A	μ_1		
大于	至			Ⅰ	Ⅱ	Ⅲ			Ⅰ	Ⅱ	Ⅲ			Ⅰ	Ⅱ	Ⅲ
≤3		6	0.6	0.54	0.9	1.4	10	1.0	0.9	1.5	2.3	14	1.4	1.3	2.1	3.2
3	6	8	0.8	0.72	1.2	1.8	12	1.2	1.1	1.8	2.7	18	1.8	1.6	2.7	4.1
6	10	9	0.9	0.81	1.4	2.0	15	1.5	1.4	2.3	3.4	22	2.2	2.0	3.3	5.0
10	18	11	1.1	1.0	1.7	2.5	18	1.8	1.7	2.7	4.1	27	2.7	2.4	4.1	6.1
18	30	13	1.3	1.2	2.0	2.9	21	2.1	1.9	3.2	4.7	33	3.3	3.0	5.0	7.4
30	50	16	1.6	1.4	2.4	3.6	25	2.5	2.3	3.8	5.6	39	3.9	3.5	5.9	8.8
50	80	19	1.9	1.7	2.9	4.3	30	3.0	2.7	4.5	6.8	46	4.6	4.1	6.9	10
80	120	22	2.2	2.0	3.3	5.0	35	3.5	3.2	5.3	7.9	54	5.4	4.9	8.1	12
120	180	25	2.5	2.3	3.8	5.6	40	4.0	3.6	6.0	9.0	63	6.3	5.7	9.5	14
180	250	29	2.9	2.6	4.4	6.5	46	4.6	4.1	6.9	10	72	7.2	6.5	11	16
250	315	32	3.2	2.9	4.8	7.2	52	5.2	4.7	7.8	12	81	8.1	7.3	12	18
315	400	36	3.6	3.2	5.4	8.1	57	5.7	5.1	8.4	13	89	8.9	8.0	13	20
400	500	40	4.0	3.6	6.0	9.0	63	6.3	5.7	9.5	14	97	9.7	8.7	15	22

注：摘自 GB/T 3177—2009。

3. 计量器具的选择

车间条件下测量并验收工件，必须考虑测量误差的影响。测量误差的主要来源是计量器具的测量不确定度 μ_1'。选择时，应使所选用的计量器具的测量不确定度数值等于或小于标准所规定的允许值，即 $\mu_1' \leqslant \mu_1$。常用计量器具的测量不确定度 μ_1' 的数值可参阅表 1-10、表 1-11 和表 1-12。准确度指标是选用计量器具的主要因素，除此之外，选用计量器具还需考虑适用性能和检测成本的要求，要经济可靠。选择计量器具时，必须遵循以下 5 条原则。

(1) 计量器具的测量范围及标尺的测量范围，要能够适应被测对象的外形、位置，被测量的大小以及其他要求。

(2) 按被测对象的尺寸公差来选用计量器具时，为使对象的实际尺寸不超出原定的公差尺寸范围，必须考虑计量器具的测量极限误差来给出安全裕度，按对象极限尺寸双向内缩一个安全裕度数值得出验收极限，按验收极限判断对象尺寸是否合格。

(3) 按被测对象的结构特殊性选用计量器具，如被测对象的大小、形状、重量、材料、刚性和表面粗糙度等都是选用时的考虑因素。被测对象的大小确定所选用计量器具的测量范围。被测对象的材料较软（如铜、铝），且刚性较差时，就不能用测量力大的计量器具，或直接选用非接触式仪器。

(4) 被测对象所处的状态和测量条件是选择计量器具时的考虑因素。显然,动态情况下的测量要比静态情况下的测量复杂得多。

(5) 被测对象的加工方法、批量和数量等也是选择计量器具时要考虑的因素。对于单件测量,应以选择通用计量器具为主;对于成批的测量,应以专用量具、量规和仪器为主;对于大批的测量,则应选用高效率的自动化专用检验器具。

七、长度基准和长度量值传递系统

1. 长度基准

目前国际上使用的长度单位有米制和英制 2 种,统一使用的公制长度基准是在 1983 年第 17 届国际计量大会上通过的,以米作为长度基准。在我国法定计量单位制中,长度的基本单位是米(m)。第 17 届国际计量大会上通过的米的定义:米是(1/299 792 458)秒的时间间隔内光在真空中行进的长度。这是米定义的第三次变化。新定义的米,可以通过时间法、频率法和辐射法来复现。时间法利用光行进的时间来测量长度,主要用于天文学和大地测量学。频率法利用光的频率来测量其真空波长,故在准确度方面潜力很大,但在实际应用中尚需建立激光波长基准。在辐射法方面,1993 年国际计量委员会推荐了 8 种稳频激光器辐射的标准谱线频率(波长)值,作为复现米定义的国际标准。目前我国使用碘吸收稳定的 0.633μm 氦氖激光辐射作为波长标准来复现米的定义,因为稳频激光的波长作为长度基准具有极好的稳定性和复现性。

2. 长度量值传递系统

使用光波长度基准,虽然可以达到足够的准确性,但却不便直接应用于生产中的量值测量。为了方便、稳定地进行测量,人们通常使用实物标准器,如端度标准器(量块),线纹类标准器(如线纹尺)等进行测量。为了保证长度基准的量值能准确地传递到工业生产中去,实现零件的互换性,必须保证量值的统一和建立一套完整而严密的量值传递系统。从光波基准到生产中使用的各种测量器具和工件的尺寸传递系统如图 1-42 所示。目前,量块和线纹尺仍是实际工作中的两种实体基准,是实现光波长度基准到实践测量之间的量值传递媒介。本书仅对常用的量块进行介绍。

八、量块基本知识

量块(又名块规),是由两个相互平行的测量面之间的距离来确定其工作长度的一种高精度量具。量块是没有刻度的平面平行端面量具,横截面为矩形或圆形。量块用特殊合金钢制成,具有线膨胀系数小、不易变形、耐磨性好等特点。量块分为长度量块和角度量块两类,可用来检定、调整、校对计量器具,还可以用于测量工件精度、划线(配合划线爪使用)和调整设备等。

1. 量块的中心长度

量块长度是指量块测量面上的任意一点到与下测量面相研合的辅助体(如平晶)平面间的垂直距离,用 l 表示。虽然量块精度很高,但其测量面亦非理想平面,两测量面也不是

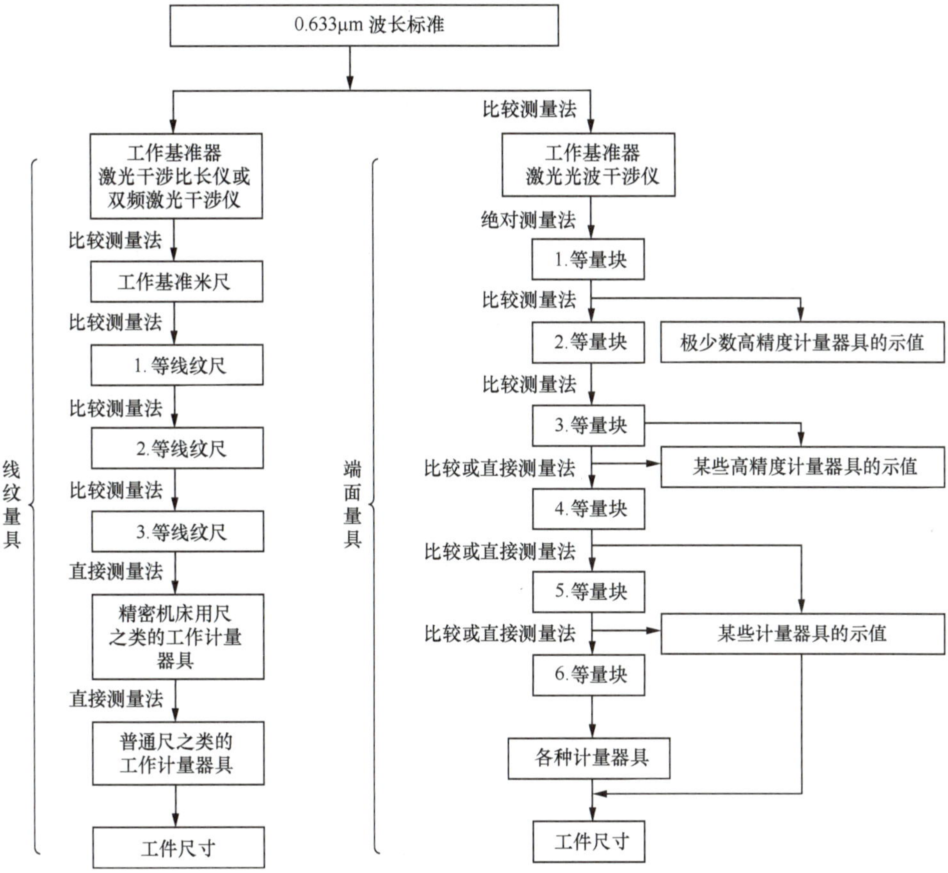

图 1-42　长度量值传递系统

绝对平行的。可见，量块长度并非处处相等。因此，规定量块的尺寸是指量块测量面上中心点的量块长度，即用量块的中心长度尺寸代表工作尺寸，用 lc 来表示，如图 1-43 所示。量块上标出的为名义上的中心长度，称为标称长度，用 ln 表示。尺寸不大于 5.5 mm 的量块，标称长度刻在上测量面上；尺寸大于 5.5 mm 的量块，名义尺寸刻在一个非测量面上，而且该表面的左右侧面分别为上测量面和下测量面，如图 1-44 所示。

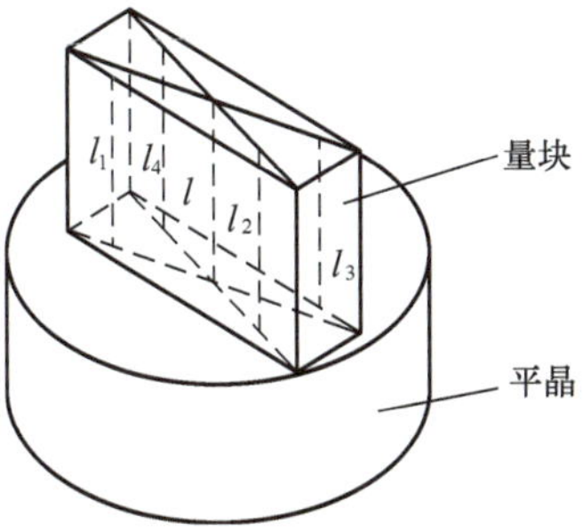

图 1-43　量块的中心长度

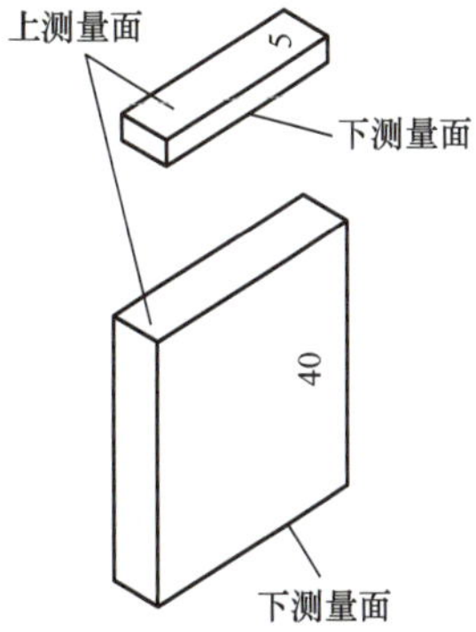

图 1-44　量块

2. 量块的研合性

每块量块只代表一个尺寸，由于量块的测量平面十分光洁（其表面粗糙度值 $Ra \leq$ 0.016 μm）和平整，因此，当表面留有一层极薄的油膜时（约 0.02 μm），用力推合两块量块，使它们的测量平面互相紧密接触，因分子间的亲和力，两块量块便能粘合在一起，量块的这种特性称为研合性。利用量块的研合性，就可以把各种尺寸不同的量块组合成量块组，得到所需要的各种尺寸。例如，91 块的成套量块能组成 2～100 mm、单位为 μm 的任何尺寸。

3. 量块的组合

为了组成各种尺寸，量块是按一定的尺寸系列成套生产的，一套包含一定数量不同尺寸的量块，装在一特制的木盒内。国家量块标准中规定了 17 种成套的量块系列，从国家标准《几何量技术规范(GPS)　长度标准　量块》(GB/T 6093—2001)中摘录的 4 套量块的尺寸系列见表 1-14。

表 1-14　　成套量块尺寸

套别	总块数	级别	尺寸系列/mm	间隔/mm	块数
1	91	0,1	0.5		1
			1		1
			1.001, 1.002, …, 1.009	0.001	9
			1.01, 1.02, …, 1.49	0.01	49
			1.5, 1.6, …, 1.9	0.1	5
			2.0, 2.5, …, 9.5	0.5	16
			10, 20, …, 100	10	10
2	83	0,1,2	0.5		1
			1		1
			1.005		1
			1.01, 1.02, …, 1.49	0.01	49
			1.5, 1.6, …, 1.9	0.1	5
			2.0, 2.5, …, 9.5	0.5	16
			10, 20, …, 100	10	10
3	46	0,1,2	1		1
			1.001, 1.002, …, 1.009	0.001	9
			1.01, 1.02, …, 1.09	0.01	9
			1.1, 1.2, …, 1.9	0.1	9
			2, 3, …, 9	1	8
			10, 20, …, 100	10	10
4	38	0,1,2	1		1
			1.005		1
			1.01, 1.02, …, 1.09	0.01	9
			1.1, 1.2, …, 1.9	0.1	9
			2, 3, …, 9	1	8
			10, 20, …, 100	10	10

4. 量块的精度

(1) 量块的分级。按 GB/T 6093—2001 的规定，量块按制造精度分为 5 级，即 0、1、2、3 和 K 级。其中 0 级精度最高，依次降低，3 级精度最低，K 级为校准级，用来校准 0、1、2 级量块。各级量块精度指标见表 1-15。量具生产企业根据各级量块的国标要求，在制造时就将量块分了“级”，并将制造尺寸标刻在量块上。使用时，就使用量块上的标称长度，称为按“级”测量。

量块长度偏差 e 是指量块任意点的量块长度与标称长度的代数差，即 $e=l-ln$，极限偏差用 t_e 表示。量块长度变动量 V 是指量块测量面上任意点中最大长度 l_{max} 与最小长度 l_{min} 之差，长度变动量最大允许值用 t_v 表示。

表 1-15　各级量块的精度指标

标称长度 ln/mm		量块制造精度									
		0 级		K 级		1 级		2 级		3 级	
		长度/μm									
大于	到	长度极限偏差 ±te	长度变动量最大允许值 t_v	长度极限偏差 ±te	长度变动量最大允许值 t_v	长度极限偏差 ±te	长度变动量最大允许值 t_v	长度极限偏差 ±te	长度变动量最大允许值 t_v	长度极限偏差 ±te	长度变动量最大允许值 t_v
≤10		0.12	0.10	0.20	0.05	0.20	0.16	0.45	0.30	1.00	0.50
10	25	0.14	0.10	0.30	0.05	0.30	0.16	0.06	0.30	1.20	0.50
25	50	0.20	0.10	0.40	0.06	0.40	0.18	0.80	0.30	1.60	0.55
50	75	0.25	0.12	0.50	0.06	0.50	0.18	1.00	0.35	2.00	0.55
75	100	0.30	0.12	0.60	0.07	0.60	0.20	1.20	0.35	2.50	0.60
100	150	0.40	0.14	0.80	0.08	0.80	0.20	1.60	0.40	3.00	0.65
150	200	0.50	0.16	1.00	0.09	1.00	0.25	2.00	0.40	4.00	0.70
200	250	0.60	0.16	1.20	0.10	1.20	0.25	2.40	0.45	5.00	0.75

注：摘自 GB/T 6093—2001。

(2) 量块的分等。量块按其检定精度，可分为 1、2、3、4、5 共 5 等，其中 1 等精度最高，其余各等精度依次降低，5 等精度最低。各等量块精度指标见表 1-16。

表 1-16　各等量块的精度指标

标称长度 L/mm		量块鉴定精度									
		1 等		2 等		3 等		4 等		5 等	
		长度/μm									
大于	到	测量不确定度	长度变动量	测量不确定度	长度变动量	测量不确定度	长度变动量	测量不确定度	长度变动量	测量不确定度	长度变动量
≤10		0.022	0.05	0.06	0.10	0.11	0.16	0.22	0.30	0.6	0.5
10	25	0.025	0.05	0.07	0.10	0.12	0.16	0.25	0.30	0.6	0.5
25	50	0.030	0.06	0.08	0.10	0.15	0.18	0.30	0.30	0.8	0.55
50	75	0.035	0.06	0.09	0.12	0.18	0.18	0.35	0.35	0.9	0.55
75	100	0.040	0.07	0.10	0.12	0.20	0.20	0.40	0.35	1.0	0.6
100	150	0.05	0.08	0.12	0.14	0.25	0.20	0.50	0.40	1.2	0.65
150	200	0.06	0.09	0.15	0.16	0.30	0.25	0.60	0.40	1.5	0.7
200	250	0.07	0.10	0.18	0.16	0.35	0.25	0.70	0.45	1.8	0.75

注：摘自 JJG 146—2011。

5. 量块的选择

选择量块时，无论是按“级”测量还是按“等”测量，都应按照量块的名义尺寸进行选取。若按“级”测量，则测量结果即为按“级”测量的测得值；若按“等”测量，则可将测出的结果加上量块检定表中所列各量块的实际偏差，即为按“等”测量的测得值。

当新买来的量块使用了一个检定周期后（一般为 1 年），再继续按名义尺寸使用，即按“级”使用，组合精度就会降低（由于长时间的组合、使用，量块有所磨损），所以就必须对量块重新进行检定，测出每块量块的实际尺寸，并按照各等量块的国家标准将其分成“等”。使用量块检定后的实际尺寸进行测量，称为按“等”测量。这样，一套量块就有了 2 种使用方法。量块的“级”和“等”是从成批制造和单个检定两种不同的角度出发，对其精度进行划分的 2 种形式。按“级”使用时，以标记在量块上的标称尺寸作为工作尺寸，该尺寸包含制造误差，制造误差忽略不计；按“等”使用时，必须以检定后的实际尺寸作为工作尺寸，该尺寸不包含制造误差，但包含了检定时的测量误差，测量误差忽略不计。对同一量块而言，检定时的测量误差要比制造误差小得多，所以量块按“等”使用时，其精度比按“级”使用时要高，并且能在保持量块原有使用精度的基础上延长使用寿命。

量块选择应注意以下问题。

（1）组合量块成一定尺寸时，应从所给尺寸的最后一位小数开始考虑，每选一块，应使尺寸至少去掉一位小数。

（2）使量块块数尽可能少，以减少积累误差，一般为 3～5 块。

（3）必须从同一套量块中选取，决不能在 2 套或 2 套以上的量块中混选。

（4）组合时，不能将测量面与非测量面相研合。

（5）组合时，下测量面一律朝下。

【例 1-2】 从 83 块一套的量块中组合成 66.765 mm 尺寸。

方法如下（单位：mm）：

总尺寸	66.765	
选择第一块	1.005	
余下尺寸	65.76	去掉小数 0.005
选择第二块	1.26	
余下尺寸	64.5	去掉小数 0.06
选择第三块	4.5	
余下尺寸	60	去掉小数 0.5
选择第四块	60	选完

因 66.765＝1.005＋1.26＋4.5＋60，所以由 4 块量块粘合而成。

任务分析

轴与孔的配合误差检测主要目的是根据配合轴和配合孔零件的尺寸公差标注，把轴与孔相对应的配合尺寸及公差代号标注在零件的配合图上，画出配合公差图，确定出配合性质，并将配合性质和配合公差值(查表转换)填入规定的检测数据记录表。由于被测零件的尺寸精度较高，应选用螺旋测微量具(外径千分尺和内径千分尺)或量仪类检测工具对被测量零件中的配合尺寸进行测量，计算实测配合误差，并将测量结果和计算出的配合误差记录在检测数据记录表上。根据检测记录数据和零件的配合图上配合性质和要求，进行配合性质和误差判定。

任务实施

一、任务准备

领取测量工具(外径千分尺和三爪内径千分尺)、被测零件轴和轴套、软布、被测零件图样、实训报告纸等。

二、认识三爪内径千分尺

三爪内径千分尺是利用通过旋转塔形阿基米德螺旋体或移动锥体使三个测量爪作径向移动，使其与被测内孔接触，对内孔尺寸进行测量的内尺寸测量工具，三爪内径千分尺外形如图 1-45 所示。

三爪内径千分尺是根据螺旋副传动原理进行读数的通用内尺寸测量工具，I 型三爪内径千分尺结构如图 1-46 所示。

图 1-45　三爪内径千分尺外形

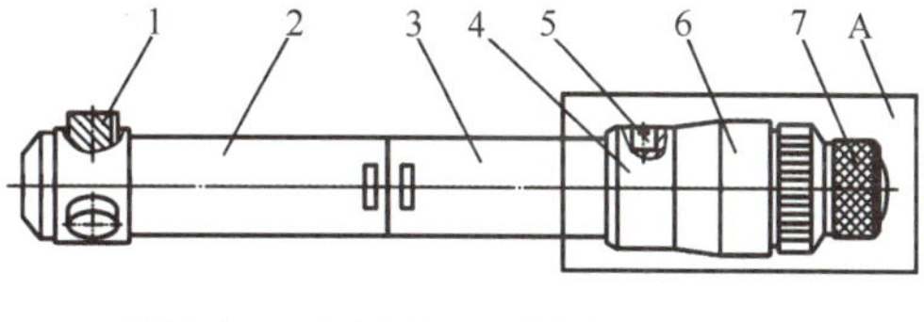

1—测量爪；2—测量头；3—接长杆；4—固定套管；5—调零装置；6—微分筒；7—测力装置；A—读数部分

图 1-46　I 型三爪内径千分尺结构

成套的内径千分尺配有调整量具，用于校对微分头零位。微分头结构主要由测量头、锁紧螺钉、固定套管、微分筒、测微螺杆等组成，示值范围一般有 13 mm、25 mm、50 mm，测量下限为 50 mm、75 mm、100 mm、150 mm 等。三爪内径千分尺的分度值为 0.001 mm 或 0.005 mm。

三爪内径千分尺使用方法如下。

(1) 零位校准。在使用三爪内径千分尺之前，需要使用标准环规对内径千分尺进行零位校准。校准前先用软布将内径千分尺和标准环规的测量面擦拭干净，不能有油垢或其他杂质。校准时，将测量头轻轻地塞入标准环规中，转动微分筒，当 3 个测量头贴近环规内壁时，再转动测力装置，转动 2～3 圈后听到“咔咔”声，观察微分筒零刻度与固定套筒的起始位置(零刻度)是否对齐，如二者对齐，则表示该三爪内径千分尺测量精度准确，可以测量，如二者不对齐，则表示该三爪内径千分尺测量精度不准确，需要进行零位校准。校准时，如果零位偏差很小，就用扳手扳动固定套管微调。如果零位偏差比较大，则需要将微分筒旋转后移，松开固定套管的紧定螺钉，前移或后移固定套管，对零后再锁紧固定套管。

(2) 测量零件。测量前要使用游标卡尺对被测孔径进行大致测量，依被测物孔径大小，选择相应量程的三爪内径千分尺；用软布擦拭干净工件内孔，将工件水平放置在工作台上，将三爪内径千分尺测头以小于被测孔直径放入被测物孔内，三爪内径千分尺应垂直放置；测量时，左手三手指拿着三爪内径千分尺刻度表下的圆棒（接长杆），右手旋转三爪内径千分尺上的微分筒，使 3 个测量头与被测内孔轻微接触时，再转动测力装置，听到“咔咔”声后再转 2～3 次，即可读数。当使用三爪内径千分尺测量深孔时，如测杆不够长，此时可以用扳手松开或手动拧开测量头和轴套，在测量头的轴套间接上接长杆，然后拧紧使用。

内径千分尺在测量时，必须用尺寸最大的接杆与其测量头连接，依次顺接到测量触头，以减少连接后的轴线弯曲。测量时应看测量头固定和松开时的变化量。用内径千分尺测量孔时，将其测量触头测量面支撑在被测表面上，调整微分筒，使微分筒一侧的测量面在孔的径向截面内摆动，找出最小尺寸，然后拧紧固定螺钉取出并读数。

内径千分尺测量时支承位置要正确。接长后的大尺寸内径尺重力变形，会引起直线度、平行度、垂直度等几何误差。其刚度的大小，具体可反映在“自然挠度”上。理论和实验结果表明由工件截面形状所决定的刚度对支承后的重力变形影响很大。如不同截面形状的内径尺长度 L 虽相同，当支承在(2/9) L 处时，都能使内径尺的实测值误差符合要求。但支承点稍有不同，其直线度变化值就较大。所以在国家标准中将支承位置移到最大支承距离位置时的直线度变化值称为“自然挠度”。为保证刚性，在我国国家标准中规定了内径尺的支承点要在(2/9) L 处和在离端面 200 mm 处，即测量时变化量最小，并将内径尺每转 90°检测一次，其示值误差均不应超过要求值。

(3) 读数。先读固定刻度，读数时，先以微分筒的端面为准线，读出固定套管下刻度线的分度值（只读出以毫米为单位的整数）；再读半刻度，若半刻度线已露出，记作 0.5 mm；若半刻度线未露出，记作 0.0 mm；再读可动刻度（注意估读），以固定套管上的水平横线作为读数准线，读出可动刻度上的分度值，读数时应估读到最小刻度的十分之一，即 0.001 mm，记作可动刻度（含估读）×0.01 mm；最终读数结果为固定刻度＋半刻度＋可动刻度＋估读。

(4) 测量时注意事项。测量时必须注意温度的影响，在测量过程中避免测量过程时间过长和用手大面积接触内径千分尺。尤其是大尺寸测量时要特别注意。测量时，要掌握好测力的大小。要刚好接触到被测表面，避免旋转力过大损坏千分尺或造成很大误差。

用内径千分尺测量孔径时，被测表面必须擦拭干净，同时每一截面至少要在相互垂直的两个方向上进行，深孔要适当增加截面数量。为了提高测量精度，应考虑内径千分尺修正量的使用。正确读数须正视量具读数装置，不能斜视。

避免高温和阳光直接辐射，经常维护，应防磁、防锈、非计量人员严禁拆卸或调整量具。对于较大尺寸测量，测量时应在全长尺寸两端的 0.211L 处安装支承，这样可以使千分尺的形变量最小，以减小测量误差。

三、配合尺寸及公差代号标注

根据图 1-24 和图 1-25 所示轴、轴套零件，并按图 1-26 所示配合情况组装好；标注轴与孔相对应的配合尺寸及公差代号，结果如图 1-47 所示。

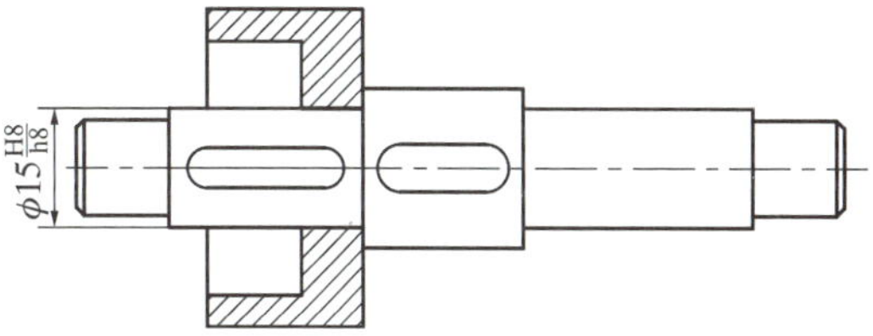

图 1-47　标注配合尺寸

四、绘制公差带图并确定配合性质

根据配合尺寸及公差带标注，画出如图 1-48 所示配合公差带图，确定出该配合为基孔制配合，配合类型间隙为 0 的间隙配合。将配合性质和配合公差值等数据填入表 1-17 中。

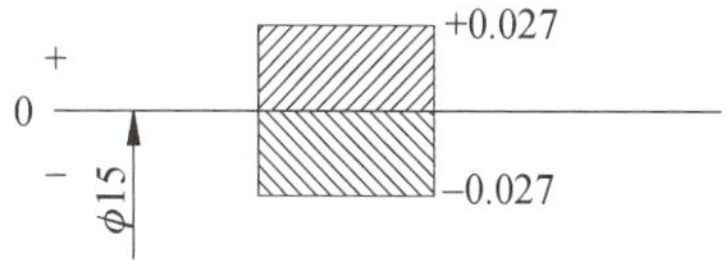

图 1-48　配合公差带图

表 1-17　配合误差检测记录表

测量项目	图样尺寸	公差	配合性质	间隙大小	配合公差	实测配合尺寸	配合误差	合格性判定
轴配合外圆	$\phi15h8_{-0.027}^{0}$			$X_{max}=$	$T_f=$			
孔配合内圆	$\phi15H8_{0}^{+0.027}$			$X_{min}=$				

五、测量轴和轴套零件配合尺寸并记录数据

用外径千分尺和三爪内径千分尺分别测量配合轴外圆尺寸和轴套上孔内圆尺寸，计算实测配合误差，并将结果填入表 1-17 中。

六、合格性判定

根据表 1-17 测量结果和计算结果，如配合误差满足图样配合要求，在表 1-17 中填写“合格”；如不满足图样配合要求，在表 1-17 中填写“不合格”。

拓展知识

一、使用量规检验工件尺寸

1. 量规概述

量规是一种没有刻线的专用量具。量规结构简单，通常为具有准确尺寸和形状的实体，如圆锥体、圆柱体、块体平板（量块、角度量块、平板、平晶）、尺（直尺、平尺、塞尺）和螺纹件等。常用的量规按被测工件的不同，可分为光滑极限量规（检测孔、轴用的量规）、直线尺寸量规(分高度量规、深度量规)、圆锥量规(正弦规)、螺纹量规、花键量规等。用量规检验工件通常有以下 4 种方法。

(1) 通止法。利用量规的通端和止端检查工件尺寸是否超出公差带。

(2) 着色法。在量规工作表面上涂上一薄层颜料,用量规表面与被测表面研合,被测表面的着色面积大小和分布不均匀程度表示其误差。

(3) 光隙法。使被测表面与量规的测量面接触,后面放光源或采用自然光,根据透光的颜色可判断间隙大小,从而表示被测尺寸、形状或位置误差的大小。

(4) 指示表法。利用量规的准确几何形状与被测几何形状比较,以百分表或测微仪等指示被测几何形状误差。

其中利用通止法检验的量规称为极限量规。极限量规因其使用方便、检验效率高、结果可靠,在大批生产中应用十分广泛。本书主要介绍光滑极限量规。

2. 光滑极限量规检验原理

光滑极限量规是一种没有刻度的专用检验工具。它只能测量工件尺寸是不是处于规定的极限尺寸范围内,即判断工件的合格性,而不能测量工件的实际尺寸。光滑极限量规使用方便、检验效率高,一般用于成批或大量生产中。

检验孔的光滑极限量规称为塞规,一个塞规按被测孔的最大实体尺寸(尺寸等于孔的下极限尺寸)制造,称为通规或过端;另一个塞规按被测孔的最小实体尺寸(尺寸等于孔的上极限尺寸)制造,称为止规或止端,如图 1-49(a)所示。检验轴的光滑极限量规称为环规,又称卡规,一个环规按被测轴的最大实体尺寸(尺寸等于轴的上极限尺寸)制造,称为通规;另一个环规按被测轴的最小实体尺寸(尺寸等于轴的下极限尺寸)制造,称为止规,如图 1-49(b)所示。测量时,通规和止规必须联合使用。只有当通规能够通过被测孔或轴,同时止规不能通过被测孔或轴,该孔或轴才是合格品。

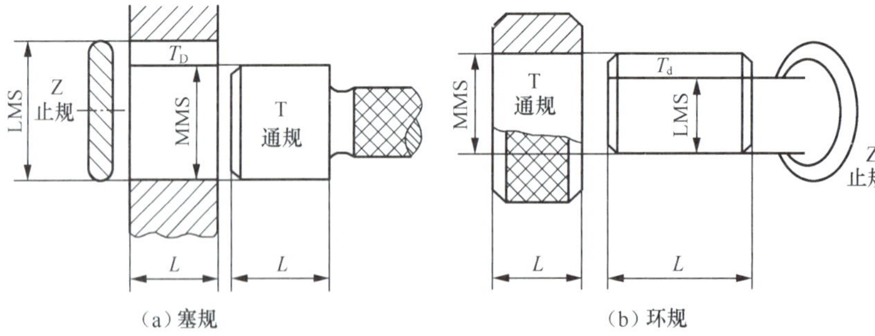

图 1-49　光滑极限量规

我国在 2006 年制定了新的光滑极限量规国家标准《光滑极限量规 技术条件》(GB/T 1957—2006)。

3. 光滑极限量规分类

光滑极限量规按其用途可分为工作量规、验收量规和校对量规。

(1) 工作量规是操作者在生产过程中检验零件用的量规,其通规和止规分别用 T 与 Z 表示。工作量规应该选用新量规或磨损量小的量规,这样可以促使操作者提高加工精度,保证工件的合格率。

(2) 验收量规是检验部门或用户代表验收产品时使用的量规。为了使更多的合格件验收,并减少验收纠纷,在标准中规定:检验员使用磨损较多的通规和接近最小实体尺寸的止规作为验收量规。

(3) 校对量规只是用来校对轴用量规,以发现卡规或环规是否已经磨损或变形。对于孔用量规可以很方便地使用通用量仪检验,则不必使用校对量规。校对量规分为 3 类:校对轴用量规通规的校对量规,称为校通—通量规,用代号 TT 表示;校对轴用量规通规是否达到磨损极限的校对量规,称为校通—损量规,用代号 TS 表示;校对轴用量规止规的校对量规,称为校止—通量规,用代号 ZT 表示。

4. 光滑极限量规尺寸公差带

(1) 工作量规公差带由制造公差和磨损公差组成。

① 制造公差。量规是根据工件的尺寸要求制造出来的,会不可避免地产生制造误差,因此需要规定制造公差。国家标准对量规的通端和止端规定了相同的制造公差 T,其公差带均位于被检工件的尺寸公差带内,以避免出现误收,如图 1-50 所示。

② 磨损公差。用通端检验工件时,需要频繁通过合格件,容易磨损,为保证通端有合理的使用寿命,通端的公差带距最大实体尺寸线必须有一段距离,即最小备磨量,其大小由图中通规公差带中心与工件最大实体尺寸之间的距离 Z 来确定,Z 为通端的位置要素值。通规使用一段时间后,其尺寸由于磨损超过了被检工件的最大实体尺寸,通规即报废。

用止端检验工件时,则不需要通过工件,因此不需要留备磨量。

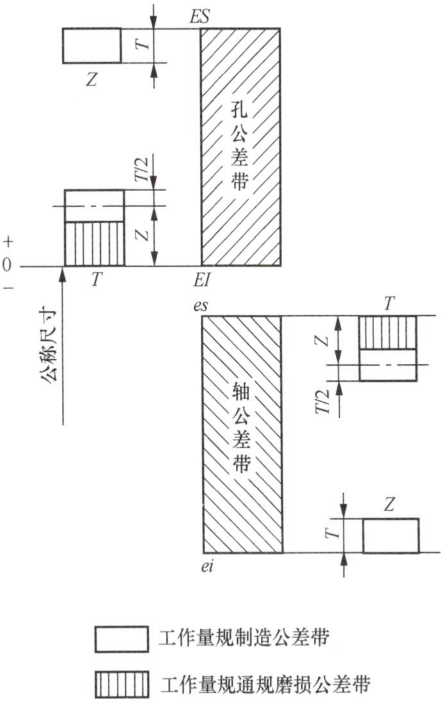

图 1-50　工作量规公差带图

制造公差 T 值和通规公差带位置要素 Z 值是综合考虑了量规的制造工艺水平和使用寿命,按工件的公称尺寸和公差等级给出的,具体数值见表 1-18。

(2) 验收量规公差带。在国家标准中,没有单独规定验收量规公差带,但规定了检验部门应使用磨损较多的通规,用户代表应使用接近工件最小实体尺寸的通规,以及接近工件最小实体尺寸的止规。

(3) 校对量规公差带。轴用通规的校通—通量规 TT 的作用是防止轴用通规发生变形而尺寸过小。检验时,应通过被校对的轴用通规,它的公差带从通规的下偏差算起,向通规公差带内分布。轴用通规的校通—损量规 TS 的作用是检验轴用通规是否达到磨损极限,它的公差带从通规的磨损极限算起,向轴用通规公差带内分布。轴用止规的校止一通量规 ZT 的作用是防止止规尺寸过小。检验时,应通过被校对的轴用止规,它的公差带从止规的下偏差算起,向止规的公差带内分布。规定校对量规的公差 T_p 等于工作量规公差的一半。

表 1-18　IT6～IT14 级工作量规制造公差和位置要素值　单位: μm

工件公称尺寸	IT6			IT7			IT8			IT9			IT10		
D/mm	IT6	T	Z	IT7	T	Z	IT8	T	Z	IT9	T	Z	IT10	T	Z
≤3	6	1	1	10	1.2	1.6	14	1.6	2	25	2	3	40	2.4	4
>3～6	8	1.2	1.4	12	1.4	2	18	2	2.6	30	2.4	4	48	3	5
>6～10	9	1.4	1.6	1.5	1.8	2.4	22	2.4	3.2	36	2.8	5	58	3.6	6
>10～18	11	1.6	2	18	2	2.8	27	2.8	4	43	3.4	6	70	4	8
>18～30	13	2	2.4	21	2.4	3.4	33	3.4	5	52	4	7	84	5	9
>30～50	16	2.4	2.8	25	3	4	39	4	6	62	5	8	100	6	11
>50～80	19	2.8	3.4	30	3.6	4.6	46	4.6	7	74	6	9	120	7	13
>80～120	22	3.2	3.8	35	4.2	5.4	54	5.4	8	87	7	10	140	8	15
>120～180	25	3.8	4.4	40	4.8	6	63	6	9	100	8	12	160	9	18
>180～250	29	4.4	5	46	5.4	7	72	7	10	115	9	14	185	10	20
>250～315	32	4.8	5.6	52	6	8	81	8	11	130	10	16	210	12	22
>315～400	36	5.4	6.2	57	7	9	89	9	12	140	11	18	230	14	25
>400～500	40	6	7	63	8	10	97	10	14	155	12	20	250	16	28

5. 量规设计

量规的设计就是根据工件图样上的要求,设计出能够把工件尺寸控制在允许的公差范围内的适用的量具。量规设计包括选择量规结构型式、确定量规结构尺寸、计算量规工作尺寸以及绘制量规工作图。

(1) 量规设计原则。当被测孔或轴遵守包容要求时,应遵循极限尺寸的判断原则:要求其被测要素的实体处处不超过最大实体边界,而实际尺寸不得超过最小实体尺寸。具体来讲,孔或轴的作用尺寸不允许超过最大实体尺寸(即对于孔的作用尺寸应不小于最小极限尺寸,轴的作用尺寸则应不大于最大极限尺寸);任何位置上的实际尺寸不允许超过最小实体尺寸,即对于孔的实际尺寸不大于最大极限尺寸;轴的实际尺寸不小于最小极限尺寸。

由上述内容可知:孔和轴尺寸的合格性应是作用尺寸和实际尺寸二者的合格性。作用尺寸由最大实体尺寸控制,而实际尺寸由最小实体尺寸控制。

通规体现的是最大实体边界,故理论上应为全形规。全形规除直径为最大实体尺寸外,其轴向长度还应与被检工件的长度相同,若通规不是全形规,会造成检验错误。如图 1-51 所示为用通规检验轴的示例,轴的作用尺寸已超出了最大实体尺寸,为不合格产品,但非全形规却能通过,容易造成误判。

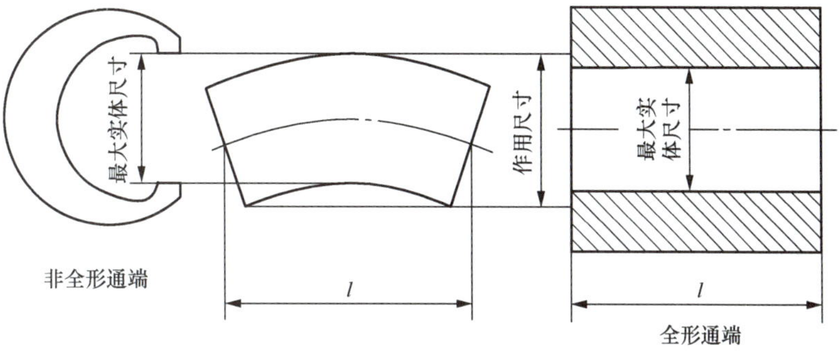

图 1-51　通规形状对检验的影响

止规用于检验工件任何位置上的实际尺寸，理论上应为非全形规，采用两点式测量，否则也会造成误判。如图 1-52 所示为止规形状不同对检验结果的影响，图中轴在 $I—I$ 位置上的实际尺寸已超出了最小实体尺寸，正确的检验情况是止规应在该位置上通过，从而判断出该轴不合格。但用全形的止规测量时，由于其他部分的阻挡，也通不过该轴，造成误判。

因此，根据国家标准对量规形状作的规定符合极限尺寸判断原则的通规应为全形规，止规则应为非全形规，即通规的测量面应是与孔或轴形状相对应的完整表面（通常称为全形量规），其尺寸等于工件的最大实体尺寸，且长度等于配合长度；止规的测量面应是点状的，两测量面之间的尺寸等于工件的最小实体尺寸。

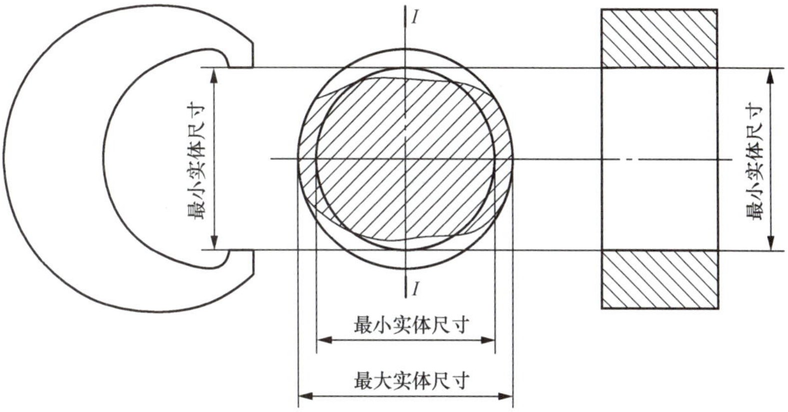

图 1-52　止规形状对检验的影响

但在某些场合下，应用符合泰勒原则的量规不方便或有困难时，在保证被检验工件的形状误差不至影响配合性质的前提下，极限量规可偏离上述原则。如对于尺寸大于 100 mm的孔，全形塞规通规过于笨重，不便于使用，则允许使用非全形塞规；环规通规不能检验正在顶尖上加工的工件及曲轴，允许用卡规代替；检验小孔的塞规止规常用便于制造的全形塞规；刚性差的工件也常用全形塞规或环规。选用量规结构和型式时，必须考虑工件结构、大小、产量和检验效率等。

(2) 工作量规的工作尺寸设计。量规设计的一般步骤如下。

① 按公差与配合确定孔、轴的上、下偏差。

② 按表 1-18 查出工作量规制造公差 T 值和位置要素 Z 值。

③ 参考表 1-19 计算各种量规的上、下偏差，画出公差带图。

表 1-19　　工作量规极限偏差的计算公式

项　目	检验孔的量规	检验轴的量规
通端上偏差	$T_s = EI + Z + \frac{1}{2}T$	$T_{sd} = es - Z + \frac{1}{2}T$
通端下偏差	$T_i = EI + Z$	$T_{id} = es - Z - \frac{1}{2}T$
止端上偏差	$Z_s = ES$	$Z_{sd} = ei + T$
止端下偏差	$Z_i = ES - T$	$Z_{id} = ei$

通规、止规的极限尺寸可由被检工件的实体尺寸与通规、止规的上、下偏差的代数和求得。

图样标注中，为了利于制造量规通、止端工作尺寸的标注，推荐采用“入体原则”，即塞规按轴的公差 h 标注上、下偏差，卡规或环规按孔的公差 H 标注上、下偏差。

【例 1-3】 试设计检测 ϕ25H8/f7 配合的孔用、轴用光滑极限量规。

解 (1) 确定量规型式。检验孔 ϕ25H8 的孔用塞规；检验 ϕ25f7 的轴用卡规。

(2) 查表 1-1、表 1-3、表 1-4 得出 ϕ25H8/f7 的孔、轴尺寸标注分别为：$\phi25\text{H8}(^{+0.033}_{0})$、$\phi25\text{f7}(^{-0.020}_{-0.041})$。

(3) 列表求出通规和止规的上、下偏差及有关尺寸，见表 1-20。

表 1-20　　例中孔、轴的有关尺寸　　单位：mm

项目	孔用塞规		轴用卡规	
	通规	止规	通规	止规
量规公差带参数	$Z = 0.005$　$T = 0.0034$		$Z = 0.0034$　$T = 0.0024$	
公称尺寸	ϕ25	ϕ25.033	ϕ24.980	ϕ24.959
量规公差带上偏差	+0.006 7	+0.033 0	−0.022 2	−0.038 6
量规公差带下偏差	+0.003 3	+0.029 6	−0.024 6	−0.041
量规上极限尺寸	ϕ25.006 7	ϕ25.033 0	ϕ24.977 8	ϕ24.961 4
量规下极限尺寸	ϕ25.003 3	ϕ25.029 6	ϕ24.975 4	ϕ24.959
通规的磨损极限	ϕ25		ϕ24.98	
尺寸标注	$\phi25(^{+0.0067}_{+0.0033})$	$\phi25(^{+0.0330}_{+0.0296})$	$\phi25(^{-0.0222}_{-0.0246})$	$\phi25(^{-0.0386}_{-0.041})$
	$\phi25.0067(^{0}_{-0.0034})$	$\phi25.0330(^{0}_{-0.0034})$	$\phi24.9754(^{+0.0024}_{0})$	$\phi25.959(^{+0.0024}_{0})$

(4) 量规的公差带如图 1-53 所示，量规的结构[根据《螺纹量规和光滑极限量观　型式与尺寸》(GB/T 10920—2008) 确定]和标注如图 1-54 所示。

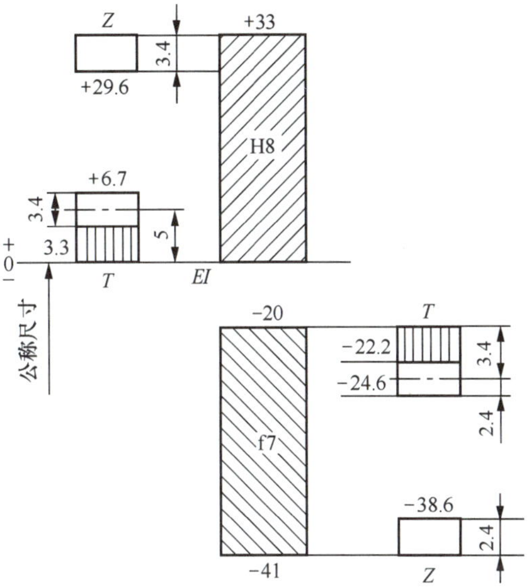

图 1-53　ϕ25H8/f7 量规的公差带

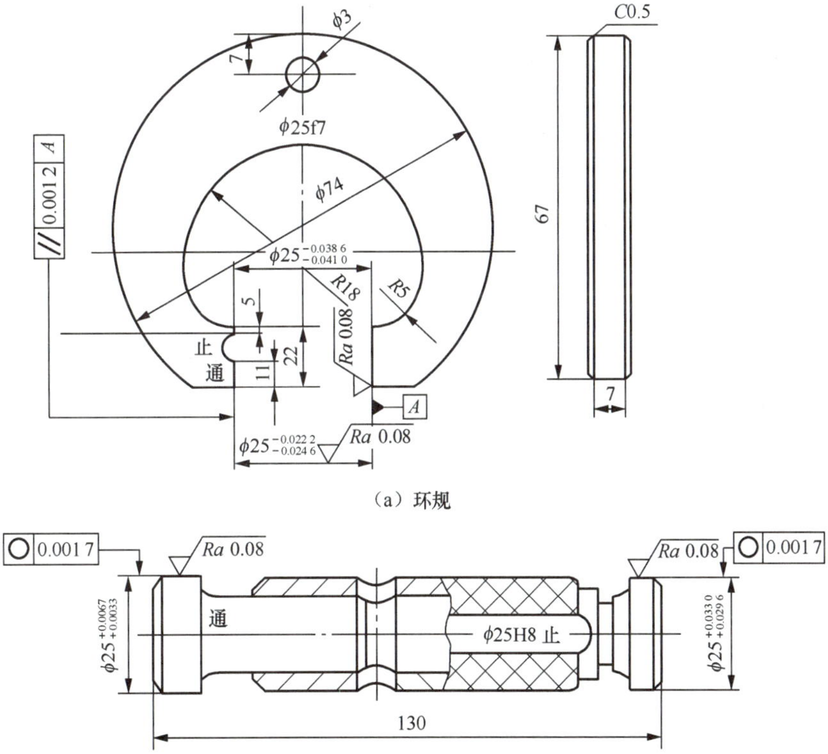

（a）环规

（b）塞规

图 1-54　ϕ25H8/f7 量规的结构和标注方法

6. 量规的其他技术要求

（1）量规的表面粗糙度要求。量规的测量表面的表面粗糙度应满足表 1-21 所列数值要求。

表 1-21　　量规的测量表面的表面粗糙度参数值

工作量规	工作公称尺寸/mm		
	≤120	>120～315	>315～500
	表面粗糙度/μm		
	Ra 不大于	Ra 不大于	Ra 不大于
IT6 级孔用量规	0.04	0.08	0.16
IT6～IT9 级轴用量规 IT7～IT9 级孔用量规	0.08	0.16	0.32
IT10～IT12 级孔轴用量规	0.16	0.32	0.63
IT13～IT16 级孔轴用量规	0.32	0.63	0.63

(2) 量规工作部位的几何公差要求。量规工作表面的几何公差与尺寸公差之间遵循包容要求。量规的几何误差应在其公差带内，其几何公差为量规尺寸公差的 50%。当量规尺寸公差小于或等于 0.002 mm 时，其形状与位置公差为 0.001 mm。

(3) 材料要求。量规要体现精确尺寸，故要求材料的线膨胀系数小，并要经过一定的稳定性处理后使其内部组织稳定。同时，工作表面还应耐磨，所以制造量规的材料通常为合金工具钢、碳素工具钢、渗碳钢及其他耐磨性好的材料。

(4) 外观要求。量规的表面不应有锈迹、毛刺、黑斑、划痕等明显影响外观和影响使用质量的缺陷，其他表面不应有锈蚀和裂纹。

(5) 其他要求。塞规测量头与手柄的连接应牢靠，不应有松动。

7. 量规的正确使用

量规是一种精密测量器具，使用量规过程中要与工件多次接触，如何保持量规的精度、提高检验结果的可靠性，这与操作者关系密切，因此必须合理正确地使用量规。量规的正确使用方法如图 1-55 所示。

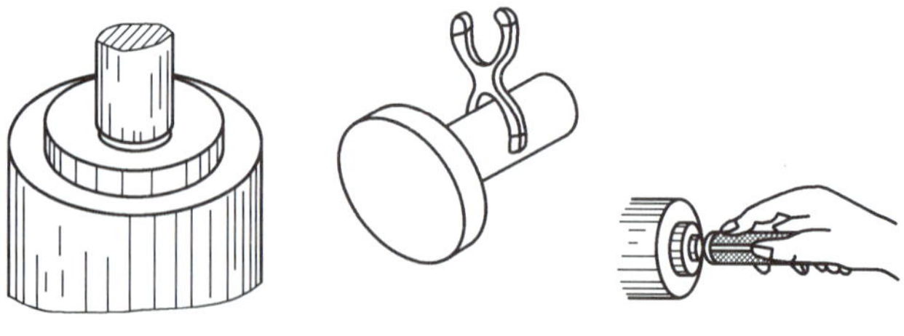

(a) 依靠量规自身重量自然滑入　　(b) 用手轻轻插入

图 1-55　量规的正确使用

(1) 使用前先要核对此量规是不是与要求的检验尺寸和公差相符，以免发生差错。

(2) 用清洁的细棉纱或软布把量规的工作表面和工件擦干净，允许在工作表面上涂一层薄油，以减少磨损。

(3) 用塞规检测孔尺寸。将塞规的通端测量面垂直插入工件内孔进行测量；再将塞规的止端测量面垂直插入工件内孔进行测量，如图 1-56 所示。塞规通端要在孔的整个长度上检验，而且还要在 2 个或 3 个轴向平面内检验；塞规止端要尽可能在孔的两端进行检验。

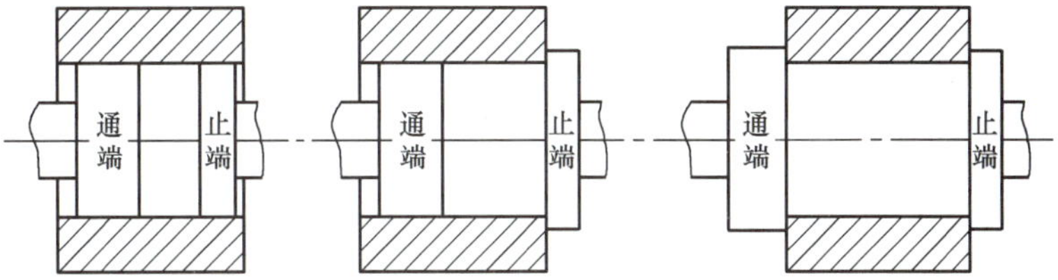

（a）废品　　（b）合格　　（c）返修

图 1-56　塞规检测孔

工件合格性判断如下：

① 如工件顺利通过量规两个规测量面，则工件为不合格；

② 如工件通过通端测量面，而不通过止端，则工件为合格；

③ 如工件没有通过量规两个测量面，则工件为不合格，但可以返修。

（4）用卡规检测轴尺寸。将工件垂直放入卡规的两测量面之间，进行测量，如图 1-57 所示。卡规的通端和止端都应在沿轴和围绕轴不少于 4 个位置上进行检验。工件合格性判断同(3)中“工件合格性判断”内容。

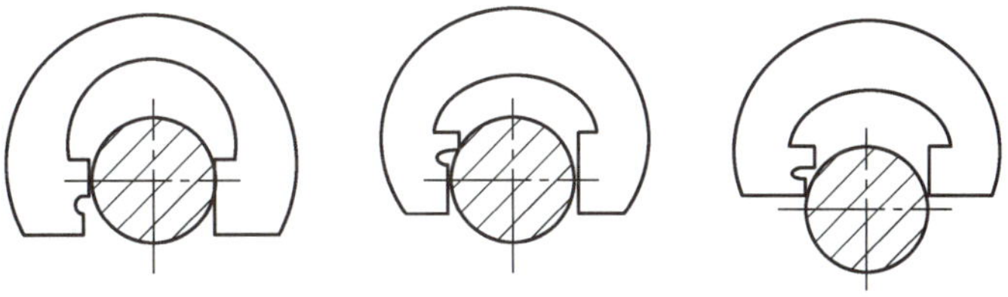

（a）废品　　（b）合格　　（c）返修

图 1-57　卡规检测轴

二、使用立式光学仪检测轴径

立式光学计检测轴径

如图 1-58 所示为一销轴，根据销轴的径向尺寸公差标注，试选用合适的计量器具检测该轴轴径误差，并判断销轴的合格性。

1. 任务分析

如图 1-58 所示销轴的径向尺寸（$\phi 20^{-0.020}_{-0.033}$）为所要检测的尺寸，应选择测外径尺寸的测量器具，同时该尺寸又是包容尺寸，应按内缩方式检测。该尺寸的上下偏差：$es=-0.020$ mm，$ei=-0.033$ mm，公差值为 0.013，等级为 6 级，上极限尺寸 $d_{max}=(20-0.020)$mm$=19.980$ mm，下极限尺寸 $d_{min}=(20-0.033)$mm$=19.967$ mm；由于此尺寸公差等级要求较高，故验收极限采用内缩方式。

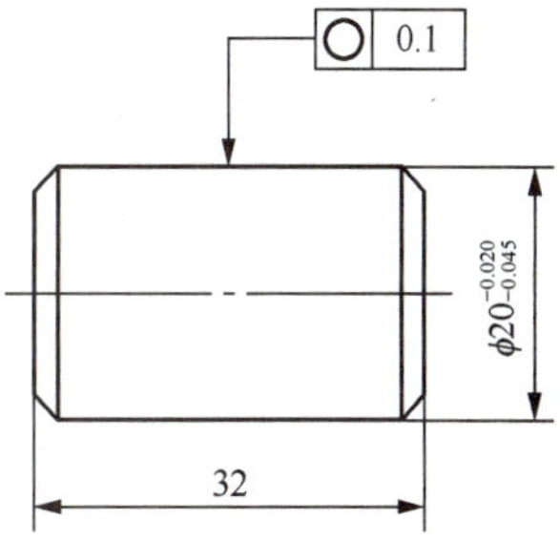

图 1-58　销轴

根据轴的公称尺寸，查表 1-13，得 $A=0.0013$ mm；根据计算验收极限公式得此轴验收极限为：

上验收极限 $=d_{max}-A=19.980$ mm -0.0013 mm $=19.9787$ mm；

下验收极限 $=d_{min}+A=19.955$ mm $+0.0013$ mm $=19.9563$ mm。

根据轴的公称尺寸，查表 1-13，选 Ⅰ 挡，得此轴所用计量器具的测量不确定度允许值 $\mu_1=1.2$ μm $=0.0012$ mm。

根据轴的公称尺寸，查表"比较仪不确定度"（表 1-14），得分度值为 0.001 mm（相当于放大倍数 1 000 倍）的比较仪的不确定度 $\mu=0.0010$ mm，符合要求。比较 $\mu<\mu_1$，所以该量具分度值为 0.001 mm 的立式光学计可用。

2. 任务准备

按组分配测量工具（立式光学计）或工位、组合量块、被测工件、软布等用品。

3. 认识立式光学仪

立式光学计又称立式光学比较仪，它是一种精度较高、操作简单、读数方便的光学测量仪器。它利用标准量块作为长度测量基准，与被测零件相比较的方法来测量零件外形的微差尺寸，是工厂计量室、车间鉴定站或制造量具、工具与精密零件的车间常用的精密仪器之一。用立式光学计测量轴径，一般用相对法进行，即先根据被测件的公称尺寸 L，组合量块组作为标准量，调整仪器的零位，再在仪器上测量出被测件与基本尺寸的偏差 ΔL，即可得出被测量轴径 $d=L+\Delta L$。

1）立式光学计外形结构

如图 1-59 所示，立式光学计有底座 1、工作台 2、立柱 3、粗调节螺母 4、横臂 5、横臂紧固螺钉 6、平面镜 7、目镜 8、零位微调螺钉 9、微调螺钉 10、光学计管紧固螺钉 11、光学计管 12、提升器 13、测量杆 14 等部分组成。立柱 3 在底座 1 上固定，用粗调节螺母 4 可使横臂 5 沿立柱上下移动做粗大调节，位置确定后，用横臂紧固螺钉 6 固定。光学计管 12 插入横臂 5 的套管中，微调螺钉 10 可调节光学计管作微量的上下移动。调整完毕后，用光学计管紧固螺钉 11 紧固光学计管的位置。光学计管的下端装有提升器 13，以便在安装被测物体时，将测量杆 14 提起。工作台 2 的水平位置可用调整螺钉来调整，以使测量时工作台的平面和测量杆轴线相垂直。提升器 13 上的螺钉可用来调节提起的距离。光学计管 12 的上端装有目镜，从中可以看到分划板标尺的像。利用零位微调螺钉，可使棱镜转动一个微小的角度，以便标尺影像的零刻线很快对准指标线。

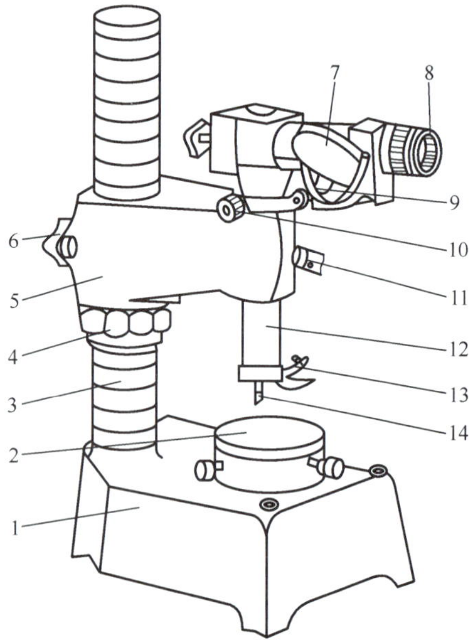

1—底座；2—工作台；3—立柱；4—粗调节螺母；5—横臂；6—横臂紧固螺钉；7—平面镜；8—目镜；9—零位微调螺钉；10—微调螺钉；11—光学计管紧固螺钉；12—光学计管；13—提升器；14—测量杆

图 1-59 立式光学计外形结构

2）立式光学计工作原理

立式光学计是一种精度较高且结构简单的常用光学测量仪，所用长度基准为量块，按比较测量法测量各种工件的外尺寸。立式光学计利用光学杠杆的放大原理，将微小的位移量转换为光学影像的移动。立式光学计的光学系统如图 1-60 所示。

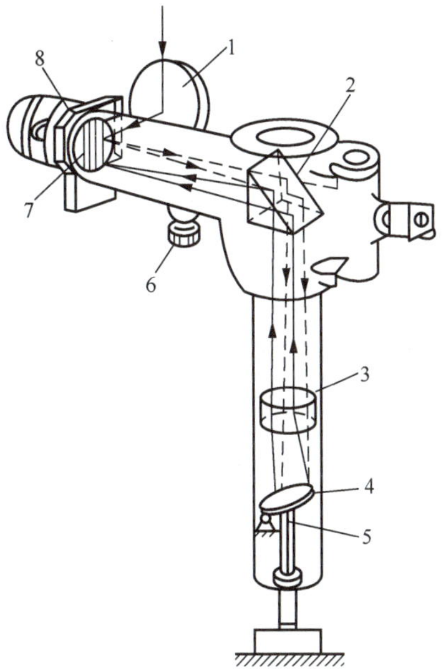

1—反射镜；2—直角棱镜；3—物镜；4—反射镜；5—测杆；6—锁紧螺钉；7—刻度尺像；8—刻度尺

图 1-60　立式光学计工作原理

光线经反射镜 1 照射到刻度尺 8 上，再经直角棱镜 2、物镜 3 照射到反射镜 4 上。由于刻度尺 8 位于物镜 3 的焦平面上，故从刻度尺 8 上发出的光线经物镜 3 后，成为平行光束。若反射镜 4 与物镜 3 相互平行，则反射光线折回到焦平面，刻度尺的像 7 与刻度尺 8 对称。若被测尺寸变动，使测杆 5 推动反射镜 4 绕支点转动某一角度 α[图 1-61(a)]，则反射光线相对于入射光线偏转 2α 角度，从而使刻度尺像 7 产生位移 t[图 1-61(b)]，它代表被测尺寸的变动量。

物镜 3 至刻度尺 8 间的距离为物镜焦距 f，设 b 为测杆中心至反射镜支点间的距离，s 为测杆 5 移动的距离，则仪器的放大比 K 为

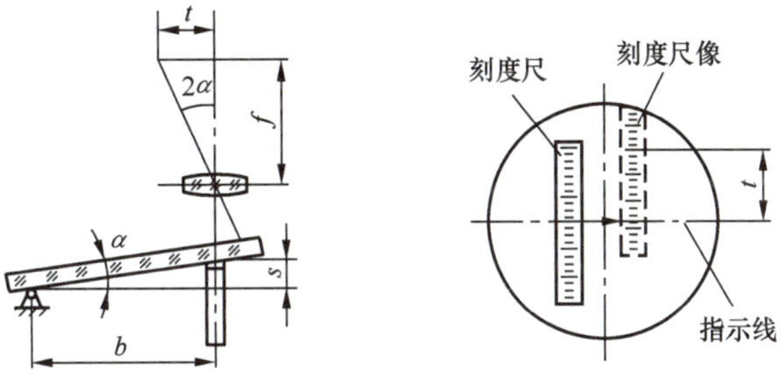

(a) 测杆 5 推动反射镜 4 绕支点转动某一角度 α　(b) 刻度尺像 7 产生位移 t

图 1-61　立式光学计测量原理

$$K=\frac{t}{s}=\frac{f\tan 2\alpha}{b\tan\alpha}$$

当 α 很小时，$\tan 2\alpha\approx 2\alpha$，$\tan\alpha\approx\alpha$，因此

$$K=\frac{2f}{b}$$

若光学计的目镜放大倍数为 12，$f=200$ mm，$b=5$ mm，则仪器的总放大倍数 n 为

$$n=12K=12\times\frac{2f}{b}=12\times\frac{2\times 200}{5}=960$$

由此说明，当测杆移动 0.001 mm 时，在目镜中可见到 0.96 mm 的位移量。

使用立式光学计时应注意保持清洁，不用时应将罩子套上以防尘；使用完毕后，必须将工作台、测量头以及其他金属表面，用航空汽油清洗、拭干，再涂上无酸凡士林；光学计管内部构造比较复杂精密，不宜随意拆卸，出现故障应送专业部门修理；光学部件应避免用手指碰触，以免影响成像质量。

3）测量步骤

（1）调整投影灯。将电源接在低压变压器上，使投影灯转向工作台面，调节灯丝的轴向位置，并将灯泡位置固定，使投影屏上获得均匀照明。

（2）选择测头。选择测头的原则是使被测工件与测帽的接触面最小。测头有球形、平面形和刀口形 3 种，可根据被测零件表面的几何形状来选择，使测头与被测表面尽量满足点接触。测量平面或圆柱面工件时，选用球形测头；测量球面工件时，选用平面形测头；测量小于 10 mm 的圆柱形工件时，选用刀口形测头。测头选好后（本任务可选用球形测头），将其套在光学计管下端的测量杆上，并用螺钉固紧。

（3）组合量块。

（4）调整仪器零位。选好量块组后，将下测量面置于工作台 2 的中央，并使测头对准量块上测量面中央。

① 粗调节：松开横臂紧固螺钉 6，转动粗调节螺母 4，使横臂缓慢下降，直到测头与量块上测量面轻微接触，并能在视线中看到刻度尺像时，将横臂紧固螺钉 6 锁紧。

② 细调节：松开光学计管紧固螺钉 11，转动微调手轮 10，直至在目镜中观察到刻度尺像与指示线接近为止，如图 1-62(a)所示，然后拧紧光学计管紧固螺钉 11。

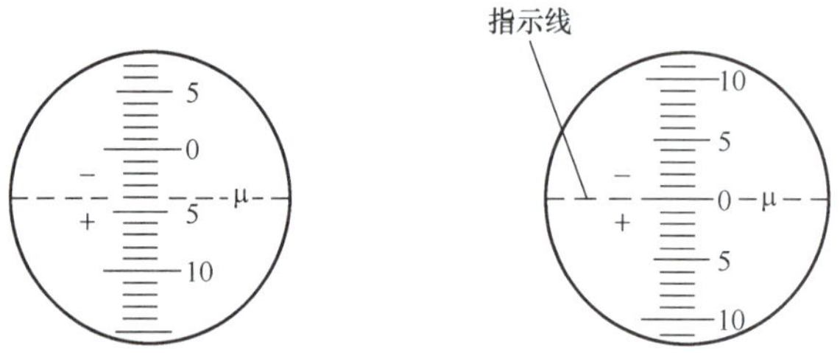

（a）细调节　　（b）微调节

图 1-62　调整零位

③ 微调节：转动零位微调螺钉 9，使刻度尺的零线影像与指示线重合，如图 1-62(b)所示，然后压下测头提升器 13 数次，使零位稳定。完成微调节后抬起测头，取下量块。

（5）将销轴放在工作台上进行测量，并在测头下面来回移动（注意：移动要使被测轴的母线与工作台接触，不得有任何跳动和倾斜），记下标尺读数的最大值（即转折点的值），即为读数值。在图 1-63所示轴的 3 个横截面上，相隔径向位置的 3 个

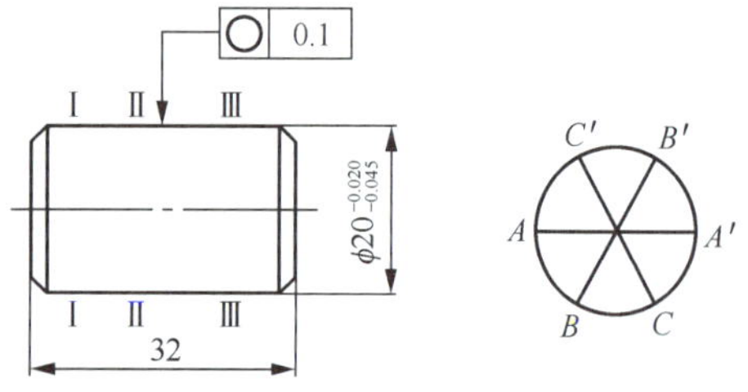

图 1-63　轴径测量位置

方向上测取若干个实际偏差值，并由此计算其实际尺寸。

(6) 处理数据。根据销轴的尺寸的验收极限判断是否合格，并将测量结果填入任务书（表 1-22）。

表 1-22　立式光学计测量轴径

班　级		姓　名		学　号	
被测零件图及测量简图（选用合适比例绘制）					
检测记录	测量部位		实际偏差值		
	Ⅰ—Ⅰ剖面	$A-A'$			
		$B-B'$			
		$C-C'$			
	Ⅱ—Ⅱ剖面	$A-A'$			
		$B-B'$			
		$C-C'$			
	Ⅲ—Ⅲ剖面	$A-A'$			
		$B-B'$			
		$C-C'$			
结论分析					
教师评语					

任务小结

根据相互结合的孔和轴公差带的相对位置关系，可分为间隙配合、过盈配合和过渡配合 3 种配合。国家标准规定了两种配合制，即基孔制配合和基轴制配合。20 个公差等级和 28 个基本偏差可以组成很多种公差带，由孔、轴公差带又能组成数量更多的配合。为了经济地满足使用要求，国家标准规定了一般、常用和优先公差带，以及常用、优先配合（这些公差带与配合可以从国家标准中查出）。设计时，应尽量选用优先公差带与配合，若不合适，再考虑常用的、一般的。在 20 个公差等级中，轴常用的是 5～12 级，孔常用的是 6～12 级；过渡配合、过盈配合的精度不能太低，间隙配合的精度有较高的、有较低的；精度较高（轴的公差等级≤7 级，孔的公差等级≤8 级）时，孔的公差等级比相配的轴低一级。

标注时，必须标注出公差带的两要素，即基本偏差代号（位置要素）与公差等级数字（大小要素），也可附注两极限偏差值。图样上没有标注极限偏差的尺寸称为未注公差尺寸，未注公差尺寸是指在车间普通工艺条件下，机床设备可保证的公差（称为一般公差）主要用于精度较低的非配合尺寸，但不等于该尺寸是“自由尺寸”，没有公差要求。国家标准对线性尺寸的一般公差规定了 f、m、c、v 共 4 个等级。采用一般公差时，应在图样的技术要求或有关技术文件中标明是按照哪一个等级。采用一般公差的尺寸，通常不必每件都检验，只要抽检即可。

测量误差分为绝对误差、相对误差。一个测量过程是由人在一定的环境中，用某种仪器按一定的方法进行的，所以人员（技术、分辨能力等）、环境（温度、湿度、振动等）、器具（设计原理、制造、使用等）、方法 4 个方面都会产生测量误差。测量误差按其性质分为 3 大类，即系统误差、随机误差和粗大误差。

“米”的定义随着科学技术的发展经历了一个漫长的历史过程。现在使用的是由国际计量大会讨论通过的、用光的速度来定义的。为了把米的定义传递到实际测量中使用的各种计量器具上去，建立了长度量值传递系统。长度量值由两个平行系统向下传递：一个是量块系统，另一个是线纹尺系统，前者应用较广。量块是长度传递中十分重要的工具。其形状为长方六面体，有两个平行的测量面，测量面的表面粗糙度参数值小、黏合性好，两测量面间具有精确的尺寸。量块用特殊合金钢制成，线膨胀系数小、不易变形、硬度高、耐磨性好。量块的精度有两种规定：按“级”划分和按“等”划分。量块分为 6 级，即 00、0、1、2、3 和 K 级，其中 00 级精度最高，3 级精度最低，K 级为校准级；按“级”使用时，以标记在量块上的公称尺寸为准，使用较方便，但包含量块的制造误差；量块分为 1～5 等，精度依次降低，按“等”使用时，以量块的实际尺寸为准，排除了制造误差，仅包含检定实际尺寸时较小的测量误差。

光滑极限量规结构简单、使用方便可靠、验收效率高，用于检验遵守包容要求的工件，综合控制尺寸误差和形状误差，尤其在大批量生产中应用广泛。设计工作量规应遵守泰勒原则，工作量规的一般设计步骤：选择量规的结构型式，计算量规的工作尺寸，查表确定量规的其他结构尺寸，选择量规材料，查表确定量规的几何公差、表面粗糙度要求，绘制量规工作图并标注各项技术要求等。

思考与练习

一、填空题

1. 国家标准对轴孔规定了________、________和________ 3 种公差带以供选用，对配合规定了________和________两种配合。

2. 公称尺寸小于等于 500 mm 的标准公差的大小，随公称尺寸的增大而________，随公差等级的提高而________。

3. 公差带标注时，必须标注出________与________两要素。

4. 检测是________和________的统称。________的结果能够获得具体的数值，

__________的结果只能判断合格与否，而不能获得具体数值。

5. 测量误差有__________和__________两种表示方法。

6. 测量误差按其特性可分为__________、__________和__________ 3 类。

7. 误差通常服从正态分布规律，具有以下基本特性：__________、__________、__________和__________。

8. 在实际使用中，量块按级使用时，量块的工作尺寸为标称尺寸，忽略其__________；按等使用时，量块的工作尺寸为实际尺寸，仅忽略了检定时的__________。

9. 光滑极限量规的设计应符合极限尺寸判断原则（泰勒原则），即孔或轴的__________不允许超过__________，且在任何位置上的__________不允许超过__________。

10. 选用量规结构型式时，必须考虑____________、____________、____________和____________等。

二、简答题

1. 什么叫作"未注公差尺寸"？这一规定适用于什么条件？其公差等级和基本偏差是如何规定的？

2. 什么是测量误差？测量误差主要来源是什么？

3. 什么是随机误差、系统误差和粗大误差？三者有哪些区别？

4. 用两种测量方法分别测量 100 mm 和 200 mm 两段长度，前者和后者的绝对测量误差分别为+6 μm 和−8 μm，试确定二者的测量精度中何者较高？

5. 试用 91 块一套的量块组合尺寸 51.987 mm 和 27.354 mm。

任务三　零件尺寸精度设计

学习目标

知识目标

(1) 掌握零件尺寸精度设计中配合制的选择方法。

(2) 掌握零件尺寸精度设计中公差等级的选择方法。

(3) 掌握零件尺寸精度设计中的配合种类的选择方法。

技能目标

(1) 根据零件的结构、工艺等要求合理地选择配合制。

(2) 运用类比法(查表法)确定零件尺寸公差等级。

(3) 根据配合件配合要求恰当选择配合种类及相应的基本偏差。

任务描述

如图 1-64 所示为公称尺寸为 $\phi30$ mm 的孔、轴配合，要求配合间隙为(+0.020)～(+0.074)mm，试应用计算法确定孔、轴公差及其配合公差。

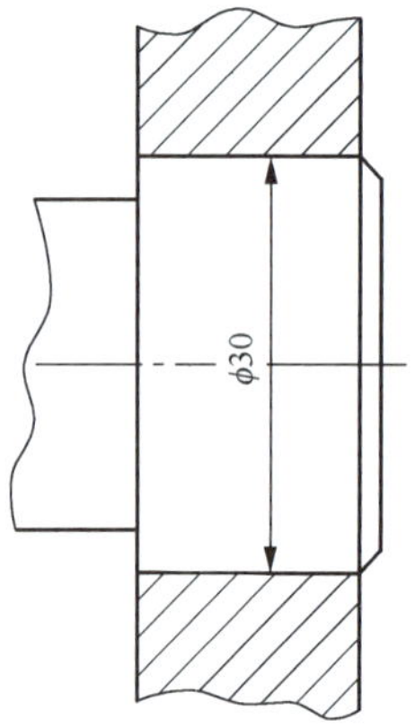

图 1-64　孔轴配合选择

知识概述

一、配合制的类型及选用

在设计产品时，选用尺寸公差与配合是必不可少的重要环节，也是确保产品质量、性能和互换性达到规定要求的一项很重要的工作。极限与配合的选用包括配合制、公差等级和配合种类的选择。这三个方面既是分别选取，又是相互关联和制约的。选用公差与配合的原则是在满足使用要求的前提下，获得最佳的技术和经济效益。

公差与配合的选择方法有 3 种：类比法、计算法和试验法。类比法就是通过对类似的机器、部件进行调查、研究、分析和对比后，根据前人的经验来选取公差与配合，是目前应用最多的一种方法。计算法是按照一定的理论和公式来确定需要的公差与配合，这种方法虽然复杂，但比较科学，只是有时将条件理论化、简单化，使得计算结果不完全符合实际。试验法是通过实验或统计分析来确定公差与配合，这种方法合理、可靠，但成本很高，只用于重要产品的配合。选用配合制时，应主要从零件的结构、工艺、经济等方面来综合考虑。

1. 配合制的类型

(1) 基孔制配合。

选用配合制时，应优先选用基孔制。这主要是从经济性方面考虑的，同时兼顾到功能、结构、工艺等方面的要求。由于选择基孔制配合的零件生产成本低，经济效益好，因而基孔制配合被广泛使用。选用基孔制配合的具体理由如下。

① 工艺方面。加工中等尺寸的孔，通常需要采用价格较贵的扩孔钻、铰刀、拉刀等定制刀具，而且一种刀具只能加工一种尺寸的孔。而加工轴则不同，一把车刀或砂轮可加工不同尺寸的轴。

② 测量方面。一般中等精度孔的测量，必须使用内径百分表，由于调整和读数不易掌握，测量时需要有一定水平的测试技术。而测量轴则不同，可以采用通用量具(卡尺或千分尺)，测量方便且读数方法也容易掌握。

(2) 基轴制配合。

在以下情况下，采用基轴制配合更为合理。

① 直接采用冷拉棒料做轴，其表面不需要再进行切削加工，同样可以获得明显的经济效益。由于这种原材料具有一定的尺寸精度、几何精度和表面粗糙度，在农业、建筑、纺织机械中常用。

② 有些零件由于结构上的需要，采用基轴制更合理。图 1-65(a)所示为活塞连杆机构，根据使用要求，活塞销轴与活塞孔采用过渡配合，而连杆衬套与活塞销轴则采用间隙配合。若采用基孔制，如图 1-65(b)所示，活塞销轴将加工成台阶形状，活塞销两头直径大于连杆衬套孔直径，要挤过衬套孔壁不仅困难，而且易刮伤孔的表面。另外，这种阶梯形的活塞销比无阶梯的活塞销加工困难，工艺复杂且经济效益差。而采用基轴制配合，如图 1-65(c)所示，活塞销可制成光轴，不仅有利于轴的加工，降低加工成本，而且能够保证装配质量。

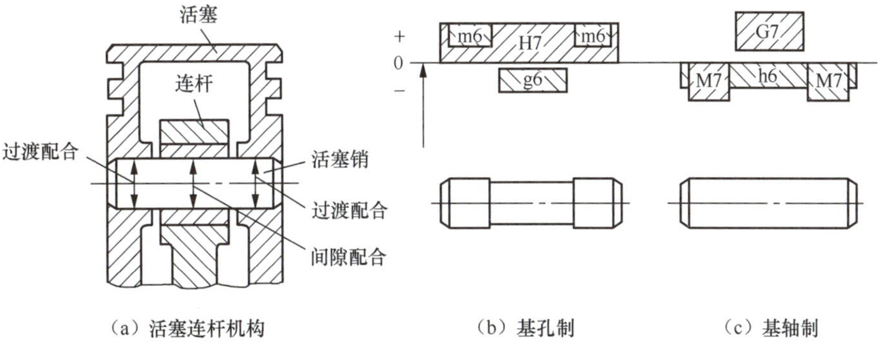

图 1-65　活塞销与连杆和支撑孔的配合

2. 配合制的选用

(1) 依据标准件选择配合制。

当设计的零件需要与标准件配合时，应根据标准件来确定基准制配合。如与滚动轴承内圈配合的轴，应该选用基孔制；而与滚动轴承外圈配合的孔，则宜选用基轴制。

(2) 非基准制配合。

为了满足某些配合的特殊需要，国家标准允许采用任一孔、轴公差带组成的配合，即非基准制配合。如图1-66所示，由于滚动轴承与孔的配合已选定孔的公差带为 $\phi100J7$，轴承盖与孔的配合定心精度要求不高，因而其配合应选用间隙配合 $\phi100J7/f9$。

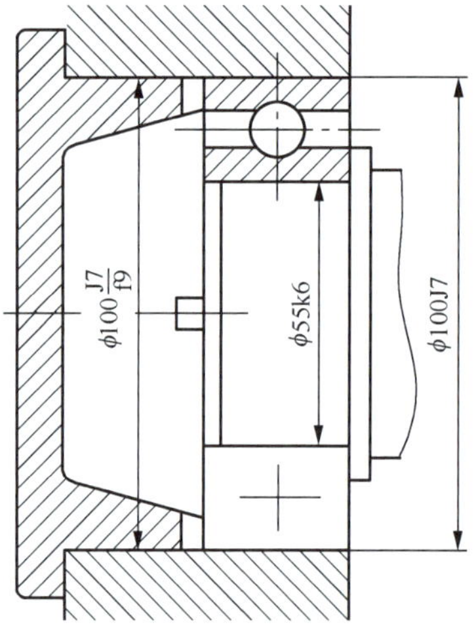

图 1-66　滚动轴承与轴、孔的配合

二、公差等级的选用

公差等级的选择原则是，在满足使用要求的前提下，尽可能地选用较低的公差等级，以便很好地解决机器零件的使用要求与制造工艺及成本之间的矛盾。用类比法选择公差等级时，应掌握公差等级的主要应用范围和各种加工方法所能达到的公差等级。表1-23列出了各种公差等级的应用范围，表1-24为各种加工方法所能达到的公差等级，表1-25为公差等级的主要应用实例。

表 1-23　各种公差等级的应用范围

应用场合			公差等级 IT																		
			01	0	1	2	3	4	5	6	7	8	9	10	11	12	13	14	15	16	17	18
配合尺寸	个别精密配合			—	—																	
	特别重要	孔					—	—	—													
		轴				—	—	—														
	精密配合	孔								—	—	—										
		轴							—	—	—											
	中等精密	孔											—	—								
		轴										—	—									
	低精度配合														—	—	—					

表 1-24　各种加工方法所能达到的公差等级

加工方法	公差等级 IT																			
	01	0	1	2	3	4	5	6	7	8	9	10	11	12	13	14	15	16	17	18
研磨	—	—	—	—	—	—	—	—												
珩磨						—	—	—	—											
圆磨							—	—	—	—										
平磨							—	—	—	—										
金刚石车							—	—	—											

（续表）

加工方法	公差等级 IT																			
	01	0	1	2	3	4	5	6	7	8	9	10	11	12	13	14	15	16	17	18
金刚石镗							—	—	—											
拉削							—	—	—	—										
铰孔								—	—	—	—	—								
精车精镗									—	—	—									
粗车												—	—	—						
粗镗												—	—	—						
铣										—	—	—	—							
刨、插												—	—							
钻削												—	—	—	—					
冲压												—	—	—	—	—				
滚压、挤压												—	—							

表 1-25　　公差等级的主要应用实例

公差等级	主要应用实例
IT01～IT1	一般用于精密标准量块。IT1 也用于检验 IT6 和 IT7 级轴用量规的校对量规
IT2～IT7	用于检验工件 IT5～IT16 的量规的尺寸公差
IT3～IT5（孔为 IT6）	用于精度要求很高的重要配合，例如机床主轴与精密滚动轴承的配合、发动机活塞销与连杆孔和活塞孔的配合。 配合公差很小，对加工要求很高，应用较少
IT6（孔为 IT7）	用于机床、发动机和仪表中的重要配合。例如，机床传动机构中的齿轮与轴的配合，轴与轴承的配合，发动机中活塞与汽缸、曲轴与轴承、气阀杆与导套的配合等。 配合公差较小，一般精密加工能够实现，在精密机械中广泛应用
IT7，IT8	用于机床和发动机中不太重要的配合，也用于重型机械、农业机械、纺织机械、机车车辆等的重要配合。例如，机床上操纵杆的支承配合，发动机活塞环与活塞环槽的配合，农业机械中齿轮与轴的配合等。 配合公差中等，加工易于实现，在一般机械中广泛应用
IT9，IT10	用于一般要求，或长度精度要求较高的配合。某些非配合尺寸的特殊需要，例如，飞机机身的外壳尺寸，由于质量限制，要求达到 IT9 或 IT10
IT11，IT12	多用于各种没有严格要求，只要求便于连接的配合。例如，螺栓和螺孔、铆钉和孔等的配合
IT12～IT18	用于非配合尺寸和粗加工的工序尺寸上。例如，手柄的直径、壳体的外形和壁厚尺寸，以及端面之间的距离等

用类比法选择公差等级时，除参考以上各表外，还应注意以下问题。

(1) 工艺等价性。孔和轴应有相同的加工难易程度。在公差等级小于或等于 1T8 时，中小尺寸的孔加工，从目前的技术水平来看，比同尺寸、同等级的轴加工要困难，加工成本要高些，其工艺是不等价的。为了使组成配合的孔、轴工艺等价，公差等级应按优先或常用配合选用，而且孔、轴相差一级。公差等级大于 IT8 时，孔、轴加工难易程度相当，其工艺是等价的，可以同级配合使用。具体见表 1-26。

表 1-26　按工艺等价性性质选用的孔、轴的公差等级

配合类别	孔的公差等级	轴应选的公差等级	实例
间隙配合、过渡配合	≤IT8	轴比孔高一级	H7/f6
	>IT8	轴与孔同级	H9/f9
过盈配合	≤IT7	轴比孔高一级	H7/p6
	>IT7	轴与孔同级	H8/s8

(2) 相配零件精度要匹配。例如，与滚动轴承相配合的外壳孔和轴径的公差等级取决于相配合轴承的公差等级，与齿轮孔配合的轴的公差等级要与齿轮精度相适应。

(3) 非基准制配合的特殊情况。在非基准制配合中，有的零件精度要求不高，可与相配零件的公差等级差 2～3 级。

三、配合的选用

配合制和公差等级的选择，确定了基准件的公差带及相应的非基准件公差带的大小，因此，配合种类的选择实质上就是确定非基准件的基本偏差代号。

1. 确定配合的种类

当孔、轴有相对运动要求时，选择间隙配合；当孔、轴无相对运动时，应根据具体工作条件的不同，确定过盈（用于传递转矩）、过渡（主要用于精确定心）配合。间隙配合、过渡配合、过盈配合适用的具体场合如下。

(1) 间隙配合主要用于具有相对运动的场合。有时利用容易装卸的特点，用于各种静止连接，这时需要加紧固件。

(2) 过盈配合主要用于配合件间无相对运动、不可拆卸的静连接。当过盈量较小时，只作精确定心用，要传递转矩时，必须加紧固件；当过盈量较大时，可直接用于传递转矩。确定配合类别后，首先应尽可能地选用优先配合，其次是常用配合，再次是一般配合，最后若仍不能满足要求，则可以选择其他任意的配合。

(3) 过渡配合主要用于精确定心，配合件间无相对运动、可拆卸的静连接。要传递转矩时，需要加紧固件。

2. 选择基本偏差

配合类别确定后，基本偏差的选择有以下 3 种方法。

(1) 计算法。根据配合的性能要求，由理论公式计算出所需的极限间隙或极限过盈。如滑动轴承中相配合零件的间隙需要根据机械零件中的液体润滑摩擦公式，计算出保证液体润滑摩擦的最大、最小间隙。相配合零件的过盈需要按材料力学中的弹性变形、许用应力公式，计算出最大、最小过盈，使其既能传递所需力矩，又不至于破坏材料。由于影响间隙和过盈的因素很多，理论计算也只是近似的，因此在实际应用中，还需要经过试验来确定，一般情况下，较少使用计算法。

(2) 试验法。用试验的方法来确定满足产品工作性能的间隙和过盈的范围，该方法主要用于特别重要的配合。试验法比较可靠，但周期长、成本高、应用范围较小。

(3) 类比法。参照同类型机器或结构中经过长期生产实践验证的配合类别，再结合所设计产品的使用要求和应用条件来确定配合，该方法应用最广泛。

用类比法选择配合，要着重掌握各种配合的特性和应用场合，尤其要熟悉国家标准所规定的常用与优先配合的特点。表 1-27 所列为按基孔制配合的轴的基本偏差或按基轴制配合的孔的基本偏差的特性和应用。

表 1-27　基本偏差的特性与应用

配合	基本偏差	特点及应用实例
间隙配合	a(A) b(B)	可得到特别大的间隙，应用很少，主要用于工作时温度高、热变形大的零件的配合，如发动机活塞与缸套的配合为 H9/a9
	c(C)	可得到很大的间隙，一般用于工作条件较差(如家用机械)、工作时受力变形大及装配工艺性不好的零件的配合，也适用于高温工作的间隙配合，如内燃机排气阀杆与导管的配合为 H8/c7
	d(D)	与 IT7～IT11 对应，适用于较松的间隙配合(如滑轮、空转的带轮与轴的配合)，以及大尺寸滑动轴承与轴颈的配合(如涡轮机、球磨机等的滑动轴承)。活塞环与活塞槽的配合可用 H9/d9
	e(E)	与 IT6～IT9 对应，具有明显的间隙，用于大跨距及多支点的转轴与轴承的配合，以及高速、重载的大尺寸轴与轴承的配合，如大型电机、内燃机的主要轴承处的配合为 H8/e7
	f(F)	多与 IT6～IT8 对应，用于一般转动的配合，受温度影响不大，采用普通润滑油的轴与滑动轴承的配合，如齿轮箱、小电动机、泵等的转轴与滑动轴承的配合为 H7/f6
	g(G)	多与 IT5、IT6、IT7 对应，形成配合的间隙较小，用于轻载精密装置中的转动配合，用于插销的定位配合，滑阀、连杆销等处的配合，钻套孔多用 G
	h(H)	多与 IT4～IT11 对应，广泛用于无相对转动的配合、一般的定位配合。若没有温度、变形的影响，也可用于精密滑动轴承，如车床尾座孔与滑动套筒的配合为 H6/h5
过渡配合	js(JS)	多用于 IT4～IT7 具有平均间隙的过渡配合，用于略有过盈的定位配合，如联轴节、齿圈与轮毂的配合，滚动轴承外圈与外壳孔的配合多用 JS7。一般用木槌装配
	k(K)	多用于 IT4～IT7 平均间隙接近零的配合，用于定位配合，如滚动轴承的内、外圈分别与轴颈、外壳孔的配合。用木槌或压力机装配
	m(M)	多用于 IT4～IT7 平均过盈较小的配合，用于精密定位的配合，如蜗轮的青铜缘与轮毂的配合为 H7/m6
	n(N)	多用于 IT4～IT7 平均过盈较大的配合，很少形成间隙，用于加键传递较大扭矩的配合，如冲床上齿轮与轴的配合。用木槌或压力机装配
过盈配合	p(P)	用于小过盈配合，与 H6 或 H7 的孔形成过盈配合，而与 H8 的孔形成过渡配合。碳钢和铸铁制零件形成的配合为标准压入配合，如绞车的绳轮与齿圈的配合为 H7/p6。合金钢制零件的配合需要小过盈时，可用 p 或 P
	r(R)	用于传递大转矩或受冲击负荷而需要加键的配合，如蜗轮与轴的配合为 H7/r6。H8/r8 的配合在基本尺寸小于 100 mm 时，为过渡配合
	s(S)	用于钢和铸件零件的永久性和半永久性结合，可产生相当大的结合力，如套环压在轴、阀座上用 H7/S6 配合
	t(T)	用于钢和铸件零件的永久性结合，不用键可传递转矩，需用热套法或冷轴法装配，如联轴节与轴的配合为 H7/t6
	u(U)	用于大过盈配合，最大过盈需验算。用热套法进行装配，如火车轮毂和轴的配合为 H6/u5
	v(V)x(X) y(Y)z(Z)	用于特大过盈配合，目前使用的经验和资料很少。需经试验后才能应用，一般不推荐

配合类别确定后，再参考表1-28的优先配合选用说明，进一步类比并确定具体的配合代号。

表1-28　优先配合选用说明

优先配合		说　明
基孔制	基轴制	
H11/c11	C11/h11	间隙非常大，用于很松的、转动很慢的动配合；要求大公差与大间隙的外露组件；要求装配方便的、很松的配合
H9/d9	D9/h9	间隙很大的自由转动配合，用于精度非主要要求时或有大的温度变化、高转速或大的轴颈压力时。间隙不大的转动配合，用于中等转速与中等轴颈压力的精确转动；也用于装配较易的中等定位配合
H8/f7	F8/h7	
H7/g6	G7/h6	间隙很小的滑动配合，用于不希望自由转动，但可实现自由移动和滑动，并精密定位的情况；也可用于要求明确的定位配合
H7/h6	H7/h6	均为间隙定位配合，零件可自由装拆，而工作时一般相对静止不动，在最大实体条件下的间隙为零，在最小实体条件下间隙由公差等级决定
H8/h7	H8/h7	
H9/h9	H9/h9	
H11/h11	H11/h11	
H7/k6	K7/h6	过渡配合，用于精密定位
H7/n6	N7/h6	过渡配合，允许有较大过盈的更精密定位
H7/p6	P7/h6	过盈定位配合，即小过盈配合，用于定位精度特别重要时，能以最好的定位精度达到部件的刚性及对中性要求，而对内孔承受压力无特殊要求，不依靠配合的紧固性传递摩擦负荷
H7/s6	S7/h6	中等压入配合，适用于一般钢件，或用于薄壁件的冷缩配合以及铸铁可得到最紧的配合
H7/u6	U7/h6	压入配合，适用于可以承受高压入力的零件，或不宜承受大压入力的冷缩配合

当工作条件有变化时，可参考表1-29调整间隙或过盈的大小。

表1-29　调整间隙或过盈的大小的具体情况

具体情况	过盈增或减	间隙增或减	具体情况	过盈增或减	间隙增或减
材料强度小	减	—	装配时可能歪斜	减	增
经常拆卸	减	—	旋转速度增高	增	增
有冲击载荷	增	减	有轴向运动	—	增
工作时孔温高于轴温	增	减	润滑油黏度增大	—	增
工作时轴温高于孔温	减	增	表面趋向粗糙	增	减
配合长度增大	减	增	单件生产相对于成批生产	减	增
配合面形状和位置误差增大	减	增			

3. 计算法选择配合

若相互配合的两零件的过盈量或间隙量确定后，可以通过计算并查表选定其配合。根据极限间隙或极限过盈确定配合的步骤如下。

(1) 基准制的选择。先确定基准制，并根据极限间隙或极限过盈(已知)计算配合公差。

(2) 公差等级的选择。根据配合公差，查表选取孔、轴的公差等级，计算基准件的极限偏差。

(3) 按公式计算非基准件的基本偏差值，反查表确定非基准件的偏差代号及配合代号。

(4) 验算结果。将极限间隙或极限过盈的计算结果与已知条件比较，如不一致，返至步骤(3)、步骤(4)重新计算。

任务分析

根据任务要求，应用计算法完成公称尺寸为 $\phi 30$ mm 的孔、轴配合的配合制、尺寸公差及配合类型等内容选择，由于此配合要求配合间隙为(+0.020)～(+0.074)mm，所以该配合类型应为间隙配合。

任务实施

一、配合制的选择

根据工程经验，中、小尺寸段的孔精加工一般采用铰刀、拉刀等定尺寸刀具，检验也多采用塞规等定尺寸量具，而轴的精加工不存在这类问题。因此，采用基孔制可大大减少定尺寸刀具和量具的品种和规格，有利于刀具和量具的生产和储备，从而降低成本。此任务无特殊要求，应优选基孔制，确定基准孔的偏差代号为 H。

二、公差等级的选择

公差等级的高低直接影响产品使用性能和制造成本。公差等级太低，产品质量得不到保证；公差等级过高，又增加制造成本。因此，在选择公差等级时，要综合考虑使用性能和经济性两方面的因素，总的选择原则是在满足使用要求的前提下，尽量选取低的公差等级。

该任务要求的配合公差 $T'_f=|X_{max}-X_{min}|=(0.074-0.020)$ mm $=0.054$ mm。

查表 1-1，并综合考虑使用性能、经济性和工艺等价原则等方面的因素，根据配合公差的计算公式 $T_f=T_h+T_s$，确定孔、轴的公差等级 IT8=0.033 mm，IT7=0.021 mm。此时对应孔的公差等级为 IT8，轴的公差等级为 IT7，$T_f=(0.033+0.021)$mm$=0.054$ mm，其值等于给定的配合公差 T'_f，故选择方案合适。

若选择孔、轴的公差等级都为 IT7，则 $T_f=2\times0.021$ mm$=0.042$ mm，小于给定的配合公差 T'_f，从理论上讲，符合设计要求，但此选择不符合工艺等价原则，同时由于孔加工难度加大，成本一定会提高，经济性较差。故此任务公差等级的选择最佳方案是孔为 IT8，轴为 IT7。

三、计算基本偏差值

此任务的配合制确定为基孔制，基本偏差代号为 H，基本偏差(下偏差)值为 $EI=0$，孔的上偏差 $ES=EI+T_h=+0.033$ mm，故孔的公差带代号为 $\phi 30\text{H8}(^{+0.033}_{0})$。

因为 $X_{min}=EI-es$，$EI=0$，$es=-X_{min}=-(+0.020)\text{mm}=-0.020\text{ mm}$，故轴的基本偏差值为 $es=-0.020\text{ mm}$。

查表 1-3，基本偏差值为 $es=-0.020\text{ mm}$ 的基本偏差代号 f，即上极限偏差 $es=-0.020\text{ mm}$，轴的下极限偏差 $ei=es-\text{IT7}=(-0.020-0.021)\text{mm}=-0.041\text{ mm}$，则轴的公差带代号为 $\phi 30\text{f7}\left(\begin{smallmatrix}-0.020\\-0.041\end{smallmatrix}\right)$，配合公差带代号为 $\phi 30\dfrac{\text{H8}}{\text{f7}}$。

四、验算

由以上计算结果可知，孔尺寸标注为 $\phi 30\text{H8}\left(\begin{smallmatrix}+0.033\\0\end{smallmatrix}\right)$，轴尺寸标注为 $\phi 30\text{f7}\left(\begin{smallmatrix}-0.020\\-0.041\end{smallmatrix}\right)$，得 $X_{max}=ES-ei=+0.033-(-0.041)=+0.074\text{ mm}$，等于(或小于)任务要求最大间隙 $+0.074\text{ mm}$；$X_{min}=EI-es=0-(-0.020)=+0.020\text{ mm}$，等于(或小于)任务要求最小间隙 $+0.020\text{ mm}$。

经校核，满足设计要求。

任务小结

在设计产品时，极限与配合的选用包括配合制、公差等级和配合种类的选择。选择原则是在满足使用要求的前提下，获得最佳的技术和经济效益。极限与配合的选择方法有类比法、计算法和试验法 3 种方法。类比法就是参考从生产实践中总结出来的经验、资料，经过分析、比较进行选用，这是目前选择公差配合的主要方法；计算法是按一定的理论和公式，通过计算确定所需的间隙或过盈，从而选择合适的公差配合，这种方法由于简化了很多因素，其结果也是近似的，只能作为参考；试验法需要做大量试验，成本较高，用于重要的、关键的配合。

基准制的选择与使用要求无关，应主要从工艺、结构及经济性等方面考虑，通常遵循以下原则：优先采用基孔制，其次选用基轴制，特殊情况采用非基准制。公差等级的选择原则是在满足使用要求的前提下，尽可能地选用较低的公差等级，以便很好地解决机器零件的使用要求与制造工艺及成本之间的矛盾。配合种类的选择实际上就是选择非基准件的基本偏差代号。配合种类的选择最基本的要求是必须掌握各类配合的基本特征及应用。

孔、轴之间有相对运动，必须采用间隙配合，选用基本偏差 a～h，字母越往后，间隙越小。在工作温度高、对中性要求低、相对运动速度高等情况下，应使间隙增大。孔、轴之间无相对运动时情况复杂，3 种配合都有可能采用，用紧固件来保证孔、轴之间无相对运动，需要装拆方便，对中性要求不高，可用间隙配合；既需要对中性好，又要便于拆装，可采用过渡配合，选用基本偏差 j～n(n 与高精度的基准孔形成过盈配合)，字母越往后，获得过盈的机会越多，对中性越好；不用紧固件来保证孔轴之间无相对运动，且需要靠过盈来传递载荷，不经常拆装(或永久性连接)，此时采用过盈配合，选用基本偏差 p～zc(p 与低精度的基准孔形成过渡配合)，字母越往后，过盈量越大，配合越紧密。

思考与练习

一、填空题

1. “工艺等价原则”是指所选用的孔、轴的__________基本相当，高于 IT8 的孔均与__________级的轴相配；低于 IT8 的孔均和__________级的轴相配。

2. 公称尺寸相同的轴上有几处配合，当两端的配合要求紧固而中间的配合要求较松时，宜采用__________制配合。

3. 选择基准制时，从__________考虑，应优先选用__________。

4. 公差等级的选择原则是的前提下，尽量选用__________的公差等级。

5. 过渡配合主要用于既要求__________，又要求__________的场合。

6. 采用的基准制不同，但配合所形成的极限间隙或极限过盈相等就认为其__________相同。

二、简答题

1. 有一孔、轴配合，公称尺寸为 25 mm，要求配合的间隙为 0.020～0.086 mm，采用基轴制，试用计算法确定孔、轴的公差带代号。

2. 已知公称尺寸为 ϕ80 mm 的一对孔、轴配合，要求过盈在(−0.025)～(−0.110)mm，采用基孔制，试确定孔、轴的公差带代号。

3. 已知公称尺寸为 ϕ25 mm 的一对孔、轴配合，为保证拆装方便和定心的要求，其最大间隙和最大过盈均不超过 0.020 mm，采用基孔制，试确定孔、轴的公差带代号。

4. 已知滚动轴承外径与箱体孔配合公称尺寸为 ϕ100 mm，箱体孔采用 J7，如图 1-67 所示。现要求轴承盖与箱体孔之间允许间隙为 0.05～0.18 mm，试选择轴承盖的公差带代号。

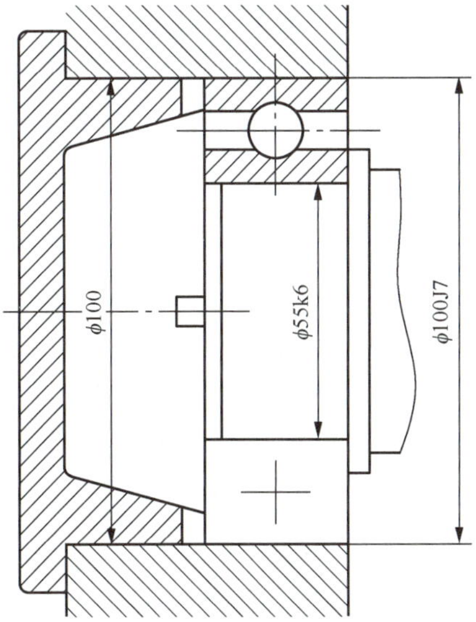

图 1-67　轴承与箱体孔配合

项目二

几何误差检测与精度设计

任务一　直线度误差检测

学习目标

知识目标

(1) 掌握有关几何要素的概念。

(2) 掌握形状公差项目的名称、符号及其标记方法。

(3) 理解并掌握形状公差带的特征及公差带的含义。

(4) 掌握形状误差的概念及其评定方法。

技能目标

(1) 能够正确识读形状公差项目的符号并理解其含义。

(2) 能够正确标注形状公差项目符号。

(3) 能够正确选择形状公差的检测与验证方法及检测设备。

(4) 能够用合像水平仪检测与验证平面的直线度误差。

任务描述

如图 2-1 所示为一窄长平面体零件，长度为 1 600 mm，被测平面的直线度的公差等级要求为 5 级(公差值为 0.025 mm)，试选用分度值为 0.01 mm/m 的合像水平仪检测该平面的直线度误差(选用的桥板节距 $L=200$ mm)，并判断该平面的直线度误差的合格性。

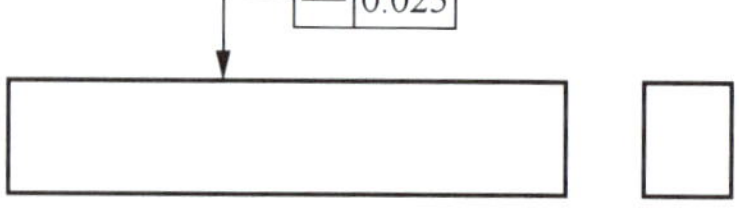

图 2-1　窄长平面体零件

知识概述

由于机床夹具、刀具及工艺操作水平等因素的影响，零件经过机械加工后，不仅有尺寸误差，而且构成零件几何特征的点、线、面的实际形状和相互位置与理想几何体规定的形状和相互位置也不可避免地存在差异。这种形状上的差异即为形状误差，相互位置的差异即为位置误差，这两种误差统称为几何误差。在零件的加工过程中，几何误差是不可避免的，其不仅会影响机械产品的质量，还会影响零件的互换性。因此，需制定相应的几何公差加以限制。

一、几何公差基本知识

1. 几何要素及其分类

任何零件都是由点、线、面构成的，几何公差的研究对象就是构成零件几何特征的点、线、面，统称为几何要素，简称要素。如图 2-2 所示的零件几何要素包括球面、球心、中心线、圆锥面、端平面、圆柱面、圆锥顶点（锥顶）、素线和轴线等。

(1) 组成要素与导出要素。

① 组成要素是指工件上的面或面上的线，是可以被看到或摸到的面或面上的线，实质是构成零件的几何外形，能直接被人们所感觉到的线、面。组成要素可以是理想的或非理想的几何要素。如图 2-2 所示零件几何要素中的圆柱面、端平面、素线即为组成要素。

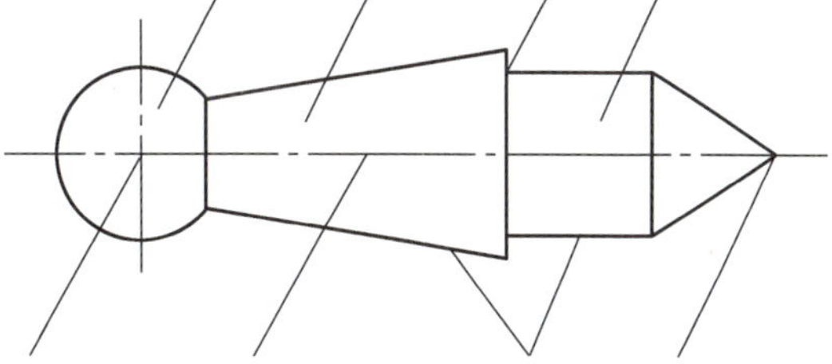

图 2-2　零件几何要素

② 导出要素是指由一个或几个组成要素得到的中心点、中心线或中心面。实质是组成要素对称中心所表示的点、线、面。导出要素是对组成要素进行一系列操作而得到的要素，它不是工件实体上的要素。如图 2-2 所示零件几何要素中的球心、轴线即为导出要素。

例如：球心是由球面得到的导出要素，该球面为组成要素；圆柱的中心线是由圆柱面得到的导出要素，该圆柱为组成要素。

(2) 尺寸要素。尺寸要素是指由一定大小的线性尺寸或角度尺寸确定的几何形状。尺寸要素可以是圆柱形、球形、两平行对应面、圆锥形或楔形。

(3) 公称组成要素与公称导出要素，如图 2-3(a)所示。

① 公称组成要素由技术制图或其他方法确定的理论正确组成要素。

② 公称导出要素由一个或几个公称组成要素导出的中心点、轴线或中心平面。

(4) 工件实际表面和实际(组成)要素。

① 工件实际表面指实际存在并将整个工件与周围介质分隔的一组要素。

② 实际(组成)要素如图 2-3(b)所示。实际(组成)要素是实际存在并将整个工件与周围介质分隔的要素。它由无数个连续点构成，为非理想要素。

(5) 提取组成要素和提取导出要素，如图 2-3(c)所示。

① 提取组成要素指按规定方法，由实际(组成)要素提取有限数目的点所形成的实际(组成)要素的近似替代要素，该替代(的方法)由要素所要求的功能确定，每个实际(组成)要素可以有几个这种替代要素。

② 提取导出要素是由一个或几个提取组成要素得到的中心点、中心线或中心面。提取导出要素是根据特定的规则，通过对非理想要素提取有限数目的点得到的近似替代要素，为非理想要素。提取时的替代(方法)由要素所要求的功能确定。每个实际(组成)要素可以有几个这种替代。为方便起见，提取圆柱面的导出中心线称为提取中心线；两相对提取平面的导出中心面称为提取中心面。

(6) 拟合组成要素和拟合导出要素，如图 2-3(d)所示。

① 拟合组成要素是按规定方法由提取组成要素形成的具有理想形状的组成要素。

② 拟合导出要素由一个或几个拟合组成要素导出的中心点、轴线或中心平面。

拟合(组成、导出)要素是按照特定规则，以理想要素尽可能地逼近非理想要素而形成的替代要素，拟合要素为理想要素。

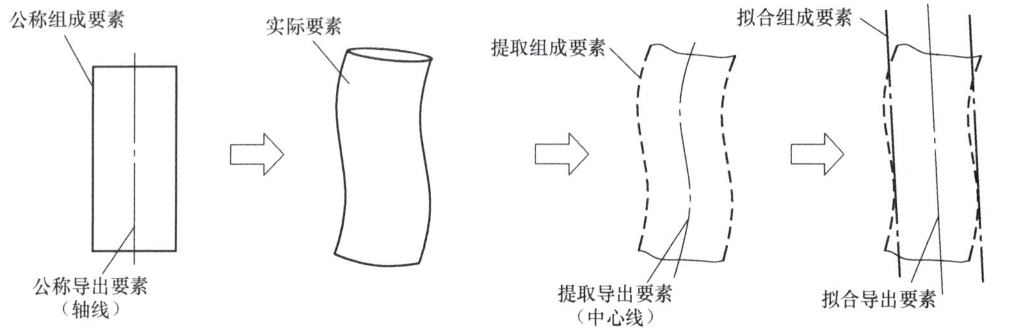

(a) 公称组成要素和公称导出要素　(b) 工件实际表面和实际（组成）要素　(c) 提取组成要素和提取导出要素　(d) 拟合组成要素和拟合导出要素

图 2-3　几何要素

各几何要素定义间的相互关系如图 2-4 所示。

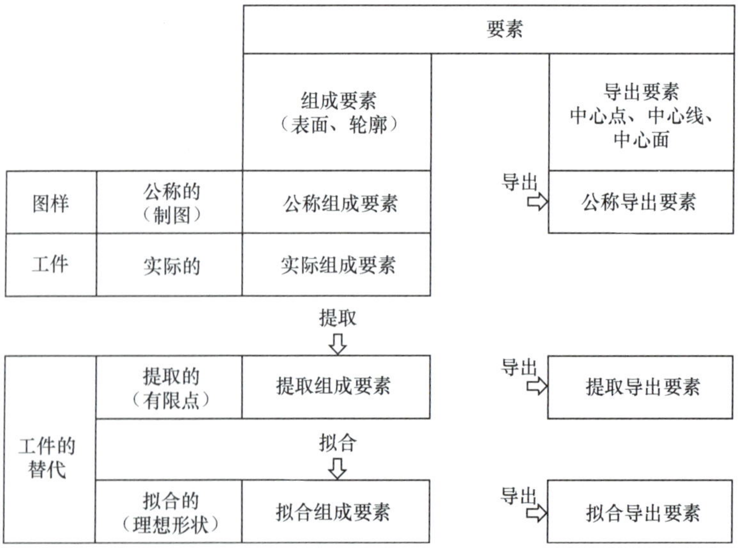

图 2-4　各几何要素定义间的相互关系

(7) 单一要素与关联要素。

① 单一要素。在设计图样上仅对其本身给出形状公差的要素,也就是只研究确定其形状误差的要素,称为单一要素。如图 2-5 所示零件的外圆就是单一要素,只研究圆度误差。

② 关联要素。对其他要素有功能关系的要素,或在设计图样上给出了位置公差的要素,也就是研究确定其位置误差的要素,称为关联要素。如图 2-5 所示零件的右端面可作为关联要素来研究其对左端面的平行度误差。

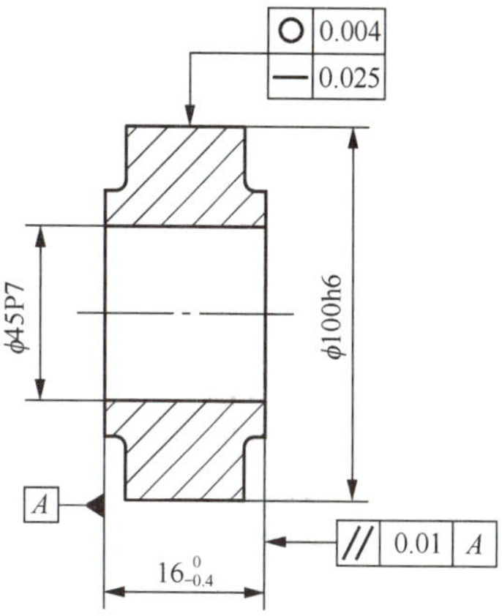

图 2-5 单一要素与关联要素

(8) 被测要素与基准要素。

① 被测要素。实际图样上给出了形状或(和)位置公差的要素,也就是需要研究确定其形状或(和)位置误差的要素,称为被测要素。

② 基准要素。零件上用来建立基准并实际起作用的实际(组成)要素,称为基准要素。如一条边、一个表面或一个孔,通常基准要素由设计者在图样上标注。

2. 术语与定义

(1) 公差带。公差带是指由一个或两个理想的几何线要素或面要素所限定的,由一个或多个线性尺寸表示公差值的区域。此概念前文已有提及。

(2) 相交平面。相交平面是指由工件的提取要素建立的平面,用于标识提取面要素(组成要素或中心要素)或标识提取线上的点要素。使用相交平面可不依赖于视图定义被测要素。对于区域性的表面结构,可使用相交平面定义评价该区域的方向。

(3) 定向平面。定向平面是指由工件的提取要素建立的平面,用于标识公差带的方向。使用定向平面可不依赖于理论正确尺寸(TED)(位置)或基准(方向)定义限定公差带的平面或圆柱的方向。仅当被测要素是中心要素(中心点、中心线)且公差带由两平行直线或平行平面所定义时,或被测要素是中心点、圆柱时,才可使用定向平面。

(4) 方向要素。方向要素是指由工件的提取要素建立的理想要素,用于标识公差带宽度(局部偏差)的方向。方向要素可以是平面、圆柱面或圆锥面。使用方向要素可改变在面要素上的线要素的公差带宽度的方向。当公差值适用在规定的方向,而非规定的几何形状的法线方向时,可使用方向要素。可用标注在方向要素框格中第二格的基准构建方向要素。可使用被测要素的几何形状确定方向要素的几何形状。

(5) 组合连续要素。组合连续要素是指由多个单一要素无缝组合在一起的单一要素。组合连续要素可以是封闭的或非封闭的。非封闭的组合连续要素可用"区间"符号(↔)与联合要素(UF)修饰符定义。封闭的组合连续要素可用"全周"符号(○)与 UF 修饰符定义,此时,它是一组单个要素,与平行于组合平面的任何平面相交所形成的是线要素或点要素。封闭的组合连续要素可用"全表面"符号(◎)与 UF 修饰符定义。

(6) 组合平面。组合平面是指由工件上的要素建立的平面,用于定义封闭的组合连续要素。当使用"全周"符号时总是使用组合平面。

(7) 理论正确尺寸(TED)。理论正确尺寸是指在产品几何技术规范(GPS)操作中用于定义要素理论正确几何形状、范围、位置与方向的线性或角度尺寸。可使用 TED 定义要素的公称形状与尺寸、理论正确要素(TEF)、要素的局部位置与尺寸(包括局部被测要素)、被测要素的延伸长度、两个或多个公差带的相对位置与方向、基准目标的相对位置与方向(包括可移动基准目标)、公差带相对于基准与基准体系的位置与方向、公差带宽度的方向。TED 可以明确标注或是缺省的。标注时,明确的 TED 可使用包含数值,还可包含相关符号。缺省的 TED 可不标注,缺省的 TED 包括 0 mm,0°,90°,180°,270°以及在完整的圆上均匀分布的要素之间的角度距离。

(8) 理论正确要素。理论正确要素是指具有理想形状,以及理想尺寸、方向与位置的公称要素。理论正确要素可以拥有任何形状,可使用明确标注的理论正确尺寸定义,理论正确位置与方向是相对于所标注的基准体系,该基准体系用于相应实际要素的规范。

(9) 联合要素。联合要素是指由连续的或不连续的组成要素组合而成的要素,并将其视为一个单一要素。联合要素的使用目的并非要将多个自然分离的要素定义在一起。例如,勿将两个平行的,但不同轴的圆柱要素或两个平行的,但不同轴的方管(每个均由两组垂直的平行平面构成)构建为一个联合要素。由一组圆弧要素定义的圆柱要素,如花键的外径轮廓,是使用联合要素的目的之一。不能将两个同轴,但公称直径不同的完整圆柱视为一个联合要素。

3. 几何公差的项目及符号

为控制机器零件的几何误差,提高机器的精度和延长使用寿命,保证互换性生产,国家标准《产品几何技术规范(GPS) 几何公差形状、方向、位置和跳动公差标注》(GB/T 1182—2018)相应规定了几何公差项目。几何公差项目符号见表 2-1。

表 2-1 几何公差项目符号

公差类型	几何特征	符号	基准	公差类型	几何特征	符号	基准
形状公差	直线度	—	无	位置公差	位置度	⌖	有或无
	平面度	▱	无		同心度(用于中心点)	◎	有
	圆度	○	无		同轴度(用于轴线)	◎	有
	圆柱度	⌭	无		对称度	⌯	有
	线轮廓度	⌒	无		线轮廓度	⌒	有
	面轮廓度	⌓	无		面轮廓度	⌓	有
方向公差	平行度	//	有	跳动公差	圆跳动	↗	有
	垂直度	⊥	有		全跳动	⌰	有
	倾斜度	∠	有				
	线轮廓度	⌒	有				
	面轮廓度	⌓	有				

4. 几何公差的标注方法

按几何公差国家标准的规定，在图样上标注几何公差时，一般采用代号标注。无法采用代号标注时，允许在技术条件中用文字加以说明。几何公差项目的符号、框格、指引线、公差数值、基准符号和其他有关符号一起构成了几何公差的代号。

(1) 几何公差框格与指引线。几何公差框格由 2～5 个格组成。几何公差框格一般为两格，方向、位置、跳动公差框格为 2～5 个格，如图 2-6 所示。第一格填写几何公差项目符号；第 2 格填写几何公差值和有关符号；第 3、4、5 格填写代表基准的字母和有关符号。

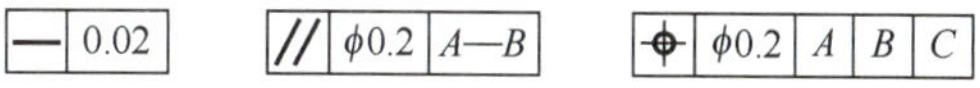

图 2-6　几何公差框格示例

公差框格中填写的公差值必须以 mm 为单位，当公差带形状为圆或圆柱和球形时，应分别在公差值前面加注“ϕ”和“$S\phi$”。标注时，指引线可由公差框格的一端引出，并与框格端线垂直，为了制图方便，也允许自框格的侧边引出，如图 2-7 所示。指引线箭头指向被测要素，箭头的方向是公差带宽度方向或直径方向，指引线可以曲折，但一般不超过 2 次。

(2) 被测要素。当被测要素为组成要素时，公差框格指引线箭头应指在轮廓线或其延长线上，并应与尺寸线明显错开，如图 2-8 所示；当被测要素为导出要素时，指引线箭头应与该要素的尺寸线对齐或直接标注在轴线上，如图 2-9 所示。

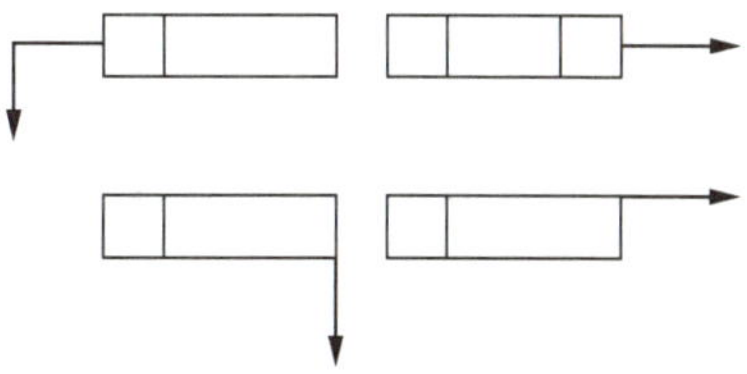

图 2-7　指引线与公差框格图相对位置

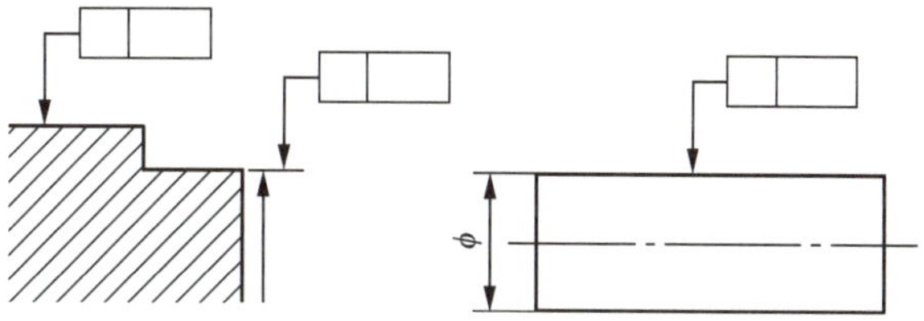

图 2-8　被测要素为组成要素时的标注

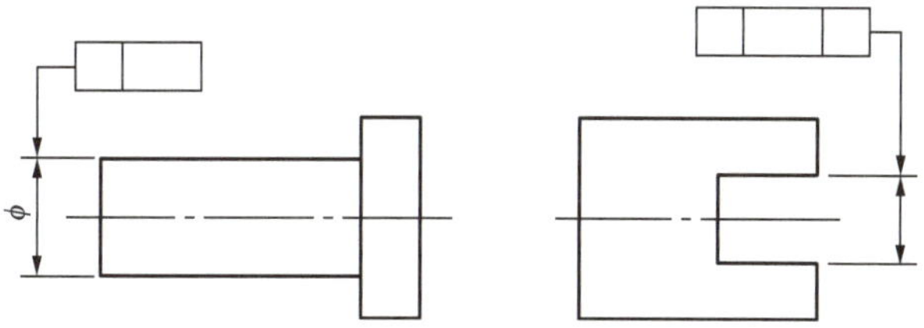

图 2-9　被测要素为导出要素时的标注

图 2-10　基准符号

(3) 基准要素。对关联位置要素的公差必须注明基准，基准符号由字母、方格、涂黑的或空白的三角形(涂黑的和空白的基准三角形含义相同)、细短横线和细连线组成，基准符号如图 2-10 所示，使用时通常选用带有涂黑三角形的基准符号。方格内表示基准的字母与公差框格中的基准字母对应。

基准在公差框格中的顺序是固定的，框格第 3 格填写第一基准代号，之后依次填写第二、第三基准代号。当两个要素组成公共基准时，用横线隔开两个大写字母，并将其标在第 3 格内，如图 2-6 所示。代表基准的字母采用大写拉丁字母，为避免混淆，标准规定不采用

E、I、J、M、O、P、L、R、F 等字母，且无论基准符号在图样上的方向如何，方格内的字母要水平书写，如图 2-11、图 2-12 所示。

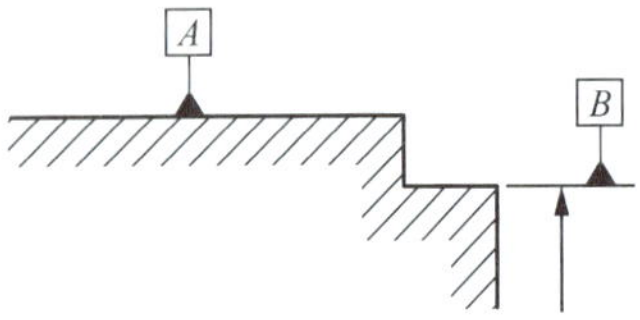

图 2-11　基准要素为组成要素时的标注

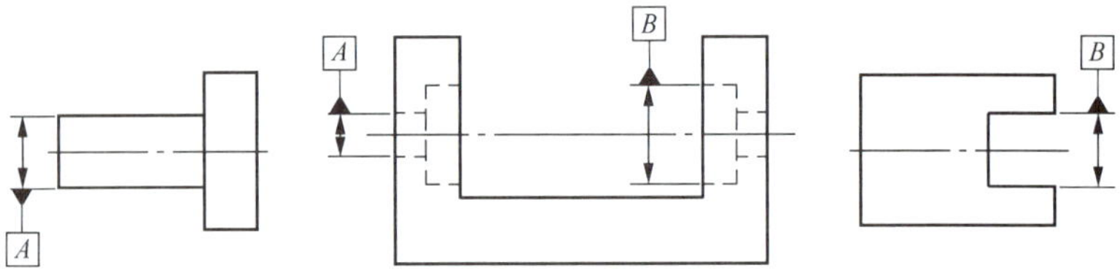

图 2-12　基准要素为导出要素时的标注

当基准要素为组成要素时，基准符号应在轮廓线或其延长线上，并应与尺寸线明显错开，如图 2-11 所示；当基准要素为导出要素时，基准符号一定要与该要素的尺寸线对齐，如图 2-12 所示。

(4) 几何公差的简化标注。在不影响读图或不致引起误解的前提下，可采用简化标注方法。

① 当同一要素有多个公差要求时，只要被测部位和标注表达方法相同，可将框格画在一起，并共用一根指引线，如图 2-13 所示。

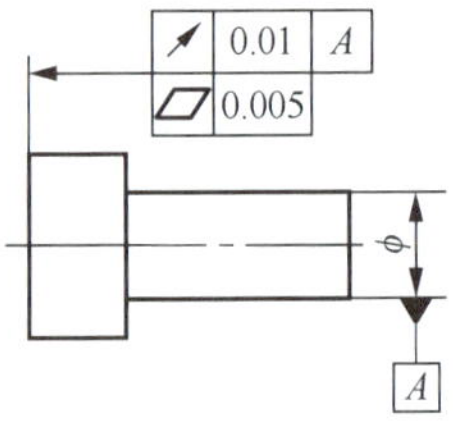

图 2-13　同一要素有多个公差要求时的标注

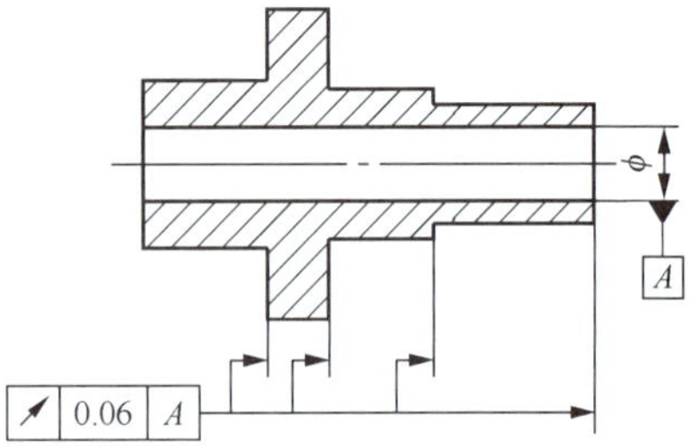

图 2-14　多个要素同一公差要求的简化标注

② 一个公差框格可以用于具有相同几何特征和公差值的若干个分离要素，如图 2-14 所示。

③ 当结构尺寸相同的几个要素有相同的几何公差要求时，可只对其中的一个要素进行标注，并在框格上方标明。如 8 个要素有相同的几何公差要求，则注明“8”或“8 槽”等，如图 2-15 所示。

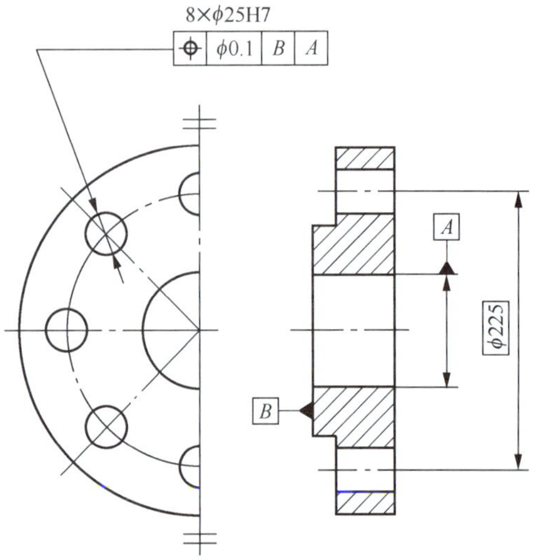

图 2-15　相同要素同一公差要求的简化标注

(5) 特殊标注及附加要求。

① 当几何公差特征项目，如线(面)轮廓度的被测要素适用于横截面内的整个外轮廓线(面)时，应采用全周符号，如图 2-16 所示。

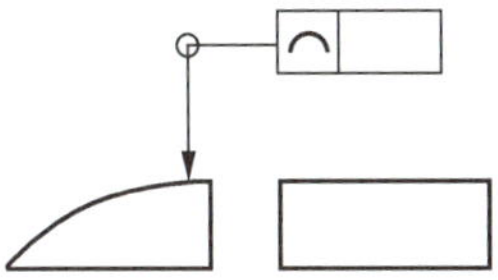

图 2-16　全周符号标注

② 若基准要素或被测要素为视图上的局部表面时，可将基准符号（公差框格）标注在带圆点的参考线上，圆点标于基准面（被测面）上，如图 2-17 所示。

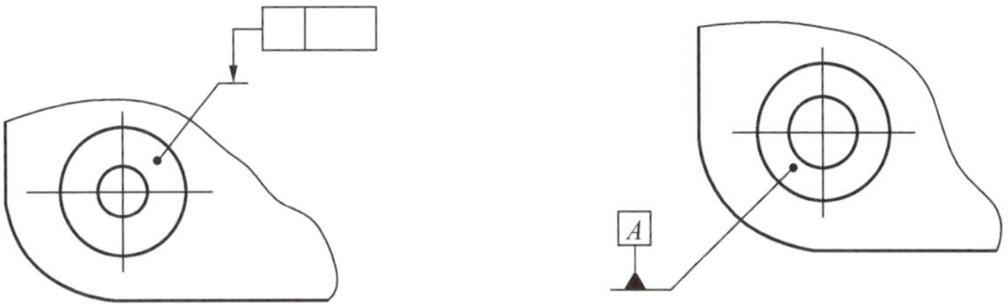

（a）被测要素为局部表面的标注　　（b）基准要素为局部表面的标注

图 2-17　局部表面几何公差的标注

③ 如果对被测要素任一局部范围内提出进一步限制的公差要求，则应将该局部范围的尺寸（长度、边长或直径）标注在几何公差值的后面，用斜线相隔，如图 2-18 所示。

（a）长度为100的素线范围　　（b）边长为100的正方形范围

图 2-18　任一局部范围内的公差要求的标注

④ 以螺纹轴线为被测要素或基准要素时，默认为螺纹中径圆柱的轴线，否则应另外说明。例如，用“MD”表示大径，用“LD”表示小径，分别如图 2-19(a)、(b)所示。

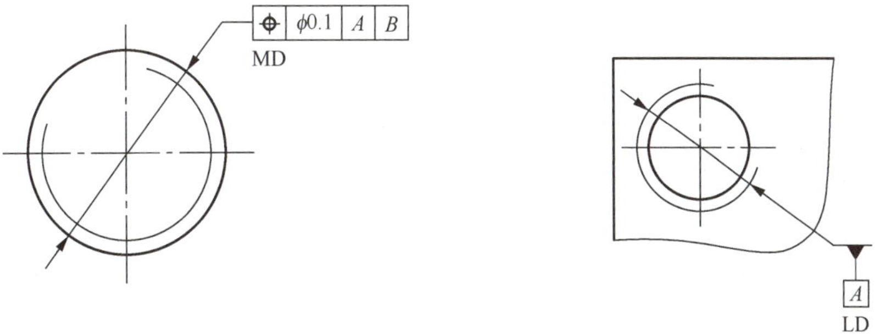

（a）螺纹大径为被测要素　　（b）螺纹小径为基准要素

图 2-19　螺纹轴线为被测要素或基准要素时的标注

⑤ 如果要求在公差带内进一步限定被测要素的形状，则应在公差值后面加附加符号，见表 2-2。

表 2-2　几何公差值的附加符号

含义	符号	举例
只许中间向材料内凹下	(−)	— t(−)
只许中间向材料外凸起	(+)	▱ t(+)
只许从左至右减小	(▷)	⌭ t(▷)
只许从右至左减小	(◁)	⌭ t(◁)

5. 相交平面的作用、构建要素与图样标注

(1) 相交平面的作用。相交平面是用标识线要素要求的方向。例如在平面上线要素的直线度、线轮廓度、要素的线素的方向，以及在面要素上的线要素的“全周”规范。

(2) 用于构建相交平面族的要素。仅当面要素属于回转型（如圆锥或圆环）、圆柱型（如圆柱）、平面型（如平面）类型之一时，才可用于构建相交平面族。

(3) 图样标注。相交平面应使用相交平面框格规定，并且作为公差框格的延伸部分标注在其右侧，如图 2-20 所示。指引线可根据需要，与相交平面框格相连，而不与公差框格相连。可用符号定义相交平面相对于基准的构建方式，并将其放置在相交平面框格的第一格。标识基准并构建相交平面的字母应放置在相交平面框格的第二格。

图 2-20　相交平面框格

若几何公差规范中包含相交平面框格，则应符合下列规则。

当被测要素是组成要素上的线要素时，应标注相交平面，以免产生误解，除非被测要素是圆柱、圆锥或球的母线的直线度或圆度。当被测要素是在一个给定方向上的所有线要素，而且特征符号并未明确表明被测要素是平面要素还是该要素上的线要素时，使用相交平面框格表示出被测要素是要素上的线要素及这些线要素的方向，如图 2-21 所示。如图 2-22所示为被测要素是公差框格指引线所指面要素上与基准 C 平行的所有线要素。

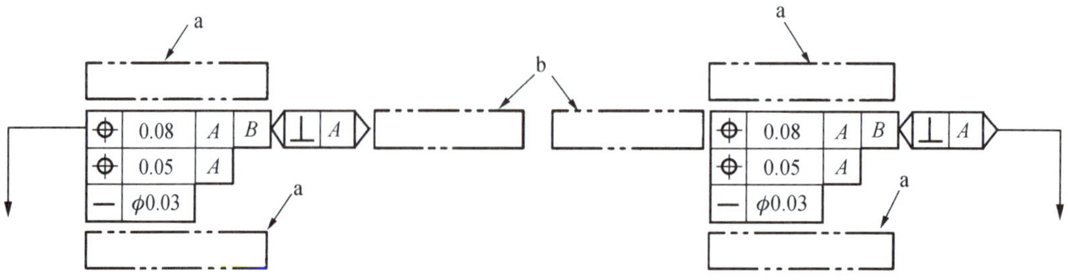

a—上/下相邻的标注区域；b—水平相邻的标注区域

图 2-21　相邻标注区域

6. 定向平面的作用、构建要素与图样标注

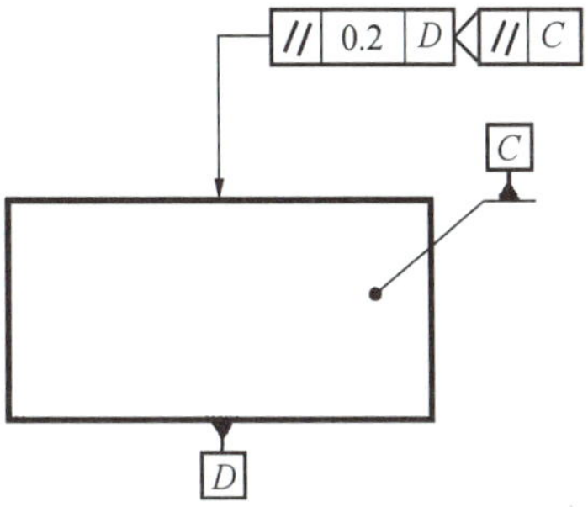

图 2-22 使用相交平面框格的标注

(1) 定向平面的作用。当被测要素是中心线或中心点，且公差带的宽度是由两平行平面限定的，应标注定向平面；被测要素是中心点，公差带是由一个圆柱限定的，且公差带要相对于其他要素定向，且该要素是基于工件的提取要素构建的，能够标识公差带的方向的情况，应标注定向平面。

定向平面既能控制公差带构成平面的方向（直接使用框格中的基准与符号），又能控制公差带宽度的方向（间接地与这些平面垂直）或控制圆柱形公差带的轴线方向。

(2) 用于构建定向平面的要素。仅当面要素属于回转型（如圆锥或圆环）、圆柱型（如圆柱）、平面型（如平面）时，才可用于构建定向平面。

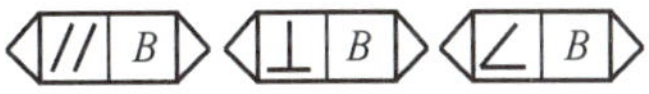

图 2-23 定向平面框格

(3) 图样标注。定向平面应使用定向平面框格规定，并且标注在公差框格的右侧，如图 2-23 所示。

指引线可根据需要，与定向平面相连，而不与公差框格相连，如图 2-21 所示。平行度、垂直度或倾斜度定向符号应放置在定向平面框格的第一格。标识基准并构建定向平面的字母应放置在定向平面框格的第二格。

若几何公差规范中包含定向平面框格，则应符合下列规则。

定向平面应按照平行于、垂直于、保持特定的角度于在定向平面框格第二格所标注的基准并按如下方式构建，当定向平面所定义的角度不是 0°或 90°时，应使用倾斜度符号，并且应明确地定义出定向平面与定向平面框格中的基准之间的理论夹角。当定向平面所定义的角度等于 0°或 90°时，应分别使用平行度符号或垂直度符号。当公差框格标注有一个或多个基准时，定向平面应按照平行于、垂直于或保持特定的角度于定向平面框格构建，同时受公差框格内基准的约束（默认 0°或 90°角，或使用 TED 明确标注的角度）。公差框格中的基准在定向平面框格所构建的定向平面之前按特定顺序规定。若定向平面框格所标注的基准也标注在公差框格中，则定向平面框格只受标注在它前面的公差框格内的基准约束。使用与基准保持特定的角度的定向平面标注，如图 2-24 所示。

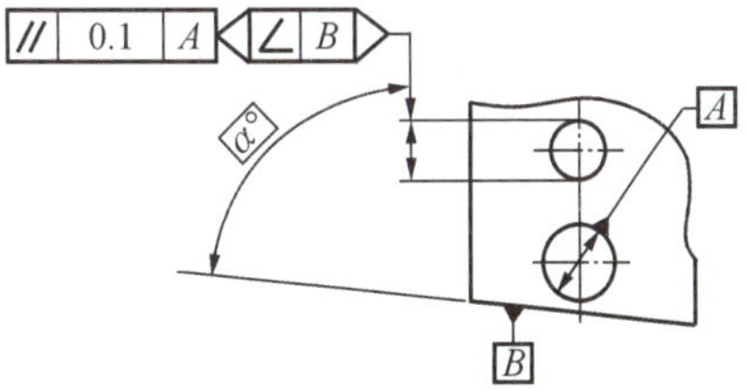

图 2-24 使用与基准保持特定的角度的定向平面标注

7. 方向要素的作用、构建要素与图样标注

(1) 方向要素的作用。当被测要素是组成要素且公差带宽度的方向与面要素不垂直时，应使用方向要素确定公差带宽度的方向。另外，应使用方向要素标注非圆柱体或球体的回转体表面圆度的公差带宽度方向。在标注中，仅当指引线的方向以及公差带宽度的方向使用 TED 标注时，指引线的方向才可定义公差带宽度的方向，如图 2-25 所示。当由公

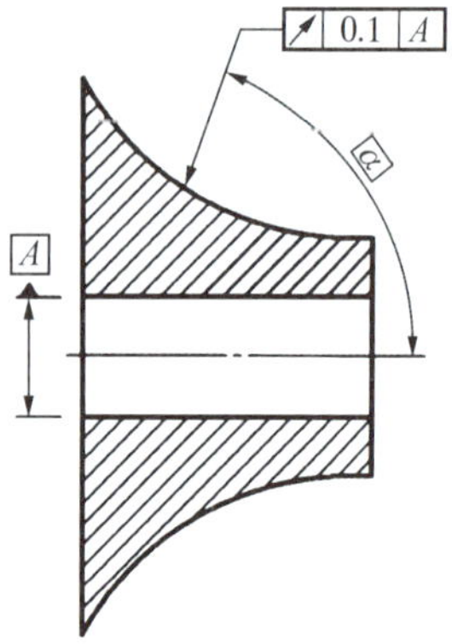

图 2-25　方向要素图样标注

差框格所定义的基准要素与用于构建方向要素的要素相同时，可省略方向要素。

(2) 用于构建方向要素的要素。仅当面要素属于回转型（如圆锥或圆环）、圆柱型（如圆柱）、平面型（如平面）时，才可用于构建方向要素。

(3) 图样标注。当使用方向要素框格时，应作为公差框格的延伸部分标注在其右侧，如图 2-26 所示。

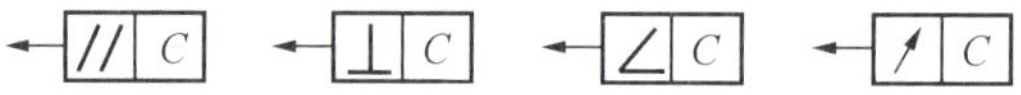

图 2-26　方向要素框格

参照线可根据需要，与方向要素相连，而不与公差框格相连。平行度、垂直度、倾斜度或跳动方向符号应放置在方向要素框格的第一格。可使用跳动符号表示公差带宽度的方向与跳动相同。标识基准并构建方向要素的字母应放置在方向要素框格的第二格。

在被测要素是组成要素，且公差带的宽度与规定的几何要素非法向关系，或对非圆柱体或球体的回转体表面使用圆度公差情况下应标注方向要素。

若几何公差规范中包含方向要素框格，则应符合下列规则。

公差带宽度的方向应参照方向要素框格中标注的基准构建。当方向定义为与被测要素的面要素垂直时，应使用跳动符号，并且被测要素（或其导出要素）应在方向要素框格中作为基准标注。当方向所定义的角度等于 0°或 90°时应分别使用平行度符号或垂直度符号。当方向所定义的角度不是 0°或 90°时，应使用倾斜度符号，而且应明确地定义出方向要素与方向要素框格的基准之间的 TED 夹角。与被测要素的面要素垂直的圆度公差的标注如图 2-27 所示。

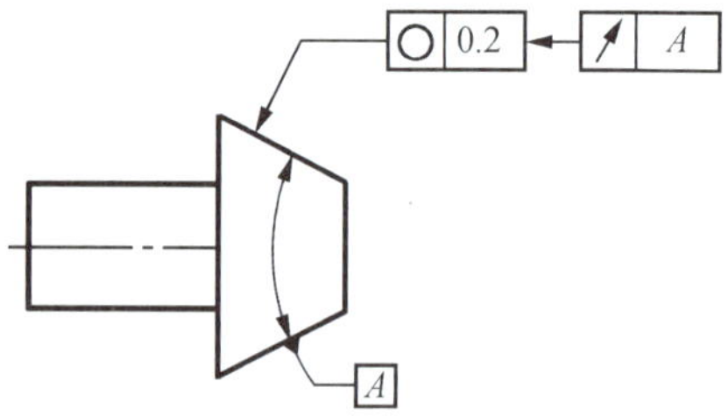

图 2-27　与被测要素的面要素垂直的圆度公差的标注

8. 组合平面的作用、构建要素与图样标注

(1) 组合平面的作用。当标“全周”符号时，应使用组合平面。组合平面可标识一个平行平面族，也可用来标识“全周”标注所包含的要素。

(2) 用于构建组合平面的要素。可用于相交平面的同一类要素，也可用于构建组合平面。

图 2-28　组合平面框格

(3) 图样标注。当使用组合平面框格时，其应作为公差框格的延伸部分标注在其右侧。可用于相交平面框格第一部分的同一符号，也可用于组合平面框格的第一部分，且含义相同，如图 2-28 所示。

当使用“全周”符号标识用于要素集合的规范时，应标注组合平面。组合平面可标识一组单一要素，与平行于组合平面的任意平面相交为线要素或点要素，如图 2-29 所示。

9. 几何公差带的特点

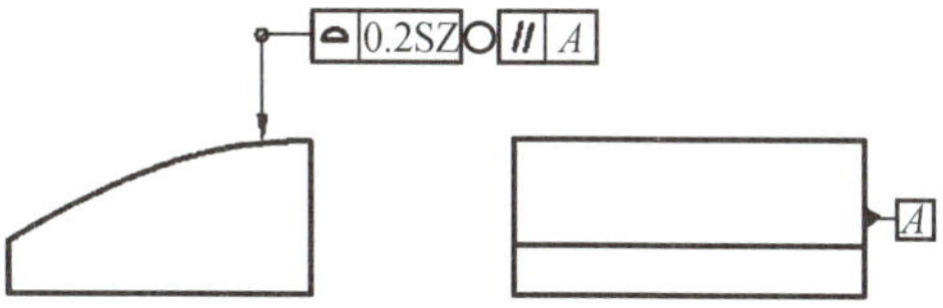

图 2-29　组合平面标注

几何公差带是限制被测实际要素变动的区域，该区域大小是由几何公差值确定的。只要被测实际要素被包含在公差带内，就表明被测要素合格，符合设计要求。几何公差带体现了被测要素的设计要求，也是加工和检验的根据。几何公差带控制的是点（平面、空间）、线（素线、轴线、曲线）、面（平面、曲面）、圆（平面、空间、整体圆柱）等区域。几何公差带不仅有大小，而且还具有形状、方向、位置。

（1）形状。几何公差带的形状随实际被测要素的结构特征、所处的空间及要求控制方向的差异而有所不同。几何公差带的形状有如图 2-30 所示的 11 种。

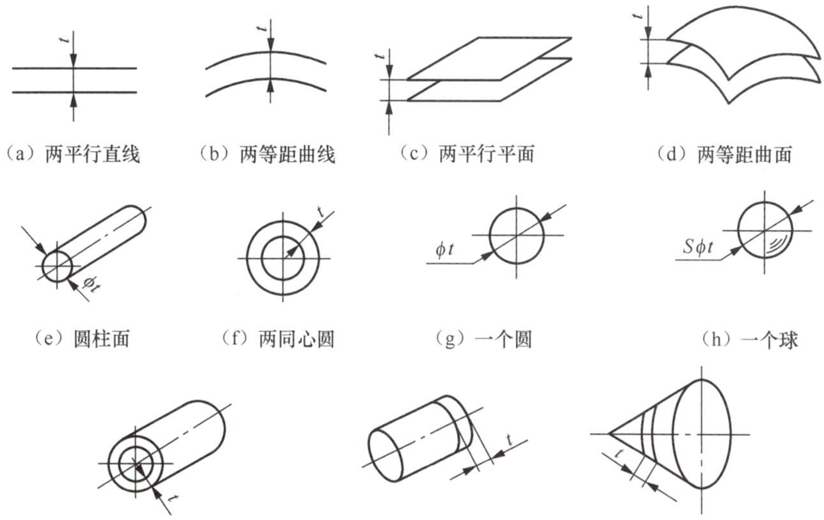

（a）两平行直线　（b）两等距曲线　（c）两平行平面　（d）两等距曲面

（e）圆柱面　（f）两同心圆　（g）一个圆　（h）一个球

（i）两同心圆柱面　（j）一段圆柱面　（k）一段圆锥面

图 2-30　几何公差带的形状

（2）大小。几何公差带的大小以公差带的宽度或直径（即图样上几何公差框格内给出的公差值）表示，公差值均以 mm 为单位，它表示了几何精度要求的高低。若公差值以宽度表示，则在公差值数字 t 前不加符号。若公差带为一个圆、圆柱或一个球，则在公差值数字 t 前加注 ϕ 或 $S\phi$（即公差值以直径表示）。

（3）方向。几何公差带的方向是指几何误差的检测方向。方向、位置、跳动公差带的方向，理论上就是图样上公差框格指引线箭头所指示的方向。形状公差带的方向除了与公差框格指引线箭头所指示的方向有关外，还与被测要素的实际状态有关。如图 2-31 所示的平面度公差带和平行度公差带，指引线的方向都是一样的，但是公差带的方向却不一定相同。

（4）位置。几何公差带的位置分为 2 种情况：浮动和固定。若几何公差带的位置可以随被测要素的变动而变动，没有对其他要素保持一定几何关系的要求，这时公差带的位置是浮动的；若几何公差带位置必须和基准保持一定的几何关系，不随被测要素的变动而变动，则称公差带的位置是固定的。判断几何公差带是固定或浮动的方法：如果公差带与基

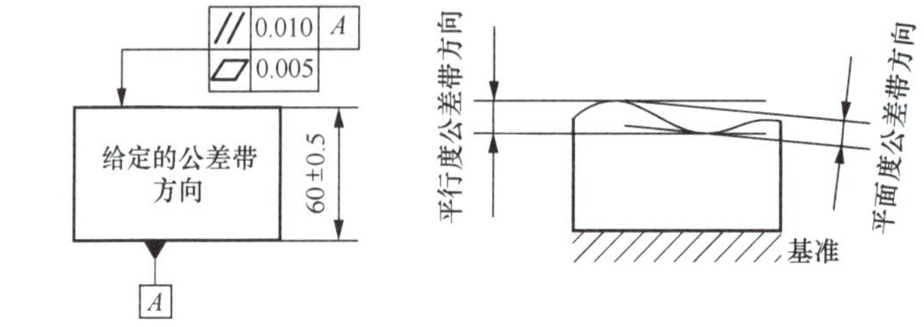

（a）平面度公差和平行度公差标注　（b）平面度公差带和平行度公差带方向

图 2-31　几何公差带的标注与方向

准之间由理论正确尺寸定位，则公差带位置固定；若由尺寸公差定位，则公差带位置在尺寸公差带内浮动。一般来说，形状公差带的方向和位置是浮动的；方向公差带的方向是固定的，而位置是浮动的；位置（位置度除外）和跳动公差带的方向和位置都是固定的。

二、形状公差

1. 形状误差和形状公差

形状误差是指单一被测提取要素对其理想要素的变动量。形状公差是指单一实际要素的形状相对其理想要素的最大变动量。形状公差是为了限制误差而设置的，它等于限制误差的最大值。国家标准 GB/T 1182—2018 规定的形状公差项目有直线度、平面度、圆度、圆柱度、线轮廓度和面轮廓度 6 项。

2. 形状公差带

形状误差与直线度公差

形状公差带是限制被测提取要素变动的区域，该区域大小是由几何公差值确定的。形状公差带的特点是不涉及基准，其方向和位置随实际要素不同而浮动。只要被测提取要素被包含在公差带内，就表明被测要素合格；反之，被测要素不合格。

（1）直线度公差。直线度公差是指提取（实际）直线对其理想直线的允许变动量，用来控制平面内的提取（实际）直线、圆柱体的提取（实际）素线、提取（实际）轴线的形状误差，被测要素可以是组成要素或导出要素。其公称被测要素的属性与形状为明确给定的直线或一组直线要素，属线要素。它包括由相交平面框格规定的平面内、给定方向上和任意方向上的直线度。

① 相交平面框格规定的平面内的直线度。公差带为在平行于（相交平面框格给定的）基准给定平面内与给定方向上、间距等于公差值 t 的两平行直线所限定间的区域，标注如图 2-32(a) 所示。如图 2-32(a) 所示标注的直线度公差带含义为在平行于（相交平面框格给定的）基准平面 A 的给定平面内，与给定方向上、间距等于公差值 0.1 mm 的两平行直线内所限定的区域，如图 2-32(b) 所示。

② 给定方向上的直线度。给定方向上的直线度公差带是指距离为公差值 t 的两平行平面之间的区域，标注如图 2-33(a) 所示。如图 2-33(a) 所示标注的直线度公差带含义为圆柱表面的提取（实际）素线应限定在间距为公差值 0.1 mm 的两平行平面之间，如图 2-33(b) 所示。

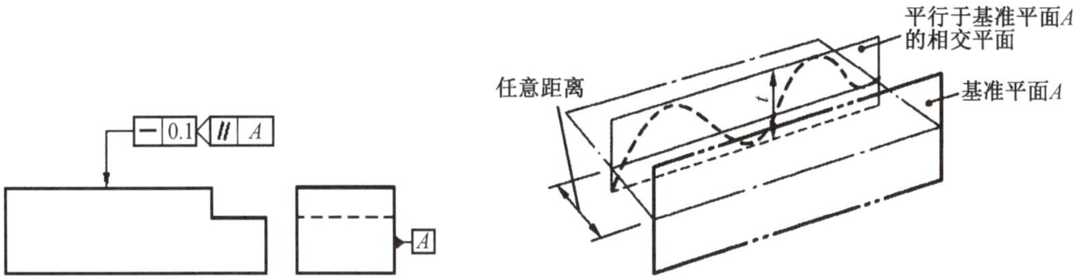

(a) 标注　　(b) 公差带

图 2-32　给定平面内的直线度

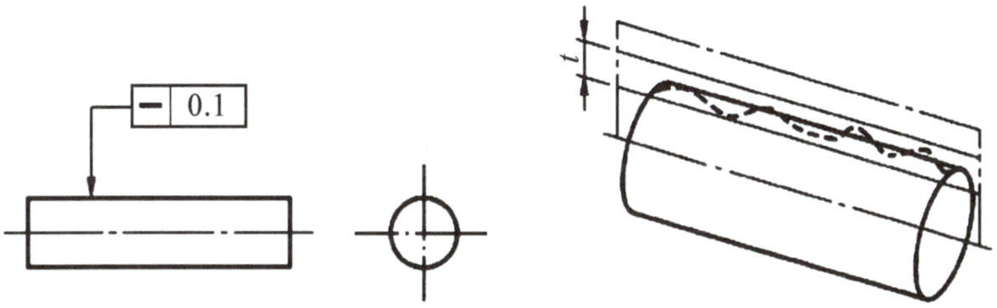

(a) 标注　　(b) 公差带

图 2-33　给定方向上的直线度公差带

③ 任意方向上的直线度。任意方向上的直线度公差带(在公差值前加注 ϕ)是直径为 ϕt 的圆柱面内的区域,标注如图 2-34(a)所示。如图 2-34(a)所示标注的直线度公差带为圆柱面的提取(实际)轴线应限定在直径为公差值 ϕ0.08 mm 的圆柱面内,如图 2-34(b)所示。

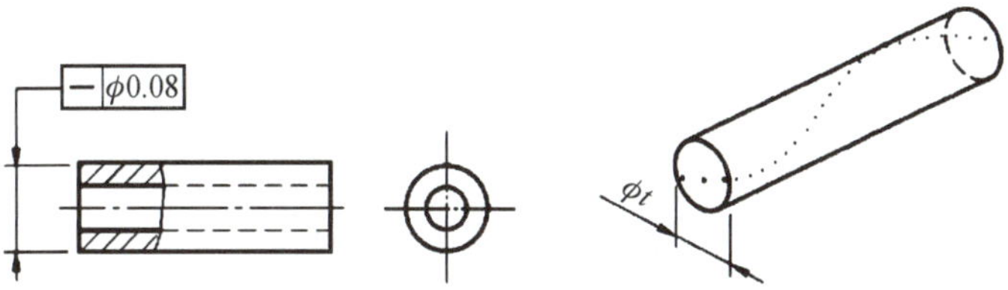

(a) 标注　　(b) 公差带

图 2-34　任意方向上的直线度公差带

(2) 平面度公差。平面度公差是指提取(实际)平面对其理想平面的允许变动量,用来控制提取(实际)平面的形状误差。被测要素可以是组成要素或导出要素,其公称被测要素的属性和形状为明确给定的平表面,属面要素。平面度公差带为间距等于公差值 t 的两平行平面间的区域,标注如图 2-35(a)所示。如图 2-35(a)所示标注的平面度公差带含义为提取(实际)表面应限定在间距等于公差值 0.1 mm 的两平行平面间的区域内,如图 2-35(b)所示。

平面度 圆度 圆柱度 线(面) 轮廓公差

(3) 圆度公差。圆度公差是指被测实际截面圆对其理想截面圆的允许变动量,用来控制回转体(如圆柱面、圆锥面等)表面提取(实际)正截面轮廓的形状误差。被测要素是组成

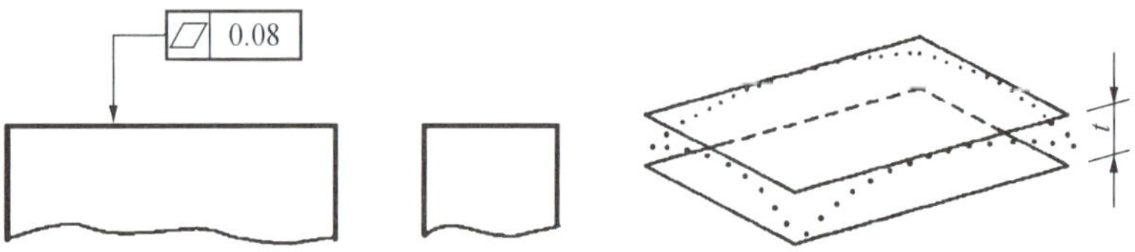

(a) 标注　　(b) 公差带

图 2-35　平面度公差带

要素，其公称被测要素的属性与形状为明确给定的圆周线或一组圆周线，属线要素。圆柱要素的圆度要求可应用在与被测要素轴线垂直的横截面上，球形要素的圆度要求可用在包含球心的横截面上，非圆柱体或球体的回转体表面应标注方向要素。圆度公差标注时，公差框格指引线必须垂直于轴线。圆度公差带是指在给定横截面内，半径差为公差值 t 的两同心圆所限定的区域，标注如图 2-36(a)所示。如图 2-36(a)所示是圆柱表面的缺省应用方式，而对于圆锥表面则应使用方向要素框格进行标注。如图 2-36(a)所示标注的圆度公差带含义为在圆柱面与圆锥面的其任意横截面内，提取(实际)圆周应限定在半径差等于公差值 0.03 mm 的两共面同心圆之间，如图 2-36(b)所示。

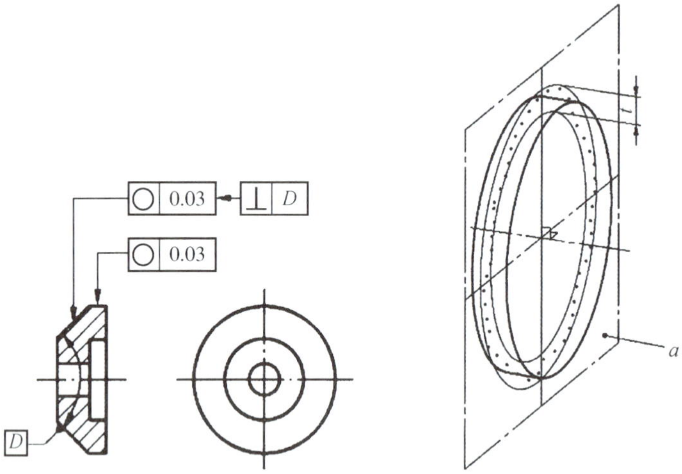

(a) 标注　　(b) 公差带

图 2-36　圆度公差带

(4) 圆柱度公差。圆柱度公差是指被测实际圆柱对理想圆柱所允许的变动量。它用来控制提取(实际)圆柱面的形状误差。被测要素是组成要素，其公称被测要素是属性与形状为明确给定的圆柱表面，属面要素。圆柱度公差带是指半径差等于公差值 t 的两同轴圆柱面所限定的区域，标注如图 2-37(a)所示。如图 2-37(a)所示标注的圆柱度公差带含义为提取(实际)圆柱面必须位于半径差等于公差值 0.1 mm 的两同轴圆柱面间的区域内，如图 2-37(b)所示。

圆柱度公差可以对圆柱表面的纵、横截面的各种形状误差进行综合控制，如对正截面的圆度、素线的直线度和过轴线纵向截面上两条素线的平行度误差等的控制。

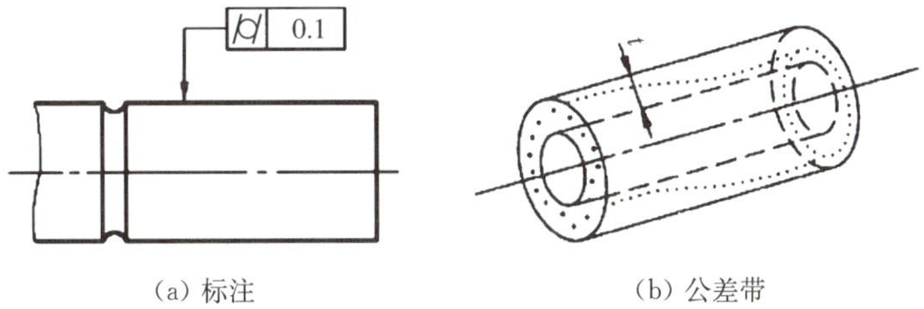

图 2-37　圆柱度公差带

(5) 线轮廓度公差。线轮廓度公差是指提取(实际)轮廓线相对于理想轮廓线所允许的变动量。它用来控制平面曲线或曲面的截面轮廓的几何误差。

当线轮廓度公差未标注基准时,属于形状公差。被测要素可以是组成要素或导出要素,其公称被测要素的属性由线要素或一组线要素明确给定,其公称被测要素的形状,除直线外,则应通过图样上完整的标注明确给定。线轮廓度公差带是指包络一系列直径为公差值 t 的圆的两包络线之间的区域,各圆的圆心位于具有理论正确几何形状(理论正确尺寸确定的)的线上,标注如图 2-38(a)所示。标注的线轮廓度公差带含义为在任一平行于基准平面 A 的截面内,如相交平面框格所规定的,提取(实际)轮廓线应限定在直径等于公差值 0.04 mm,且圆心位于理论正确几何形状上的一系列圆的两等距包络线之间,如图 2-38(b)所示。

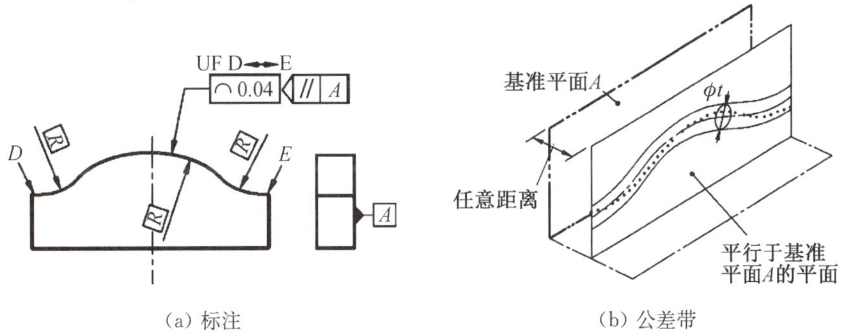

图 2-38　(与基准不相关的)线轮廓度公差带

理论正确尺寸(角度)是指确定被测要素的理想形状、理想方向或理想位置的尺寸(角度)。该尺寸(角度)不带公差,标注在方框中。

(6) 面轮廓度公差。面轮廓度公差是指提取(实际)轮廓面相对于理想轮廓面所允许的变动量。面轮廓度公差带直径等于公差值 t 的球的两包络面之间的区域,各球的球心位于具有理论正确几何形状的面上,标注如图 2-38(a)所示。被测要素可以是组成要素或导出要素,其公称被测要素属性由某个面要素明确给定,其公称被测要素的形状,除平面外,则应通过图样上完整的标注明确给定。标注的面轮廓度公差带含义为提取(实际)轮廓面应限定在直径等于公差值 0.02 mm,且球心位于被测要素理论正确几何形状的面上的一系列圆球的两等距包络面之间,理想轮廓面由 SR 确定,如图 2-38(b)所示。面轮廓度公差是用来控制空间曲面的几何(形状)误差,是一项综合公差,既可控制面轮廓度误差,又可控制曲面上任一截面轮廓的线轮廓度误差。

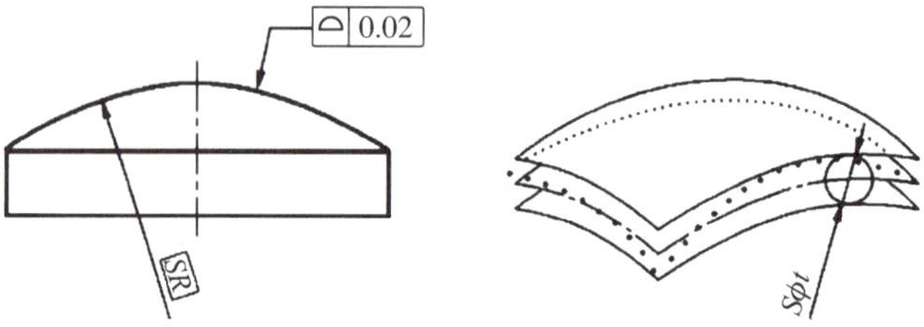

(a) 标注　　(b) 公差带

图 2-38　(与基准公差不相关的)面轮廓度公差带

三、形状误差的评定

形状误差是被测要素的提取要素对其理想要素的变动量,理想要素的形状由理论正确尺寸或参数化方程定义,理想要素的位置由对被测要素的提取要素进行拟合得到,形状误差值不大于相应的公差值,则认为合格。被测提取要素与其拟合要素进行比较时,拟合要素相对于提取要素的位置不同,评定的形状误差值也不同。根据国家标准《产品几何技术规范(GPS)　几何公差　检测与验证》(GB/T 1958—2017)规定,拟合的方法有最小区域法(C)(切比雪夫法)、最小二乘法(G)、最小外接法(N)和最大内切法(X)等。如果工程图样上无相应的符号专门规定,获得理想要素位置的拟合方法一般缺省为最小区域法。

最小区域法和最小二乘法根据约束条件不同分为 3 种情况:无约束(符号为 C 和 G)、实体外约束(符号为 CE 和 GE)和实体内约束(符号为 CI 和 GI)。形状误差值评估时可用的参数:峰谷参数(T)、峰高参数(P)、谷深参数(V)和均方根参数(Q),其中峰谷参数(T)为缺省的评估参数。

凡符合下列条件之一,表示被测要素的提取要素已为最小区域所包容。

(1) 给定平面内,由两平行直线包容提取要素时,呈高低相间三点接触,具有"最高—最低—最高"和"最低—最高—最低"两种形式之一,即为最小区域所包容,如图 2-39 所示。

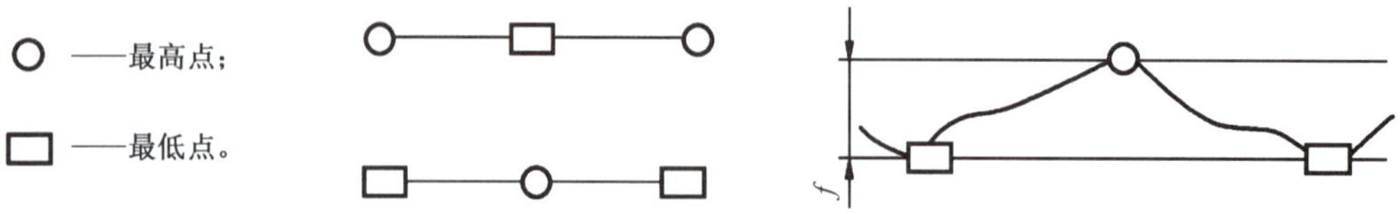

图 2-39　给定平面内直线度误差的最小区域判别法

(2) 在给定方向上,由两平行平面包容提取线时,沿主方向(长度方向)上呈高、低相间三点接触,具有"最高—最低—最高"和"最低—最高—最低"两种形式之一,可按投影进行判别,如图 2-40 所示。

(3) 在任意方向上,由圆柱面包容提取线时,可采用三点形式或四点形式的接触形式作为最小区域判别方法。

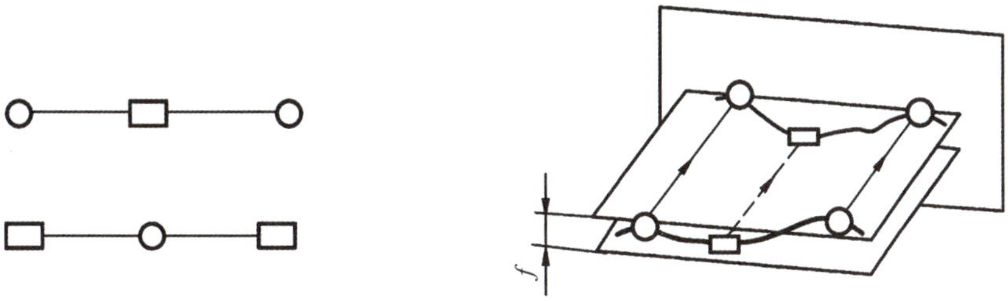

图 2-40　给定方向上直线度误差的最小区域判别法

① 三点形式。三点在同一轴截面上，如图 2-41 所示。1、3 点沿轴线方向的投影重合在一起，即 1、3 点在同一直线上。

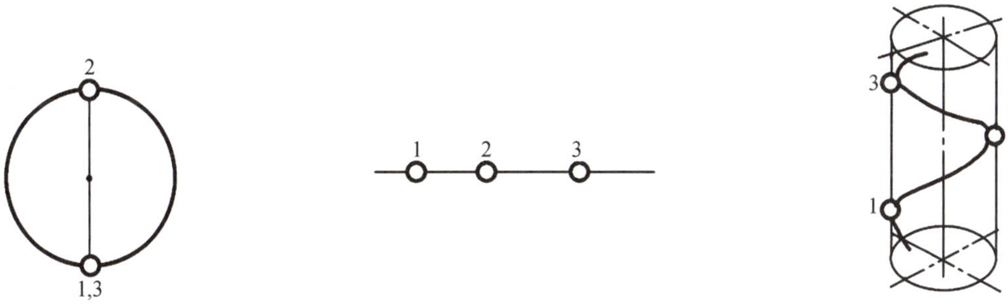

图 2-41　任意方向上三点形式直线度误差的最小区域判别法

② 四点形式，如图 2-42 所示。

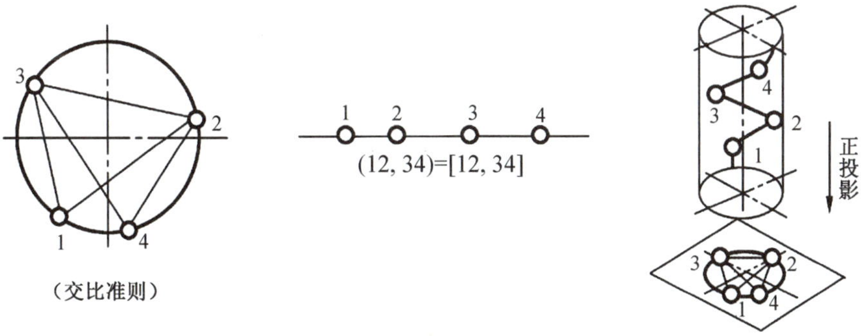

图 2-42　任意方向上四点形式直线度误差的最小区域判别法

图 2-41 和图 2-42 中，在直线上有编号的点“○”表示包容圆柱面上的实测点在其轴线上的投影，在圆周上有编号的点“○”表示包容圆柱面上的实测点在垂直于轴线的平面上的投影，其编号与直线上点的编号对应。图 2-41 中，$(12,34)=\frac{\overline{13}\cdot\overline{24}}{\overline{23}\cdot\overline{14}}$，式中 $\overline{13}$ 表示式中直线上 1、3 点间距离，其余同理，$[12,34]=\frac{\sin 13\cdot\sin 24}{\sin 23\cdot\sin 14}$，式中 1、3 表示式中圆周上 1、3 点对圆心的张角，其余同理。

最小区域法是指采用切比雪夫定理对被测要素的提取要素进行拟合得到理想要素位置的方法，即被测要素的提取要素相对于理想要素的最大距离为最小。采用该理想要素包容被测要素的提取要素时，具有最小宽度 f 或直径 d 的包容区域称为最小包容区域（简称最小区域），如图 2-43 所示。

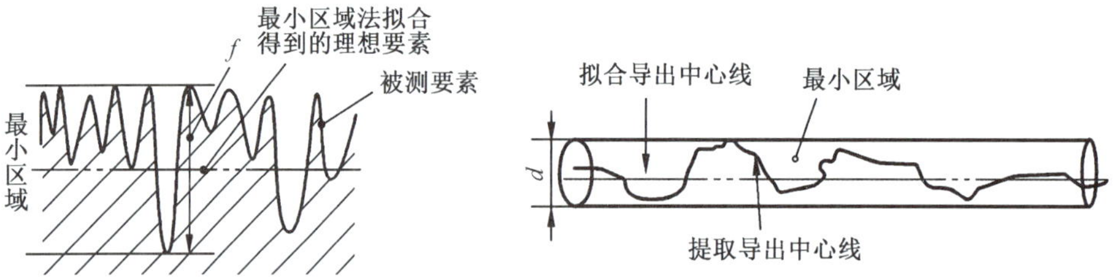

图 2-43　无约束情况下的最小区域法和最小包容区域的直径

四、测量不确定度

测量不确定度表征了测得值的分散性，对其评估一般在制定检测与验证规范时完成。为方便日常检测操作，可根据公差等级确定目标不确定度，目标不确定度的最大允许值的推荐参考值见表 2-3，并作为检测要求验证测量不确定度的最大允许值。

表 2-3　　测量不确定度的最大允许值（目标不确定度）的推荐参考值

被测要素的公差等级	0	1	2	3	4	5	6	7	8	9	10	11	12
目标不确定度	33%			25%		20%		16%		12.5%		10%	

注：公差等级见本书表 2-6、表 2-19、表 2-23 与表 2-26；目标不确定度按其占相应规范的百分比计算。

五、检测条件

检测条件应在检测与验证规范中规定，实际操作中，所有偏离规定条件并可能影响测量结果的因素均应在测量不确定度评估时考虑。几何误差检测与验证时缺省的检测条件如下：

（1）标准温度为 20℃。

（2）标准测量力为 0N。

如果测量环境的洁净度、湿度、被测件的重力等因素影响测量结果，就应在测量不确定度评估时考虑。几何误差检测与验证时，除非另有规定，表面粗糙度、划痕、擦伤、塌边等外观缺陷的影响应排除在外。

六、几何误差的检测与验证

由于几何公差的项目繁多，实际生产中其检测与验证方法也是多种多样的，《产品几何量技术规范（GPS）　几何公差　检测与验证》（GB/T 1958—2017）根据常用的检测与验证方案进行了归纳，并以附录的形式给出了基于新一代 GPS 操作技术的几何误差检测与验证方法和检验操作集示例。实际应用时，应根据被测要素的特点，选择正确的检测与验证方法。几何误差的检测与验证过程主要包括：

（1）确认工程图样和/或技术文件中的几何公差规范。

（2）制订并实施检测与验证规范或检验操作集。

（3）评估测量不确定度。

（4）测量结果合格评定。

工程图样和/或技术文件是制订检验操作集的依据，若工程图样或技术文件未准确规范或规范的检验操作内容不完整，检验方与送检方对工程图样和技术文件的解读及应对措施应达成共识。根据规范操作集制订实际检验操作集，编制测量过程规范文件（即检测与验证规范），其测量过程的规范包括测量方法、测量条件和测量程序等。

七、形状误差的检测与验证

直线度误差、平面度误差、圆度误差和圆柱度误差的检测与验证方案参见《产品几何量技术规范（GPS）　几何公差　检测与验证》（GB/T 1958—2017）。

任务分析

本任务被测对象为一窄长平面体零件，长度为 1 600 mm，被测平面的直线度的公差值为 0.025 mm，所选用测量设备为合像水平仪，分度值为 0.01 mm/m，选用的桥板节距 $L=200$ mm。可将被测零件分为 8 段，测量时先从首点 1 到终点 8 顺测一次，再从终点 8 至首点 1 回测一次。

测量时，先将合像水平仪按从左（首点 1）至右（终点 8）的方向依次放于各测量位置上（读数手轮位于右边），如图 2-44 所示。在每个测量位置上调节读数手轮使合像水平仪合像，将测得的数据记录在实验报告相应的表格中。再将合像水平仪按从右（终点 8）至左（首点 1）的方向依次放于各测量位置上，测出各测点的数据并记入实验报告相应的表格中。在测量时，若同一测点顺测的数据与回测的数据有较大差异，应重新进行测量。

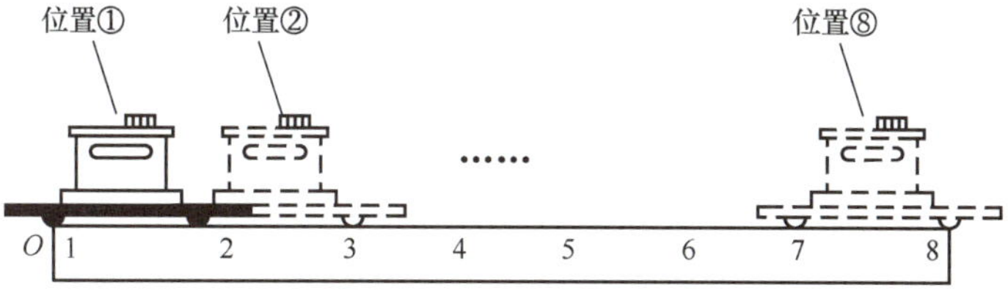

图 2-44　用合像水平仪测量直线度误差

任务实施

一、任务准备

领取合像水平仪（或按小组分配工位）、基准平板、被测工件、粉笔等用品。

二、认识合像水平仪

在实际工程中，为了控制机床、仪器导轨或其他窄而长平面的直线度误差，常在给定平面（垂直平面、水平平面）内进行检测。常用的计量器具有框式水平仪、合像水平仪、电子水平仪和自准直仪等。使用这类器具的共同特点是测定微小角度的变化。由于被测表面存在直线度误差，当计量器具置于不同的被测部位时，其倾斜角度就要发生相应的变化。如果节距（相邻两测点的距离）一经确定，这个变化的微小角度与被测相邻两点的高低差就有确切的对应关系。通过对逐个节距的测量，得出变化的角度，通过作图或计算，即可求出被测表面的直线度误差值。由于合像水平仪具有测量准确度高、测量范围大（±10 mm/m）、测量效率高、价格便宜、携带方便等优点，其在检测工作中得到了广泛的应用。

合像水平仪的结构如图 2-45(a)所示，外壳基体由底板 1 和壳体 4 组成，其内部由杠杆 2、水准器 8、两个棱镜 7、测量系统 9、10、11 及放大镜 6 所组成。水准器 8 是一个密封的玻璃管，管内注入精馏乙醚，并留有一定量的空气，以形成气泡。管的内壁在长度方向具有一定的曲率半径。气泡在管中停住时，气泡的位置必然垂直于重力方向，即当水平仪倾斜时，气泡本身并不倾斜，而始终保持水平位置。测量时，通过放大镜 6 观察并调整读数。先将合像水平仪放于桥板上相对不动，再将桥板置于被测表面上。若被测表面无直线度误差，并与自然水平面基准平行，此时水准器的气泡则位于两棱镜的中间位置，气泡边缘通过合像棱镜 7 所产生的影像，在放大镜 6 中观察将出现如图 2-45(b)所示的情况。但在实际测量中，由于被测表面安放位置不理想和被测表面本身不平直，致使气泡移动，其实际情况将如图 2-45(c)所示。此时可转动测微螺杆 10，使水准器转动一角度，从而使气泡返回棱镜组 7 的中间位置，则图 2-45(c)所示中两影像的错移量 Δ 将消失而恢复成如图 2-45(b)所示的一个光滑的半圆头。水平仪的分度值 i 用（角）秒和 mm/m 表示。合像水平仪的分度值为 2"，该角度相当于在 1m 长度上，对边高 0.01 mm 的角度，这时分度值也用 0.01 mm/m 或 0.01/1 000 表示。测微螺杆移动量 s 导致水准器的转角 α 与被测表面相邻两点的高低差 h(m) 有确切的对应关系，即误差 f 为

$$f = h = 0.01L\alpha$$

其中，0.01 为合像水平仪的分度值(mm/m)；L 为桥板节距(mm)；α 为角度读数值（用格数来计数）。

如此逐点测量，就可得到相应的读数 α 值。

三、操作准备

测量出被测工件表面总长，确定相邻两点之间的距离（节距），按节距 L 用粉笔在工件表面画记号线，然后将工件放置在基准平板上。将被测表面和合像水平仪的测量面擦拭干净，把被测面调整到接近水平位置，使在整个被测长度上，水平仪的读数都在示值范围内。

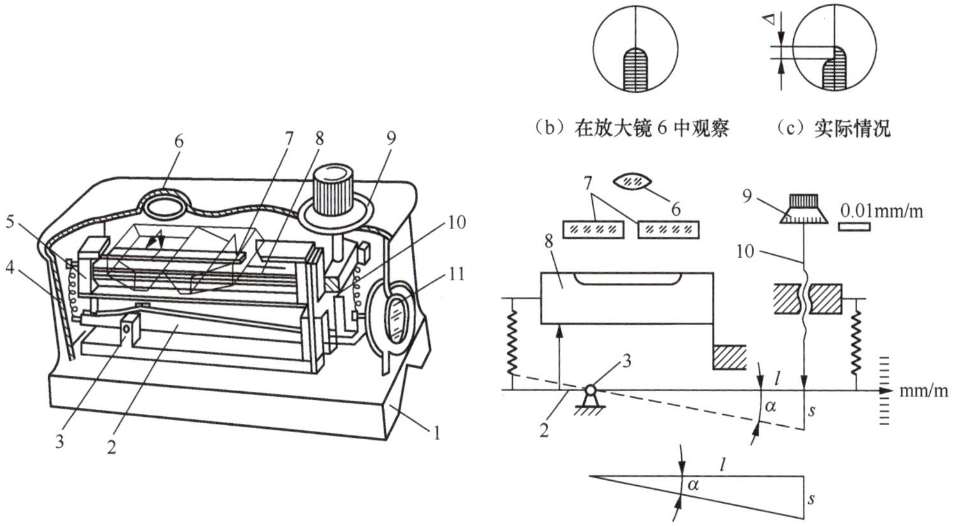

（a）合像水平仪的结构　　（d）测量原理

1—底板；2—杠杆；3—桥板；4—壳体；5—支架；6—放大镜；7—两个棱镜；8—水准器；9—微分筒；10—螺杆；11—读数视窗

图 2-45　用合像水平仪测量直线度误差

四、测量步骤

如图 2-46 所示置合像水平仪于桥板之上，然后将桥板依次放在各节距的位置。每放一个节距后，要旋转微分筒 9 合像，使放大镜中出现如图 2-45(b)所示的情况，此时即可进行读数。先在放大镜 11 处读数，它反映的是螺杆 10 的旋转圈数。微分筒 9(标有＋、－旋转方向)的读数则是螺杆 10 旋转一圈(100 格)的细分读数。如此顺测(从首点到终点)、回测(由终点到首点)各一次。回测时，注意桥板不能掉头，各测点两次读数的平均值作为该点的测量数据，将所测数据记入表中。测量数据见表 2-8。

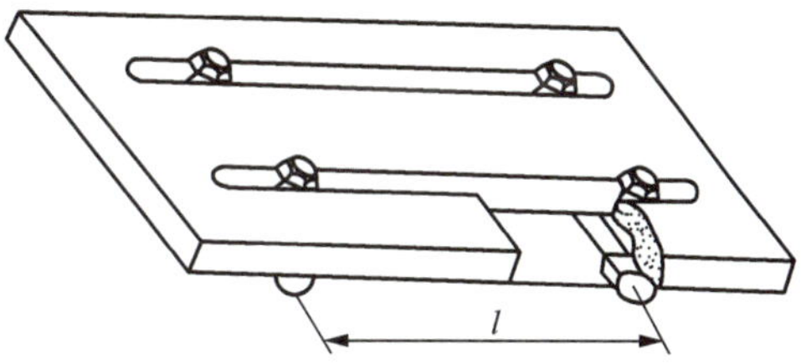

图 2-46　调整中心距

表 2-8　测量数据

测点序号 i		α	1	2	3	4	5	6	7	8
仪器读数 α_i（格）	顺测	—	298	300	290	301	302	306	299	296
	回测	—	296	298	288	299	300	306	297	296
	平均	—	297	299	289	300	301	306	298	296
相对差（格） $\Delta\alpha_i = \alpha_i - \alpha$		0	0	+2	−8	+3	+4	+9	+1	−1

必须注意，假如某一测点两次读数相差较大，说明测量情况不正常，应仔细查找原因并

加以消除，然后重测。

五、数据处理

数据处理有作图法和计算法两种方法。

(1) 作图法求直线度误差值。为了作图方便，将各测点的读数平均值同减一个数 α(α 值可取任意数，但要有利于相对差数字的简化，本例取 $\alpha=297$)，得出相对差 $\Delta\alpha_i$ (见测量数据表，后同)。

根据各测点的相对差 $\Delta\alpha_i$，在坐标纸上取点(注意作图时不要漏掉首点，同时后一测点的坐标位置以前一点为基准，根据相邻差数取得)。连接各点，得出误差折线。

用两条平行直线包容误差折线，其中一条直线与实际误差折线的两个最高点 M_1、M_2 相接触，另一平行线与实际误差折线的最低点 M_3 相接触，且该最低点 M_3 在第一条平行线上的投影应位于 M_1 和 M_2 两点之间，如图 2-47 所示。

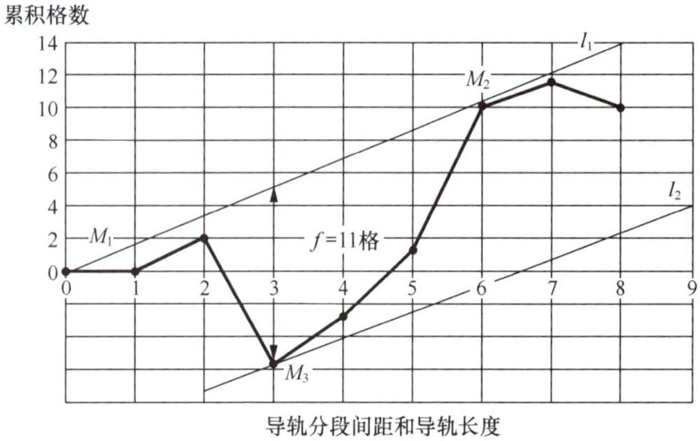

图 2-47　作图法求直线度误差值

在平行于纵坐标方向画出这两条平行直线间的距离，此距离就是被测表面的直线度误差值 $f=11$(格)，按公式 $f(\mu m)=0.01Lf$(格)，将 f(格)换算为 $f(\mu m)$，即

$$f=0.01\times200\times11=22\ \mu m$$

(2) 计算法求直线度误差值。如图 2-47 所示，有 $M_1(0,0)$、$M_2(6,10)$、$M_3(3,-6)$共 3 点，设包容线的理想方程为 $Ax+By+C=0$，因包容理想直线 l_1 通过 M_1、M_2，因此通过两点法求得 l_1 的方程为 $11x-7y=0$。

又因 M_3 所在直线 l_2 平行于 l_1，其方程为

$$11x-7y+C_2=0$$

将 M_3 代入上式，求得 $C_2=-66$，故 l_2 的方程为

$$11x-7y-66=0$$

令式 $11x-7y=0$ 中 $x=0$，则 $y=0$；令式 $11x-7y-66=0$ 中 $x=0$，则 $y=-11$，所以 l_1、l_2 在 y 轴上的截距之差为 11 格，即 l_1、l_2 在平行于纵轴方向上的距离为 11 格，由公式 $f(\mu m)=0.01Lf$(格)，求得 $f=0.01\times200\times11=22\ \mu m$。

按任务要求，该零件的直线度公差值为 0.025 mm(5 级公差)，实测误差值小于公差值，所以被测工件直线度误差合格。

(3) 填写实训报告(表 2-9)。

表 2-9 直线度误差检测

班级			姓名				学号				
仪器	名称		分度值/(mm·m^{-1})				桥板工作跨距 L/mm				
被测零件	直线度公差/μm										
	零件图（尺规绘图）										
测量数据	测量序号		α	1	2	3	4	5	6	7	8
	仪器读数 α_i（格）	顺测	—								
		回测	—								
		平均	—								
	相对格差（$\Delta\alpha_i=\alpha_i-\alpha$）										
数据处理											
测量结果	被测元件直线度误差										
	合格性结论										
教师评语											

拓展知识

一、平面度误差检测

平面度误差的测量是用标准平板作为模拟基准，利用指示表和指示表架测量被测平板的平面度误差。测量时，将被测工件支承在基准平板上，将基准平板的工作面作为测量基准，在被测工件表面上按一定的方式布点，通常采用的是米字形布点方式，如图 2-48 所示。用指示表对被测表面上各点逐行测量并记录所测数据，然后评定其误差值。

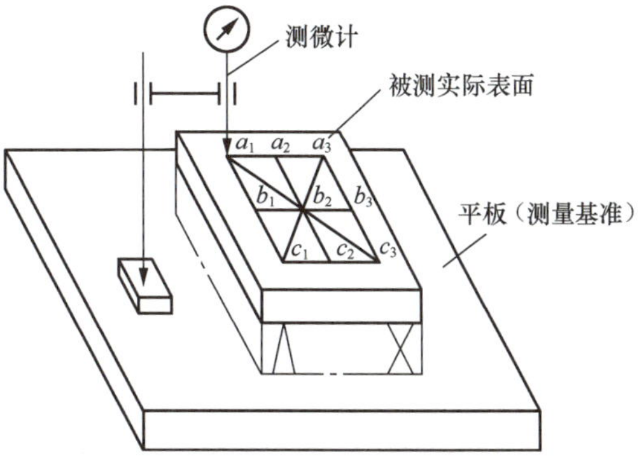

图 2-48 平面度误差检测

低精度的平面可用指示表的最大与最小读数差近似作为该平面的误差值。较高精度的平面通常用计算法、图解法或最小包容区域法确定其平面度误差。

平面度的测量结果必须符合最小条件。确定理想平面的位置，使之符合平面度误差评定准则形式中的一种。由于测得的数据既含有被测平面的平面度误差，又含有被测平面对基准平面的平行度误差，所以需要对各测点的结果进行基面旋转，即将实际被测要素上的各点对基准平面(测量基准)的坐标值转换为与评定方法相应的另一坐标平面(评定基准)的坐标值，才能消除因基面本身误差对测量精度所造成的影响。

如图 2-48 所示，以较大平板作为测量基准，利用千分表和表架，测量小平板平面的平面度误差，共布 9 个点，测量结果见表 2-10。

表 2-10　　测量结果

测点	a_1	a_2	a_3	b_1	b_2	b_3	c_1	c_2	c_3
读数	0	+15	+7	−12	+20	+4	+5	−10	+2

从所测数据分析看出，测量结果不符合任何一种平面度误差的评定准则，说明评定基准与测量结果不一致，因此需要进行基面旋转。在基面旋转过程中要注意保持实际平面不失真，方法如下。

(1) 减去最大的正值，建立评定基准的上包容面，相当于将基准平面平移到与被测基准接触而不分割的位置，最高点为零。

(2) 通过最高点选择旋转轴(这样有利于减去最大的负值)，然后选择旋转量和旋转方向，标出旋转轴的位置。旋转量取决于最低点。为改变各点至评定轴的距离，必须使最低点距离缩小，不能出现正值。

(3) 测量轴两侧的旋转量分别与它们至旋转轴的格数成正比。

最小区域法评定平面度误差值，结果数值最小且唯一，并符合平面度误差的定义，但在实际工作中需要多次选点计算才能获得。在满足零件使用功能的前提下，检测标准规定可用近似方法来评定平面度误差。常用的近似方法有三远点法和对角线法。三远点法评定结果受选点的影响，使结果不唯一，一般用于低精度的工件；对角线法选点确定，结果唯一，计算出的数值虽稍大于定义值，但相差不多，且能满足使用要求，故应用较广。

① 三远点法。把 a_1、a_3、c_3 3 点旋转成了等高点，则平面度误差 $f=[(+19)-(-9.5)]\mu m=28.5\ \mu m$，如图 2-49 所示。

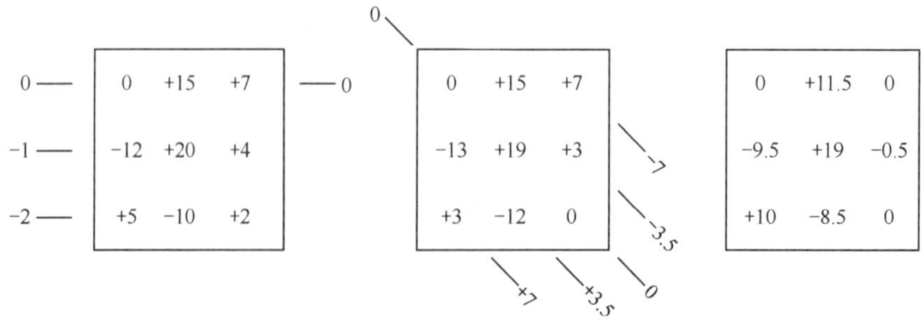

图 2-49　三远点法处理平面度误差

② 对角线法。把 a_1 和 c_3、c_1 和 a_3 分别转成了等高点，则平面度误差 $f=[(+20)-(-11)]\mu m=31\ \mu m$，如图 2-50 所示。

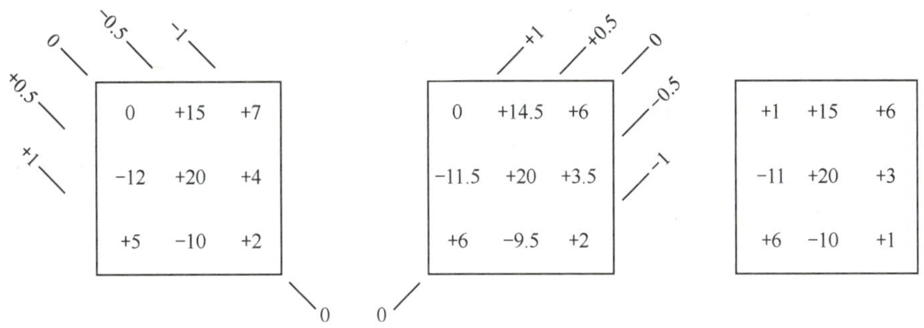

图 2-50 对角线法处理平面度误差

③ 最小区域法。把 a_3、b_1、c_2 3 点旋转成了最低的 3 点，b_2 是最高点且投影落在了 a_3、b_1、c_2 3 点之间，符合三角形准则，则平面度误差 $f=[(+20)-(-5)]\mu m=25\ \mu m$，如图 2-51所示。

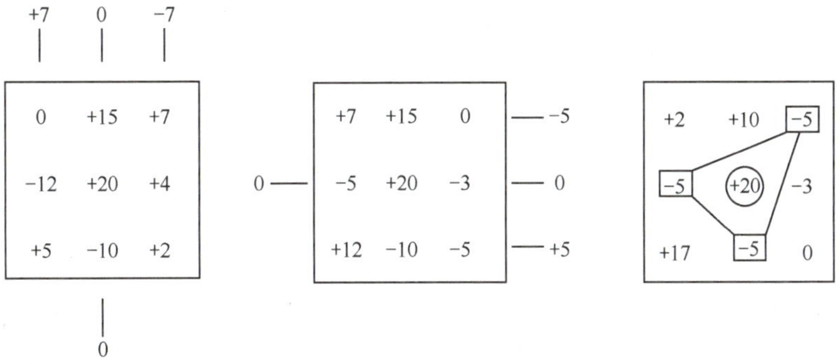

图 2-51 最小区域法处理平面度误差

二、圆度误差检测与验证

1. 测量原理及计量器具使用说明

圆度仪有 2 种形式，一种是转轴式（或称传感器旋转式）圆度仪，另一种是转台式（或称工作台旋转式）圆度仪。转轴式圆度仪是用一个精密回转轴系上一个动点（测量装置的触头）所产生的理想圆与被测轮廓进行比较，就可求得圆度误差值，如图 2-52(a)所示。

回转主轴垂直地安装在头架上，回转主轴的下端安装一个可以径向调节的传感器，用同步电动机驱动主轴旋转，这样就使安装在回转主轴下端的传感器测头形成一接近于理想圆的轨迹。被测件安装在中心可做精确调整的微动定心台上，利用电感放大器的对中表可以相对精确地找正主轴中心。测量时传感器测头与被测件截面接触，被测件截面实际轮廓引起的径向尺寸的变化由传感器转化成电信号，通过放大器、滤波器输入极坐标记录器。把零件被测截面实际轮廓在半径方向上的变化量加以放大，画在记录纸上。用刻有同心圆的透明样板或采用作图法可评定出圆度误差或用计算机直接显示测量结果。对转轴式圆度仪，由于回转主轴工作时不受被测零件重量的影响，因此比较容易保证较高的主轴回转精度。

转台式圆度仪在测量时，被测件安置在回转工作台上，随回转工作台一起转动，如图2-52(b)所示。传感器在支架上固定不动。传感器感受的被测件轮廓的变化经放大器放大，并作相应的信号处理，然后被送到记录器记录或由计算机显示结果。转台式圆度仪具有能使测量头很方便地调整到被测件任一截面进行测量的优点，但受回转工作台承载能力的限制，只适用于测量小型零件的圆度误差。

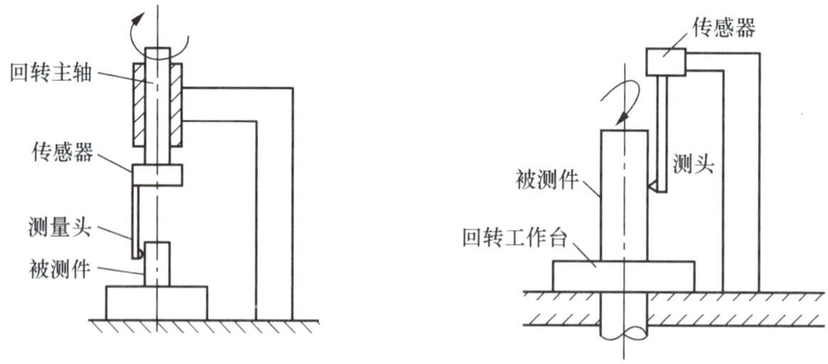

(a) 转轴式圆度仪　　(b) 转台式圆度仪

图 2-52　用圆度仪测量圆度误差示意图

测头的形状有针形测头、球形测头、圆柱形测头和斧形测头等。对于较小的工件，若材料硬度较低，则可用圆柱形测头；若材料硬度较低，并要求排除表面粗糙度的影响，则可用斧形测头。

2. 圆度误差的评定方法

圆度误差的评定方法主要有 4 种，如图 2-53 所示。

(1) 最小包容区域法。最小包容区域是包容实际轮廓且半径差为最小的两个同心圆的区域。两同心圆与被测要素内外相间，至少 4 点接触(交叉准则)，圆度误差为两同心圆半径之差，如图 2-53(a)所示。

(2) 最小外接圆法。它是以包容实际轮廓且半径为最小的外接圆作为评定基准，以实际轮廓上各点至该圆圆心的最大半径差作为圆度误差，适用于检测外圆柱面，如图 2-53(b)所示。

(3) 最大内切圆法。它是以内切于实际轮廓且半径为最大的内切圆作为评定基准，以实际轮廓上各点至该圆圆心的最大半径差作为圆度误差，适用于检测内圆柱面，如图 2-53(c)所示。

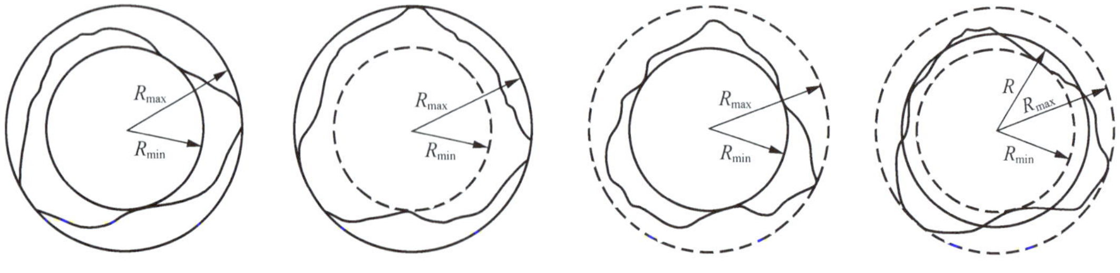

(a) 最小包容区域法　　(b) 最小外接圆法　　(c) 最大内切圆法　　(d) 最小二乘圆法

图 2-53　圆度误差评定方法

(4) 最小二乘圆法。它是以被测实际轮廓的最小二乘圆作为理想圆，其最小二乘圆圆心至轮廓的最大距离与最小距离之差即为圆度误差，如图 2-53(d)所示。所谓最小二乘圆，即在被测实际轮廓之内找出一点，使被测实际轮廓上各点到以该点为圆心所作的圆的径向距离的平方和为最小，该圆即为最小二乘圆。

任务小结

零件的几何误差对其使用性能有很大的影响，几何误差的研究对象主要是零件上的几何要素。所谓几何要素是指构成零件几何特征的点、线、面。几何要素可以从不同的角度对几何要素进行分类(书前内容)。国家标准规定，几何公差共有 4 个类型 19 种特征项目符号名称。

几何公差带是限制实际要素变动的区域，实际要素落在公差带内就是合格的。由于特征项目不同，以及针对的要素不同，几何公差带主要有 11 种形状。有些项目的公差带形状是唯一的，如圆度、平面度、同轴度等；有些项目的公差带却可以有几种不同的形状，例如，在直线度公差中，包括给定平面内的直线度、给定方向的直线度、任意方向的直线度，其公差带有不同的形状。几何公差带的大小即公差数值的大小，是指公差带的宽度或直径。理解时应注意：公差带大小是指被测实际要素变动区域的全量。公差带的方向和位置有固定和浮动两种，若被测要素相对于基准的方向或位置关系以理论正确尺寸(打方框的角度或长度尺寸)标注，则其方向或位置是固定的，否则是浮动的。形状公差带的方向、位置都是浮动的，方向公差带的方向是固定的，位置是浮动的，位置公差带的方向、位置都是固定的。跳动公差的公差带的位置具有固定和浮动双重特点，一方面公差带的中心(或轴线)始终与基准轴线同轴，另一方面公差带的半径又随实际要素的变动而变动。

几何误差是指实际要素对理想要素的变动量。实际评定时，通常用一个包容区来包容实际要素，包容区的宽度或直径表示形位误差的大小。最小条件是指在评定几何误差时，应使评定出的误差值最小(实际要素对理想要素的最大变动量为最小)，即建立"最小包容区"。国家标准规定"最小条件"的目的是使评定结果唯一，且使工件最容易通过检验。

形状误差是指单一被测提取要素对其理想要素的变动量。形状公差是指单一实际要素的形状相对其理想要素的最大变动量。形状公差是为了限制误差而设置的，它等于限制误差的最大值。国家标准规定的形状公差项目有直线度、平面度、圆度、圆柱度、线轮廓度、面轮廓度 6 项，其中，线轮廓度和面轮廓度其有无基准情况或属于形状或位置或属于跳动公差。形状公差带是限制被测提取要素变动的区域，该区域大小是由几何公差值确定的。

思考与练习

一、填空题

1. ＿＿＿＿＿＿是指工件上的面或面上的线，组成要素是实有定义的。
2. ＿＿＿＿＿＿由一个或几个组成要素得到的中心点、中心线或中心面。

3. ＿＿＿＿＿是指由一定大小的线性尺寸或角度尺寸确定的几何形状。

4. ＿＿＿＿＿由技术制图或其他方法确定的理论正确组成要素，＿＿＿＿＿由一个或几个公称组成要素导出的中心点、轴线或中心平面。

5. ＿＿＿＿＿指实际存在并将整个工件与周围介质分隔的一组要素，＿＿＿＿＿由接近实际(组成)要素所限定的工件实际表面的组成要素部分。

6. ＿＿＿＿＿指按规定方法，由实际(组成)要素提取有限数目的点所形成的实际(组成)要素的近似替代要素，＿＿＿＿＿由一个或几个提取组成要素得到的中心点、中心线或中心面。

7. ＿＿＿＿＿是按规定方法由提取组成要素形成的具有理想形状的组成要素，＿＿＿＿＿由一个或几个拟合组成要素导出的中心点、轴线或中心平面。

8. 在设计图样上仅对其本身给出形状公差的要素，也就是只研究确定其形状误差的要素，称为＿＿＿＿＿，对其他要素有功能关系的要素，或在设计图样上给出了位置公差的要素，也就是研究确定其位置误差的要素，称为＿＿＿＿＿。

9. 给出了形状或/和位置公差要求的要素称为＿＿＿＿＿；用来确定被测要素方向或位置的要素称为＿＿＿＿＿。

10. 根据国家标准 GB/T 1958—2017 规定，拟合的方法有＿＿＿＿＿、＿＿＿＿＿、最小外接法(N)和最大内切法(X)等。

二、简答题

1. 几何元素定义间的相互关系是什么？
2. 标注几何公差的被测要素和基准要素的方法有哪些？
3. 几何公差带的特点是什么？
4. 分别简述直线度公差不同情况下的公差带形状。
5. 几何误差的检测与验证过程主要包括哪些步骤？

任务二 平行度、垂直度误差检测与验证

学习目标

知识目标

(1) 掌握基准的基本概念、分类及体现方法。

(2) 掌握平行度、垂直度公差带形状及其含义。

(3) 了解倾斜度、线轮廓度和面轮廓度公差带形状及其含义。

(4) 了解方向误差的常用检测方法。

技能目标

(1) 能够正确认读平行度、垂直度公差标记符号。

(2) 能够根据零件结构特点,合理地选择平行度、垂直度的检测方法。

(3) 能进行零件的平行度、垂直度误差检测。

任务描述

现有一角座零件,如图 2-54 所示。现采用磁性百分表支架、带指示表的测量架、百分表、外径游标卡尺等常用检测工具进行平行度、垂直度误差检测,并填写实训任务书。

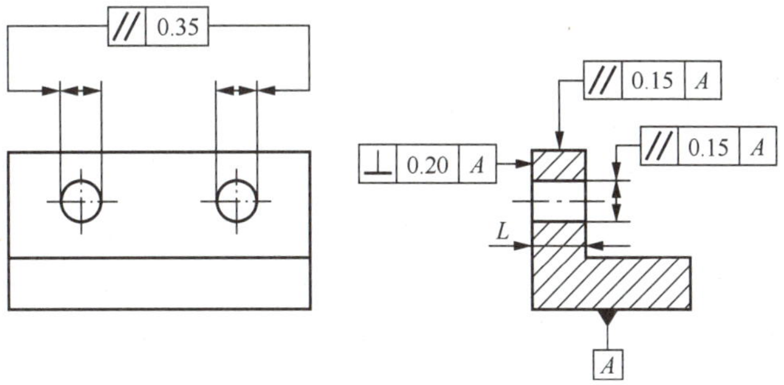

图 2-54 角座零件

知识概述

一、基准的建立和体现

1. 术语与定义

(1) 基准。基准是指用来定义公差带的位置和方向或用来定义实体状态的位置和方向

（当有相关要求时，如最大实体要求）的一个（组）方位要素。

（2）基准体系。基准体系是指由两个或三个单独的基准构成的组合用来确定被测要素几何位置关系。

（3）基准要素。基准要素是指零件上用来建立基准并实际起作用的实际（组成）要素，（如一条边、一个表面或一个孔）。

（4）模拟基准要素。模拟基准要素是指在加工和检测过程中用来建立基准并与实际基准要素相接触，且具有足够精度的实际表面（如一个平板，一个支撑、一根心轴或基准目标等）。

（5）基准目标。基准目标是指零件与加工或检验设备相接触的点、线或局部区域，用来体现满足功能要求的基准。

2. 基准的建立

由基准要素建立基准时，基准由在实体外对基准要素或其提取组成要素进行拟合得到的拟合组成要素的方位要素建立，拟合方法有最小外接法、最大内切法、实体外约束的最小区域法和实体外约束的最小二乘法。

（1）单一基准的建立。单一基准由一个基准要素建立，该基准要素从一个单一表面或一个尺寸要素中获得，包括基准点、基准直线、基准轴线、基准平面和两平行平面建立的基准中心平面。

① 基准点：基准由理想要素（如球面、平面圆等）在实体外对基准要素或其提取组成要素采用最小外接法（对于被包容面）或采用最大内切法（对于包容面）进行拟合得到的拟合组成要素的方位要素（球心或圆心）建立，如图 2-55 所示。

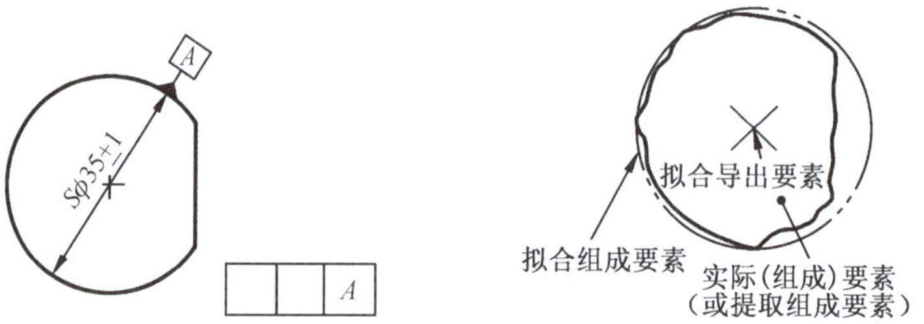

（a）图样标注　　（b）基准点建立

图 2-55　基准点的标注与建立

② 基准直线：基准由理想直线在实体外对基准要素或其提取组成要素（或提取线）采用最小区域法进行拟合得到的拟合直线建立，如图 2-56 所示。

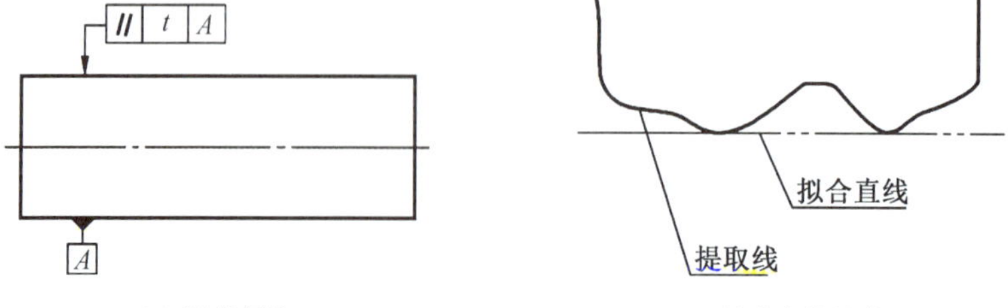

（a）图样标注　　（b）基准直线的建立

图 2-56　基准直线的标注与建立

③ 基准轴线：基准由理想要素(如：圆柱面、圆锥面等)在实体外对基准要素或其提取组成要素采用最小外接法(对于被包容面)或采用最大内切法(对于包容面)进行拟合得到的拟合组成要素的方位要素(或拟合导出要素)建立，如图 2-57 所示。

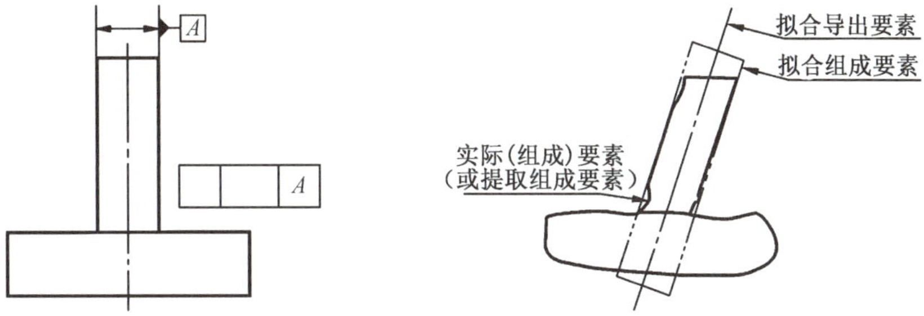

(a) 图样标注　　(b) 基准轴线的建立

图 2-57　基准轴线的标注与建立

④ 基准平面：基准由在实体外对基准要素或其提取组成要素(或提取表面)采用最小区域法进行拟合得到的拟合平面的方位要素建立，如图 2-58 所示。

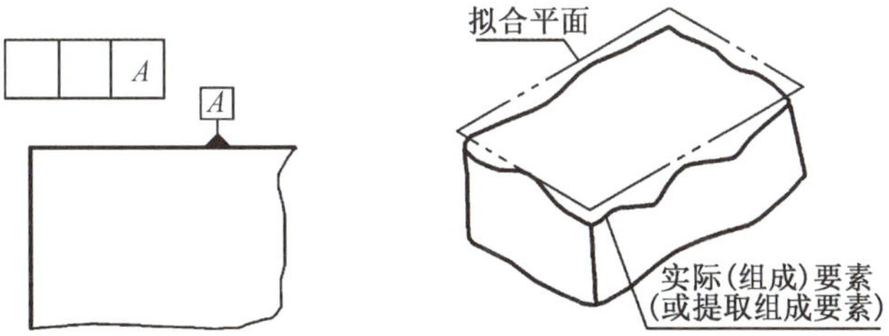

(a) 图样标注　　(b) 基准平面的建立

图 2-58　基准平面的标注与建立

⑤ 两平行平面建立的基准中心平面：基准由满足平行约束的两平行平面同时在实体外对基准要素或其两提取组成要素(或两提取表面)采用最小区域法进行拟合得到的一组拟合组成要素的方位要素(或拟合导出要素)建立，如图 2-59 所示。

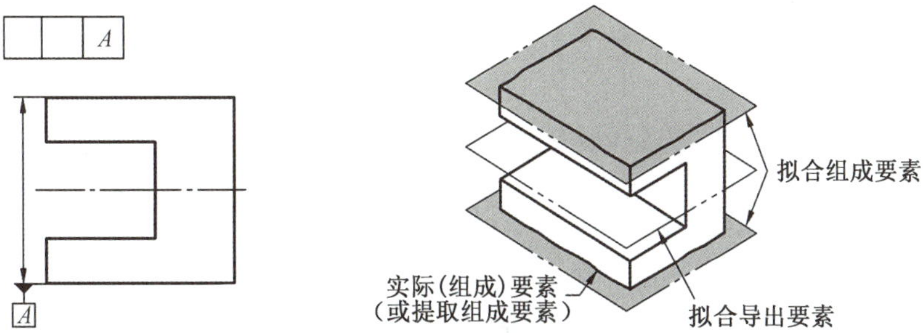

(a) 图样标注　　(b) 基准中心平面的建立

图 2-59　基准中心平面的标注与建立

(2) 公共基准的建立。

公共基准由两个或两个以上同时考虑的基准要素建立，包括公共基准轴线、公共基准平面和公共基准中心平面。

① 公共基准轴线：由两个或两个以上的轴线组合形成公共基准轴线时，基准由一组满足同轴约束的理想要素(如：圆柱面或圆锥面)，同时在实体外对各基准要素或其提取组成要素采用最小外接法(对于被包容面)或采用最大内切法(对于包容面)进行拟合得到的拟合组成要素的方位要素(或拟合导出要素)建立，公共基准轴线为这些提取组成要素所共有的拟合导出要素(拟合组成要素的方位要素)，如图 2-60 所示。

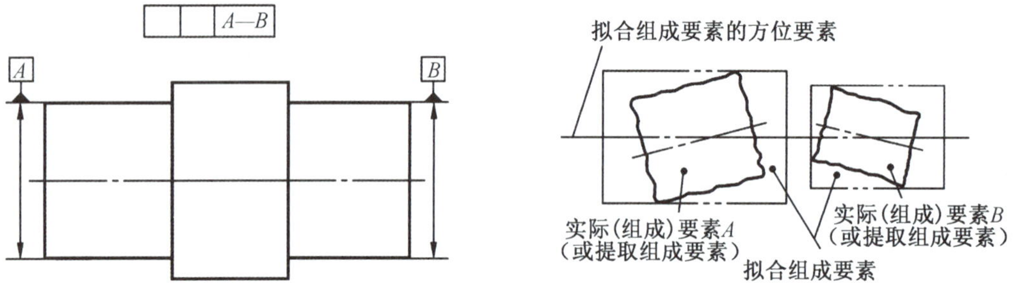

(a) 图样标注　　(b) 公共基准轴线的建立

图 2-60　公共基准轴线的标注与建立

② 公共基准平面：由两个或两个以上表面组合形成公共基准平面时，基准由一组满足方向或位置约束的平面同时在实体外对各基准要素或其提取组成要素(或提取表面)采用最小区域法进行拟合得到的两拟合平面的方位要素建立，公共基准平面为这些提取表面所共有的拟合组成要素的方位要素，如图 2-61 所示。

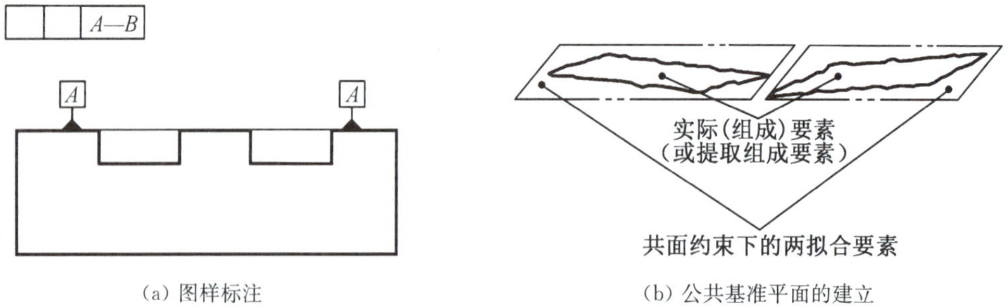

(a) 图样标注　　(b) 公共基准平面的建立

图 2-61　公共基准平面的标注与建立

③ 公共基准中心平面：由两组或两组以上平行平面的中心平面组合形成公共基准中心平面时，基准由两组或两组以上平行平面在各中心平面共面约束下，同时在实体外对各组基准要素或其提取组成要素(两组提取表面)采用最小区域法进行拟合得到的拟合组成要素的方位要素(或拟合导出要素)建立，公共基准中心平面为这些拟合组成要素所共有的拟合导出要素(拟合组成要素的方位要素)，如图 2-62 所示。

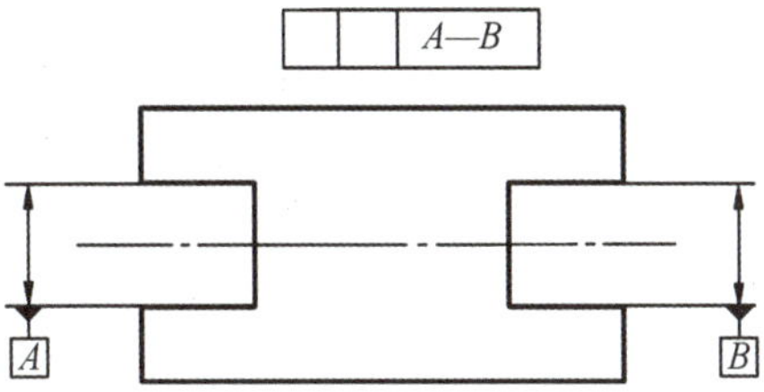

(a) 图样标注

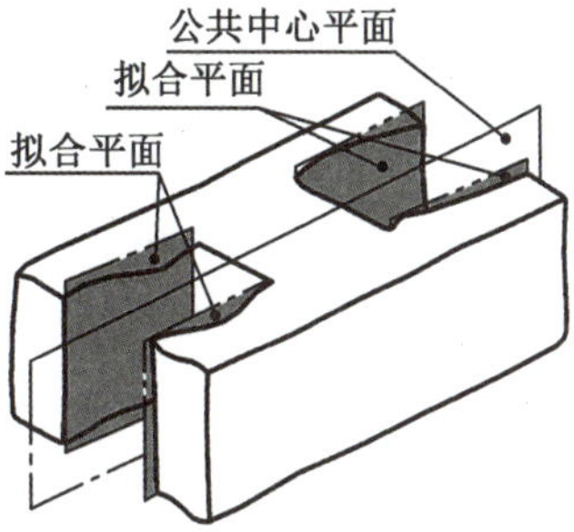

(b) 公共基准中心平面的建立

图 2-62 公共基准中心平面的标注与建立

(3) 基准体系的建立。

基准体系由两个或三个单一基准或公共基准按一定顺序排列建立，该顺序由几何规范定义。用于建立基准体系的各拟合要素间的方向约束按几何规范所定义的顺序确定：第一基准对第二基准和第三基准有方向约束，第二基准对第三基准有方向约束，如图 2-63 所示。

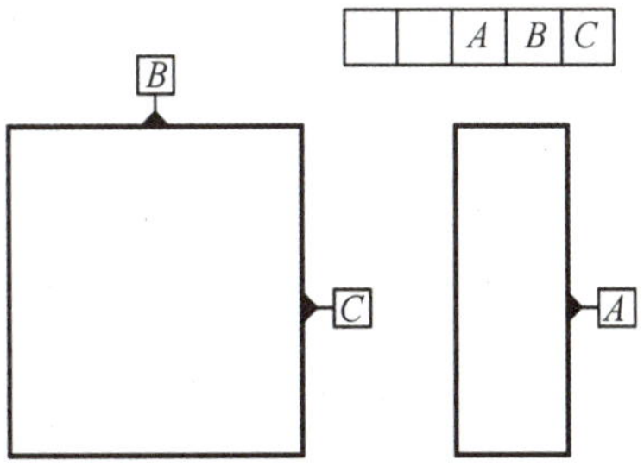

(a) 图样标注

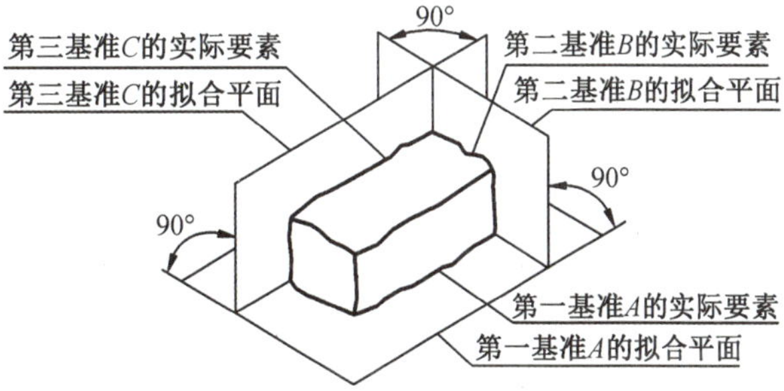

(b) 基准体系的建立

图 2-63 基准体系的标注与建立

如图 2-63 所示是三个相互垂直的平面建立的基准体系示例，这三个相互垂直的平面按几何规范定义依次称为第一基准，第二基准和第三基准。第一基准平面 A 由在实体外对基准 A 的实际表面(或提取组成要素)采用最小区域法进行拟合得到的拟合平面建立；在与第一基准平面 A 垂直的约束下，第二基准平面 B 由在体外对基准 B 的实际表面(或提取组成要素)采用最小区域法进行拟合得到的拟合平面建立；在同时与第一基准平面和第二基准平面垂直的约束下，第三基准平面 C 由在实体外对基准 C 的实际表面(或提取组成要素)采用最小区域法进行拟合得到的拟合平面建立。

3. 基准的体现

基准采用拟合法和模拟法体现。

(1) 拟合法。采用拟合法体现基准，是按一定的拟合方法对分离、提取(或滤波)得到的基准要素进行拟合及其他相关要素操作所获得的拟合组成要素或拟合导出要素来体现基准的方法。采用该方法得到的基准要素具有理想的尺寸、形状、方向和位置。

(2) 模拟法。采用模拟法体现基准，是采用具有足够几何精度的实际表面(模拟基准要素)来体现基准平面、基准轴线、基准点等。模拟基准要素与基准要素接触时，应形成稳定接触且尽可能保持二者之间的最大距离为最小。模拟基准要素是非理想要素，是对基准要素的近似替代，由此会产生测量不确定度，不确定度的评估可参见相关国家标准。

模拟法和拟合法体现基准的示例见表 2-11。

表 2-11　　模拟法和拟合法体现基准的示例

基准示例		基准的体现(模拟法和拟合法)	
		模拟法(采用模拟基准要素：非理想要素)	拟合法(采用拟合基准要素：理想要素)
基准点	球的球心 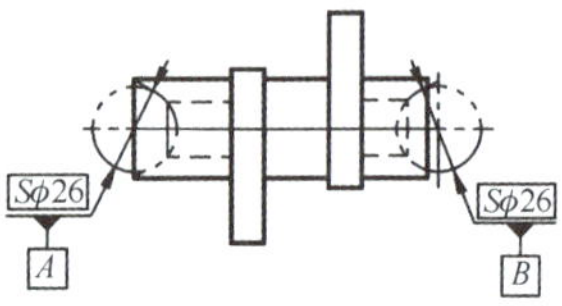	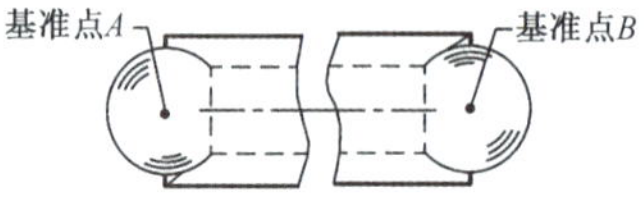 采用高精度的球分别与基准要素 A、B 接触，由球心体现基准	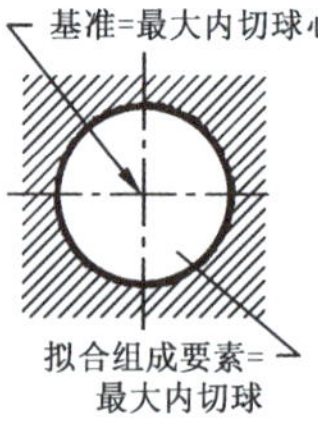 对基准要素的提取组成要素(圆球表面)进行分离、提取、拟合等操作，得到拟合组成要素的方位要素[拟合导出要素(球心)]，并以此体现基准点 A 或 B
基准轴线	一个孔的轴线 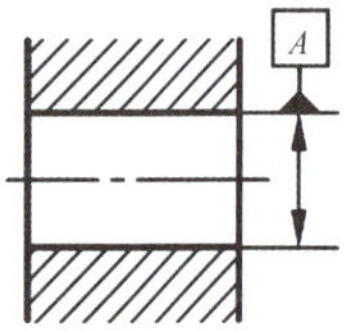	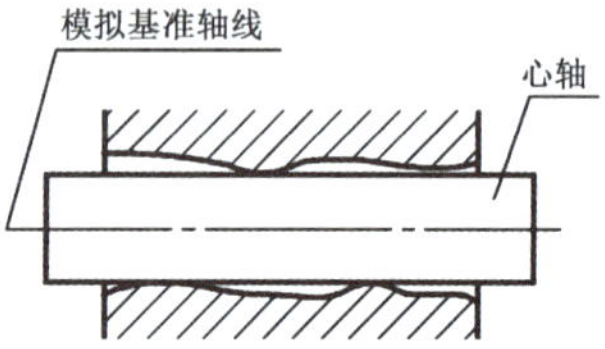 可胀式或与孔呈无间隙配合的圆柱形心轴的轴线	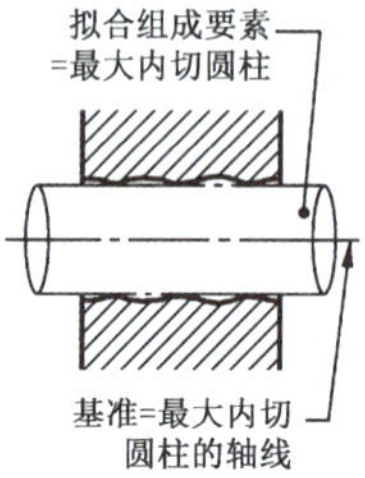 对基准要素的提取组成要素(内圆柱面)进行分离、提取和拟合等操作，得到拟合组成要素的方位要素(拟合导出要素)，并以此体现基准轴线 A
	一根轴的轴线 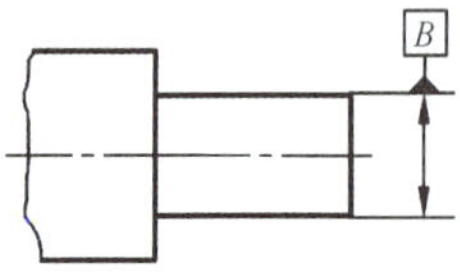	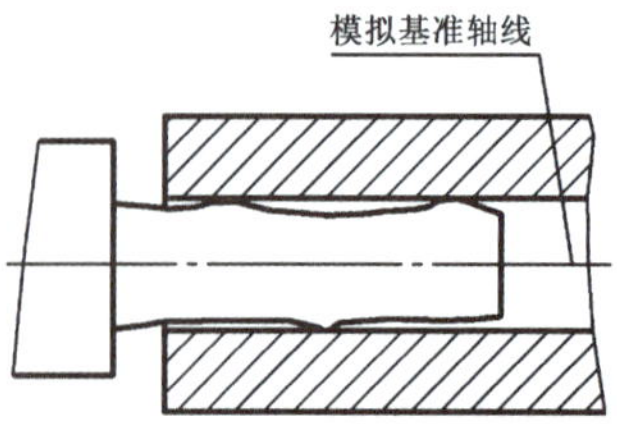 可胀式或与轴呈无间隙配合的定位套筒的轴线	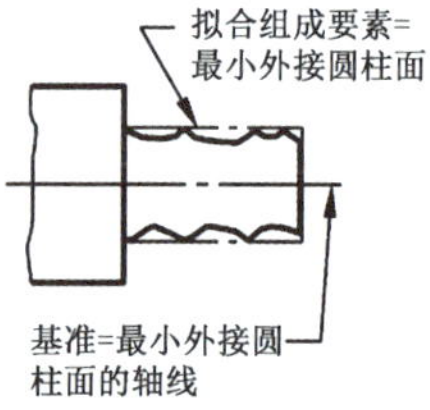 对基准要素的提取组成要素(外圆柱面)进行分离、提取和拟合等操作，得到拟合组成要素的方位要素(拟合导出要素)，并以此体现基准轴线 B

（续表）

<table>
<tr><th colspan="2" rowspan="2">基准示例</th><th colspan="2">基准的体现（模拟法和拟合法）</th></tr>
<tr><th>模拟法（采用模拟基准要素：非理想要素）</th><th>拟合法（采用拟合基准要素：理想要素）</th></tr>
<tr><td>基准轴线</td><td>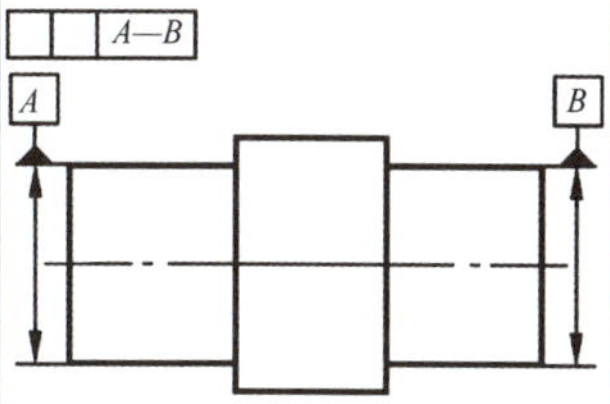</td><td>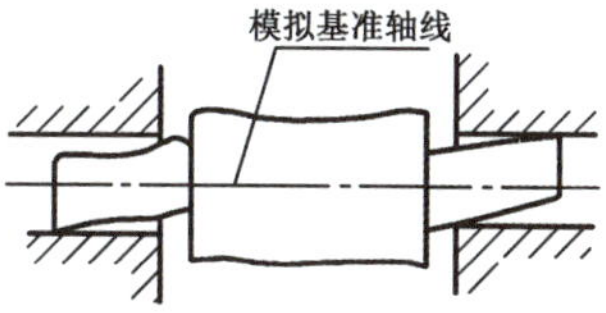
可胀式同轴定位套筒的轴线</td><td>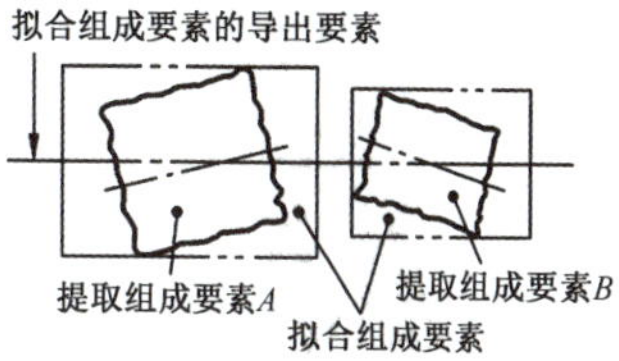
对基准要素 A、B 的两个圆柱面分别进行分离、提取等操作，并在满足同轴约束的前提下同时对两提取圆柱面进行拟合操作，得到拟合组成要素共有的拟合导出要素（方位要素），并以此体现公共基准轴线 A—B</td></tr>
<tr><td rowspan="2">基准平面</td><td>一个零件的表面
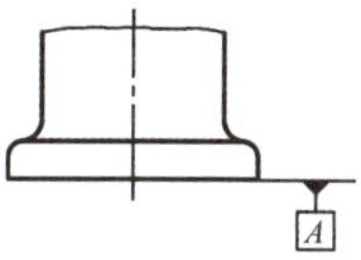</td><td>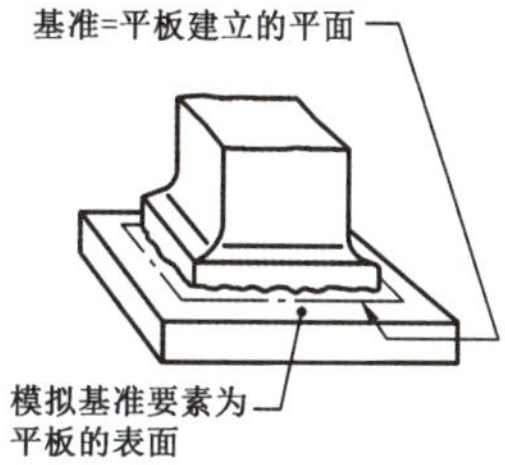
与基准表面接触的平板或平面</td><td>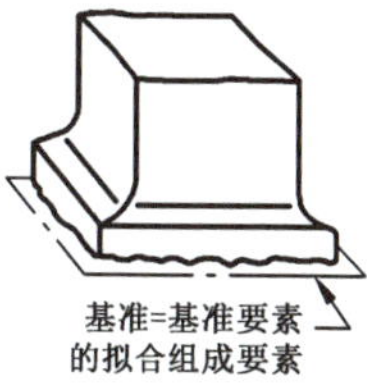
对基准表面通过分离、提取、拟合等操作，得到拟合组成要素（拟合平面），并以此体现基准 A</td></tr>
<tr><td>一个零件上的两个表面的中心面
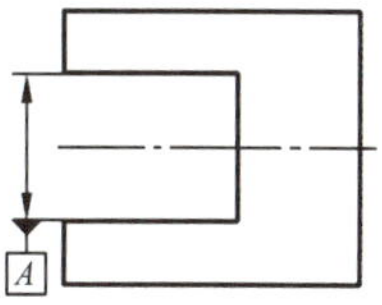</td><td>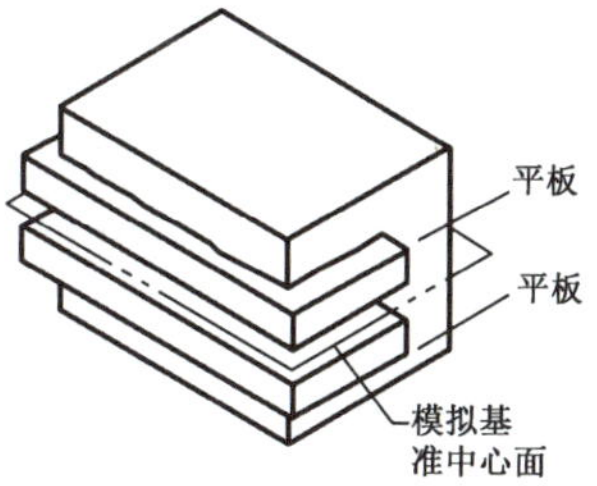
与基准表面接触的两平行平板的工作的中心面</td><td>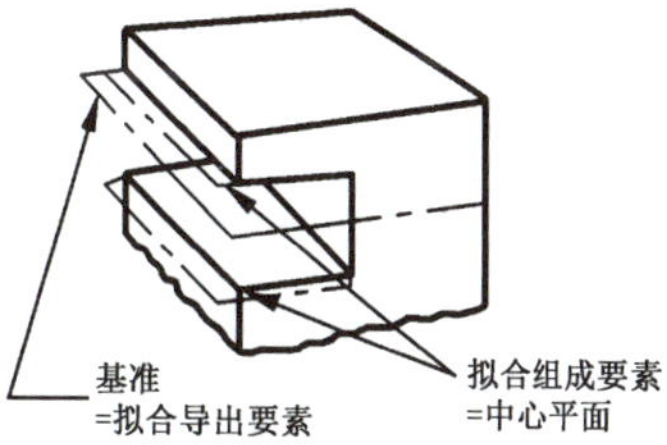
对基准要素的两个实际组成要素（实际表面）通过分离、提取、拟合等操作，得到拟合组成要素的方位要素（拟合导出要素），并以此体现基准中心平面 A</td></tr>
</table>

（3）当基准要素本身具有足够形状精度时，可直接作为基准，如图 2-64 所示。

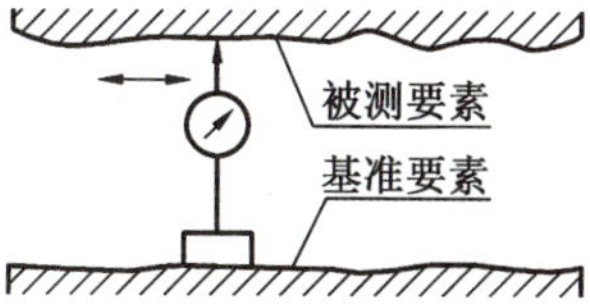

图 2-64　直接体现基准

二、方向公差

方向误差是指关联被测实际要素的方向对其理想要素的方向的变动量。方向公差是指关联实际被测要素相对于具有确定方向的理想要素所允许的变动量。它用来控制线或面的方向误差。理想要素的方向由基准及理论正确角度确定，公差带相对于基准有确定的方向。方向公差是为了限制方向误差而设置的，它等于限制误差的最大值。

1. 方向公差带

国家标准规定的方向公差项目包括平行度、垂直度、倾斜度、线轮廓度（相对于基准体系）和面轮廓度（相对于基准）5 项。平行度是指被测要素与基准要素夹角的理论正确角度为 0°；垂直度是指被测要素与基准要素夹角的理论正确角度为 90°；倾斜度是指被测要素与基准要素夹角的理论正确角度为任意角度。

(1) 平行度公差。平行度公差是指关联实际被测要素相对于基准在平行方向上所允许的变动量，它用来控制线或面的平行度误差。被测要素可以是组成要素或导出要素。其公称被测要素的属性可以是线性要素、一组线性要素或面要素。每个公称被测要素的形状由直线或平面明确给定。如果被测要素是公称状态为平表面上的一系列直线，应标注相交平面框格。

平行度公差带包括相对于基准体系的中心线平行度公差、相对于基准直线的中心线平行度公差、相对于基准面的中心线平行度公差、相对于基准面的一组在表面上的线平行度公差、相对于基准直线的平面平行度公差、相对于基准面的平面平行度公差 6 种情况。

① 相对于基准体系的中心线平行度公差。相对于基准体系的中心线平行度公差带是指间距等于公差值 t，平行于两基准且沿规定方向的两平行平面所限定的区域。如图 2-65(a)所示标注的相对于基准体系的中心线平行度公差带含义为提取（实际）中心线应限定在间距等于 0.1 mm，平行于基准轴线 A 的两平行平面之间，限定公差带的平面均平行于由定向平面框格规定的基准平面 B。如图 2-65(b)所示，基准 B 为基准 A 的辅助基准。

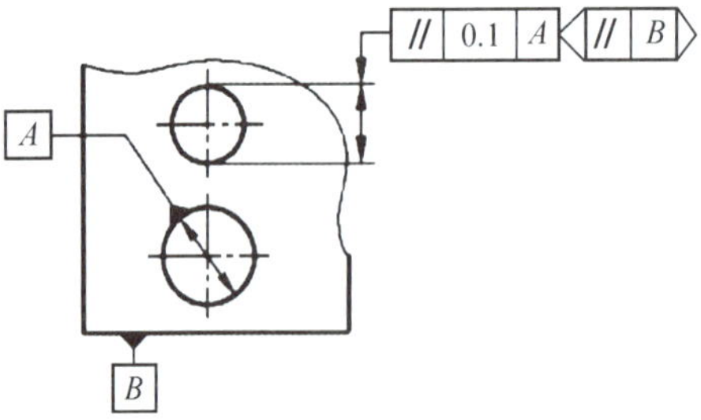

(a) 标注

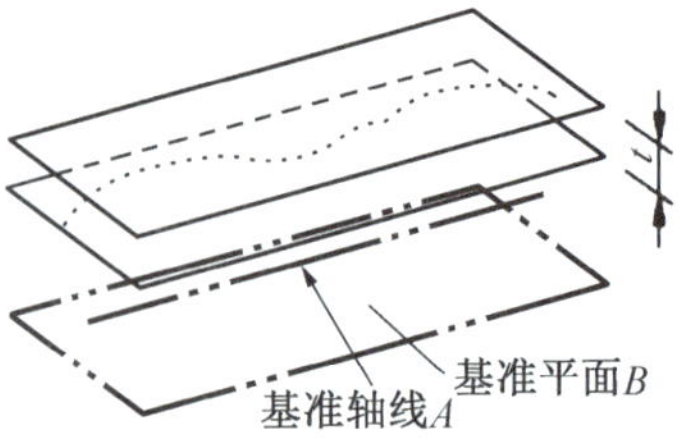

(b) 公差带

图 2-65　相对于基准体系的中心线平行度公差标注

如图 2-66(a)所示为标注的平行度公差带，其含义为提取（实际）中心线应限定在间距等于 0.1 mm，平行于基准轴线 A 的两平行平面之间。限定公差带的平面均垂直于由定向平面框格规定的基准平面 B，基准 B 为基准 A 的辅助基准，如图 2-66(b)所示。

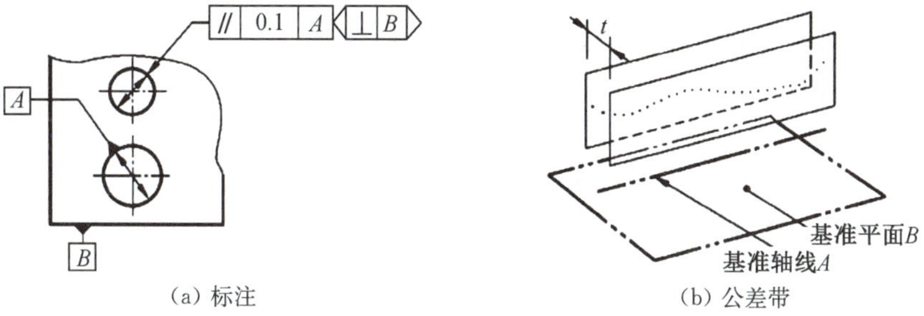

图 2-66　相对于基准体系的中心线平行度公差标注

如图 2-67(a)所示为标注的平行度公差带，其含义为提取(实际)中心线应限定在两对间距分别等于公差值 0.1 mm 和 0.2 mm，且平行于基准轴线 A 的平行平面之间。定向平面框格规定了公差带宽度相对于基准平面 B 的方向，基准 B 为基准 A 的辅助基准，如图 2-67(b)所示。定向平面框格规定了 0.2 mm 的公差带的限定平面垂直于定向平面 B；定向平面框格规定了 0.1 mm 的公差带的限定平面平行于定向平面 B。

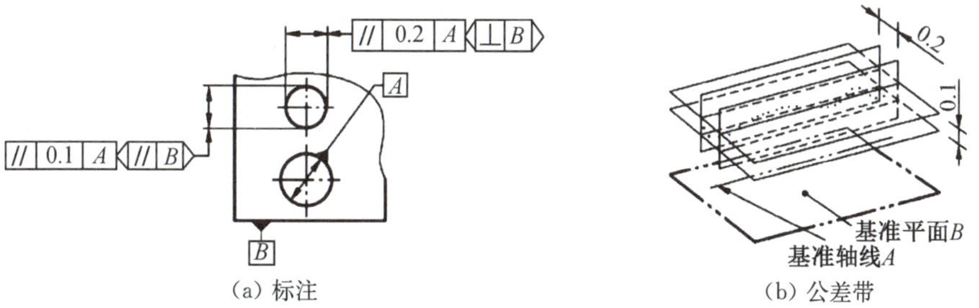

图 2-67　相对于基准体系的中心线平行度公差标注

② 相对于基准直线的中心线平行度公差。相对于基准直线的中心线平行度的公差带是指平行于基准轴线，直径等于公差值 ϕt 的圆柱面所限定的区域。如图 2-68(a)所示标注的相对于基准直线的中心线平行度公差带含义为提取(实际)中心线应限定在平行于基准轴线 A，直径等于 $\phi 0.03$ mm 的圆柱面内区域，如图 2-68(b)所示。

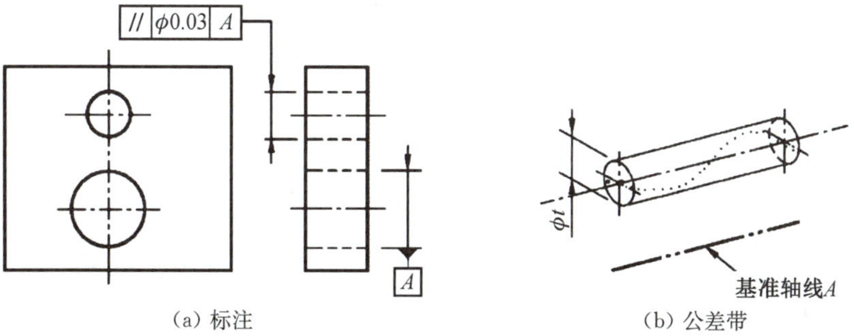

图 2-68　相对于基准直线的中心线平行度公差标注

③ 相对于基准面的中心线平行度公差。相对于基准面的中心线平行度的公差带是指平行于基准平面，间距等于公差值 t 的两平行平面限定的区域。如图 2-69(a)所示标注的

相对于基准面的中心线平行度公差带含义为提取(实际)中心线应限定在平行于基准平面B,间距等于 0.01 mm 的两平行平面之间区域,如图 2-69(b)所示。

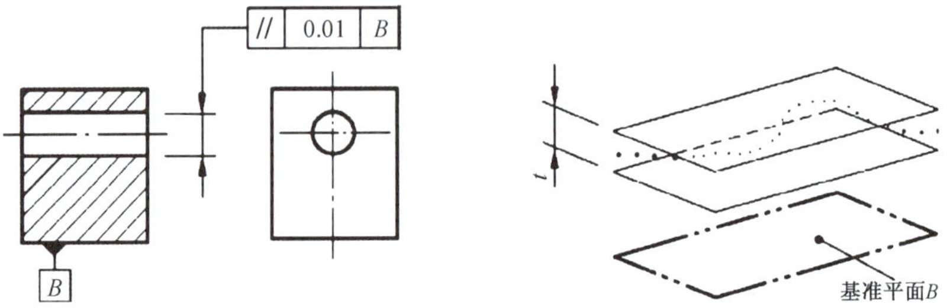

(a) 标注　　(b) 公差带

图 2-69　相对于基准直线的中心线平行度公差标注

④ 相对于基准面的一组在表面上的线平行度公差。相对于基准面的一组在表面上的线平行度公差是指间距等于公差值t的两平行直线所限定的区域。该两平行直线平行于基准平面A且处于平行于基准平面B的平面内。如图 2-70(a)所示标注的对于基准面的一组在表面上的线平行度公差带含义为每条由相交平面框格规定的,平行于基准平面B的提取(实际)线,应限定在间距等于 0.02 mm 平行于基准平面A的两平行线之间,基准B为基准A的辅助基准,如图 2-70(b)所示。

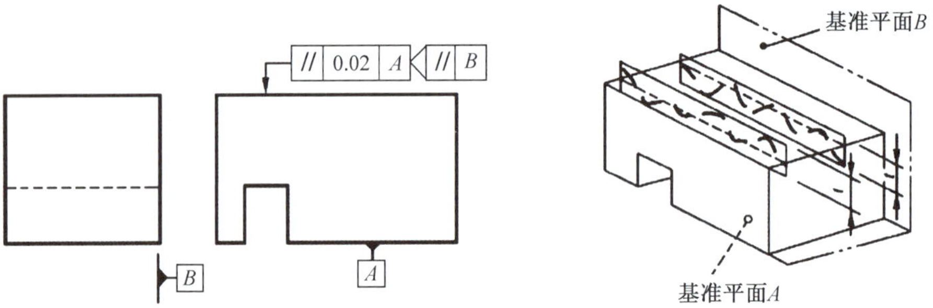

(a) 标注　　(b) 公差带

图 2-70　相对于基准直线的中心线平行度公差标注

⑤ 相对于基准直线的平面平行度公差。相对于基准直线的平面平行度公差是指间距等于公差值t,平行于基准的两平行平面所限定的区域。如图 2-71(a)所示标注的相对于基准直线的平面平行度公差带含义为提取(实际)面应限定在间距等于 0.1 mm,平行于基准轴线C的两平行平面之间的区域,如图 2-71(b)所示。

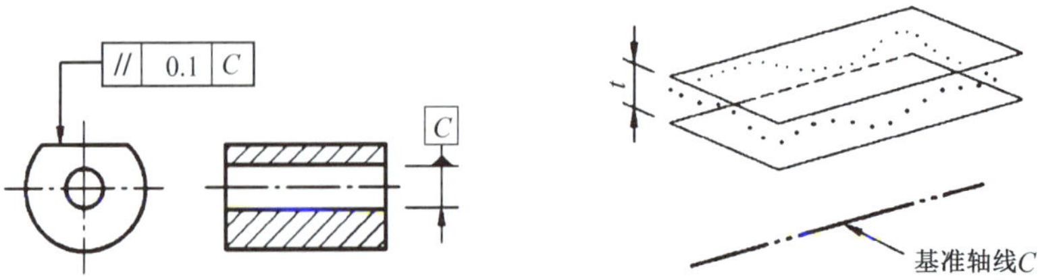

(a) 标注　　(b) 公差带

图 2-71　相对于基准直线的平面平行度公差标注

⑥ 相对于基准面的平面平行度公差。相对于基准面的平面平行度公差是指间距等于公差值 t，平行于基准平面的两平行平面所限定的区域。如图 2-72(a)所示标注的相对于基准面的平面平行度公差带含义为提取(实际)表面应限定在间距等于 0.01 mm，平行于基准平面 D 的两平行平面之间的区域，如图 2-72(b)所示。

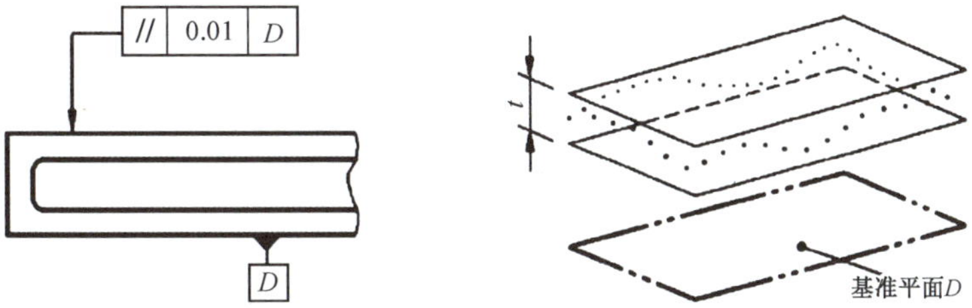

(a) 标注　　(b) 公差带

图 2-72　相对于基准面的平面平行度公差标注

(2) 垂直度公差。垂直度公差是指关联实际被测要素相对于基准在垂直方向上所允许的变动量。它用来控制线或面的垂直度误差。被测要素可以是组成要素或导出要素，其公称被测要素的属性可以是线性要素、一组线性要素或面要素。公称被测要素的形状由直线或平面要素明确给定。若被测要素是公称平面，且被测要素是该平面上的一组直线时，应标注相交平面框格。垂直度公差包括相对于基准直线的中心线垂直度公差、相对于基准体系的中心线垂直度公差、相对于基准面的中心线垂直度公差、相对于基准直线的平面垂直度公差、相对于基准面的平面垂直度公差 5 种情况。

垂直度公差

① 相对于基准直线的中心线垂直度公差。相对于基准直线的中心线垂直度公差是指间距等于公差值 t，垂直于基轴线的两平行平面所限定的区域。如图 2-73(a)所示标注的相对于基准直线的中心线垂直度公差带含义为提取(实际)中心线应限定在间距等于 0.06 mm，垂直于基准轴线 A 的两平行平面之间的区域，如图 2-73(b)所示。

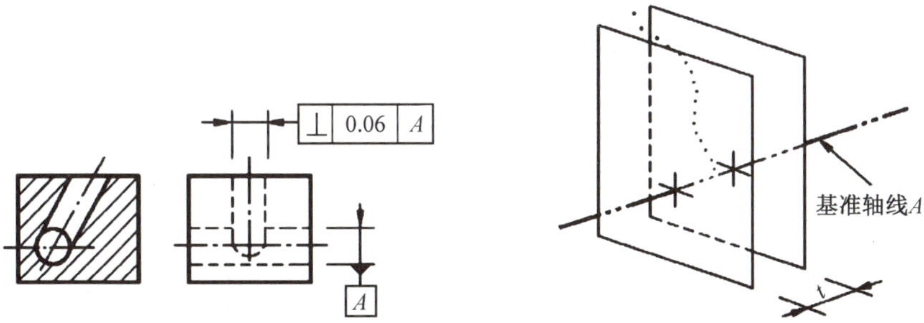

(a) 标注　　(b) 公差带

图 2-73　相对于基准直线的中心线垂直度公差标注

② 相对于基准体系的中心线垂直度公差。相对于基准体系的中心线垂直度公差是指间距等于公差值 t 的两平行平面所限定的区域。该两平行平面垂直于基准平面 A 且平行于辅助基准 B。如图 2-74(a)所示标注的相对于基准体系的中心线垂直度公差带含义为圆柱面

的提取(实际)中心线应限定在间距等于 0.1 mm 的两平行平面之间。该两平行平面垂直于基准平面 A 且方向由基准平面 B 规定。基准 B 为基准 A 的辅助基准,如图 2-74(b)所示。

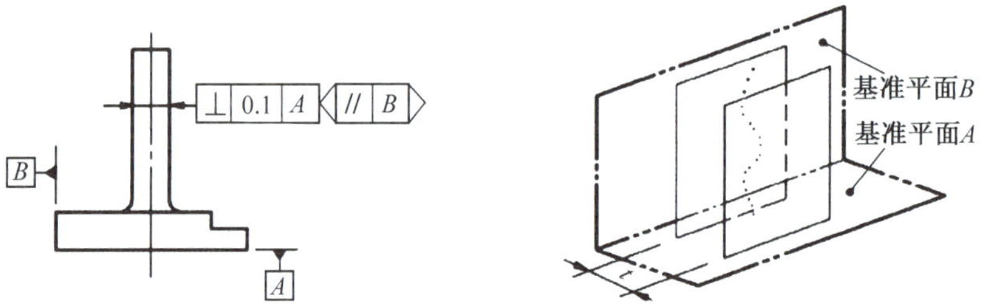

(a) 标注 (b) 公差带

图 2-74 相对于基准体系的中心线垂直度公差标注(一)

如图 2-75(a)所示垂直度公差带标注的公差带如图 2-75(b)所示,其含义为圆柱的提取(实际)中心线应限定在间距分别等于 0.1 mm 与 0.2 mm,且垂直于基准平面 A 的两组平行平面所限定的区域。该两组平行平面都垂直于基准平面 A,其中一组平行平面平行于辅助基准 B,另一组平行平面则垂直于辅助基准 B。公差带的方向使用定向平面框格由基准平面 B 规定,基准 B 是基准 A 的辅助基准。

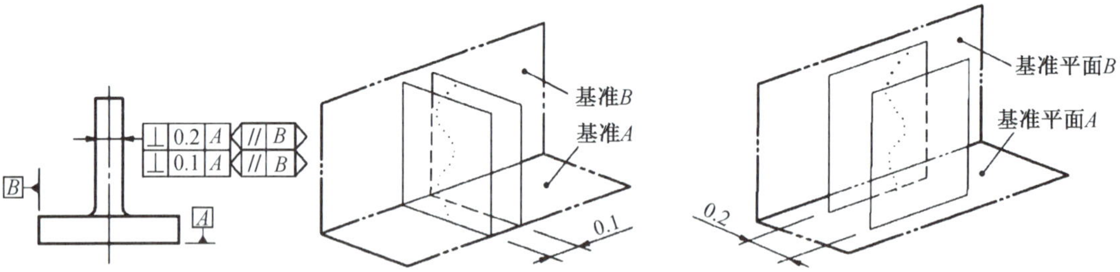

(a) 标注 (b) 公差带

图 2-75 相对于基准体系的中心线垂直度公差标注(二)

③ 相对于基准面的中心线垂直度公差。相对于基准面的中心线垂直度公差指直径等于公差值 ϕt,轴线垂直于基准平面的圆柱面所限定的区域。如图 2-76(a)所示标注的相对于基准面的中心线垂直度公差带含义为圆柱面的提取(实际)中心线应限定在直径等于 ϕ0.01 mm,垂直于基准平面 A 的圆柱面内,如图 2-76(b)所示。

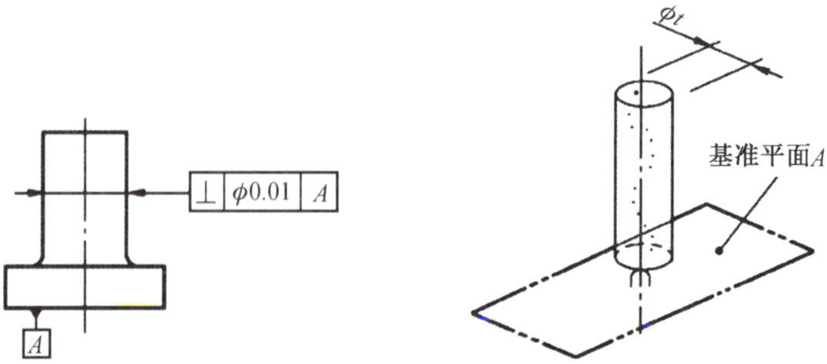

(a) 标注 (b) 公差带

图 2-76 相对于基准面的中心线垂直度公差标注

④ 相对于基准直线的平面垂直度公差。相对于基准直线的平面垂直度公差是指间距等于公差值 t 且垂直于基准轴线的两平行平面所限定的区域。如图 2-77(a)所示标注的相对于基准直线的平面垂直度公差带含义为提取(实际)面应限定在间距等于 0.08 mm 的两平行平面之间。该两平行平面垂直于基准轴线 A，如图 2-77(b)所示。

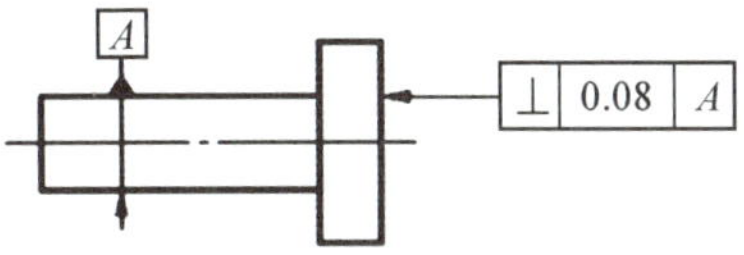

(a) 标注

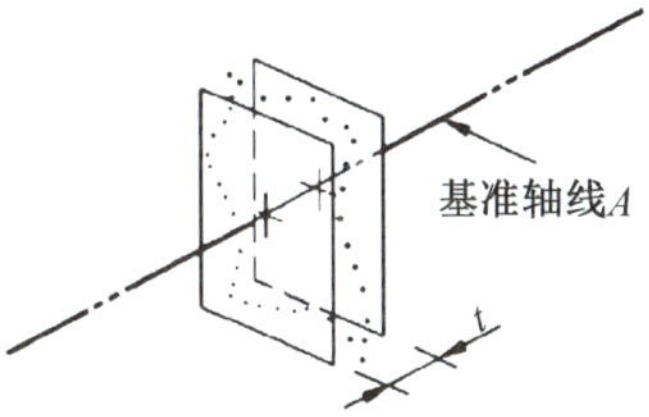

(b) 公差带

图 2-77　相对于基准直线的平面垂直度公差标注

⑤ 相对于基准面的平面垂直度公差。相对于基准面的平面垂直度公差是指间距等于公差值 t，垂直于基准平面 A 的两平行平面所限定的区域。如图 2-78(a)所示标注的相对于基准面的平面垂直度公差带含义为提取(实际)面应限定在间距等于 0.08 mm，垂直于基准平面 A 的两平行平面之间，如图 2-78(b)所示。

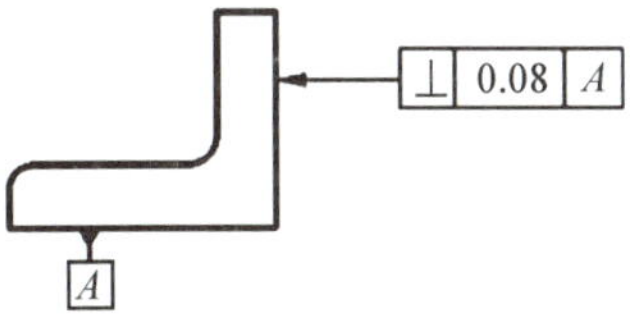

(a) 标注

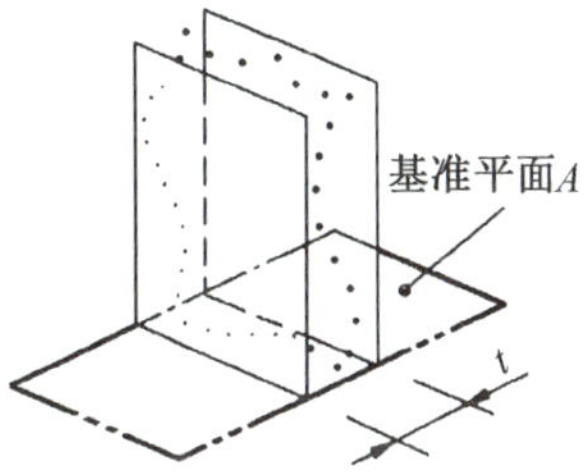

(b) 公差带

图 2-78　相对于基准面的平面垂直度公差标注

(3) 倾斜度公差。倾斜度公差是指关联实际被测要素相对于基准在倾斜方向上所允许的变动量。倾斜度公差用来控制线或面的倾斜度误差，将理论正确角度从 0°或 90°变为任意角度。图样标注时，应将角度值用理论正确角度标出。被测要素可以是组成要素或导出要素。其公称被测要素的属性是线性要素、一组线性要素或面要素。每个公称被测要素的形状由直线或平面明确给定。如果被测要素是公称平面，被测要素是平面上的一组直线，则标注相交平面框格。倾斜度公差包括相对于基准直线的中心线倾斜度公差、相对于基准体系的中心线倾斜度公差、相对于基准直线的平面倾斜度公差、相对于基准面的平面倾斜度公差 4 种情况。

① 相对于基准直线的中心线倾斜度公差。相对于基准直线的中心线倾斜度公差是指间距等于公差值 t 的两平行平面所限定的区域，该两平行平面按规定角度倾斜于基准轴线，被测线与基准线在不同平面内。如图 2-79(a)所示标注的相对于基准直线的中心线倾斜度公差带含义为提取(实际)中心线应限定在间距等于 0.08 mm 的两平行平面之间，该两平行

平面按理论正确角度 60°倾斜于公共基准轴线 $A—B$，如图 2-79(b)所示。

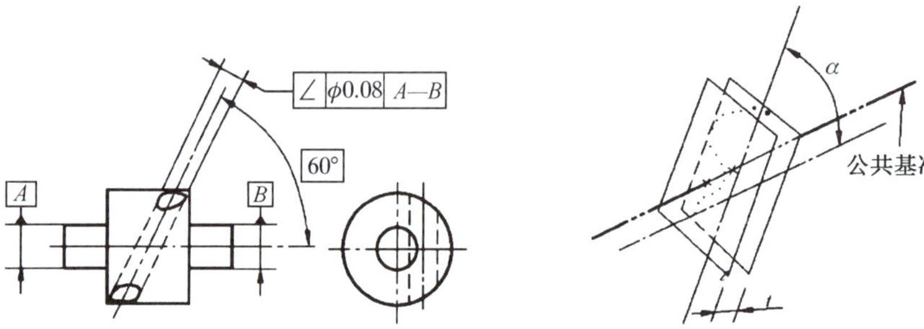

(a) 标注　　(b) 公差带

图 2-79　相对于基准直线的中心线倾斜度公差标注(一)

如图 2-80(a)所示倾斜度公差带标注的公差带如图 2-80(b)所示，其含义为提取(实际)中心线应限定在直径等于 ϕ0.08 mm 的圆柱面所限定的区域，该圆柱按理论正确角度 60°倾斜于公共基准轴线 $A—B$。被测线与基准线在不同的平面内。

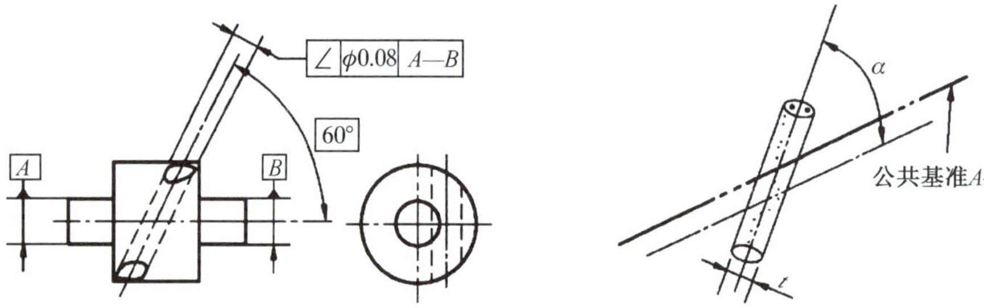

(a) 标注　　(b) 公差带

图 2-80　相对于基准直线的中心线倾斜度公差标注(二)

② 相对于基准体系的中心线倾斜度公差。相对于基准体系的中心线倾斜度公差是指直径等于公差值 ϕt 的圆柱面所限定的区域，该圆柱面公差带的轴线按规定角度倾斜于基准平面 A 且平行于基准平面 B。如图 2-81(a)所示标注的相对于基准体系的中心线倾斜度公差带含义为提取(实际)中心线应限定在直径等于 ϕ0.1 mm 的圆柱面内，该圆柱面的中心线按理论正确角度 60°倾斜于基准平面 A 且平行于基准平面 B，如图 2-81(b)所示。

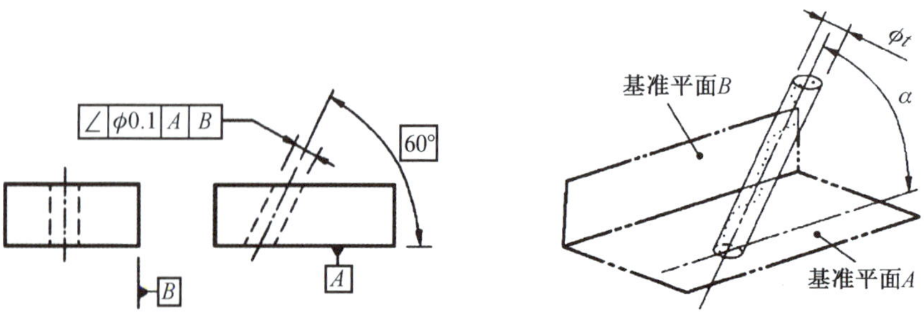

(a) 标注　　(b) 公差带

图 2-81　相对于基准体系的中心线倾斜度公差

③ 相对于基准直线的平面倾斜度公差。相对于基准直线的平面倾斜度公差是指间距等于公差值 t 的两平行平面所限定的区域，该两平行平面按规定角度倾斜于基准直线。如图 2-82(a)所示标注的相对于基准直线的平面倾斜度公差带含义为间距等于 0.1 mm 的两平行平面之间，该两平行平面按理论正确角度 75°倾斜于基准轴线 A，如图 2-82(b)所示。

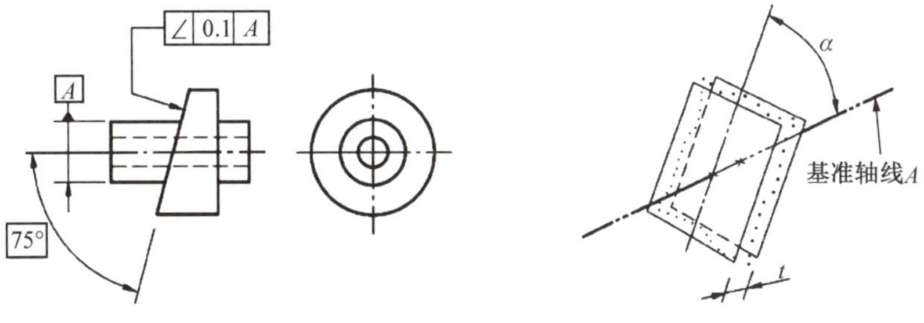

(a) 标注　　(b) 公差带

图 2-82　相对于基准直线的平面倾斜度公差

④ 相对于基准面的平面倾斜度公差。相对于基准面的平面倾斜度公差是指间距等于公差值 t 的两平行平面所限定的区域，该两平行平面按规定角度倾斜于基准平面。如图 2-83(a)所示标注的相对于基准面的平面倾斜度公差带含义为间距等于 0.08 mm 的两平行平面之间，该两平行平面按理论正确角度 40°倾斜于基准平面 A，如图 2-83(b)所示。

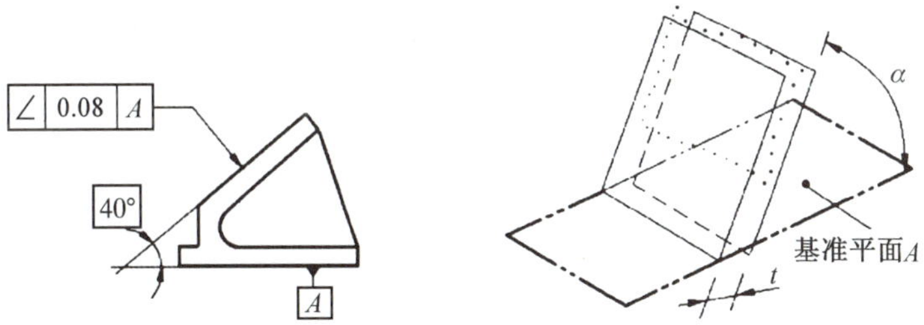

(a) 标注　　(b) 公差带

图 2-83　相对于基准直线的平面倾斜度公差标注

(4) 相对于基准体系的线轮廓度公差。相对于基准体系的线轮廓度公差带为公差值 t，圆心位于由基准平面 A 与基准平面 B 确定的被测要素理论正确几何形状上的一系列圆的两包络线所限定的区域。被测要素可以是组成要素或导出要素，其公称被测要素的属性由线性要素或一组线性要素明确给定；其公称被测要素的形状，除直线外，则应通过图样上完整的标注。如图 2-84(a)所示的相对于基准体系的线轮廓度公差带含义为在任一由相交平面框格规定的平行于基准平面 A 的截面内，提取(实际)轮廓线应限定在直径等于 0.04 mm，圆心位于由基准平面 A 与基准平面 B 确定的被测要素理论正确几何形状线上的一系列圆的两等距包络线之间，如图 2-84(b)所示。

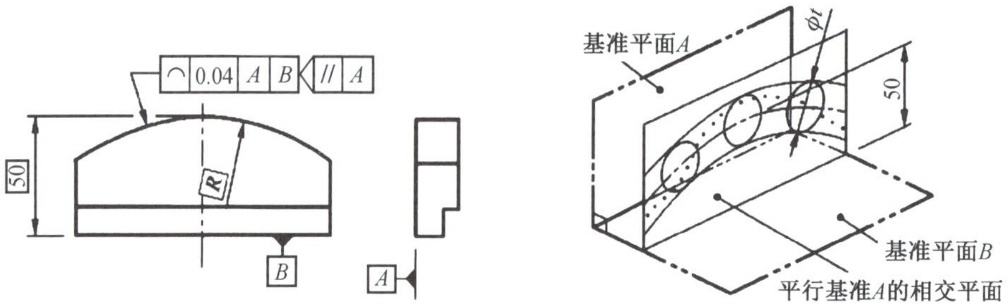

(a) 标注　　　　(b) 公差带

图 2-84　相对于基准体系的线轮廓度公差

(5) 相对于基准的面轮廓度公差。相对于基准的面轮廓度公差带为直径等于公差值 t，球心位于由基准平面 A 确定的被测要素理论正确几何形状上的一系列圆球的两包络面所限定的区域。被测要素可以是组成要素或导出要素，其公称被测要素的属性是由面要素明确给定，其公称被测要素的形状，除平面外，应通过图样完整的标注。如图 2-85(a)所示的相对于基准的面轮廓度公差带含义为提取(实际)轮廓面应限定在直径距离等于 0.1 mm，球心位于由其准平面 A 确定的被测要素理论正确几何形状上的一系列圆球的两等距包络面之间，如图 2-85(b)所示。

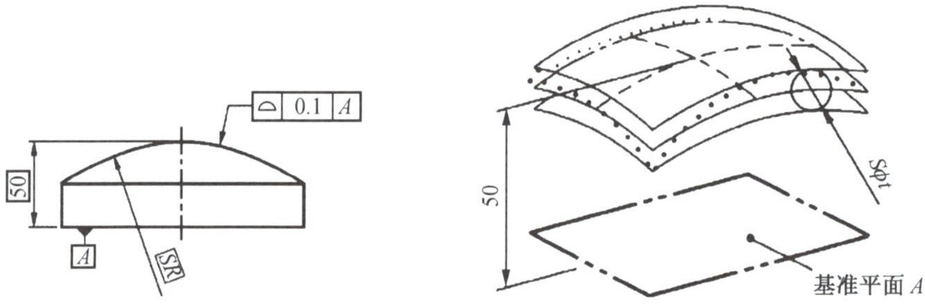

(a) 标注　　　　(b) 公差带

图 2-85　相对于基准体系的线轮廓度公差

2. 方向公差带特点

(1) 方向公差带可以用来控制被测要素相对于基准的方向误差。

(2) 在满足方向要求的前提下，公差带的位置可以浮动。

(3) 方向公差带能综合控制被测要素的形状误差，因此，当对某一被测要素给出方向公差后，通常不再对该要素给出形状公差。如果在功能上需要对形状精度有进一步要求，则可同时给出形状公差，当然形状公差值一定要小于方向公差值。

三、方向误差的评定

方向误差值用定向最小包容区域(简称定向最小区域)的宽度或直径表示。定向最小区域是指用由基准和理论正确尺寸确定方向的理想要素包容被测要素的提取要素时，具有最小宽度 f 或直径 d 的包容区域，如图 2-86 所示。各方向误差项目的定向最小区域形状分别与各自的公差带形状一致，但宽度（或直径）由被测提取要素本身决定。

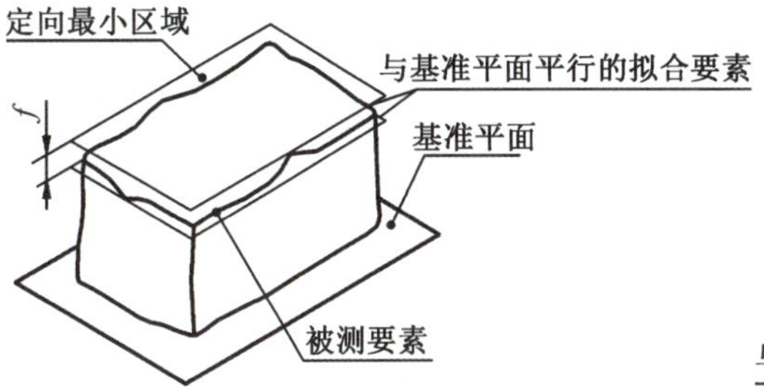

(a) 误差值为最小区域的宽度

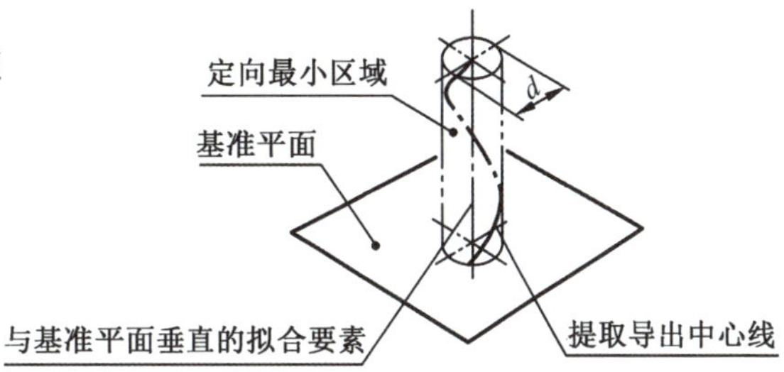

(b) 误差值为最小区域的直径

图 2-86　定向最小区域

四、方向误差的检测与验证

平行度与垂直度误差检测与验证方案参见《产品几何量技术规范(GPS)　几何公差　检测与验证》(GB/T 1958—2017)。

任务分析

如图 2-54 所示的角座零件图，共提出 4 个方向公差要求。即顶面对底面的平行度公差为 0.15 mm；两孔的轴线对底面的平行度公差为 0.05 mm；两孔轴线之间的平行度公差为 0.35 mm；侧面对底面的垂直度公差为 0.20 mm。平行度误差可按与理想要素比较原则进行检测，垂直度误差检测可按测量特征参数原则进行检测。

公差要求是测量孔的轴线相对于基准平面或轴线的平行度误差时，需要用心轴模拟被测要素，将心轴装于孔内，形成稳定接触，基准平面用精密平板体现。

任务实施

一、任务准备

按组分配工位或按组领取平板、被测件（角座）、心轴、磁性百分表支架、带指示表的测量架、精密直角尺、塞尺、百分表、外径游标卡尺等检测工具。

二、测量步骤

(1) 按与理想要素比较原则测量顶面对底面的平行度误差（图 2-87）。将被测件放在测量平板上，以平板面作为模拟基准；调整百分表在支架上的高度，将百分表测量头与被测面接触，使百分表指针倒转 1～2 圈，固定百分表，然后在整个被测表面上沿规定的各测量线移动百分表支架，取百分表的最大与最小读数之差，记录数据并将其作为被测表面的平行度误差。

(2) 按与理想要素比较原则分别测量两孔轴线对底面的平行度误差。将被测件放在测量平板上，心轴放置在被测孔内，以平板模拟为基准，用心轴模拟被测孔的轴线(图 2-88)，按心轴上的素线调整百分表的高度，并固定[调整方法同步骤(1)]，在测量距离为 L_2 的两个位置测得的读数分别为 M_1 和 M_2。记录数据并按公式 $f=\frac{L_1}{2L_2}=|M_1-M_2|$ 计算该孔被测轴线的平行度误差。其中，L_1 为被测轴线长度；L_2 为测量距离。

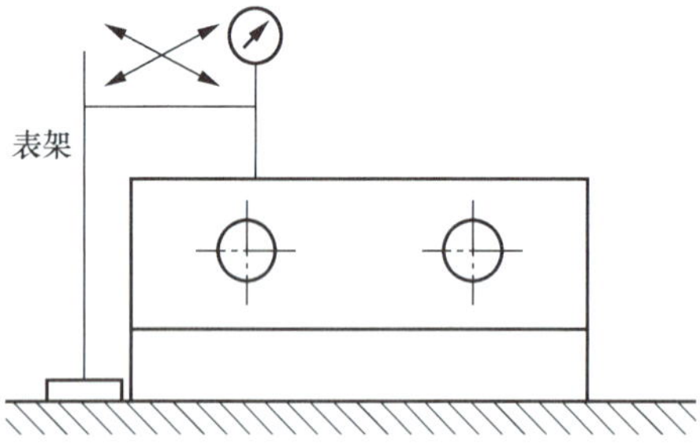

图 2-87　测量顶面对底面的平行度误差

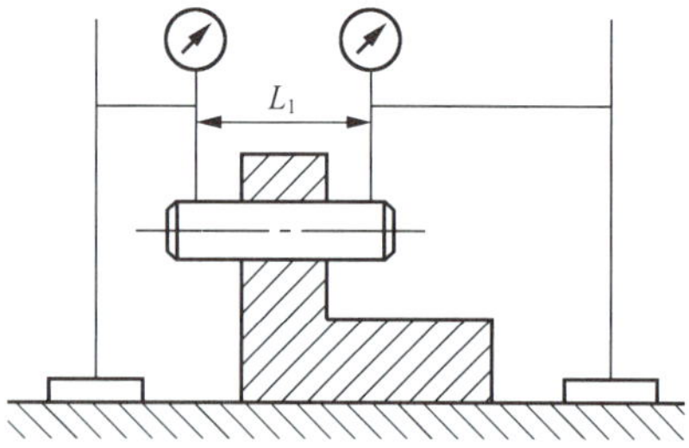

图 2-88　测量两孔轴线对底面的平行度误差

测量时应选用可胀式或与孔成无间隙配合的心轴。在 0°～180°范围内按上述方法测量若干个不同角度位置，取各测量位置所对应的 f 值中的最大值，并将其作为平行度误差。测量一孔后，将心轴放置在另一被测孔内，采用相同方法测量。

(3) 按与理想要素比较原则测量两孔轴线之间的平行度误差(图 2-89)。将心轴放置在两被测孔内，用心轴模拟两孔轴线。用游标卡尺在靠近孔口端面处测量尺寸 a_1 及 a_2，差值(a_1-a_2)即为所求平行度误差。

(4) 按测量特征参数原则测量侧面对底面的垂直度误差(图 2-90)。被测件放在平板上，用平板模拟基准，将精密直角尺的短边置于平板上，长边靠在被测侧面上，此时直角尺长边即为理想要素。用塞尺测量直角尺长边与被测侧面之间的最大间隙，测得的值即为该位置的垂直度误差。移动直角尺，在不同位置重复上述测量，取最大误差值并将其作为该被测面的垂直度误差。

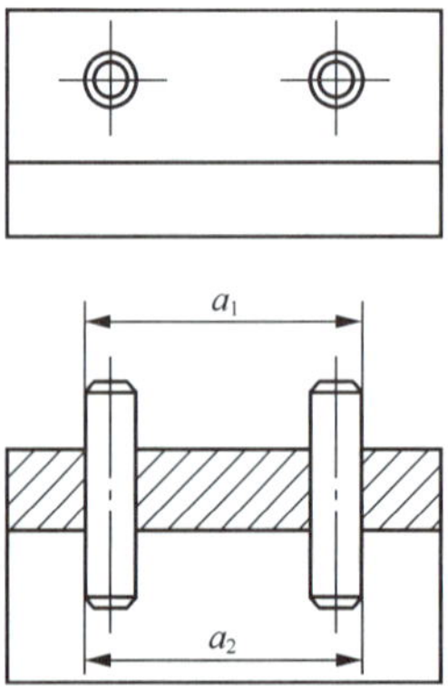

图 2-89　测量两孔轴线之间的平行度误差

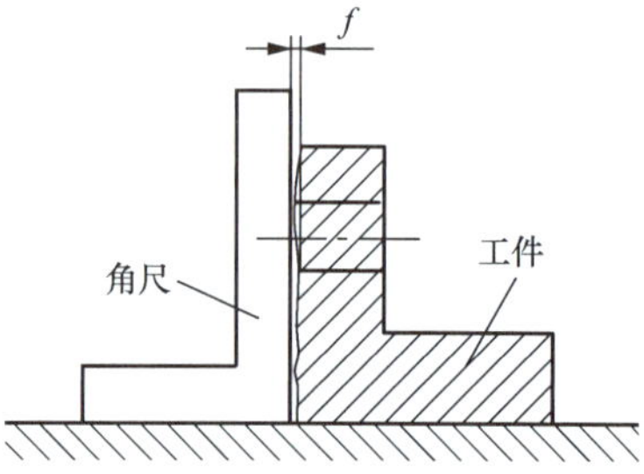

图 2-90　测量侧面对底面的垂直度误差

(5) 将测量和计算结果填入实训任务书(表 2-12)中,并判断工件的合格性。

表 2-12　　平行度、垂直度检测

班级		姓名		学号	
被测零件图 (尺规绘图)					
公差带形状与大小	平行度公差检测			垂直度公差检测	
被测要素	①	②	③	④	
基准要素					
公差值					
误差值					
结论分析					
教师评语					

任务小结

在评定定向、定位的位置误差时都涉及基准,但基准本身也是加工出来的,也存在形状误差。标准规定:应该用实际基准要素的理想要素作为基准,且理想要素的位置应符合最小条件,这是寻找基准的原则。有了寻找基准的原则,还需要在实际测量中将基准体现出来。体现方法有模拟法、直接法、分析法和目标法。其中,用得最广泛的是模拟法,它是用足够精确的表面模拟基准。

根据关联被测要素所需基准的个数及构成某基准的零件上要素的个数,基准可分为单一基准、组合基准(或称公共基准)和基准体系 3 种。方向误差是指关联被测实际要素的方向对其理想要素的方向的变动量。方向公差是指关联实际被测要素相对于具有确定方向的理想要素所允许的变动量,它用来控制线或面的方向误差。国标规定的方向公差项目包括平行度、垂直度、倾斜度、线轮廓度和面轮廓度 5 项,各项公差的公差带应熟练掌握。方向公差带的位置可以浮动,能综合控制被测要素的形状误差。评定方向误差值用定向最小包容区域(简称定向最小区域)的宽度或直径表示。定向最小区域是指按公差带要求的方向来包容被测提取要素时,具有最小宽度 f 或直径 ϕf 的包容区域。方向误差检测方法较多,具体应用可参照有关国家标准。

思考与练习

一、填空题

1. ________是指由 2 个或 3 个单独的基准构成的组合用来确定被测要素几何位置关系。

2. 单一基准由一个基准要素建立,该基准要素从一个单一表面或一个尺寸要素中获得,包括:________、________、________和________ 4 种情况。

3. 公共基准由 2 个或 2 个以上同时考虑的基准要素建立,包括:________、________、________ 3 种情况。

4. 基准采用________和________体现,当基准要素本身具有足够________时,可直接作为基准。

5. 国家标准规定的方向公差项目包括:________、________、倾斜度、线轮廓度和面轮廓度 5 项。

6. 平行度公差是指关联实际被测要素相对于基准在________上所允许的变动量。它用来控制________的平行度误差。

7. 垂直度公差是指关联实际被测要素相对于基准在________上所允许的变动量。它用来控制________的垂直度误差。

8. 倾斜度公差是指关联实际被测要素相对于基准在________上所允许的变动量,倾斜度公差用来控制________的倾斜度误差

9. 方向公差带能综合控制________的形状误差,当对某一被测要素给出方向公差后,通常不再对该要素给出________。

10. 方向误差值用定向________的宽度或直径表示。

二、简答题

1. 由基准要素建立基准时,拟合方法有哪些?各种基准是如何建立的?

2. 常用的体现方法有哪些?

3. 平行度公差带有哪几种情况?具体公差带形状是什么?

4. 垂直度公差带有哪几种情况?具体公差带形状是什么?

5. 如何评定方向误差?

任务三　位置度误差检测

学习目标

知识目标

(1) 掌握位置度、同轴度、对称度公差带具体形状及其含义。

(2) 了解同心度、线轮廓度和面轮廓度公差带具体形状及其含义。

(3) 理解位置度、同轴度、对称度误差的检测方法。

技能目标

(1) 能够正确识读位置度、同轴度、对称度公差标记符号。

(2) 能够根据零件结构特点，合理地选择位置度、同轴度、对称度公差的检测方法。

(3) 能够进行零件的位置度公差检测。

任务描述

如图 2-91 所示为标有点的位置度公差要求的轴零件，试采用平板、指示表、表架、回转定心夹头等检测工具进行点的位置度误差检测，并填写实训任务书。

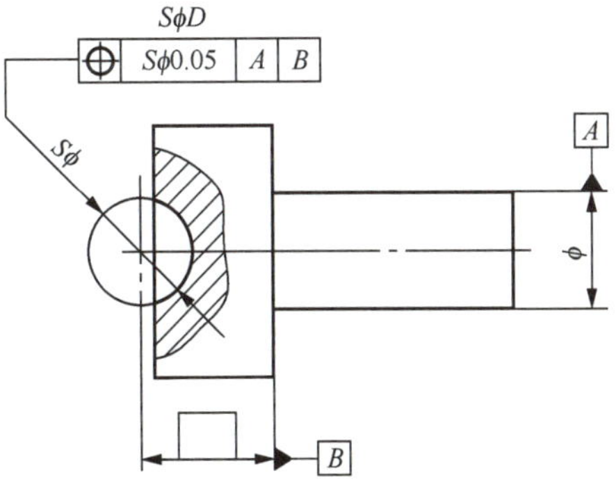

图 2-91　标有点的位置度公差要求的轴零件

知识概述

位置度公差

一、位置公差

位置公差为关联实际被测要素相对于具有确定位置的拟合要素所允许的变动量。它被用来控制点、线或面的位置误差。拟合要素的位置由基准及理论正确尺寸(角度)确定。公差带相对于基准有确定位置。

1. 位置公差带

国家标准规定的位置公差项目包括位置度、同心度、同轴度、对称度、线轮廓度和面轮廓度 6 个公差项目。

(1) 位置度公差。位置度公差用于控制被测点、线、面的实际位置相对于其拟合要素的位置度误差。拟合要素的位置由基准及理论正确尺寸确定。被测要素可以是组成要素或导出要素,其公称被测要素的属性为一个组成要素或导出的点、直线或平面,或为导出曲线或导出曲面。位置度公差可分为导出点的位置度公差、中心线的位置度公差、平表面的位置度公差 3 种情况。

① 导出点的位置度公差。点的位置度公差值前加注 $S\phi$,公差带为直径等于公差值 $S\phi t$ 的圆球面所限定的区域。该圆球面中心位置由相对于基准 A、B、C 的理论正确尺寸确定。如图 2-92(a)所示点的位置度公差带含义为提取(实际)球心应限定在直径等于 $S\phi0.3$ mm的圆球面内,该球面的中心由基准平面 A、基准平面 B、基准平面 C 及被测球所确定的理论正确位置(尺寸 30 mm、25 mm)确定,如图 2-92(b)所示。

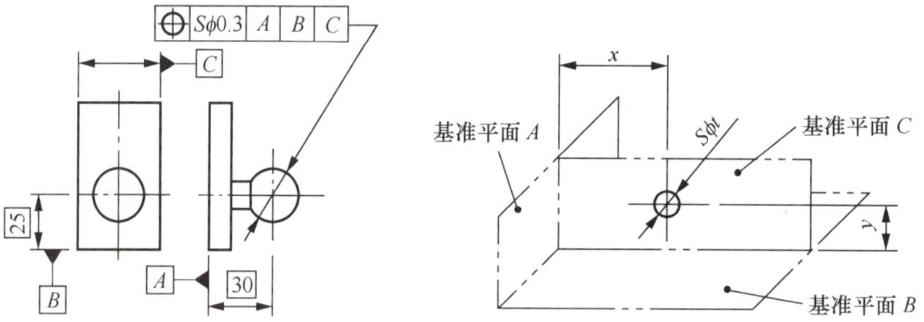

(a) 标注　　(b) 公差带

图 2-92　空间点的位置度公差带

② 中心线的位置度公差。中心线的位置度公差可分为给定一个方向、给定两个方向和任意方向 3 种位置度公差。

给定一个方向中心线的位置度公差带为距离等于公差值 t、对称于要素中心线的两平行平面所限定的区域。中心平面的位置由相对于基准 A、B 的理论正确尺寸确定。如图 2-93(a)所示线的位置度公差带含义为各条刻线的提取(实际)中心线应限定在距离等于 0.1 mm,对称于基准面 A、B 与被测线所确定的理论正确尺寸 25 mm、10 mm 确定的理论正确位置的两平行平面之间,如图 2-93(b)所示。

给定两个方向中心线的位置度公差带为间距分别等于公差值 t_1 和 t_2,对称于理论正确位置的平行平面所限定的区域。该理论正确位置由相对于基准 C、A、B 的理论正确尺寸确定,该公差在基准体系的两个方向给定,标注如图 2-94(a)所示。如图 2-94(a)所示线的位置度公差带含义为各孔的提取(实际)中心线在给定方向上应各自限定在间距分别等于 0.05 mm和 0.2 mm,且互相垂直的两对平面内。每对平行平面的方向由基准体系确定,且对称于基准平面 C、A、B 及被测孔所确定的理论正确位置,如图 2-94(b)所示。

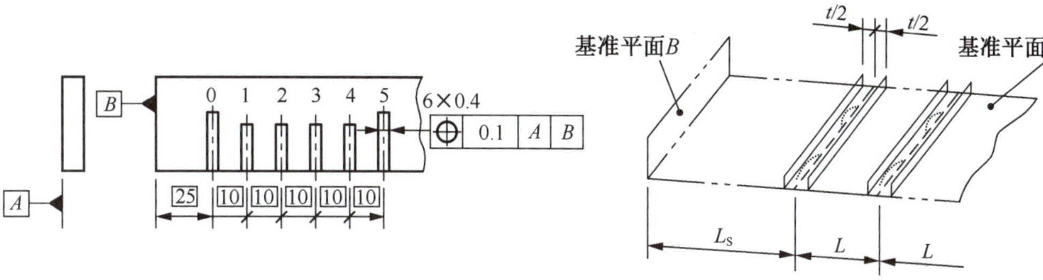

（a）标注　　（b）公差带

图 2-93　给定一个方向的公差时的位置度公差带

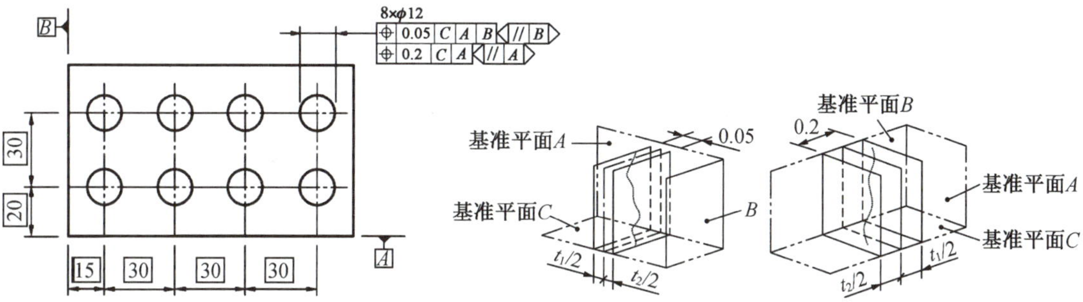

（a）标注　　（b）公差带

图 2-94　给定两个方向公差时的位置度公差带

任意方向上中心线的位置度公差带为直径等于公差值 ϕt 的圆柱面所限定的区域，该圆柱面轴线的位置由相对于基准的理论正确尺寸所确定的理论正确位置，标注如图 2-95(a)所示。如图 2-95(a)所示线的位置度公差带含义为提取（实际）中心线应限定在直径等于 ϕ0.08 mm 的圆柱面内。该圆柱面的轴线的位置处于由基准平面 C、A、B 与被测孔的理论正确尺寸 100 mm、68 mm 所确定的理论正确位置，如图 2-95(b)所示。

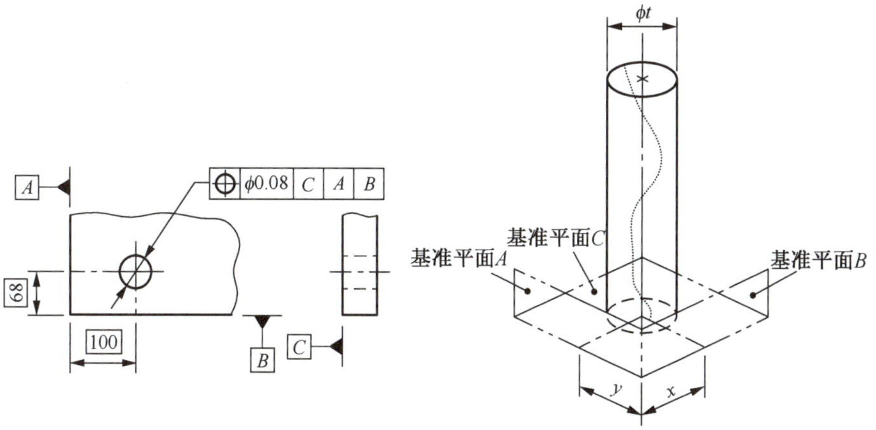

（a）标注　　（b）公差带

图 2-95　任意方向上中心线的位置度公差带

③ 平表面的位置度公差。平表面的位置度公差带为间距等于公差值 t 的两平行平面所限定的区域，该两平行平面对称于由相对于基准的理论正确尺寸所确定的理论正确位置。如图 2-96(a)所示线的位置度公差带含义为提取(实际)表面应限定在间距等于 0.05 mm的两平行平面之间，该两平行平面对称于由基准平面 A、基准轴线 B 与理论正确尺寸 15 mm、105°所确定的被测表面的理论正确位置，如图 2-96(b)所示。

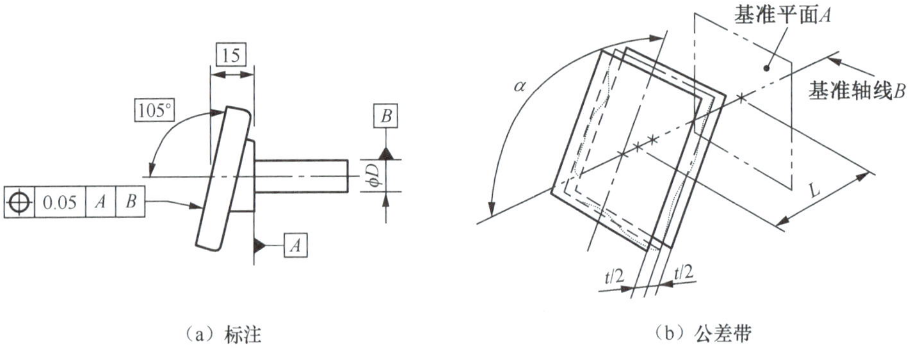

图 2-96　平表面的位置度公差带

(2) 同心度与同轴度公差。被测要素可以是导出要素，其公称被测要素的属性与形状是点要素，一组点要素或直线要素。当所标注的要素的公称状态为直线，且被测要素为一组点时，应标注“ACS”。此时，每个点的基准也是同一横截面上的一个点。锁定在公称被测要素与基准之间的角度与线性尺寸则由缺省的 TED 给定。

同心度和同轴度公差

① 点的同心度公差。点的同心度公差是指关联实际被测中心点相对于基准中心点所允许的变动量。点的同心度公差用于控制中心点的同心度误差。点的同心度公差带为直径为 ϕt 的圆周所限定的区域，公差值之前应使用符号“ϕ”，该圆周公差带的圆心与基准点重合。如图 2-97(a)所示的点的同心度公差带含义为在任意横截面内，内圆的提取(实际)中心应限定在直径等于公差值 ϕ0.1 mm，以基准点 A(在同一横截面内)为圆心的圆周内，如图 2-97(b)所示。

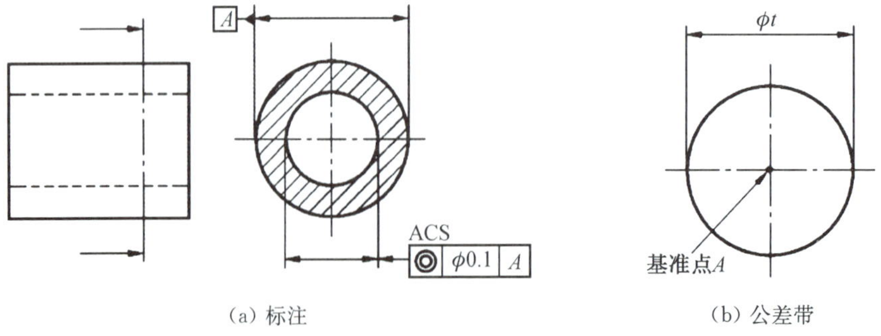

图 2-97　点的同心度公差带

② 中心线的同轴度公差。中心线的同轴度公差是指关联实际被测轴线相对于基准轴

线所允许的变动量。同轴度公差用于控制轴线的同轴度误差。中心线的同轴度公差带为直径等于公差值 ϕt 的圆柱面所限定的区域，该圆柱面的轴线与基准轴线重合。如图 2-98(a)所示的中心线的同轴度公差带含义为被测圆柱的提取(实际)中心线应限定在直径等于公差值 $\phi 0.1$ mm，以基准轴线 A 为轴线的圆柱面内，如图 2-98(b)所示。

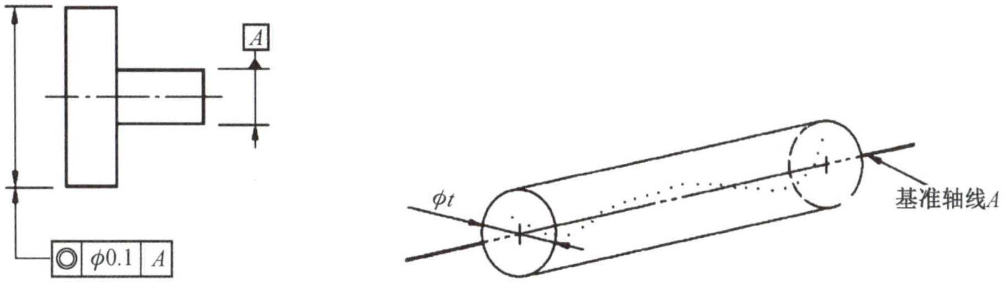

(a) 标注　　(b) 公差带

图 2-98　中心线同轴度公差带(一)

标注如图 2-99(a)所示，如图 2-99(b)所示的中心线同轴度公差带含义为被测圆柱的提取(实际)中心线应限定在直径等于公差值 $\phi 0.1$ mm，以基准轴线 A 为轴线的圆柱面内。

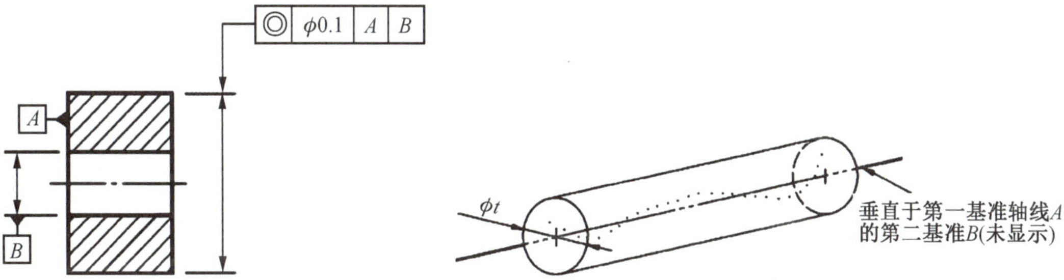

(a) 标注　　(b) 公差带

图 2-99　中心线同轴度公差带(二)

标注如图 2-100(a)所示，如图 2-100(b)所示的中心线同轴度公差带含义为被测圆柱的提取(实际)中心线应限定在直径等于公差值 $\phi 0.08$ mm，以公共基准 $A-B$ 为轴线的圆柱面内。

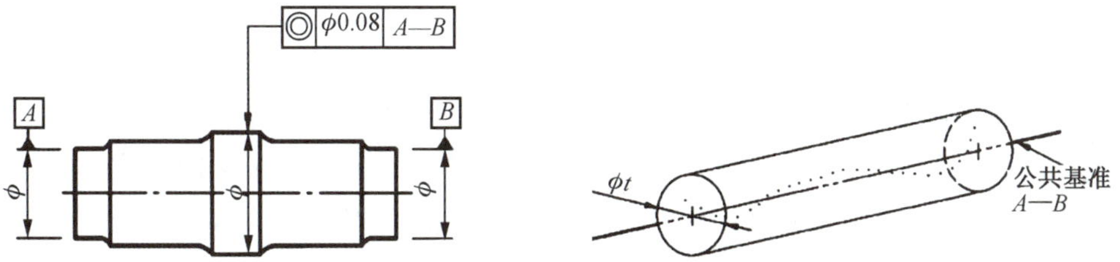

(a) 标注　　(b) 公差带

图 2-100　中心线同轴度公差带(三)

对称度公差

(3) 对称度公差。对称度公差是指关联被测实际要素的对称中心平面相对于基准对称中心平面所允许的变动量。对称度公差用来控制对称中心平面的对称度误差。被测要素可以是组成要素或导出要素，其公称被测要素的形状与属性可以是点要素、一组点要素、直线、一组直线或平面。当所标注的要素的公称状态为平面，且被测要素为该表面上的一组直线时，应标注相交平面框格。当所标注的要素的公称状态为直线，且被测要素为线要素上的一组点要素时，应标注 ACS。此时，每个点的基准都是在同一横截面上的一个点。在公差框格中应至少标注一个基准，且该基准可锁定公差带的一个未受约束的转换。锁定公称被测要素与基准之间的角度与线性尺寸可由缺省的 TED 给定。

中心平面的对称度公差带为距离为公差值 t，对称于基准中心平面的两平行平面所限定的区域。如图 2-101(a)所示的中心平面的对称度公差带含义为提取(实际)中心面应限定在间距等于公差值 0.08 mm，对称于基准中心平面 A 的两平行平面之间，如图 2-101(b)所示。

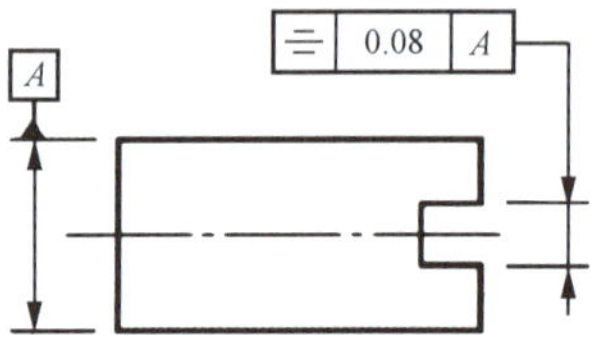

(a) 标注

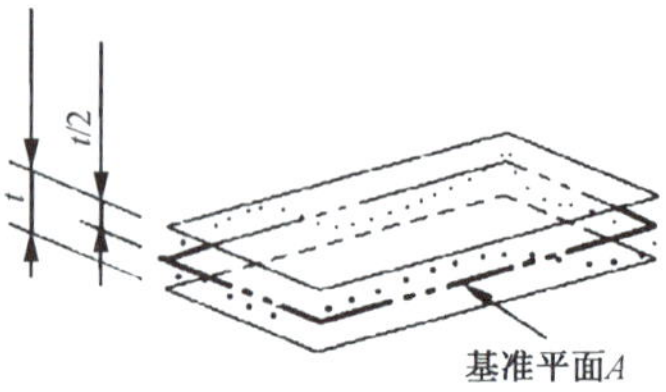

(b) 公差带

图 2-101　对称度公差带(一)

标注如图 2-102(a)所示，如图 2-102(b)所示的公差带含义为提取(实际)中心面应限定在间距等于公差值 0.08 mm，对称于公共基准中心平面 A—B 的两平行平面之间。

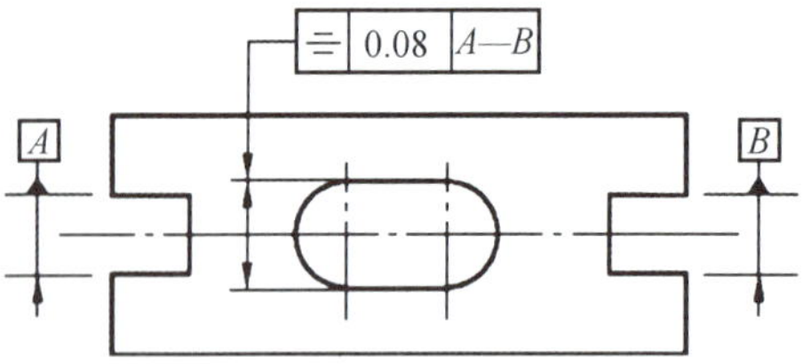

(a) 标注

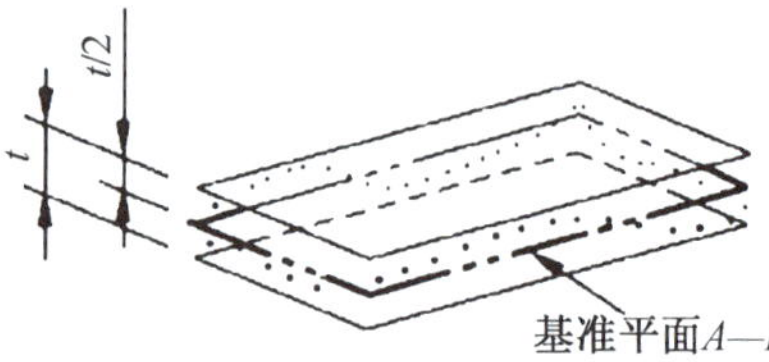

(b) 公差带

图 2-102　对称度公差带(二)

(4) 线轮廓度公差(位置公差)。当线轮廓度公差注出位置参考基准时，属于位置公差。理想轮廓线由理论正确尺寸确定，而其位置由基准与理论正确尺寸确定。线轮廓度(位置公差)的公差含义、标注和含义可参考国家标准 GB/T 1182—2018 相关内容，这里不再赘述。

(5) 面轮廓度公差(位置公差)。当面轮廓度公差注出位置参考基准时，属于位置公差。理想轮廓面由理论正确尺寸确定，而其位置由基准和理论正确尺寸确定。面轮廓度(位置公差)的公差含义、标注和解释可参考国家标准 GB/T 1182—2018 相关内容，这里不再赘述。

2. 位置公差带特点

(1) 位置公差用来控制被测要素相对于基准的位置误差。

(2) 位置公差带具有综合控制位置误差、方向误差和形状误差的能力。原则上，位置度公差可以代替各种形状公差、定向公差和定位公差所表达的设计要求，但在实际设计和检测中，还是应该使用最能表达特征的公差项目。因此，在保证功能要求的前提下，对同一被测要素给出位置公差后，不再给出方向公差和形状公差，除非对它的形状或/和方向提出进一步要求，可再给出形状公差或/和方向公差。但此时必须使方向公差大于形状公差，而小于位置公差。如图 2-103 所示，对同一被测平面，平行度公差值大于平面度公差值，而小于位置度公差值。

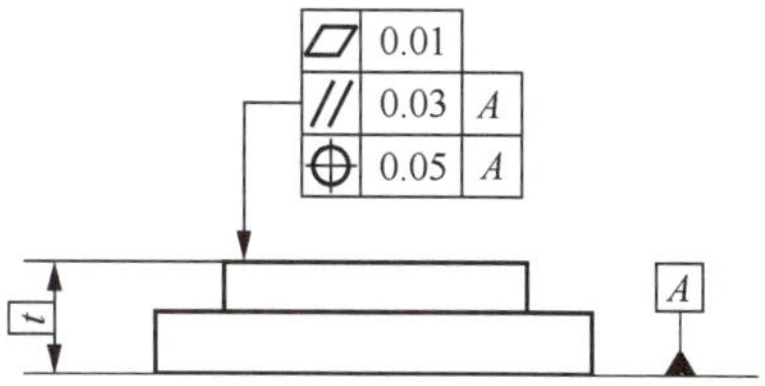

图 2-103　形状公差和方向公差较高要求时的位置公差

二、位置误差的评定

位置误差是被测要素的提取要素对其有确定位置的理想要素的变动量，理想要素的位置由基准和理论正确尺寸确定。当位置公差值后面带有最大内切(Ⓧ)、最小外接(Ⓝ)、最小二乘(Ⓖ)、最小区域(Ⓒ)、贴切(Ⓣ)等符号时，表示对被测要素的拟合要素的位置公差要求，否则是指对被测要素本身的位置公差要求。位置误差值用定位最小包容区域(简称定位最小区域)的宽度 f 或直径 d 表示。定位最小区域是指用由基准和理论正确尺寸确定的位置的理想要素包容被测要素的提取要素时，具有最小宽度 f 或直径 d 的包容区域。各位置误差项目的形状分别与各自的公差带形状一致，但宽度(或直径)由被测提取要素本身决定。当最小包容区的宽度或直径小于公差值时，被测要素是合格的。

三、位置误差的检测与验证方案

同轴度误差、对称度误差与位置度误差检测方法参见《产品几何量技术规范(GPS)　几何公差　检测与验证》(GB/T 1958—2017)。

任务分析

根据任务要求，该零件的被测要素为左端球面凹槽的球心，分别由径向理论正确尺寸(基准 A)和轴向理论正确尺寸(基准 B)综合控制，其公差带形状是尺寸为 $\phi0.05$ mm 的球形区域，选择直径等于(或接近)球面凹槽直径的钢球，放置在被测零件的球面内，并用回转定心夹头对钢球进行定位，以钢球球心模拟被测球面的中心进行测量。

任务实施

一、任务准备

根据任务要求领取(或按组分配工位)被测工件(标准零件)、测量钢球、回转定心夹头、平板和带指示计的测量架。

二、实施步骤

(1) 首先将标准件放入回转定心夹头中定位,再将钢球放在标准件的球面内。

(2) 带指示器的测量架放在平面板上,并使测量架上两个指示器的测头分别与标准件钢球的垂直和水平直径处接触,并调零。

(3) 取下标准件,换上被测件,以同样的方法使两指示器的测头再与标准件球的垂直和水平直径处接触(指示器不能调零),转动被测件,在同一周内观察指示器的读数变化。取水平方向指示器最大读数的一半,将其作为相对基准 A 的径向误差 f_x,并在垂直方向直接读出相对基准 B 的轴向误差值 f_y,根据公式 $f=2\sqrt{f_x^2+f_y^2}$ 计算出 f 值,则 f 值即为被测点的位置度误差值。

(4) 将测量数据和计算结果记录在实训任务书(表 2-13)中,并作合格性判定。

表 2-13　　位置度误差检测

<table>
<tr><td>班级</td><td></td><td>姓名</td><td></td><td>学号</td><td></td></tr>
<tr><td>被测零件图</td><td colspan="5"></td></tr>
<tr><td>被测要素</td><td colspan="5"></td></tr>
<tr><td>基准要素</td><td colspan="5"></td></tr>
<tr><td>公差值</td><td colspan="2"></td><td rowspan="2">公差带形状与大小</td><td rowspan="2" colspan="2"></td></tr>
<tr><td>误差值</td><td colspan="2"></td></tr>
<tr><td>结论分析</td><td colspan="5"></td></tr>
<tr><td>教师评语</td><td colspan="5"></td></tr>
</table>

说明:由于位置度公差应用于被测要素场合较多,检测方法也不一样,本任务仅以点的位置度误差检测作为教学任务,教学内容较为简单。如条件允许,教师可将拓展知识中的“平板零件孔的位置度误差检测”作为教学任务。

拓展知识

一、平板零件孔的位置度误差检测

1. 任务描述

如图 2-104 所示为平板零件孔的位置度公差(线的位置度公差)要求的被测平板零件,试采用三坐标测量装置等检测工具进行各孔位置度误差检测。

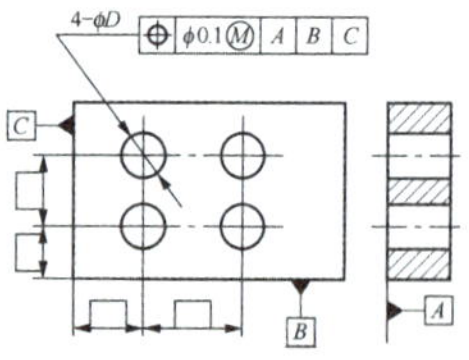

图 2-104　平板零件孔的位置度公差

2. 任务分析

根据任务要求，该零件的被测要素为 4 个直径为 ϕD 的孔的轴线，分别由宽度理论正确尺寸(基准 A)、高度理论正确尺寸(基准 B)和长度理论正确尺寸(基准 C)综合控制，其公差带形状是直径为 $\phi 0.1$ mm 的圆柱形区域，可选用三坐标测量进行检测。

3. 实施步骤

(1) 将被测件置于三坐标测量机工作台上，基准平面 B、C 尽量分别与仪器 x、y 方向平行。

(2) 用测头在 B、C 两基准平面上分别采样若干点，由计算机所采点的坐标定于基准平面 A 内。

(3) 再用测头在 B、C 两基准平面上分别采样若干点并投影在基准平面 A 上，得出 B、C 两基准平面的方向。

(4) 以基准平面 A、B、C 建立一个新的直角坐标系，并且 A、B、C 三基准平面相交线分别为 x 轴、y 轴、z 轴，x、y、z 轴交点为测量原点。

(5) 用测量头分别在 1～4 孔采样若干点，并向基准平面 A 投影，得出 1～4 孔的中心在新坐标系中的 x、y 坐标：(x_1, y_1)；(x_2, y_2)；(x_3, y_3)；(x_4, y_4)。

(6) 计算各孔中心的理论正确尺寸 $\boxed{x_i}$，$\boxed{y_i}$；由公式 $\Delta x_i = x_i - \boxed{x_i}$，$\Delta y_i = y_i - \boxed{y_i}$ 计算出各个孔中心 x 和 y 方向的误差值 f_{1x}，f_{1y}(即 Δx_1，Δy_1)；f_{2x}，f_{2y}(即 Δx_2，Δy_2)；f_{3x}，f_{3y}(即 Δx_3，Δy_3)；f_{4x}，f_{4y}(即 Δx_4，Δy_4)，如图 2-105 所示。

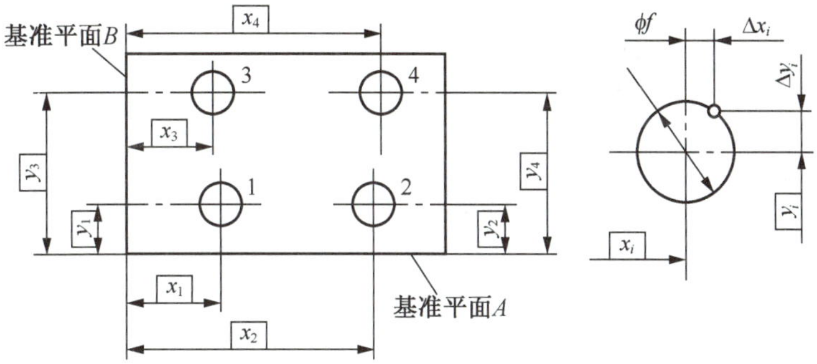

图 2-105　位置度公差检测示意图

(7) 计算各孔轴线的位置度误差值，计算公式为

$$f_1 = 2\sqrt{f_{1x}^2 + f_{1y}^2}；\quad f_2 = 2\sqrt{f_{2x}^2 + f_{2y}^2}；$$

$$f_3 = 2\sqrt{f_{3x}^2 + f_{3y}^2}；\quad f_4 = 2\sqrt{f_{4x}^2 + f_{4y}^2}$$

取其中最大值，并将该值作为该件的位置度误差值。

(8) 将测量结果填入实训任务书中(教师可根据本任务中“位置度误差检测”任务书自行制订)，然后根据被测零件的公差值，作出合格性判断。

二、平键键槽的对称度误差检测

1. 任务描述

如图 2-106 所示为标有对称度公差要求键槽的轴零件，试采用平板、V 形块、带指示计的测量架等检测设备进行对称度误差检测。

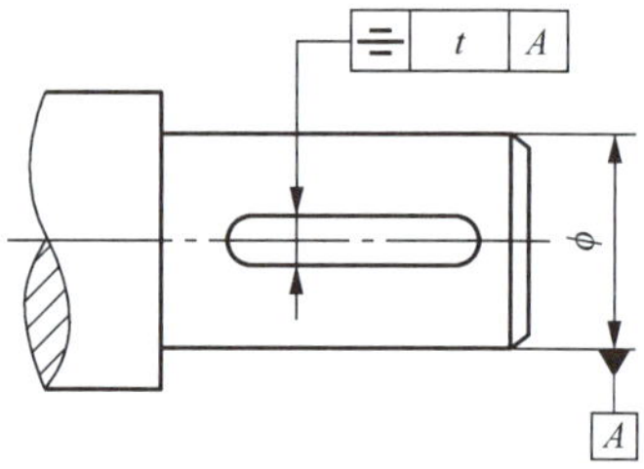

图 2-106 标有对称度公差要求键槽的轴零件

2. 任务分析

根据任务要求，该零件的被测要素为轴右端键槽的对称面，基准要素为右段轴的轴线(基准 A)。其公差带形状是距离为公差值 t，且相对对称基准的轴线对称配置的两平行平面之间的区域，选用平板、V 形块、定位块、带指示计的测量架等检测设备进行检测。

3. 实施步骤

(1) 将被测轴、平板、V 形块等擦拭干净。

(2) 如图 2-107 所示，根据键槽宽选择定位块，并将定位块塞入轴槽中，用于模拟键槽的中心平面。

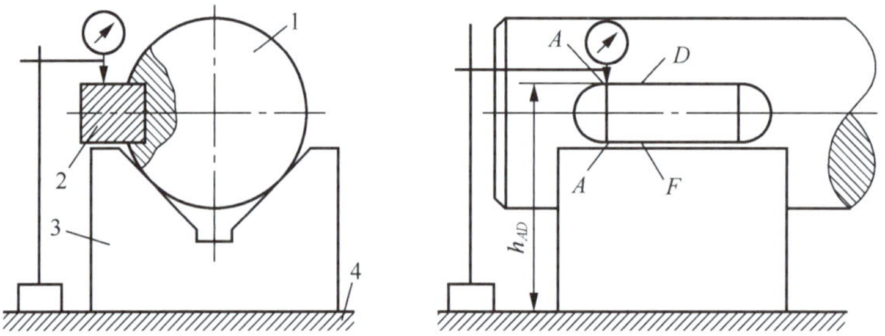

1—工件；2—定位块；3—V 形块；4—平板

图 2-107 轴键槽对称度误差检测示意图

(3) V 形块放在平板上，并将被测轴置于 V 形块上，用于模拟基准轴线。

(4) 将百分表的磁性架座置于平板上，作为测量基准。

(5) 转动轴，以调整定位块的位置，用百分表将上平面校平，使定位块沿径向与平板平行。图 2-107 的 A—A 截面中，在一端截面测量定位块上表面到平板的距离，记下读数 h_{AD}。

(6) 将轴转动 180°，重复上述步骤，记下读数 h_{AF}。两面对应点的读数差为 $a=h_{AD}-h_{AF}$，则该截面的对称度误差为

$$f_{截}=\frac{a\cdot\frac{t}{2}}{\frac{d}{2}-\frac{t}{2}}=\frac{at}{d-t}$$

其中，d 为轴的直径；t 为轴槽深。

(7) 将轴固定不动，沿键的长度方向测量两点到平板的距离，记取长度方向两点的最大读数差 $f_{长}$。

(8) 取 $f_{截}$、$f_{长}$ 中的最大值作为该键槽的对称度误差，将测量结果填入实训任务书中(教师可根据本任务中“位置度误差检测”任务书自行制订)，根据被测零件的公差值，作出合格性判断。

任务小结

位置公差为关联实际被测要素相对于具有确定位置的拟合要素所允许的变动量。它用来控制点、线或面的位置误差。拟合要素的位置由基准及理论正确尺寸(角度)确定。位置误差最小包容区——对基准保持正确的位置，即称为“定位最小包容区”。如同轴度误差的最小包容区应是包容实际要素，且与基准轴线同轴的圆柱面内的区域。位置公差项目有位置度、同心度、同轴度、对称度、线轮廓度和面轮廓度 6 个项目。

点的同心度公差是指关联实际被测中心点相对于基准中心点所允许的变动量，同心度公差带是直径为 ϕt，且轴线与基准轴线重合的圆柱面内的区域。中心线的同轴度公差是指关联实际被测轴线相对于基准轴线所允许的变动量，同轴度公差用来控制轴线或中心点的同轴度误差。轴线的同轴度公差带是指直径为 ϕt，且轴线与基准轴线重合的圆柱面内的区域。对称度公差是指关联被测实际要素的对称中心平面(中心线)相对于基准对称中心平面(中心线)所允许的变动量，对称度公差带有面对面的对称度公差带和面对线的对称度公差带两种情况。位置度公差用于控制被测点、线、面的实际位置相对于其拟合要素的位置度误差。拟合要素的位置由基准及理论正确尺寸确定。位置度公差可分为点的位置度公差、线的位置度公差和面的位置度公差。

位置公差用来控制被测要素相对于基准的位置误差，位置公差带具有综合控制位置误差、方向误差和形状误差的能力，因此，在保证功能要求的前提下，对同一被测要素给出位置公差后，不再给出方向公差和形状公差。

思考与练习

一、填空题

1. 国家标准规定的位置公差项目包括__________、__________、__________、__________、线轮廓度和面轮廓度 6 个公差项目。

2. 位置度公差用于控制被测点、线、面的实际位置相对于其拟合要素的__________误差。拟合要素的位置由基准及__________确定。

3. 给定两个方向中心线的位置度公差带为__________分别等于公差值 t_1 和 t_2，对称于理论正确位置的__________所限定的区域。

4. 任意方向上中心线的位置度公差带为直径等于公差值 ϕt 的__________所限定的区

域，该__________的位置由相对于基准的__________所确定的理论正确位置。

5. 平表面的位置度公差带为__________等于公差值 t 的__________所限定的区域，该两平行平面对称于由相对于基准的__________所确定的理论正确位置。

6. 同心度与同轴度公差的被测要素可以是__________，其公称被测要素的属性与形状是点要素，__________或__________。

7. 中心平面的对称度公差带为__________为公差值 t，对称于基准中心平面的__________所限定的区域。

8. 位置误差是被测要素的__________对其有确定位置的__________的变动量，理想要素的位置由基准和__________确定。

9. 定位最小区域是指用由基准和__________确定的位置的理想要素包容__________的提取要素时，具有最__________或直径 d 的包容区域。

10. 对同一被测要素，形状公差值应__________位置公差值，位置公差值应__________相应的尺寸公差值。

二、简答题

1. 何为位置公差？位置公差包括哪些项目？

2. 何为对称度？对称度公差带有哪几种形式？

3. 何为位置度？位置度公差带有哪几种形式？

4. 位置度公差带有哪些特点？位置度公差值和方向公差、形状公差值在应用方面有何关系？

任务四　径向圆跳动和轴向圆跳动误差检测

学习目标

知识目标

（1）掌握径向圆跳动、轴向圆跳动和斜向圆跳动公差带具体形状及其含义。

（2）了解径向全跳动和轴向全跳动公差带具体形状及其含义。

（3）理解径向圆跳动和轴向圆跳动、径向全跳动和轴向全跳动的误差检测方法。

（4）理解并掌握公差原则的相关概念及基本内容。

技能目标

（1）能够正确识读圆跳动、全跳动公差标记符号。

（2）能够根据零件结构特点，合理地选择圆跳动、全跳动的检测方法。

（3）能够进行零件的径向圆跳动、径向全跳动公差检测。

（4）能够进行包容要求、最大实体要求公差原则的公差值关系换算。

任务描述

如图 2-108 所示为标有径向圆跳动和轴向圆跳动公差要求的轴零件，试采用百分表、偏摆仪等检测工具进行径向圆跳动和轴向圆跳动误差检测，并填写实训任务书。

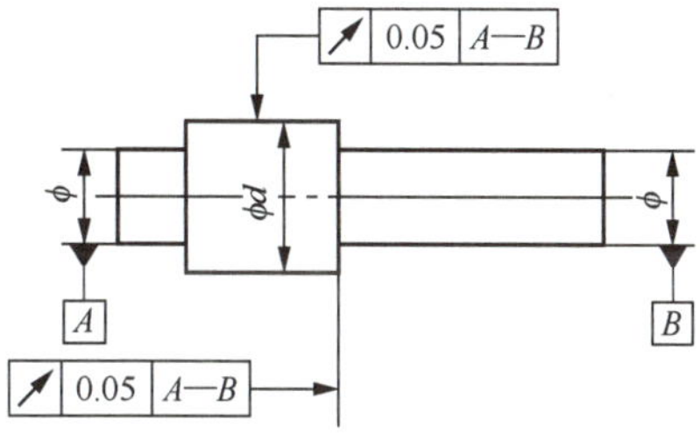

图 2-108　轴零件

知识概述

一、跳动公差

跳动公差为关联实际被测要素绕基准轴线回转一周或连续回转时，所允许的最大变动量。它用来综合控制被测要素的形状误差和位置误差。跳动公差是针对特定的测量方式而规定的公差项目。跳动公差有 2 种：圆跳动公差和全跳动公差。

圆跳动公差

1. 圆跳动公差

圆跳动公差是指关联实际被测要素相对于理想圆所允许的变动全量，其理想圆的圆心在基准轴线上。被测要素是组成要素，其公称被测要素的形状与属性由一条圆环线或一组圆环线明确给定，属线性要素。测量时，实际被测要素绕基准轴线回转一周，指示表测量头无轴向移动。根据允许变动的方向，圆跳动公差可分为径向圆跳动公差、轴向圆跳动公差和斜向圆跳动公差 3 种。

(1) 径向圆跳动公差。径向圆跳动公差带为在任一垂直于基准轴线的横截面内，半径差等于公差值 t，圆心在基准轴线上的两同心圆所限定的区域。如图 2-109(a)所示标注的径向圆跳动公差带含义为在任一垂直于基准轴线 A 的横截面内，提取(实际)线应限定在半径差为 0.1 mm，圆心在基准轴线 A 上的两共面同心圆之间区域，如图 2-109(b)所示。

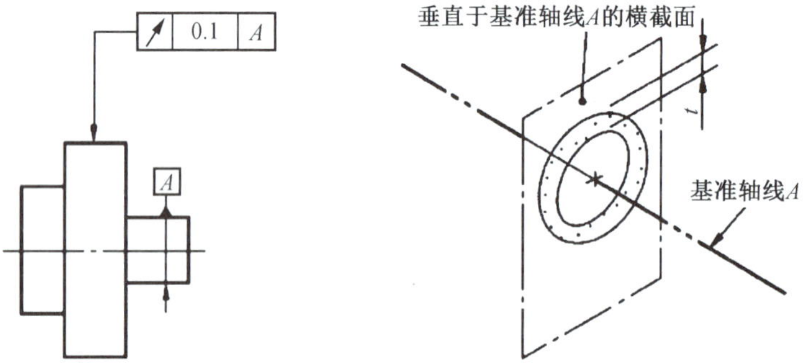

(a) 标注　　(b) 公差带

图 2-109　径向圆跳动公差带(一)

标注如图 2-110(a)所示，如图 2-110(b)所示径向圆跳动公差带的含义为在任一平行于基准平面 B、垂直于基准轴线 A 的横截面上，提取(实际)圆应限定在半径差为 0.1 mm，圆心在基准轴线 A 上的两共面同心圆之间区域。

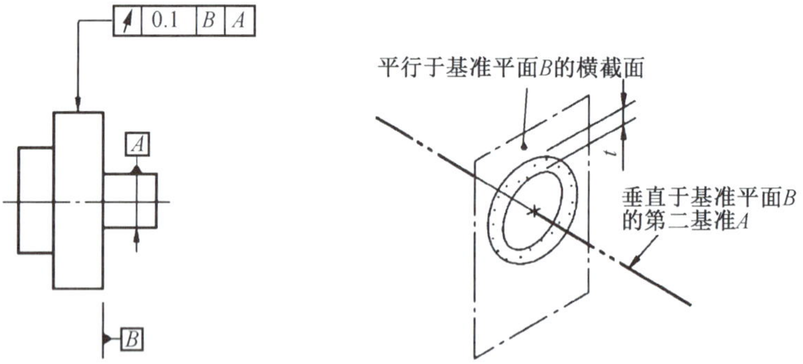

(a) 标注　　(b) 公差带

图 2-110　径向圆跳动公差带(二)

标注如图 2-111(a)所示，如图 2-111(b)所示径向圆跳动公差带含义为在任一垂直于基准轴线 $A—B$ 的横截面上，提取(实际)线应限定在半径差为 0.1 mm，圆心在基准轴线 $A—B$ 上的两共面同心圆之间区域。

(2) 轴向圆跳动公差。轴向圆跳动公差带为与基准轴线同轴的任一半径的圆柱截面面上，间距等于公差差值 t 的两圆所限定的圆柱面区域。如图 2-112(a)所示标注的轴向圆跳

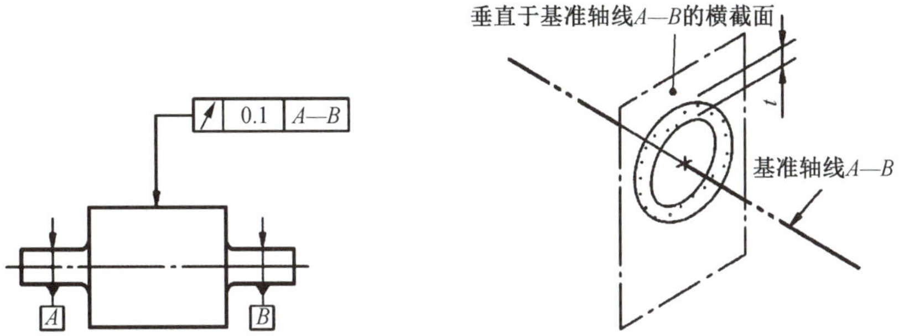

(a) 标注　　(b) 公差带

图 2-111　径向圆跳动公差带(三)

动公差带含义为与基准轴线 D 同轴的任一圆柱形截面面上，提取(实际)圆并没有限定在轴向距离等于公差值 0.1 mm 的两个等圆之间区域，如图 2-112(b)所示。

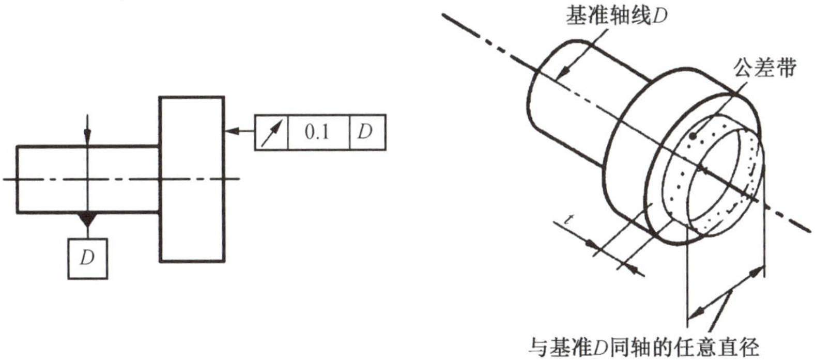

(a) 标注　　(b) 公差带

图 2-112　端面圆跳动公差带

(3) 斜向圆跳动公差。斜向圆跳动公差带为与基准轴线同轴的任一圆锥截面上，间距等于公差值 t 的两圆所限定的圆锥面区域。如图 2-113(a)所示标注的斜向圆跳动公差带含义为在与基准轴线 C 同轴的任一圆锥截面上，提取(实际)线应限定在素线方向间距等于 0.1 mm的两不等圆之间区域，并且截面的锥角与被测要素垂直，如图 2-113(b)所示。

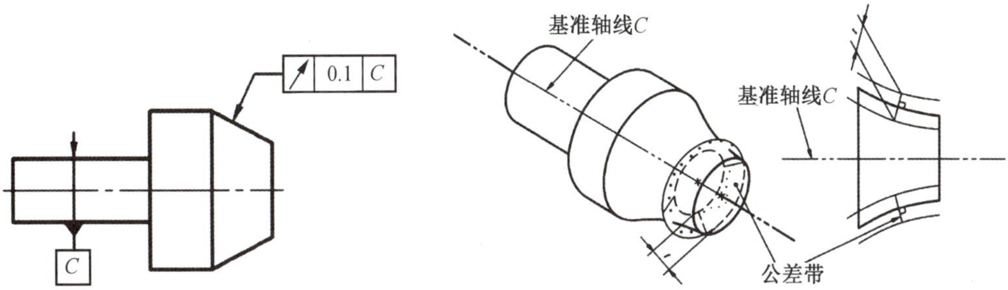

(a) 标注　　(b) 公差带

图 2-113　斜向圆跳动公差带

2. 全跳动公差

全跳动公差是指关联实际被测要素相对于理想回转面所允许的变动全量。被测要素是组成要素，公称被测要素的形状与属性为平面或回转体表面。公差带保持被测要素的公称形状，但对于回转体表面不约束径向尺寸。当理想回转面是以基准轴线为轴线的圆柱面时，称为径向全跳动；当理想回转面是与基准轴线垂直的平面时，称为轴向全跳动。

全跳动公差

(1) 径向全跳动公差。径向全跳动公差带是指为半径差为公差值 t，与基准轴线同轴的两圆柱面所限定的区域。如图 2-114(a)所示标注的径向全跳动公差带含义为提取(实际)表面应限定在于半径差为 0.1 mm，与公共基准轴线 $A—B$ 同轴的两圆柱面之间的区域，如图 2-114(b)所示。

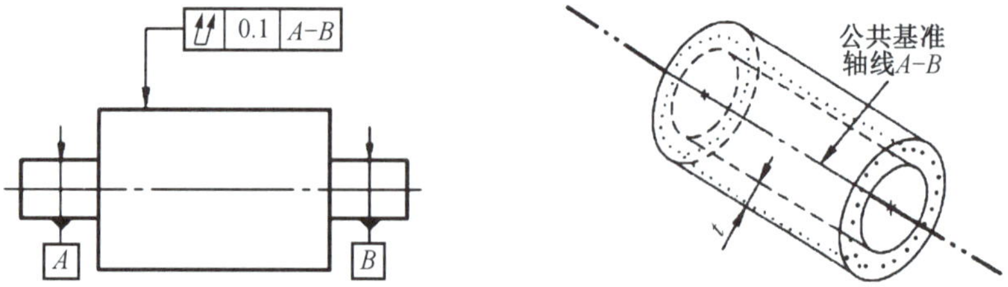

(a) 标注　　(b) 公差带

图 2-114　径向全跳动公差带

注：径向全跳动公差带与圆柱度公差带形状是相同的，但由于径向全跳动测量简便，一般可用径向圆跳动公差来代替圆柱度公差。

(2) 轴向全跳动公差。轴向全跳动公差带为间距等于公差值 t，垂直于基准轴线的两平行平面所限定的区域。如图 2-115(a)所示标注的轴向全跳动公差带含义为提取(实际)表面应限定在间距等于 0.1 mm，垂直于基准轴线 D 的两平行平面之间的区域，如图 2-115(b)所示。

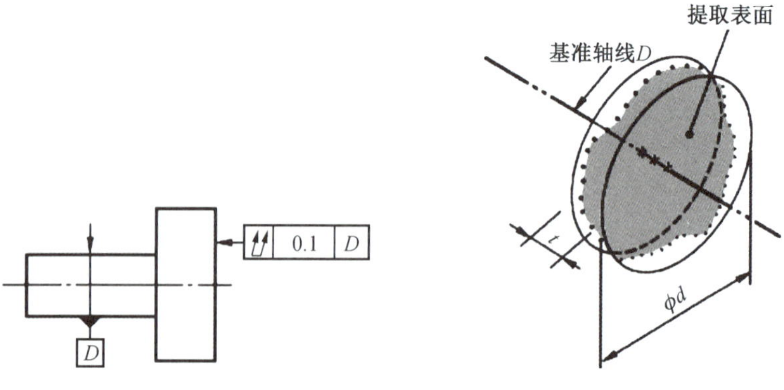

(a) 标注　　(b) 公差带

图 2-115　轴向全跳动公差带

径向圆跳动公差带和圆度公差带虽然都是半径差等于公差值的两同心圆之间的区域，但前者的圆心必须在基准轴线上，而后者的圆心位置可以浮动；径向全跳动公差带和圆柱度公差带虽然都是半径差等于公差值的两同轴圆柱面之间的区域，但前者的轴线必须在基准轴线上，而后者的轴线位置可以浮动；轴向全跳动公差带和平面度公差带虽然都是宽度等于公差值的两平行平面之间的区域，但前者必须垂直于基准轴线，而后者的方向和位置都可以浮动。

由此可知，公差带形状相同的各几何公差项目，设计要求不一定都相同。只有公差带的 4 项特征完全相同的几何公差项目才具有完全相同的设计要求。

3. 跳动公差应用说明

(1) 跳动公差用来控制被测要素相对于基准轴线的跳动误差。

(2) 跳动公差带具有综合控制被测要素的形状、方向和位置的作用。轴向全跳动公差既可以控制端面对回转轴线的垂直度误差，又可控制该端面的平面度误差；径向全跳动公差既可以控制圆柱表面的圆度、圆柱度、素线和轴线的直线度等形状误差，又可以控制轴线的同轴度误差，但这并不等同于跳动公差可以完全代替前面的项目。

二、公差原则

任何提取要素都同时存在几何误差(被测提取要素对其拟合要素的变动量)和尺寸误差。有些几何误差和尺寸误差密切相关，有些几何误差和尺寸误差则不相关，而影响零件使用性能的，有时主要是几何误差，有时主要是尺寸误差，有时则是它们的综合结果而不必区分出它们各自的大小。为了保证设计要求，简明扼要地表达设计意图并为工艺提供便利，正确判断零件是否合格，必须明确零件同一要素或几个要素的尺寸公差与几何公差的内在联系。

公差原则就是处理尺寸公差与几何公差之间关系的原则，它包括独立原则、包容要求、最大实体要求、最小实体要求及可逆要求。《产品几何技术规范(GPS)　基础概念、原则和规则》(GB/T 4249—2018)规定了独立原则，《产品几何技术规范(GPS)　几何公差　最大实体要求(MMR)、最小实体要求(LMR)和可逆要求(RPR)》(GB/T 16671—2018)规定了最大实体要求、最小实体要求和可逆要求。限于篇幅，本节仅介绍独立原则、包容要求、最大实体要求以及可逆要求(和最大实体要求叠用)。

1. 公差原则有关的术语

1) 作用尺寸

(1) 体外作用尺寸。体外作用尺寸是指在被测要素的给定长度上，与实际内表面(孔)的体外相接的最大理想面，或与实际外表面(轴)的体外相接的最小理想面的直径或宽度。实际内、外表面的体外作用尺寸分别用 $D_{fe}(D'_{fe})$、$d_{fe}(d'_{fe})$ 表示。对于单一要素，实际内(孔)、外(轴)表面的体外作用尺寸如图 2-116 所示。

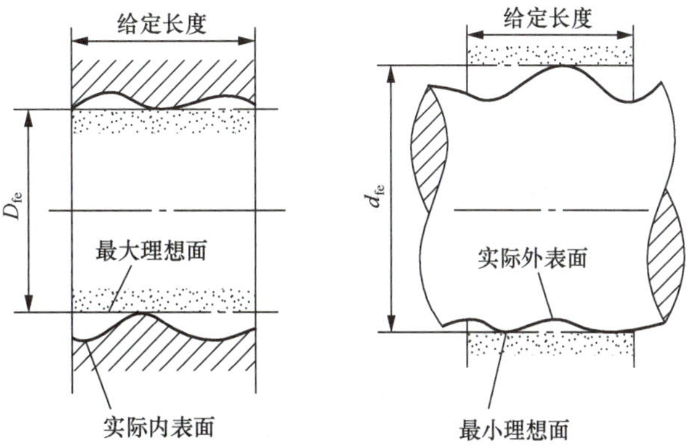

图 2-116　单一要素体外作用尺寸

对于关联要素，该理想面的轴线或中心平面必须与基准保持图样给定的几何关系，如图 2-117 所示为关联要素外表面(轴)的体外作用尺寸。与实际外表面(轴)的体外相接的理想面要保证最小的外接直径，并且保证该理想面的轴线与基准平面 A 垂直的几何关系。

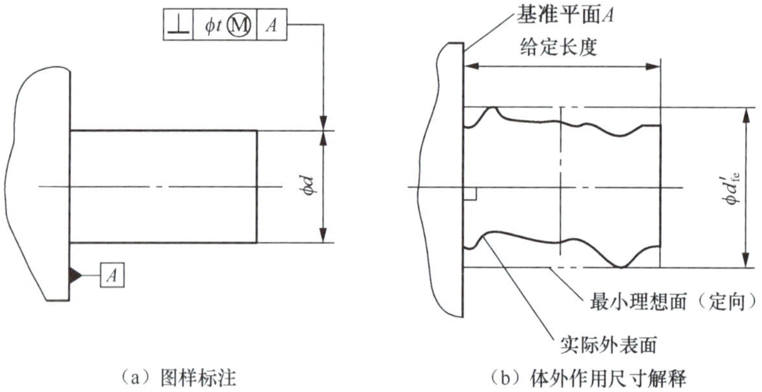

图 2-117　关联要素外表面(轴)的体外作用尺寸

(2) 体内作用尺寸。体内作用尺寸是指在被测要素的给定长度上，与实际外表面(轴)的体内相接的最小理想面，或与实际内表面(孔)的体内相接的最大理想面的直径或宽度。实际内、外表面的体内作用尺寸分别用 $D_{fi}(D'_{fi})$、$d_{fi}(d'_{fi})$ 表示。

对于单一要素，实际内(孔)、外(轴)表面的体内作用尺寸如图 2-118 所示。

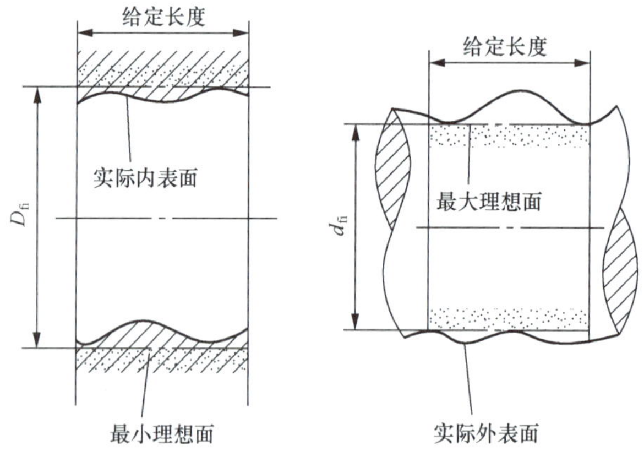

图 2-118　单一要素体内作用尺寸

对于关联要素，该理想面的轴线或中心平面必须与基准保持图样给定的几何关系，如图 2-119 所示为关联要素外表面(轴)的体内作用尺寸。与实际外表面(轴)的体内相接的理想面要保证最小的外接直径，并且保证该理想面的轴线与基准平面 A 垂直的几何关系。

作用尺寸不仅与实际要素的实际尺寸有关，还与其几何误差有关，因此，作用尺寸是实际尺寸和几何误差的综合尺寸。对一批零件而言，作用尺寸是一个变量，即每个零件的作用尺寸不尽相同，但每个零件的体外或体内作用尺寸只有一个。对于被测实际轴，$d_{fe} \geqslant d_a \geqslant d_{fi}$；对于被测实际孔，$D_{fe} \leqslant D_a \leqslant D_{fi}$。

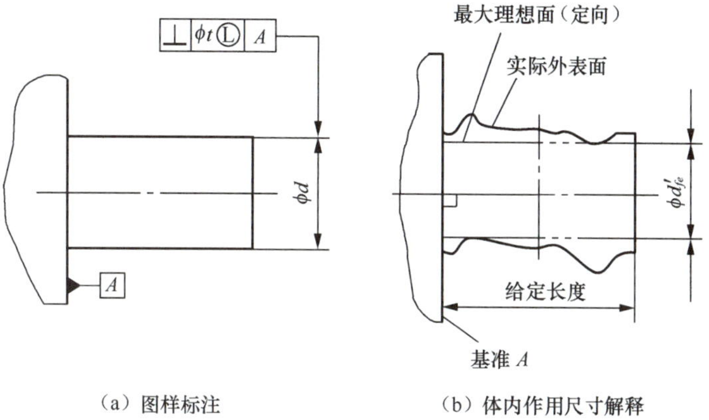

图 2-119　关联要素外表面(轴)的体内作用尺寸

2) 最大实体状态和最大实体尺寸

(1) 最大实体状态(MMC)。当尺寸要素的实际局部尺寸处处位于极限尺寸且使其具有材料最多(实体最大)时的状态称为最大实体状态。此时,零件具有材料量最多,即轴最粗、孔最小的状态。具有理想形状且边界尺寸为最大实体尺寸的包容面称为最大实体边界(MMB)。

(2) 最大实体尺寸(MMS)。确定要素最大实体状态的尺寸,称为最大实体尺寸。孔和轴的最大实体尺寸分别用 D_M、d_M 表示。轴的最大实体尺寸是其上限尺寸,即 $l_{MMS}=d_{max}$;孔的最大实体尺寸是其下限尺寸,即 $l_{MMS}=D_{min}$。

3) 最小实体状态和最小实体尺寸

(1) 最小实体状态(LMC)。假定实际尺寸处处位于极限尺寸且使其具有材料最少(实体最小)时的状态称为最小实体状态。此时,零件具有材料量最少,即轴最细、孔最大的状态。具有理想形状且边界尺寸为最小实体尺寸的包容面称为最小实体边界(LMB)。

(2) 最小实体尺寸(LMS)。确定要素最小实体状态的尺寸,称为最小实体尺寸。最小实体尺寸用 l_{LMS} 表示。轴的最小实体尺寸是其最小极限尺寸,即 $l_{LMS}=d_{min}$;孔的最小实体尺寸是其最大极限尺寸,$l_{LMS}=D_{max}$。

4) 最大实体实效尺寸和最大实体实效状态

(1) 最大实体实效尺寸(MMVS)。尺寸要素的最大实体尺寸与其导出要素的几何公差(形状、方向和位置)共同作用产生的尺寸称为最大实体实效尺寸,也即实际(组成)要素处于最大实体状态,且其导出要素的形状或位置误差等于给出公差值时的综合极限状态。孔和轴最大实体实效尺寸别用 $l_{MMVS,i}$、$l_{MMVS,e}$ 表示。计算公式如下:

对外尺寸要素(轴),$l_{MMVS,e}=l_{MMS}+$ 几何公差;

对内尺寸要素(孔),$l_{MMVS,i}=l_{MMS}-$ 几何公差。

实际计算式如下:

对外尺寸要素(轴),$l_{MMVS,e}=l_{MMS}+\delta=d_{max}+\delta$;

对内尺寸要素(孔),$l_{MMVS,i}=l_{MMS}-\delta=D_{min}-\delta$。

(2) 最大实体实效状态(MMVC)。拟合要素的尺寸为其最大实体实效尺寸时的状态称为最大实体实效状态。具有理想形状且边界尺寸为最大实体实效尺寸的包容面称为最大实体实效边界(MMVB),当几何公差是方向公差时,最大实体实效状态(MMVC)和最大实体实效边界(MMVB)受其方向所约束;当几何公差为位置公差时,最大实体实效状态和最大实体实效边界受其位置所约束。

5) 最小实体实效尺寸和最小实体实效状态

(1) 最小实体实效尺寸(LMVS)。尺寸要素的最小实体尺寸与其导出要素的几何公差(形状、方向和位置)共同作用产生的尺寸称为最小实体实效尺寸,即实际(组成)要素处于最小实体状态,且其导出要素的形状或位置误差等于给出公差值时的综合极限状态。孔和轴的最小实体实效尺寸分别用 $l_{LMVS,e}$、$l_{LMVS,i}$ 表示。计算公式如下:

对外尺寸要素(轴),$l_{LMVS,e}=l_{LMS}-$ 几何公差;

对内尺寸要素(孔),$l_{LMVS,i}=l_{LMS}+$ 几何公差。

实际计算式如下:

对外尺寸要素(轴),$l_{LMVS,e}=l_{LMS}-\delta=d_{min}-\delta$;

对内尺寸要素(孔),$l_{LMVS,i}=l_{LMS}+\delta=D_{max}+\delta$。

(2) 最小实体实效状态(LMVC)。拟合要素的尺寸为其最小实体实效尺寸时的状态称为最小实体实效状态。具有理想形状且边界尺寸为最小实体实效尺寸的包容面称为最小实体实效边界(LMVB),当几何公差是方向公差时,最小实体实效状态(LMVC)和最小实体实效边界(LMVB)受其方向所约束;当几何公差为位置公差时,最小实体实效状态和最小大实体实效边界受其位置所约束。

2. 独立原则

独立原则是指给出的尺寸公差和几何公差相互独立,彼此无关,分别满足要求的公差原则。极限尺寸只控制实际尺寸,不控制提取要素本身的几何误差。不论注有公差要求的实际尺寸大小如何,提取要素均应在给定的几何公差带内,并且其几何误差允许达到最大值。遵守独立原则时,实际尺寸一般用两点法测量,几何误差使用通用量仪测量。

(1) 独立原则的识别。凡是对给出的尺寸公差和几何公差未用特定符号或文字说明它们有联系,就表示它们遵守独立原则,或在图样或技术文件中注明:"公差原则按 GB/T 4249—2018。"

(2) 独立原则的应用。独立原则是确定尺寸公差和几何公差关系的基本原则,使用时注意以下 3 点。

① 影响要素使用性能的主要是几何误差或尺寸误差,这时采用独立原则能经济合理地满足要求。如印刷机的滚筒主要控制圆柱度误差,以保证印刷或印染时接触均匀,使图文或花样清晰,而滚筒直径 d 的大小对印刷或印染品质并无影响。采用独立原则,可使圆柱度公差较严而尺寸公差较宽。

② 要素的尺寸公差和其某方面的几何公差直接满足的功能不同,需要分别满足要求。如齿轮箱上孔的尺寸公差(满足与轴承的配合要求)和相对其他孔的位置公差(满足齿轮的啮合要求,如合适的侧隙、齿面接触精度等)都应遵守独立原则。

③ 在制造过程中需要对要素的尺寸做精确度量以保证选配或分组装配时，要素的尺寸公差和几何公差之间都遵守独立原则。

3. 包容要求

包容要求表示提取组成要素不得超越其最大实体边界(MMB)，其实际尺寸不得超出最小实体尺寸(LMS)的一种尺寸要素要求，适用于圆柱表面或两平行对应面。按照此要求，如果提取组成要素达到最大实体状态，就不得有任何几何误差；只有在提取组成要素偏离最大实体状态时，才允许存在与偏离量相关的几何误差。显然，遵守包容要求时实际尺寸不能超出(对孔不大于，对轴不小于)最小实体尺寸，如图 2-120 所示。

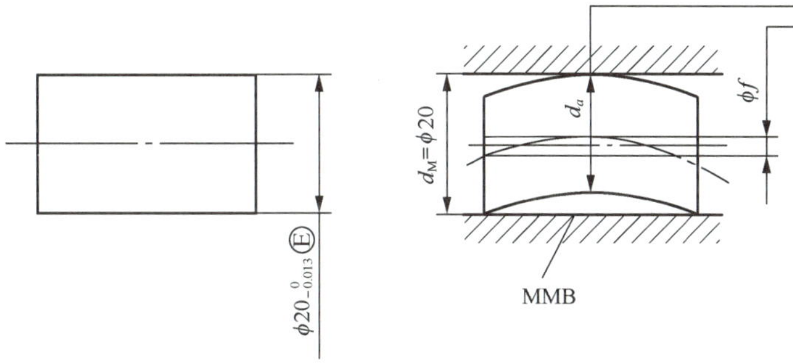

实际尺寸 ϕd_a/mm	允许形状误差 ϕf/mm
$\phi 20$	$\phi 0$
$\phi 19.995$	$\phi 0.005$
$\phi 19.99$	$\phi 0.01$
$\phi 19.987$	$\phi 0.013$

(a) 包含要求标注　　(b) 误差分析

图 2-120　包容要求示例

由图 2-120 可见，提取圆柱面应在最大实体边界(MMB)之内，该边界的尺寸为最大实体尺寸(MMS)$\phi 20$ mm，其局部尺寸不得小于 19.987 mm。要素遵守包容要求时，应该用光滑极限量规检验。采用包容要求的合格条件：轴或孔的体外作用尺寸不得超过最大实体尺寸，局部实际尺寸不得超过最小实体尺寸。其表达式如下。

对于轴：$d_{fe} \leqslant l_{MMS}=d_{max}$，$d_a \geqslant l_{LMS}=d_{min}$。

对于孔：$D_{fe} \geqslant l_{MMS}=D_{min}$，$D_a \leqslant l_{LMS}=D_{max}$。

图 2-120 中采用包容要求，实际轴应满足下列要求。

- 轴的任一实际尺寸为 $\phi 19.987 \sim \phi 20$ mm。
- 实际轴必须遵守最大实体边界要求，最大实体边界是一个直径为最大实体尺寸 $d_M=\phi 20$ mm 的理想圆柱面。
- 轴的实际尺寸处处为最大实体尺寸 $\phi 20$ mm 时，不允许轴有任何几何误差。
- 当轴的实际尺寸偏离最大实体尺寸时，包容要求允许将实际尺寸偏离最大实体尺寸的偏离值补偿给几何误差。最大补偿值：当轴的实际尺寸为最小实体尺寸时，轴允许有最大的形状误差，其值等于尺寸公差 0.013 mm。

(1) 包容要求的标注。采用包容要求的尺寸要素应在其尺寸极限偏差或公差带代号之后加注符号Ⓔ，如图 2-120(a)所示。若遵守包容要求且对几何公差有进一步的要求时，需另用框格注出几何公差，但几何公差值一定要小于尺寸公差。

(2) 包容要求的应用。包容要求常常用于有配合要求的场合，采用包容要求主要是为了保证配合性质，特别是配合公差较小的精密配合。用最大实体边界综合控制实际尺寸和几何误差，以保证必要的最小间隙（保证能自由装配）。用最小实体尺寸控制最大间隙，从而达到所要求的配合性质，如回转轴的轴颈和滑动轴承、滑动套筒和孔、滑块和滑块槽的配合性质等。

4. 最大实体要求（MMR）

（1）最大实体要求应用于被测要素。当最大实体要求（MMR）用于被测要素时，应在图样上的公差框格里用符号Ⓜ标注在尺寸要素（被测要素）的导出要素的几何公差之后。此时，对（尺寸要素的）面要素作出如下规定。

① 被测要素的实际尺寸要求：对于外尺寸要素，等于或小于最大实体尺寸（MMS），等于或大于最小实体尺寸（LMS）；对于内尺寸要素，等于或大于最大实体尺寸（MMS），等于或小于最小实体尺寸（LMS）。

② 被测要素的提取组成要素不得违反其最大实体实效状态（MMVC）。

③ 当几何规范是相对于（第一）基准或基准体系的方向或位置要求时，被测要素的最大实体实效状态（MMVC）应相对于基准或基准体系，处于理论正确方向或位置，当几个被测要素用同一公差标注时，除了相对于基准可能的约束以外，其最大实体实效状态（MMVC）相互之间应处于理论正确方向和位置。

当实际尺寸偏离最大实体尺寸时，允许将偏离值补偿给几何误差。最大实体要求既可用于被测要素（包括单一要素和关联要素），又可用于基准中心要素，如图 2-121(a)所示为最大实体要求用于被测要素。要素遵守最大实体要求时，用两点法测量其实际尺寸是否在极限尺寸之间，用位置量规检验实体是否超越实效边界。

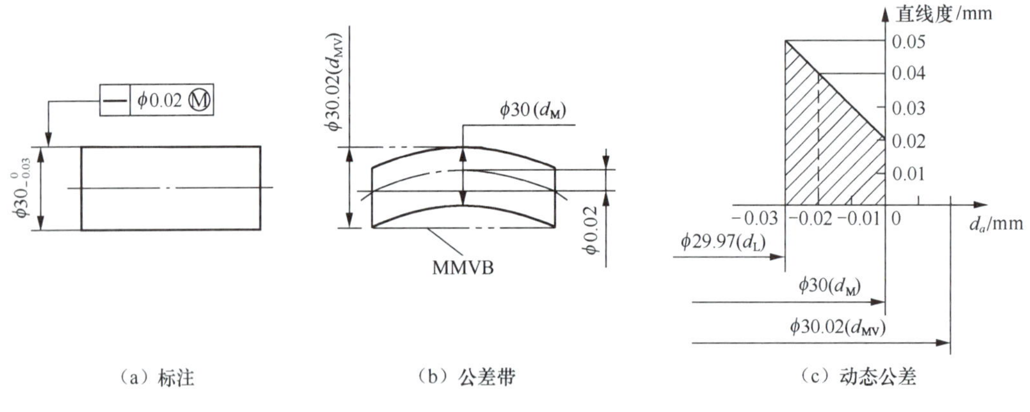

图 2-121 最大实体要求示例

最大实体要求应用于被测要素的合格条件：轴或孔的体外作用尺寸不允许超过最大实体实效尺寸，实际尺寸不超出极限尺寸。具体表达式如下。

对于轴：$d_{fe} \leqslant l_{LMVS,e} = d_{max} + \delta$；$l_{LMS}(d_{min}) \leqslant d_a \leqslant l_{MMS}(d_{max})$。

对于孔：$D_{fe} \geqslant l_{MMVS,i} = D_{min} - \delta$；$l_{LMS}(D_{max}) \geqslant D_a \geqslant l_{MMS}(D_{min})$。

图 2-121(a)表示轴 $\phi 30_{-0.03}^{\ 0}$ 的轴线的直线度公差采用最大实体要求。图 2-121(b)表示当该轴处于最大实体状态时，其轴线的直线度公差为 ϕ0.02 mm。动态公差如图 2-121

(c)所示，当轴的实际尺寸偏离最大实体状态时，其轴线允许的直线度误差可相应增大。轴应满足下列要求。

- 轴的任一实际尺寸为 $\phi29.97 \sim \phi30$ mm。
- 实际轮廓不超出最大实体实效边界，最大实体实效尺寸为 $l_{\mathrm{LMVS,e}}=l_{\mathrm{MMS}}+t=30$ mm $+0.02$ mm $=30.02$ mm。
- 当该轴处于最小实体状态时，其轴线的直线度误差允许达到最大值，即尺寸公差值全部补偿给直线度公差，允许直线度误差为 $\phi0.02$ mm$+\phi0.03$ mm$=\phi0.05$ mm。

(2) 最大实体要求应用于关联基准要素。最大实体要求(MMR)用于基准要素时，在图样上用符号Ⓜ标注在基准字母之后，基准要素的最大实体要求规定了三条相互独立的要求。

① MMVC 表面的不违反要求。基准要素的提取组成要素不得违反关联基准要素的最大实体实效状态(MMVC)。

② 当没有几何规范或只有公差值后面无符号Ⓜ的几何规范时的 MMS 要求。关联基准要素没有标注几何规范，或者注有几何规范但其后没有符号Ⓜ时，关联基准要素的最大实体实效状态(MMVC)尺寸为最大实体尺寸(MMS)，即 $l_{\mathrm{LMVS,e}}=l_{\mathrm{LMS}}+0=l_{\mathrm{LMS}}$。

③ 当有公差值后面有符号Ⓜ的几何规范且其公差框格的基准部分(第三或其子部分)满足下列所定义的属性时的要求。

当基准要素由有下列属性的几何规范所控制时，关联基准要素的最大实体实效状态(MMVC)的尺寸为最大实体尺寸(MMS)(对于外尺寸要素)加上或(对于内尺寸要素)减去几何公差，其公差值后面有符号Ⓜ。如是形状规范而且关联基准属于公差框格中的第一基准。同时在基准字母后面标有Ⓜ符号，如是方向/位置规范，其基准或基准体系所包含的基准及其顺序和公差框格中的前一个关联基准完全一致，且在基准字母后面标有Ⓜ符号。

最大实体要求下的关联要素，其几何公差值亦可为零，称之为零几何公差。零几何公差是关联被测要素采用最大实体要求的特例，此时几何公差值在框格中为零，并以“0 Ⓜ”或“ϕ0 Ⓜ”表示。此时，零几何公差满足的理想边界实际为最大实体边界，如图 2-122 所示。

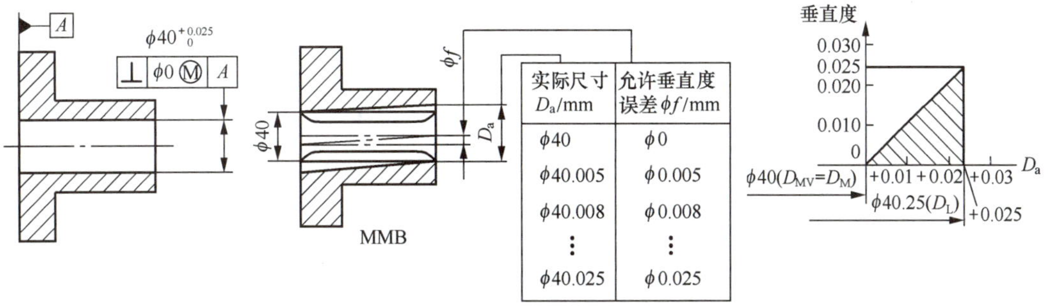

实际尺寸 D_a/mm	允许垂直度误差 ϕf/mm
$\phi40$	$\phi0$
$\phi40.005$	$\phi0.005$
$\phi40.008$	$\phi0.008$
⋮	⋮
$\phi40.025$	$\phi0.025$

(a) 标注　　(b) 公差带　　(c) 动态公差

图 2-122　零几何公差示例

(3) 最大实体要求的标注。按最大实体要求给出几何公差值时，在公差框格中几何公差值后面加注符号Ⓜ；最大实体要求用于基准要素时，在公差框格中的基准字母后面加注符号Ⓜ。遵守最大实体要求而需要对几何公差的增加量加以限制时，另用框格注出同项目几何公差，且公差值应大于Ⓜ前的公差、小于Ⓜ前的公差与可能被补偿的尺寸公差之和。

(4) 最大实体要求的应用。最大实体要求主要应用在要求装配互换性的场合，常用于零件精度(尺寸精度、几何精度)低、配合性质要求不严格但要求能自由装配的零件，以获得最大的技术与经济效益。

5. 可逆要求(RPR)

可逆要求是最大实体要求(MMR)的附加要求，采用最大实体要求时，只允许将尺寸公差补偿给几何公差。有了可逆要求，可以逆向补偿，即当被测要素的几何误差值小于给出的几何公差值时，允许在满足功能要求的前提下扩大尺寸公差。

当导出要素(中心线)的几何误差值小于给出的几何公差值时，允许在满足零件功能要求的前提下，扩大该导出要素(中心线)的提取组成要素的尺寸公差。当它叠用于最大实体要求时，保留了最大实体要求时由于实际组成要素对最大实体尺寸的偏离而产生的对几何公差的补偿，允许实际组成要素有条件地超出最大实体尺寸(以实效尺寸为限)。

可逆要求用于最大实体要求时，被测要素的实际轮廓应遵循其最大实体实效边界，即其体外作用尺寸不超出最大实体实效尺寸。当实际尺寸偏离最大实体尺寸时，允许其几何误差超出给定的几何公差值。在不影响零件功能的前提下，当被测轴线或中心平面的几何误差值小于在最大实体状态下给出的几何公差值时，允许实际尺寸超出最大实体尺寸，即允许该导出要素(中心线)的提取组成要素尺寸公差增大，但最大可能允许的超出量为几何公差值。

如图 2-123(a)所示，轴线的直线度公差 $\phi 0.02$ mm 是在轴为最大实体尺寸 $\phi 30$ mm 时给定的，当轴的尺寸小于 $\phi 30$ mm 时，直线度误差的允许值可以增大。例如，尺寸为 $\phi 29.98$ mm，则允许的直线度误差为 $\phi 0.04$ mm；当实际尺寸为最小实体尺寸 $\phi 29.97$ mm 时，允许的直线度误差最大，为 $\phi 0.05$ mm。如图 2-123(b)所示，当轴线的直线度误差小于图样上给定的 $\phi 0.02$ mm 时，如为 $\phi 0.01$ mm，则允许其实际尺寸大于最大实体尺寸 $\phi 30$ mm而达到 $\phi 30.1$ mm；当直线度误差为 0 时，轴的实际尺寸可达到最大值，即等于最大实体实效边界尺寸 $\phi 30.02$ mm。如图 2-123(c)所示为上述关系的动态公差。

可逆要求用于最大实体要求的合格条件：轴或孔的体外作用尺寸不得超过最大实体实效尺寸，实际尺寸不得超过最小实体尺寸。具体表达式如下。

对于轴：$d_{fe} \leqslant l_{MMVS,e} = d_{max} + \delta$；$l_{LMS}(d_{min}) \leqslant d_a \leqslant l_{MMVS,e}(d_{max} + \delta)$。

对于孔：$D_{fe} \geqslant l_{MMVS,i} = D_{min} - \delta$；$l_{LMS}(D_{max}) \geqslant D_a \geqslant l_{MMS,i}(D_{min} - \delta)$。

可逆要求用于最大实体要求时，被测要素的体外作用尺寸是否超越实效边界用位置量规检验；而其实际尺寸不能超出(对孔不能大于，对轴不能小于)最小实体尺寸，用两点法测量。可逆要求叠用于最大实体要求的标注是将表示可逆要求的符号Ⓡ置于框格中几何公差值后表示最大实体要求的符号Ⓜ之后。

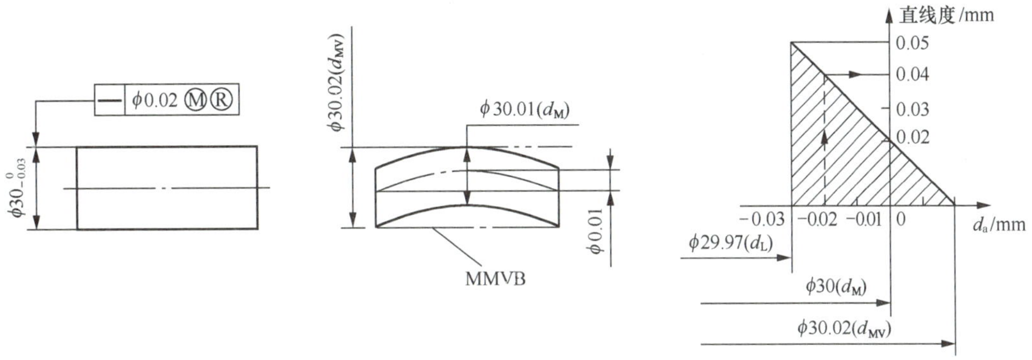

图 2-123　可逆要求用于最大实体要求示例

三、跳动误差的检测与验证

圆跳动误差和全跳动误差的检测与验证方案参见《产品几何量技术规范(GPS)　几何公差　检测与验证》(GB/T 1958—2017)。

任务分析

如图 2-108 所示轴为三段轴，被测要素一为中间尺寸为 ϕd 段圆柱面，要求径向圆跳动检测，公差值为 0.05 mm；被测要素二为该段右端面，要求端面圆跳动检测，公差值为 0.05 mm。基准要素为左右两段轴线，为组合基准。任务要求采用百分表、偏摆仪等检测工具进行径向圆跳动和轴向圆跳动误差检测。

任务实施

一、任务准备

根据任务要求按组分配工位并领取被测工件(标准零件)和测量架、百分表、偏摆仪等测量工具。

二、认识偏摆检查仪

偏摆检查仪结构如图 2-124 所示，主要由底座 1、前顶尖座 2、后顶尖座 8 和支架 6 等组成。两个顶尖座和支架座可沿导轨面移动，并通过手柄 11 固定。两个顶尖分别装在固定套管 3 和活动套管 7 内，按动杠杆 10 可使活动套管后退，当松开杠杆时，活动套管 7 借弹簧作用前移，可以方便更换被测零件。转动手柄 9 可紧固活动套管。可根据需要在支架座上安装测微表。

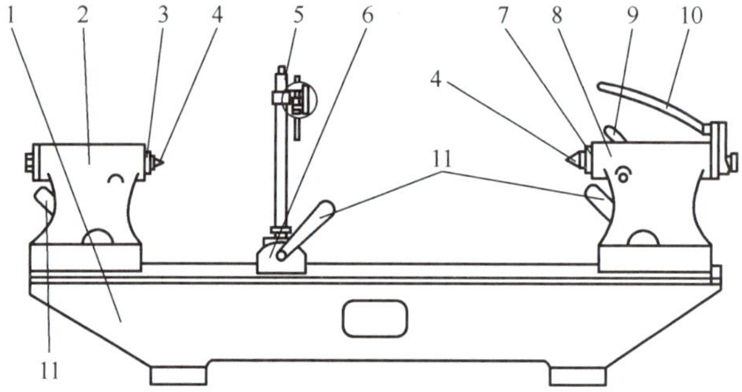

1—底座；2—前顶尖座；3—固定套管；4—顶尖；5—测微表；6—支架；
7—活动套管；8—后顶尖座；9—手柄；10—杠杆；11—手柄

图 2-124　偏摆检查仪结构

三、实施步骤

将被测工件安装在两顶尖之间，让指示表的测量头置于被测件的外轮廓并垂直于基准轴线，调整指示表压缩一圈左右，然后慢慢转动被测工件，在被测工件回转一周的过程中，指示表读数的最大差值即为所测工件的径向圆跳动误差。调整指示表测头让其平行于被测件基准轴线，重复上述动作，被测工件回转一周过程中，指示表读数的最大差值即为所测工件的端面圆跳动误差。具体操作步骤如下。

(1) 将被测工件及量具擦净，按说明安装在仪器的两顶尖间，以两顶尖模拟基准轴线。

(2) 将指示表垂直于基准轴线安装。在被测零件回转一周的过程中，指示表的最大值与最小值之差为单个测量面上的径向圆跳动。

(3) 按上述方法测量若干个截面，如图 2-125 所示的 a、b、c 3 个截面，取各截面上测得的跳动量中的最大值，将其作为该零件的径向圆跳动误差。

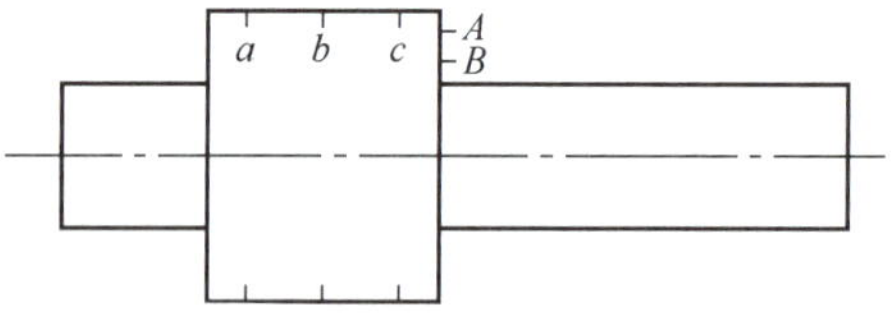

图 2-125　圆跳动误差检测零件

(4) 调整指示表位置至图 2-125 所示 A、B 点所在的轴肩面，测量端面圆跳动。

(5) 指示表与被测面垂直，在零件回转一周的过程中，指示表的最大值与最小值之差为单个测量圆柱面上的端面圆周跳动误差。

(6) 测量若干个端面，取各测量端面上截面测得的最大值，将其作为该零件的端面圆跳动误差。

(7) 将测量结果填入实训任务书(表 2-14)中，根据被测零件的公差值，作出合格性判定。

表 2-14　　径向圆跳动和端面圆跳动误差检测

<table>
<tr><td>班级</td><td></td><td>姓名</td><td></td><td>学号</td><td></td></tr>
<tr><td>被测零件图
（尺规绘图）</td><td colspan="5"></td></tr>
<tr><td>被测要素</td><td colspan="5"></td></tr>
<tr><td>基准要素</td><td colspan="5"></td></tr>
<tr><td rowspan="3">测量数据</td><td colspan="3">径向圆跳动（μm）</td><td colspan="2">端面圆跳动（μm）</td></tr>
<tr><td>a—a</td><td>b—b</td><td>c—c</td><td>点 A</td><td>点 B</td></tr>
<tr><td></td><td></td><td></td><td></td><td></td></tr>
<tr><td>公差带形状
与大小</td><td colspan="3"></td><td colspan="2"></td></tr>
<tr><td>结论分析</td><td colspan="3"></td><td colspan="2"></td></tr>
<tr><td>教师评语</td><td colspan="3"></td><td colspan="2"></td></tr>
</table>

拓展任务——径向全跳动和轴向全跳动误差检测

一、任务描述

如图 2-127 所示为标有全跳动公差要求的轴零件。试采用平板、带指示器的测量架、支承、被测零件、一对同轴导向套筒等检测工具进行径向全跳动和轴向全跳动误差检测，并填写实训任务书。

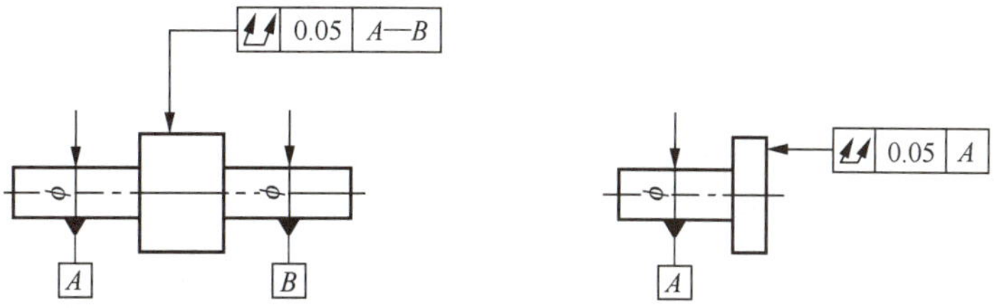

（a）径向全跳动公差要求　　（b）轴向全跳动公差要求

图 2-126　径向全跳动和端面全跳动误差检测

二、任务分析

如图 2-126(a)所示轴为三段轴,被测要素为中间段圆柱面,要求径向全跳动检测,公差值为 0.05 mm,基准要素为左右两端段轴线,为组合基准。如图 2-126(b)所示为两段轴,被测要素为右段轴右端面,要求轴向全跳动检测,基准要素为左端段轴线,公差值为 0.05 mm。任务要求采用平板、带指示器的测量架、支承、被测零件、一对同轴导向套筒等检测工具进行径向全跳动和端面全跳动误差检测。

三、实施步骤

1. 径向全跳动误差检测

径向全跳动误差检测方法如图 2-127 所示。具体实施步骤如下。

(1) 将被测零件固定在两同轴导向筒内,同时在轴向上固定。

(2) 调整套筒,使其同轴并与平板平行。

(3) 将指示器接触被测工件一端并调零,转动被测工件,同时让指示器沿基准轴线方向向另一端做直线移动。

(4) 在整个测量过程中,指示器的最大误差值即为该零件的径向全跳动误差。

(5) 将测量结果填入实训任务书(教师可参照本节任务四“径向圆跳动和端面圆跳动误差检测”实训任务书自行制订),根据被测零件的公差值,作出合格性判定。

2. 轴向全跳动误差检测

轴向全跳动误差检测如图 2-128 所示。具体实施步骤如下。

(1) 将被测零件支承在导向套筒内,并在轴向上固定。

(2) 将指示器接触被测工件并调零,然后转动被测工件,同时指示器沿其径向做直线移动。

(3) 在整个测量过程中,指示器读数的最大差值即为该零件的端面全跳动误差。

(4) 将测量结果填入实训任务书(教师可参照本节任务四“径向圆跳动和轴向圆跳动误差检测”实训任务书自行制订),根据被测零件的公差值,作出合格性判定。

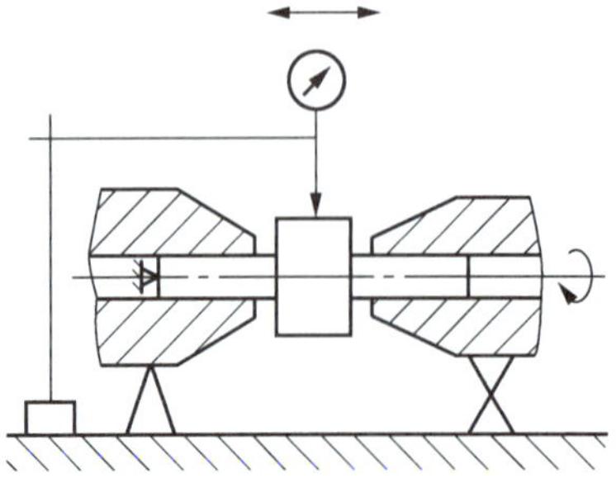

图 2-127 径向全跳动误差检测

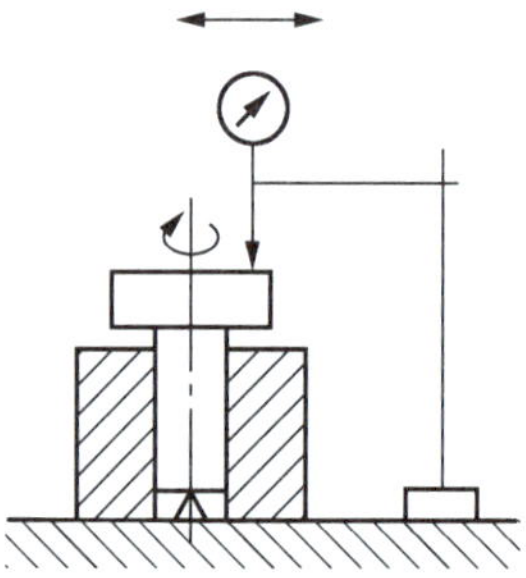

图 2-128 轴向全跳动误差检测

任务小结

跳动公差为关联实际被测要素绕基准轴线回转一周或连续回转时，所允许的最大变动量。它用来综合控制被测要素的形状误差和位置误差。跳动公差有 2 种：圆跳动公差和全跳动公差。圆跳动公差是指关联实际被测要素相对于理想圆所允许的变动全量，其理想圆的圆心在基准轴线上。测量时，实际被测要素绕基准轴线回转一周，指示表测量头无轴向移动。根据允许变动的方向，圆跳动公差可分为径向圆跳动公差、轴向圆跳动公差和斜向圆跳动公差 3 种。全跳动公差是指关联实际被测要素相对于理想回转面所允许的变动全量，当理想回转面是以基准轴线为轴线的圆柱面时，称为径向全跳动；当理想回转面是与基准轴线垂直的平面时，称为轴向全跳动。

跳动公差用来控制被测要素相对于基准轴线的跳动误差。跳动公差带具有综合控制被测要素的形状、方向和位置的作用。轴向全跳动公差既可以控制端面对回转轴线的垂直度误差，又可控制该端面的平面度误差；径向全跳动公差既可以控制圆柱表面的圆度、圆柱度、素线和轴线的直线度等形状误差，又可以控制轴线的同轴度误差，但这并不等于跳动公差可以完全代替前面的项目。

公差原则是指处理几何公差与尺寸公差关系的原则，包括独立原则、包容要求、最大实体要求、最小实体要求、最大实体要求的可逆要求、最小实体要求的可逆要求 6 种形式，常用的有最大实体要求、最小实体要求 2 种形式。特别注意：可逆要求不能单独使用，只能与最大实体要求或最小实体要求联合使用。

思考与练习

一、填空题

1. 全跳动公差是指____，当理想回转面是以基准轴线为轴线的圆柱面时，称为__________；当理想回转面是与基准轴线垂直的平面时，称为__________。

2. 径向圆跳动公差带与圆度公差带在形状方面__________，但前者公差带圆心的位置是__________，而后者公差带圆心的位置是__________。

3. 径向全跳动公差既可以控制圆柱表面的__________、__________、素线和轴线的直线度等形状误差，又可以控制轴线的__________误差。

4. 公差原则就是处理__________与__________之间关系的原则，它包括__________、__________、__________、最小实体要求及可逆要求。

5. 独立原则是指图样上给定的__________与__________相互无关，并分别满足要求的公差原则。独立原则一般用于__________，或对形状和位置要求__________，而对尺寸精度要求__________的场合。

6. 被测要素采用包容要求时，当被测要素的实际尺寸为最大实体尺寸时，几何误差的允许值为________。此时的实际要素具有________形状，而几何误差的最大补偿值为________。

7. 当最大实体要求(MMR)用于被测要素时，当被测要素的实际尺寸偏离________尺寸时，允许其几何误差值超出其给定的________。几何误差可以出现的最大值为________与________之和。

8. 某孔尺寸为 $\phi 40^{+0.119}_{+0.030}$ mm，轴线直线度公差为 ϕ0.005 mm，实测得其实际尺寸为 ϕ40.09 mm，轴线直线度误差为 ϕ0.003 mm，则孔的最大实体尺寸是________ mm，最小实体尺寸是________ mm，作用尺寸是________ mm。

9. 某孔尺寸为 $\phi 40^{+0.119}_{+0.030}$ mm Ⓔ，实测得其尺寸为 ϕ40.09 mm，则其允许的几何误差数值________ mm，当孔的尺寸是________ mm 时，允许达到的几何误差数值为最大。

10. 一轴零件的尺寸公差和几何公差标注如图 2-129 所示，请将正确答案填写在以下横线上。

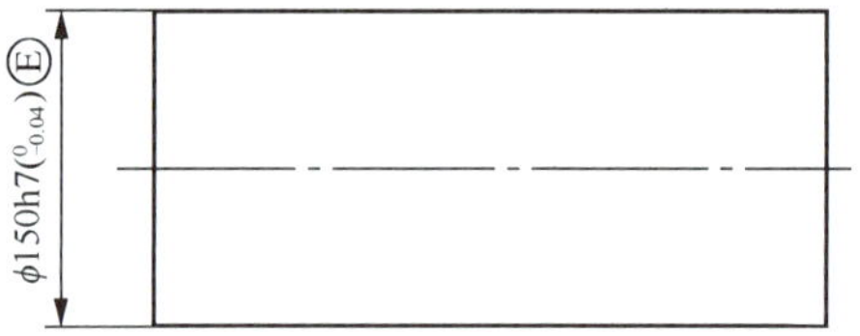

图 2-129　第 10 题图

(1) 此轴采用的公差要求是________，所遵守的边界为________边界，其边界尺寸数值为________ mm。

(2) 轴的最大实体尺寸为________ mm，轴的最小实体尺寸为________ mm。

(3) 轴的实际尺寸必须在________ mm 至________ mm 之间。

(4) 当轴的尺寸为最大实体尺寸________ mm 时，其轴线的直线度误差最大允许值为________ mm。

(5) 如轴的实际尺寸为 ϕ149.985 mm，时此时轴线的直线度误差获得的最大补偿值为________ mm，此时轴线的直线度误差最大允许值为________ mm。

(6) 轴线的直线度误差获得的最大补偿值为________ mm，轴线的直线度误差允许的最大值为________ mm，此时轴的实际尺寸可为________ mm。

二、简答题

1. 简述下列公差带的异同：圆度和圆柱度；圆度和径向圆跳动；同轴度和径向圆跳动；圆柱度和径向全跳动；端面全跳动和端面对轴线的垂直度。

2. 跳动公差带相对该被测要素的形状、方向和位置的关系是什么？举例说明。

3. 公差原则有哪些？各公差原则的标注、应用和误差检测方式有何不同？

4. 公差原则标注如图 2-130 所示，按要求填写表 2-15。

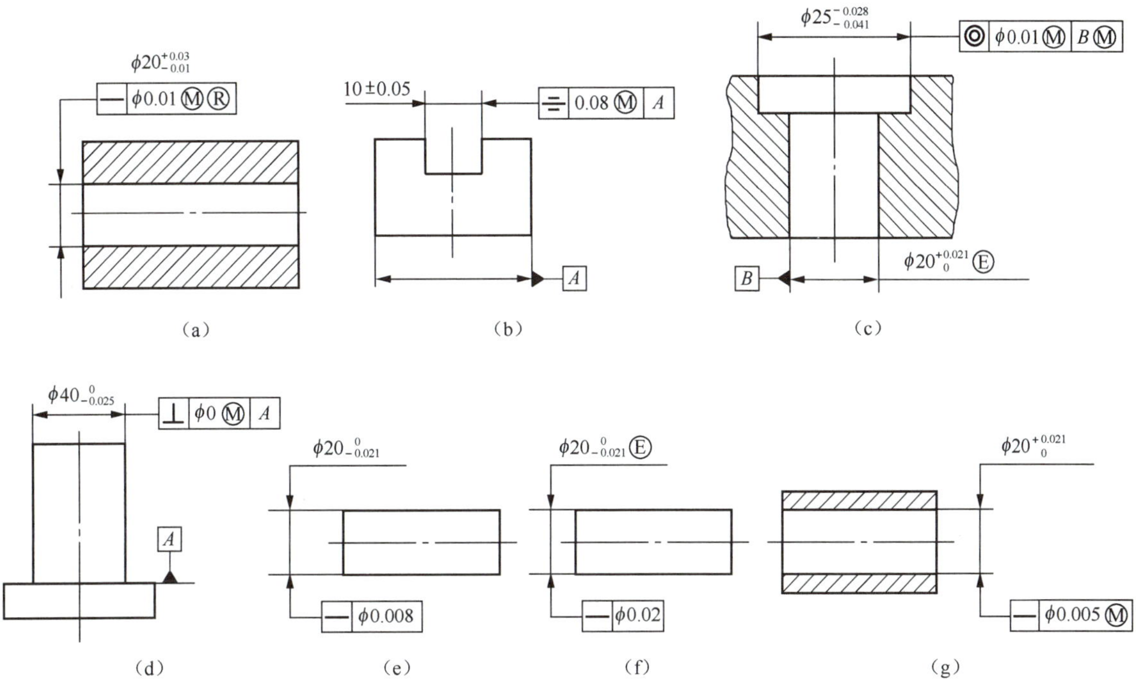

图 2-130　简答题图

表 2-15　　简答题表

序　号	采用公差原则（要求）	遵守的理想边界及边界尺寸/mm	最大实体状态时几何公差/mm	最小实体状态时几何公差/mm	局部实际尺寸合格范围/mm
(a)					
(b)					
(c)					
(d)					
(e)					
(f)					
(g)					

任务五 零件几何精度设计

学习目标

知识目标

(1) 初步了解几何公差的选用原则和方法。

(2) 了解国家标准对几何公差等级、数值及未注几何公差的有关规定。

技能目标

(1) 能够合理地选用几何公差并标注。

(2) 能够运用国家标准查阅几何公差数值并标注。

(3) 能够进行包容要求下的尺寸、几何公差值转换。

任务描述

如图 2-131 所示为某减速器的输出轴，试根据该轴的功能要求，确定出有关几何公差类型并标注。该输出轴的具体功能要求如下。

(1) 两个标注直径为 ϕ55j6 的轴颈与 P0 级滚动轴承内圈配合，在安装上滚动轴承后，再分别与减速器箱体的两孔配合。

(2) 标注直径为 ϕ62 处左、右两轴肩为齿轮、轴承的定位面，应与轴线垂直。

(3) ϕ56r6 和 ϕ45m6 分别与齿轮和带轮配合，要求保证齿轮的准确啮合。

(4) 为保证轴及其配合件的工作稳定性，要求键槽有一定的几何公差要求。

知识概述

几何公差的选择包括几何公差项目的确定、基准要素的选择、几何公差值的确定及几何公差原则的选用 4 方面内容。几何公差项目中除线、面轮廓度和位置度未规定公差等级外，其余 11 项均有规定(对于位置度，国家标准只规定了公差数系，而未规定公差等级)。

一、几何公差项目的确定

根据零件在机器中所处的位置和作用，确定该零件必须控制的几何误差项目，特别是对装配后在机器中起传动、导向或定位等重要作用的或对机器的各种动态性能(如噪声、振动)有重要影响的,在设计时必须逐一分析,认真确定其几何公差项目。几何公差项目选择的基本依据是要素的几何特征、零件的结构特点和使用要求。任何一个机械零件都是由简单的几何要素组成的,机械加工时,零件上的要素总是存在几何误差的,而几何公差项目就是对零件上某个要素的形状和要素之间的相互位置的精度要求,所以选择几何公差项目的基本依据是要素,再按照零件的结构特点、使用要求、检测的方便和几何公差项目之间的协调来选定。

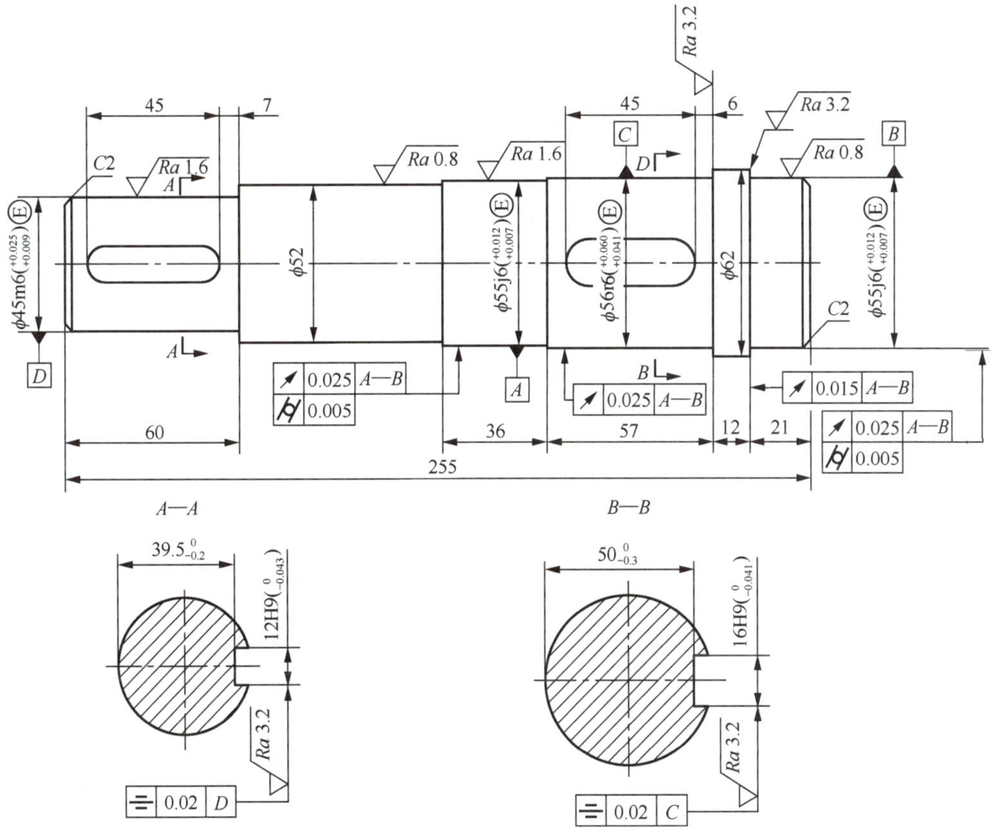

图 2-131 减速器输出轴

二、基准要素的选择

基准要素的选择包括基准部位、基准数量和基准顺序的选择,力求使设计、工艺和检测三者基准一致,合理选择基准能提高零件的精度。基准是确定关联要素间方向或位置的依据,在考虑选择位置公差项目时,必然同时考虑要采用的基准,如选用单一基准、组合基准还是选用多基准。

单一基准以一个要素作为基准使用,如平面、圆柱面的轴线,可建立基准平面、基准轴线。组合基准由 2 个或 2 个以上要素构成,作为单一基准使用。选择基准时,一般应从下列 4 个方面考虑。

(1) 根据要素的功能及其与被测要素间的几何关系来选择基准。例如轴类零件，通常以两个轴承为支承回转，其回转轴线是安装轴承的两轴颈的公共轴线，因此从功能要求和控制其他要素的位置精度来看，应选这两个轴颈的公共轴线为基准。

(2) 根据装配关系来选择基准。应选择零件相互配合、相互接触的表面作为各自的基准，以保证装配要求。

(3) 从加工、检验角度考虑，应选择在夹具、检具中定位的相应要素为基准。这样能使所选基准与定位基准、检测基准、装配基准重合，以消除由于基准不重合引起的误差。

(4) 从零件的结构考虑，应选较大的表面、较长的要素(如轴线)作为基准，以便定位稳固、准确。对于结构复杂的零件，一般应选 3 个基准，建立三基面体系，以确定被测要素在空间的方向和位置。通常定向公差项目，只要单一基准，定位公差项目中的同轴度、对称度，其基准可以是单一基准，也可以是组合基准。对于位置度，较常采用三基准面。

三、几何公差值的确定

几何公差值的确定原则是根据零件的功能要求，并考虑加工的经济性和零件的结构、刚性等情况确定要素的公差值。几何公差值的大小是由公差等级来确定的。正确地选用几何公差项目，合理地确定几何公差数值，对提高产品的质量和降低制造的成本具有十分重要的意义。设计产品时，应按国家标准提供的统一数系选择几何公差值，本书数据选自《形状和位置公差　未注公差值》(GB/T 1184—1996)。几何公差等级一般划分为 12 级，即 1～12级，精度依次降低。国家标准对直线度、平面度、平行度、垂直度、倾斜度、同轴度、对称度、圆跳动、全跳动都划分了 12 个等级，数值见表 2-16～表 2-18。圆度和圆柱度划分为 13 级，即 0～12 级，其中，6、7 级为基本级。在保证零件功能的前提下，尽可能选用最经济的公差值，通过类比或计算，并考虑加工的经济性和零件的结构、刚性等情况确定几何公差值。各种公差值之间要协调合理，比如同一要素上给出的形状公差值应小于位置公差值；圆柱形零件的形状公差值，一般情况下应小于其尺寸公差值；平行度公差值应小于被测要素和基准要素之间的距离公差值等。在选用时，公差等级的确定常采用类比法。

1. 直线度和平面度公差

直线度和平面度公差值见表 2-16，直线度、平面度公差等级应用举例见表 2-17，直线度、平面度公差等级与表面粗糙度的对应关系见表 2-18。

表 2-16　　直线度和平面度公差值　　单位：μm

主参数 L/mm	公差等级											
	1	2	3	4	5	6	7	8	9	10	11	12
≤10	0.2	0.4	0.8	1.2	2	3	5	8	12	20	30	60
>10～16	0.25	0.5	1	1.5	2.5	4	6	10	15	25	40	80
>16～25	0.3	0.6	1.2	2	3	5	8	12	20	30	50	100
>25～40	0.4	0.8	1.5	2.5	4	6	10	15	25	40	60	120
>40～63	0.5	1	2	3	5	8	12	20	30	50	80	150

（续表）

主参数 L/mm	公差等级											
	1	2	3	4	5	6	7	8	9	10	11	12
>63～100	0.6	1.2	2.5	4	6	10	15	25	40	60	100	200
>100～160	0.8	1.5	3	5	8	12	20	30	50	80	120	250
>160～250	1	2	4	6	10	15	25	40	60	100	150	300
>250～400	1.2	2.5	5	8	12	20	30	50	80	120	200	400
>400～630	1.5	3	6	10	15	25	40	60	100	150	250	500
>630～1 000	2	4	8	12	20	30	50	80	120	200	300	600
>1 000～1 600	2.5	5	10	15	25	40	60	100	150	250	400	800
>1 600～2 500	3	6	12	20	30	50	80	120	200	300	500	1 000
>2 500～4 000	4	8	15	25	40	60	100	150	250	400	600	1 200
>4 000～6 300	5	10	20	30	50	80	120	200	300	500	800	1 500
>6 300～10 000	6	12	25	40	60	100	150	250	400	600	1 000	2 000

主参数 L 图例：

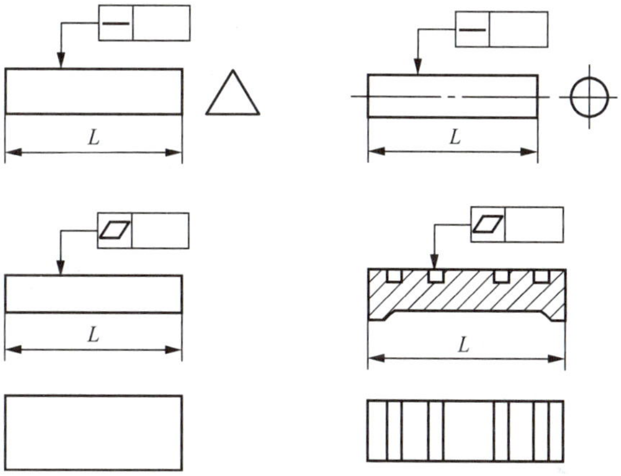

注：L 为被测要素的长度。

表 2-17　直线度、平面度公差等级应用举例

公差等级	应用举例
1、2	用于精密量具、测量仪器以及精度要求较高的精密机械零件。如零级样板、平尺、零级宽平尺、工具显微镜等精密测量仪器的导轨面，喷油嘴针阀体端面平面度，液压泵柱塞套端面平面度等
3	用于零级及 1 级宽平尺工作面、1 级样板平尺工作面、测量仪器圆弧导轨的直线度、测量仪器的测杆等
4	用于量具、测量仪器和机床的导轨。如 1 级宽平尺、零级平板、测量仪器的 V 形导轨、高精度平面磨床的 V 形导轨和滚动导轨、轴承磨床及平面磨床床身直线度等
5	用于 1 级平板，2 级宽平尺，平面磨床纵导轨、垂直导轨、立柱导轨和平面磨床的工作台，液压龙门刨床导轨面，转塔车床床身导轨面，柴油机进排气门导杆等

（续表）

公差等级	应用举例
6	用于1级平板，卧式车床床身导轨面，龙门刨床导轨面，滚齿机立柱导轨，床身导轨工作台，自动车床床身导轨，平面磨床床身导轨，卧式镗床、铣床工作台及机床主箱导轨，柴油机进气门导杆直线度，柴油机机体上部结合面等
7	用于2级平板、0.02游标卡尺尺身的直线度、机床主轴箱箱体、滚齿机床床身导轨、镗床工作台、摇臂钻底座的工作台、柴油机气门导杆、液压泵盖的平面度、压力导轨及滑块
8	用于2级平板，车床溜板箱体，机床主轴箱体、传动箱体，自动车床底座，汽缸盖结合面，汽缸座、内燃机连杆分离面的平面度，减速机壳体的结合面
9	用于3级平板、机床溜板箱、立钻工作台、螺纹磨床的挂轮架、金相显微镜的载物台、柴油机汽缸体连杆的分离面、缸盖的结合面、阀片的平面度、空气压缩机汽缸体、柴油机缸孔环的平面度以及辅助机构及手动机械的支撑面
10	用于3级平板、自动车床床身底面的平面度、车床挂轮架的平面度、柴油机汽缸体、托车的曲轴箱体、汽车变速箱的壳体与汽车发动机缸盖的结合面、阀片的平面度、液压管件和法兰的连接面
11、12	用于易变形的薄片零件，如离合器的摩擦片、汽车发动机缸盖的结合面等

表 2-18　直线度、平面度公差等级与表面粗糙度的对应关系　单位：μm

主参数	公差等级											
	1	2	3	4	5	6	7	8	9	10	11	12
	表面粗糙度 *Ra* 值不大于											
≤25	0.025	0.05	0.1	0.1	0.2	0.2	0.4	0.8	1.6	1.6	3.2	6.3
>25～160	0.05	0.1	0.1	0.2	0.2	0.4	0.8	0.8	1.6	3.2	6.3	12.5
>160～1 000	0.1	0.2	0.4	0.4	0.8	1.6	1.6	3.2	3.2	6.3	12.5	12.5
>1 000～10 000	0.2	0.4	0.8	1.6	1.6	3.2	6.3	6.3	12.5	12.5	12.5	12.5

注：6、7、8、9级为常用的形位公差等级。

2. 圆度、圆柱度公差

圆度、圆柱度公差数值见表2-19，圆度、圆柱度公差等级应用举例见表2-20，圆度、圆柱度公差等级与尺寸公差等级的对应关系见表2-21，圆度、圆柱度公差等级与表面粗糙度的对应关系见表2-22。

表 2-19　圆度、圆柱度公差数值　单位：μm

主参数 *d*(*D*)/mm	公差等级												
	0	1	2	3	4	5	6	7	8	9	10	11	12
≤3	0.1	0.2	0.3	0.5	0.8	1.2	2	3	4	6	10	14	25
>3～6	0.1	0.2	0.4	0.6	1	1.5	2.5	4	5	8	12	18	30
>6～10	0.12	0.25	0.4	0.6	1	1.5	2.5	4	6	9	15	22	36
>10～18	0.15	0.25	0.5	0.8	1.2	2	3	5	8	11	18	27	43
>18～30	0.2	0.3	0.6	1	1.5	2.5	4	6	9	13	21	33	52
>30～50	0.25	0.4	0.6	1	1.5	2.5	4	7	11	16	25	39	62

（续表）

主参数 $d(D)$/mm	公差等级												
	0	1	2	3	4	5	6	7	8	9	10	11	12
>50～80	0.3	0.5	0.8	1.2	2	3	5	8	13	19	30	46	74
>80～120	0.4	0.6	1	1.5	2.5	4	6	10	15	22	35	54	87
>120～180	0.6	1	1.2	2	3.5	5	8	12	18	25	40	63	100
>180～250	0.8	1.2	2	3	4.5	7	10	14	20	29	46	72	115
>250～315	1.0	1.6	2.5	4	6	8	12	16	23	32	52	81	130
>315～400	1.2	2	3	5	7	9	13	18	25	36	57	89	140
>400～500	1.5	2.5	4	6	8	10	15	20	27	40	63	97	155

主参数 $d(D)$ 图例：

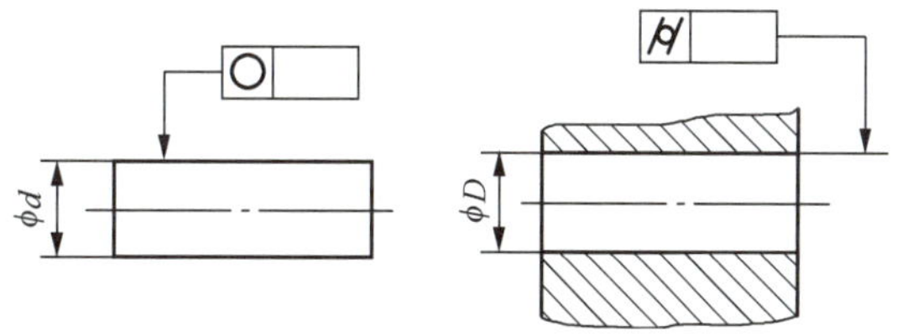

注：$d(D)$ 为被测要素的直径。

表 2-20 圆度、圆柱度公差等级应用举例

公差等级	应用举例
1	高精度量仪主轴、高精度机床主轴、滚动轴承的滚珠和滚柱等
2	精密量仪主轴、外套、阀套，高压泵柱塞及柱塞套，纺锭轴承，高速柴油机排气门，精密机床主轴轴颈，针阀圆柱表面，喷油泵柱塞及柱塞套
3	工具显微镜套管外圆，高精度外圆磨床轴承，磨床砂轮主轴套筒，喷油嘴针、阀体，高精度微型轴承内外圈
4	较精密机床主轴，精密机床主轴箱孔，高压阀门活塞、活塞销、阀体孔，工具显微镜顶针，高压液压泵柱塞，较高精度滚动轴承配合轴，铣削动力头箱体孔等
5	一般量仪主轴，测杆外圆，陀螺仪轴径，一般机床主轴，较精密机床主轴及主轴箱孔，柴油机、汽油机的活塞、活塞销，铣削动力头轴承座箱体孔，高压空气压缩机十字头销、活塞精度较低的滚动轴承配合轴等
6	仪表端盖外圆、一般机床主轴及箱体孔、中等压力下液压装置工作面(包括泵、压缩机的活塞和气缸，汽车发动机凸轮轴，纺机锭子，通用减速器轴颈，高速发动机曲轴，拖拉机曲轴主轴颈)
7	大功率低速柴油机曲轴、活塞、活塞销、连杆、汽缸，高速柴油机箱体孔，千斤顶或压力液压缸活塞，液压传动系统的分配机构，机车传动轴，水泵及一般减速器轴颈
8	低速发动机、减速器、大功率曲柄轴轴颈，压力机连杆盖，拖拉机气缸体、活塞，炼胶机冷铸轴辊，印刷机传墨辊，内燃机曲轴，柴油机机体孔、凸轮轴，拖拉机、小型船用柴油机汽缸套
9	空气压缩机缸体，液压传动筒，通用机械杠杆与拉杆用套筒销，拖拉机活塞环、套筒孔
10	印染机导布辊、绞车、吊车、起重机滑动轴承轴颈等

表 2-21　圆度、圆柱度公差等级与尺寸公差等级的对应关系　单位：μm

尺寸公差等级(IT)	圆度、圆柱度公差等级	公差带占尺寸公差百分比	尺寸公差等级(IT)	圆度、圆柱度公差等级	公差带占尺寸公差百分比	尺寸公差等级(IT)	圆度、圆柱度公差等级	公差带占尺寸公差百分比
01	0	66%	5	4	40%	9	10	80%
0	0	40%		5	60%	10	7	15%
	1	80%		6	95%		8	20%
1	0	25%	6	3	16%		9	30%
	1	50%		4	26%		10	50%
	2	75%		5	40%		11	70%
2	0	16%		6	66%	11	8	13%
	1	33%		7	95%		9	20%
	2	50%	7	4	16%		10	33%
	3	85%		5	24%		11	46%
3	0	10%		6	40%		12	83%
	1	20%		7	60%	12	9	12%
	2	30%		8	80%		10	20%
	3	50%	8	5	17%		11	28%
	4	80%		6	28%		12	50%
4	1	13%		7	43%	13	10	14%
	2	20%		8	57%		11	20%
	3	33%		9	85%		12	35%
	4	53%	9	6	16%	14	11	11%
	5	80%		7	24%		12	20%
5	2	15%		8	32%	15	12	12%
	3	25%		9	48%			

表 2-22　圆度、圆柱度公差等级与表面粗糙度的对应关系　单位：μm

主参数	公差等级												
	0	1	2	3	4	5	6	7	8	9	10	11	12
	表面粗糙度 *Ra* 值不大于												
≤3	0.006 25	0.012 5	0.012 5	0.025	0.05	0.1	0.2	0.2	0.4	0.8	1.60	3.2	3.2
>3～18	0.006 25	0.012 5	0.025	0.05	0.1	0.2	0.4	0.4	0.8	1.6	3.2	6.3	12.5
>18～120	0.012 5	0.025	0.05	0.1	0.2	0.4	0.4	0.8	1.6	3.2	6.3	12.5	12.5
>120～500	0.20	0.05	0.1	0.2	0.4	0.8	0.8	1.6	3.2	6.3	12.5	12.5	12.5

3. 平行度、垂直度、倾斜度公差

平行度、垂直度、倾斜度公差数值见表 2-23，平行度、垂直度公差等级应用举例见表 2-24，平行度、垂直度、倾斜度公差等级与尺寸公差等级的对应关系见表 2-25。

表 2-23　　平行度、垂直度、倾斜度公差数值　　单位：μm

主参数 L、d(D)/mm	公差等级											
	1	2	3	4	5	6	7	8	9	10	11	12
≤10	0.4	0.8	1.5	3	5	8	12	20	30	50	80	120
>10~16	0.5	1	2	4	6	10	15	25	40	60	100	150
>16~25	0.6	1.2	2.5	5	8	12	20	30	50	80	120	200
>25~40	0.8	1.5	3	6	10	15	25	40	60	100	150	250
>40~63	1	2	4	8	12	20	30	50	80	120	200	300
>63~100	1.2	2.5	5	10	15	25	40	60	100	150	250	400
>100~160	1.5	3	6	12	20	30	50	80	120	200	300	500
>160~250	2	4	8	15	25	40	60	100	150	250	400	600
>250~400	2.5	5	10	20	30	50	80	120	200	300	500	800
>400~630	3	6	12	25	40	60	100	150	250	400	600	1 000
>630~1 000	4	8	15	30	50	80	120	200	300	500	800	1 200
>1 000~1 600	5	10	20	40	60	100	150	250	400	600	1 000	1 500
>1 600~2 500	6	12	25	50	80	120	200	300	500	800	1 200	2 000
>2 500~4 000	8	15	30	60	100	150	250	400	600	1 000	1 500	2 500
>4 000~6 300	10	20	40	80	120	200	300	500	800	1 200	2 000	3 000
>6 300~10 000	12	25	50	100	150	250	400	600	1 000	1 500	2 500	4 000

参数 L、d(D)图例：

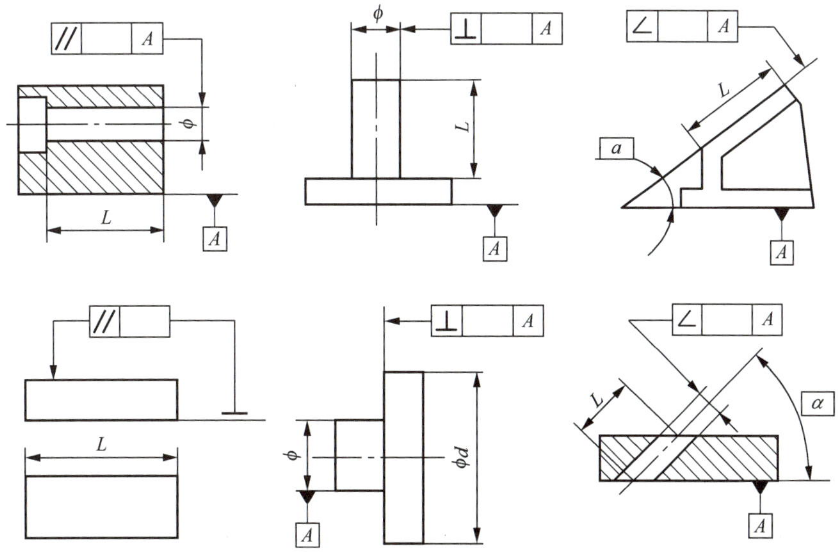

注：L 为被测要素的长度。

表 2-24　　平行度、垂直度公差等级应用举例

公差等级	面对面平行度应用举例	面对线、线对线平行度应用举例	垂直度应用举例
1	高精度机床，高精度测量仪器以及量具等主要基准面和工作面	—	高精度机床、高精度测量仪器以及量具等主要基准面和工作面
2、3	精密机床、精密测量仪器、量具及夹具的基准面和工作面	精密机床上重要箱体主轴孔对基准面及对其他孔的要求	精密机床导轨，普通机床重要导轨，机床主轴轴向定位面，精密机床主轴轴肩端面，滚动轴承座圈端面，齿轮测量仪心轴，光学分度头心轴端面，精密刀具、量具工作面和基准面
4、5	卧式车床，测量仪器、量具的基准面和工作面，高精度轴承座圈，端盖、挡圈的端面	机床主轴孔对基准面要求，重要轴承孔对基准面要求，床头箱体与孔间要求，齿轮泵的端面等	普通机床导轨，精密机床重要零件，机床重要支承面，普通机床主轴偏摆，测量仪器，刀具，量具，液压传动轴轴瓦端面，刀具、量具工作面和基准面
6、7、8	一般机床零件的工作面和基准面，一般刀具、量具、夹具	机床一般轴承孔对基准面的要求，主轴箱一般孔间要求，主轴花键对定心直径要求，刀具、量具、模具	普通精度机床主要基准面和工作面，回转工作台端面，一般导轨，主轴箱体孔，刀架、砂轮架及工作台回转中心，一般轴肩对其轴线的垂直度
9、10	低精度零件，重型机械滚动轴承端盖	柴油机和煤气发动机的曲轴孔、轴颈等	花键轴轴肩端面，传动带运输机法兰盘等对端面、轴线的垂直度，手动卷扬机及传动装置中轴承端面，减速器壳体平面
11、12	零件的非工作面，绞车、运输机上的减速器壳体平面	—	农业机械齿轮端面

注：① 在满足设计要求的前提下，考虑到零件加工的经济性，对于线对线和线对面的平行度和垂直度公差等级，应选用低于面对面的平行度和垂直度公差等级。

② 使用此表选择面对面平行度和垂直度时，宽度应不大于 1/2 长度；若大于 1/2，则降低 1 级公差等级选用。

表 2-25　　平行度、垂直度、倾斜度公差等级与尺寸公差等级的对应关系　　单位：μm

平行度(线对线、面对面)公差等级	3	4	5	6	7	8	9	10	11	12
尺寸公差等级(IT)					3、4	5、6	7、8、9	10、11、12	12、13、14	14、15、16
垂直度和倾斜度公差等级	3	4	5	6	7	8	9	10	11	12
尺寸公差等级(IT)		5	6	7、8	8、9	10	11、12	12、13	14	15

注：6、7、8、9 级为常用的几何公差等级，6 级为基本等级。

4. 同轴度、对称度、圆跳动、全跳动公差

同轴度、对称度、圆跳动、全跳动公差数值见表 2-26，同轴度、对称度、跳动公差等级应用举例见表 2-27，同轴度、对称度、动公差等级与尺寸公差等级的对应关系见表 2-28。

表 2-26　　同轴度、对称度、圆跳动、全跳动公差值　　单位：μm

主参数 d(D)、B、L/mm	公差等级											
	1	2	3	4	5	6	7	8	9	10	11	12
≤1	0.4	0.6	1.0	1.5	2.5	4	6	10	15	25	40	60
>1~3	0.4	0.6	1.0	1.5	2.5	4	6	10	20	40	60	120
>3~6	0.5	0.8	1.2	2	3	5	8	12	25	50	80	150
>6~10	0.6	1	1.5	2.5	4	6	10	15	30	60	100	200
>10~18	0.8	1.2	2	3	5	8	12	20	40	80	120	250
>18~30	1	1.5	2.5	4	6	10	15	25	50	100	150	300
>30~50	1.2	2	3	5	8	12	20	30	60	120	200	400
>50~120	1.5	2.5	4	6	10	15	25	40	80	150	250	500
>120~250	2	3	5	8	12	20	30	50	100	200	300	600
>250~500	2.5	4	6	10	15	25	40	60	120	250	400	800
>500~800	3	5	8	12	20	30	50	80	150	300	500	1 000
>800~1 250	4	6	10	15	25	40	60	100	200	400	600	1 200
>1 250~2 000	5	8	12	20	30	50	80	120	250	500	800	1 500
>2 000~3 150	6	10	15	25	40	60	100	150	300	600	1 000	2 000
>3 150~5 000	8	12	20	30	50	80	120	200	400	800	1 200	2 500
>5 000~8 000	10	15	25	40	60	100	150	250	500	1 000	1 500	3 000
>8 000~10 000	12	20	30	50	80	120	200	300	600	1 200	2 000	4 000

主参数 $d(D)$、B 图例：

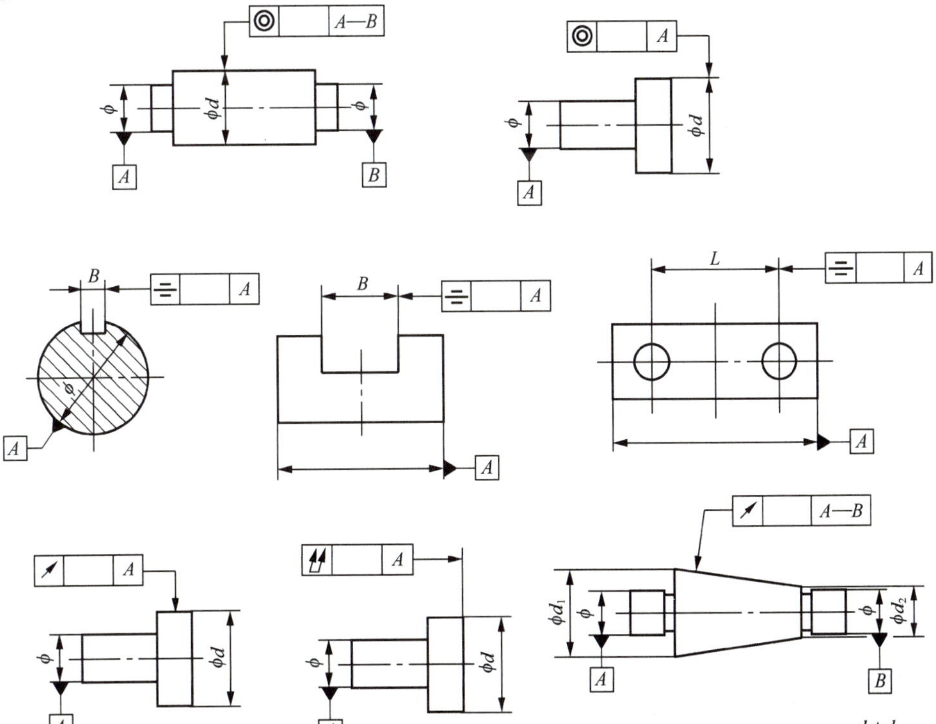

当被测要素为圆锥面时，取 $d=\frac{d_1+d_2}{2}$

注：B 为被测要素的宽度。

表 2-27　　同轴度、对称度、跳动公差等级应用举例

公差等级	应用举例
5、6、7	这是应用较广泛的公差等级。用于形位精度要求较高、尺寸公差等级为 IT8 及高于 IT8 的零件。5 级常用于机床主轴轴颈，计量仪器的测量杆，汽轮机主轴，柱塞液压泵转子，高精度滚动轴承外圈，一般精度滚动轴承内圈，回转工作台端面。7 级用于内燃机曲轴、凸轮轴、齿轮轴、水泵轴、汽车后轮输出轴，电动机转子，印刷机传墨辊的轴颈、键槽
8、9	常用于形位精度要求一般。尺寸公差等级为 IT9 至 IT11 的零件。8 级用于拖拉机发动机分配轴轴颈，与 9 级精度以下齿轮相配的轴，水泵叶轮，离心泵体，棉花精梳机前后滚子，键槽等。9 级用于内燃机汽缸套配合面，自行车中轴

表 2-28　　同轴度、对称度、跳动公差等级与尺寸公差等级的对应关系

同轴度、对称度、径向圆跳动和径向全跳动公差等级	1	2	3	4	5	6	7	8	9	10	11	12
尺寸公差等级(IT)	2	3	4	5	6	7、8	8、9	10	11、12	12、13	14	15
端面圆跳动、斜向圆跳动、端面全跳动公差等级	1	2	3	4	5	6	7	8	9	10	11	12
尺寸公差等级(IT)	1	2	3	4	5	6	7、8	8、9	10	11、12	12、13	14

注：6、7、8、9 级为常用的几何公差等级，7 级为基本等级。

确定几何公差等级时，还要考虑以下 4 个方面。

(1) 考虑零件的结构特点。对于刚性较差的零件(如细长的轴或孔)、某些结构特点的要素(如跨距较大的轴或孔)以及宽度(一般大于 1/2 长度)较大的零件表面，因加工时产生较大的形位误差，因此应比正常情况选择低 1～2 级几何公差等级。

(2) 协调几何公差值与尺寸公差值之间的关系。在同一要素上给出的形状公差值应小于位置公差值。例如，要求平行的两个表面，其平面度公差值应小于平行度公差值；圆柱形零件的形状公差值(轴线的直线度除外)一般情况下应小于其尺寸公差值，平行度公差值应小于其相应的距离尺寸的尺寸公差值，所以几何公差值与相应要素的尺寸公差值之间的关系为

$$t_{形状} < t_{位置} < t_{尺寸}$$

(3) 形状公差与表面粗糙度 Ra 的关系。一般精度时，$Ra=(0.2\sim0.3)t_{形状}$；对高精度及小尺寸零件，$Ra=(0.5\sim0.7)t_{形状}$。

(4) 采用包容原则时，形状公差与尺寸公差之间的关系。包容原则主要用于保证配合性质的要素，用尺寸公差代替形状公差。对于尺寸公差在 IT5～IT8 范围内的形状公差值，一般可取 $t_{形状}=(0.25\sim0.65)t_{尺寸}$。

在保证零件功能的前提下，尽可能选用最经济的公差值，通过类比或计算，并考虑加工的经济性和零件的结构、刚性等情况确定几何公差值。各种公差值之间要协调合理，比如同一要素上给出的形状公差值应小于位置公差值；圆柱形零件的形状公差值(轴线的直线度除外)一般情况下应小于其尺寸公差值；平行度公差值应小于被测要素和基准要素之间的距离公差值等。

位置度公差通常需要计算后确定。对于用螺栓或螺钉连接 2 个或 2 个以上的零件的情况，被连接零件的位置度公差按下列方法计算。

用螺栓连接时，被连接零件上的孔均为光孔，孔径大于螺栓的直径，位置度公差的计算公式为

$$t = X_{min}$$

用螺钉连接时，有一个零件上的孔是螺孔，其余零件上的孔都是光孔，且孔径大于螺钉直径，位置度公差的计算公式均为

$$t = 0.5X_{min}$$

其中，t 为位置度公差计算值；X_{min} 为通孔与螺栓(钉)间的最小间隙。

计算值经圆整后选择标准公差值。若被连接零件之间需要调整，位置度公差应适当减小。为了获得简化制图，对一般机床加工能够保证的几何精度，不必将几何公差逐一在图样上注出。实际要素的误差由未注几何公差控制。

四、未注几何公差

图样上的要素都应有几何公差要求，对高于 9 级的几何公差值和低于 12 级的几何公差值都应在图样上进行标注。而几何公差值在 9～12 级的可不在图样上进行标注，称为未注公差。为简化制图，对一般机床加工就能保证的几何精度，不必在图样上注出几何公差。未注几何公差按国家标准执行，国家标准对直线度与平面度、垂直度、对称度、圆跳动分别规定了未注公差值，都分为 H、K、L 3 种公差等级，见表 2-29～表 2-32。若采用标准规定的未注公差值，如采用 K 级，应在标题栏附近或在技术要求、技术文件(如企业标准)中注出标准号及公差等级代号，如 GB/T 1184—K。

表 2-29　　直线度、平面度未注公差值　　单位：mm

公差等级	基本长度范围					
	≤10	>10～30	>30～100	>100～300	>300～1 000	>1 000～3 000
H	0.02	0.05	0.1	0.2	0.3	0.4
K	0.05	0.1	0.2	0.4	0.6	0.8
L	1	0.2	0.4	0.8	1.2	1.6

表 2-30　　垂直度未注公差值　　单位：mm

公差等级	基本长度范围			
	≤100	>100～300	>300～1 000	>1 000～3 000
H	0.2	0.3	0.4	0.5
K	0.4	0.6	0.8	1
L	0.6	1	1.5	2

表 2-31　　对称度未注公差值　　单位：mm

公差等级	基本长度范围			
	≤100	>100～300	>300～1 000	>1 000～3 000
H	0.5			
K	0.6		0.8	1
L	0.6	1	1.5	2

表 2-32　　圆跳动未注公差值　　单位：mm

公差等级	圆跳动公差值
H	0.1
K	0.2
L	0.5

对其他项目的未注公差说明如下。圆度未注公差值等于其尺寸公差值，但不能大于径向圆跳动的未注公差值；圆柱度的未注公差未作规定。实际圆柱面的质量由其构成要素（截面圆、轴线、素线）的注出公差或未注公差控制；平行度的未注公差值等于给出的尺寸公差值或是直线度（平面度）未注公差值中的较大者；同轴度的未注公差未作规定，可考虑与径向圆跳动的未注公差相等。其他项目（线轮廓度、面轮廓度、倾斜度、位置度、全跳动）由各要素注出或未注的几何公差、线性尺寸公差或角度公差控制。

五、公差原则的选择

根据零件的装配及性能要求选择公差原则，独立原则主要应用于以下场合。

（1）尺寸精度和位置精度要求都较严，并需分别满足要求。如齿轮箱体上的孔，为保证与轴承的配合和齿轮的正确啮合，要分别保证孔的尺寸精度和孔心线的平行度要求。

（2）尺寸精度和位置精度要求相差较大。如印刷机滚筒、轧钢机轧辊等零件，尺寸精度要求低，圆柱度要求高；平板的尺寸精度要求低，平面度要求高，应分别满足。

（3）为保证运动精度、密封性等特殊要求，单独提出与尺寸精度无关的几何公差要求。如机床导轨为保证运动精度，提出直线度要求，与尺寸精度无关；汽缸套内孔与活塞配合，为保证内、外圆柱面均匀接触并有良好的密封性能，在保证尺寸精度的同时，还要单独保证很高的圆度、圆柱度要求。

（4）零件上的未注几何公差一律遵循独立原则。运用独立原则时，需用通用记录器具分别检测零件的尺寸和几何误差，检测较不方便。如果要求保证配合零件间的最小间隙及采用量规检验的零件，均可采用包容原则。如果只要求可装性的配合零件，可采用最大实体原则。可逆要求与最大（或最小）实体要求连用，能充分利用公差带，扩大了被测要素尺寸范围，使实际（组成）要素超过了最大（或最小）实体尺寸而拟合尺寸未超过最大（或最小）实体实效边界，变废品为合格品，提高了经济性，在不影响使用要求的前提下可以选择此方法。常用的公差原则主要应用场合见表 2-33。

表 2-33 常用的公差原则主要应用场合

序号	公差原则	应用场合	示例
1	独立原则	尺寸精度与几何精度相差较大	滚筒类零件尺寸精度要求很低，几何精度要求较高；平板的尺寸精度要求不高，几何精度要求较高
		尺寸精度与几何精度都有较严的要求，且需要分别满足	齿轮箱体孔的尺寸精度和两孔轴线和平行度；汽缸套内孔、活塞的尺寸和几何误差
		未注几何公差	
2	包容要求	需要严格保证配合性质	如ϕ40H7 Ⓔ 孔和ϕ40h6 Ⓔ 轴配合，可以保证最小间隙为零
3	最大实体要求	保证可装配性	如穿过螺钉(螺栓)的通孔或螺纹孔
4	可逆要求	与最大实体要求联合使用	扩大了实际尺寸的允许变动范围，降低了制造成本，在不影响使用要求的前提下可采用

综上所述，零件的精度设计标注步骤如下。

(1) 根据功能要求确定几何公差项目。

(2) 选择基准要素。

(3) 参考几何公差与尺寸公差、表面粗糙度、加工方法的关系，再结合实际情况修正后，确定出公差等级，并查表得出公差值。

(4) 选择公差原则，确定标注方法。

任务分析

如图 2-131 所示某减速器的输出轴，共有 4 个轴段有配合件，两处与轴承配合，一处与齿轮配合，一处与带轮配合，根据功能要求分析如下。

(1) 根据“两个标注直径为 ϕ55j6 轴颈与 P0 级滚动轴承内圈配合，在安装上滚动轴承后，再分别与减速器箱体的两孔配合”的功能要求，两段 ϕ55j6 轴颈与 P0 级滚动轴承内圈配合，公差原则采用包容要求，可保证配合要求。按《滚动轴承 配合》(GB/T 275—2015)规定，与 P0 级滚动轴承配合的轴颈，为保证轴承套圈的几何精度，在遵守包容要求的情况下，可提出圆柱度公差要求，公差值为 0.005 mm。该两轴承安装上滚动轴承后，分别与减速器箱体的两孔配合，需限制两段轴的同轴度误差，以免影响轴承外圈与箱体的配合，可确定出两轴颈相对于基准轴线 A—B 的径向圆跳动公差，公差值均为 0.025 mm。

(2) 根据“标注直径为 ϕ62 处左、右两轴肩为齿轮、轴承的定位面应与轴线垂直”的功能要求，ϕ62 处左、右两轴肩为齿轮、轴承的轴向定位面，应与轴线垂直，因此提出两轴肩相对于基准轴线 A—B 的轴向圆跳动公差要求，公差值确定为 0.015 mm。

(3) 根据“ϕ56r6 和 ϕ45m6 分别与齿轮和带轮配合，要求保证齿轮的准确啮合”要求，ϕ56r6 和 ϕ45m6 两段分别与齿轮或带轮配合，为保证配合性质，可采用包容要求；为保证齿轮的准确啮合，对 ϕ56r6 圆柱还需提出对基准 A—B 的径向圆跳动公差要求，公差值确定为 0.025 mm。

(4) 根据"为保证轴及其配合件的工作稳定性,要求键槽有一定的几何公差要求",为保证工作稳定性,可对键槽提出对称度公差要求,对称度常用公差等级为 7~9 级,此处可选 8 级,查公差数值表可得公差值为 0.02 mm。

任务实施

(1) 根据"任务分析(1)"结果,两个标注直径为 ϕ55j6 轴颈段确定径向圆跳动公差和圆柱度公差,径向圆跳动公差值为 0.025 mm,圆柱度公差值为 0.005 mm,公差原则采用包容要求。

(2) 根据"任务分析(2)"结果,应在 ϕ62 轴段右轴肩处提出两轴肩相对于基准轴线 A—B 的轴向圆跳动公差要求,公差值确定为 0.015 mm。

(3) 根据"任务分析(3)"结果,ϕ45m6 轴段处采用包容要求,ϕ56r6 轴段提出对基准 A—B 的径向圆跳动公差要求,公差值确定为 0.025 mm,公差原则采用包容要求。

(4) 根据"任务分析(4)"结果,对键槽提出相对于本轴段的对称度公差要求,对称度公差值为 0.02 mm。

(5) 将确定的(1)、(2)、(3)和(4)结果标注在图样上,结果如图 2-131 所示。

拓展任务——曲轴的几何精度设计

如图 2-132 所示为某机器的曲轴,试根据对该轴的功能要求,确定出有关几何公差类型并标注。

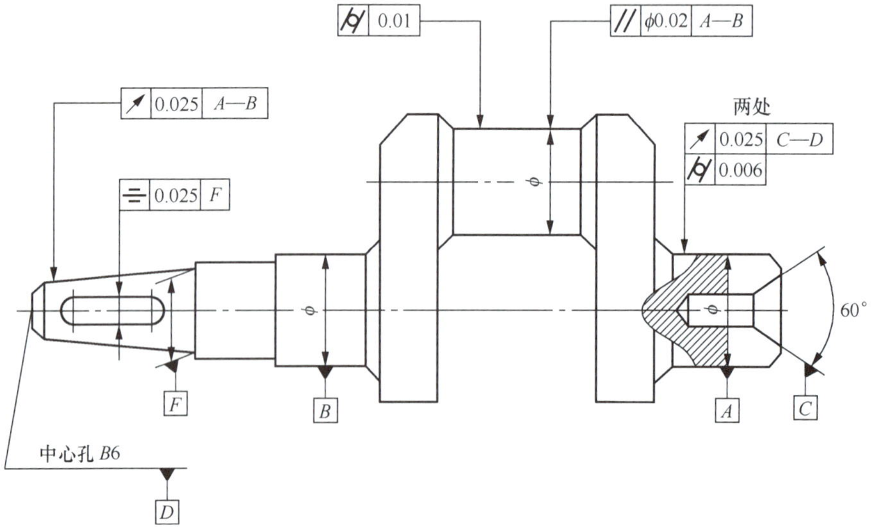

图 2-132　曲轴零件图

一、任务描述

（1）曲拐左、右端主轴颈是两处支撑点，与主轴承配合。

（2）曲拐部分与连杆配合，应保证可装配性和运动精度。

（3）曲轴左端锥体部分通过键连接与减振器配合并保证运动平稳。

（4）曲轴左端锥体部分键槽与带轮配合并保证运动精度。

二、任务分析

（1）曲拐左、右端主轴颈是两处支撑点，与主轴承配合，可用作其他标注的基准。应严格控制它的形状和位置误差，公差项目选为圆柱度和两轴颈的同轴度。但考虑到两轴颈的同轴度误差在生产中不便于检测，可用径向圆跳动公差来控制同轴度误差。

（2）曲拐部分与连杆配合，为了保证可装配性和运动精度，应控制其轴线和曲轴主轴颈（两处支撑轴颈）的轴线之间的圆柱度和平行度。

（3）曲轴左端锥体部分通过键连接与减振器配合。为保证运动平稳，应控制其径向圆跳动。

三、任务实施

（1）查表2-27“同轴度、对称度、跳动公差等级应用举例”确定径向圆跳动公差等级为7级，查表2-26“同轴度、对称度、圆跳动、全跳动公差值”得公差值 $t=0.025$ mm，基准是 C、D 两中心孔的锥面部分的轴线所构成的公共轴线。查表2-20“圆度、圆柱度公差等级应用举例”确定圆柱度公差等级为7级，查表2-19“圆度、圆柱度公差数值”得公差值 $t=0.01$ mm。

（2）查表2-24“平行度、垂直度公差等级应用举例”确定平行度公差等级为6级，查表2-23“平行度、垂直度、倾斜度公差数值”得公差值 $t=\phi 0.02$ mm，基准是 A、B 两主轴颈的实际轴线所构成的公共轴线。查表2-20“圆度、圆柱度公差等级应用举例”确定圆柱度公差等级为6级，查表2-19“圆度、圆柱度公差数值”得公差值 $t=0.006$ mm。

（3）查表2-27“同轴度、对称度、跳动公差等级应用举例”确定径向圆跳动公差等级为7级，查表2-26“同轴度、对称度、圆跳动、全跳动公差值”得公差值 $t=0.025$ mm，基准是 A、B 两主轴颈的实际轴线所构成的公共轴线。

（4）曲轴左端锥体部分键槽的对称度，查表2-27“同轴度、对称度、跳动公差等级应用举例”得公差等级为7级，查表2-26“同轴度、对称度、圆跳动、全跳动公差值”得公差值 $t=0.025$ mm，基准是锥体的轴线。

（5）根据以上分析结果，将所确定的公差项目和公差值按几何公差标注要求标注在零件图样上，结果如图2-132所示。

任务小结

几何公差的选用主要包括公差特征项目、公差数值、基准要素和公差原则的确定，比尺寸公差的选用更为复杂，目前仍用类比的方法。几何公差的选用原则：既能保证零件的功能要求，又可以提高经济效益。几何公差的选用包括公差项目的选择、公差数值的选择、基准要素的选择和公差原则(要求)的选择。

几何公差项目应根据零件的几何特征、功能要求、检测方便性等来选择。对回转体零件尽量采用跳动公差代替其他项目(如用径向全跳动代替同轴度、圆柱度，用端面全跳动代替端面对轴线的垂直度等)，既便于检测，又可保证使用要求。

选择公差数值时，须根据国家标准对几何公差等级及数值的规定，同一要素形状公差＜定向的位置公差＜定位的位置公差。一般情况下，圆柱形零件的形状公差＜尺寸公差；在没有经验的情况下，可与尺寸公差同级，平行度公差＜相应的距离公差。其使用要求相同，但加工难度大的情况应降低1～2级。基准要素的选择包括基准部位的选择、基准数量的选择、基准顺序的合理安排。常用的公差原则需根据书中公差原则(要求)主要应用场合有关内容选用。

思考与练习

一、填空题

1. 几何公差的选择应该根据零件的__________来定。

2. 几何公差的选择包括__________、__________、__________及__________的选用4方面内容。

3. 基准要素的选择包括__________、__________和__________的选择，力求使__________、__________和__________三者基准一致，基准选择得合理能提高零件的精度。

4. 几何公差等级一般划分为__________级，即1～12级，精度依次__________。

5. 几何公差值选择是在保证零件功能的前提下，尽可能选用__________的公差值，可通过__________或__________，并考虑加工的经济性和零件的结构、刚性等情况。

6. 几何公差值在__________级的可不在图样上进行标注，称为__________。

二、简答题

1. 在进行几何公差的选择时，几何公差值是如何确定的？

2. 确定几何公差等级，应考虑哪几个方面因素？

3. 为什么要提出几何未注公差？采用几何未注公差有何好处？

4. 独立原则主要应用场合有哪些？

5. 几何公差的标注步骤有哪些？

三、应用题

1. 改正图2-133中的标注错误，不允许改变几何公差项目符号。

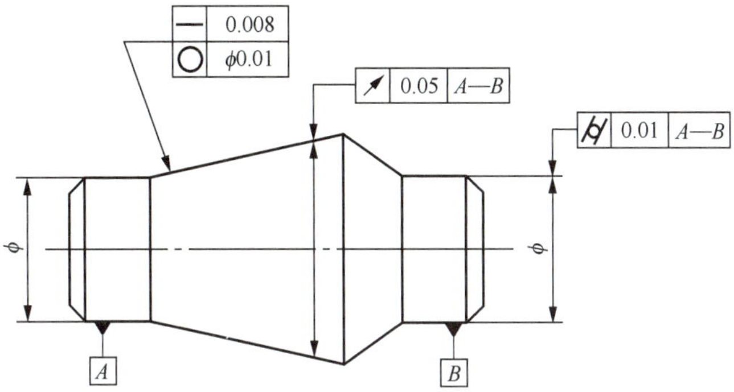

图 2-133　第 1 题图

2. 改正图 2-134 中的标注错误，不允许改变几何公差项目符号。

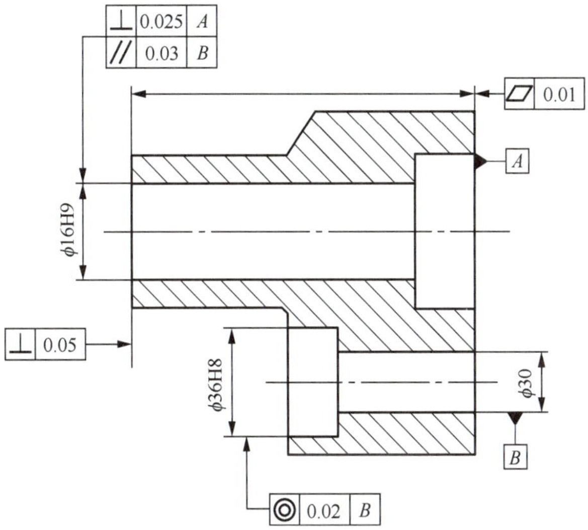

图 2-134　第 2 题图

3. 改正图 2-135 中的标注错误，不允许改变几何公差项目符号。

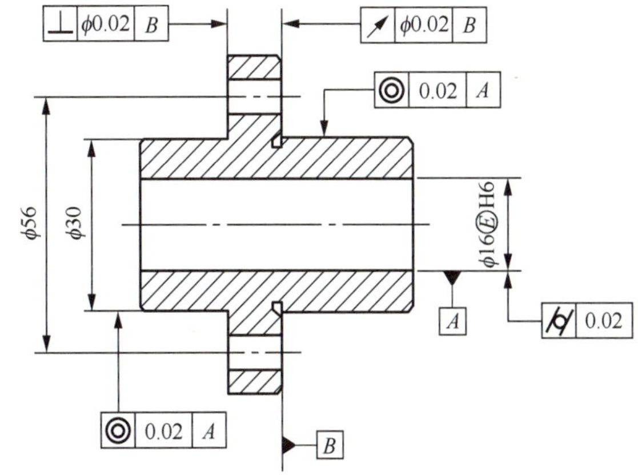

图 2-135　第 3 题图

4. 将下列要求标注在图 2-136 中。

(1) ϕ100h8 圆柱面对 ϕ40H7 孔轴线的径向圆跳动公差为 0.025 mm。

(2) ϕ40H7 孔圆柱度公差为 0.007 mm。

(3) 左右两凸台端面对 ϕ40H7 孔轴线的圆跳动公差为 0.012 mm。

(4) 轮毂键槽(中心面)对 ϕ40H7 孔轴线的对称度公差为 0.02 mm。

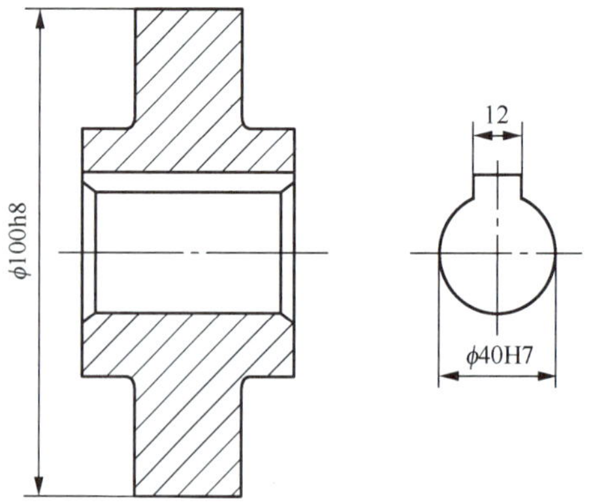

图 2-136　第 4 题图

5. 将下列要求标注在图 2-137 中。

(1) 左端面的平面度公差为 0.012 mm。

(2) 右端面对左端面的平行度公差为 0.03 mm。

(3) ϕ70 孔按 H7 遵守包容要求。

(4) 4×ϕ20H8 孔中心线对左端面及 ϕ70 mm 孔轴线的位置度公差为 ϕ0.15 mm(要求均匀分布),被测中心线的位置度公差与 ϕ20H8 尺寸公差的关系应用最大实体要求。

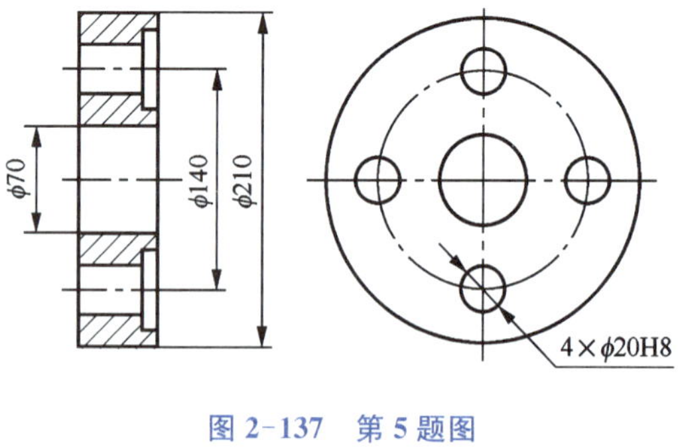

图 2-137　第 5 题图

项目三

表面粗糙度的检测与精度设计

任务一　表面粗糙度检测

学习目标

知识目标

(1) 掌握表面粗糙度定义及其对机械零件使用性能的影响。

(2) 掌握表面粗糙度基本术语、评定参数及其参数值的规定。

(3) 掌握表面粗糙度评定参数的名称、代号及其在图样上的标注方法。

(4) 了解表面粗糙度检测设备和检测方法。

技能目标

(1) 能够正确认识表面粗糙度标注含义及其对机械零件使用性能的影响。

(2) 能够正确进行零件表面粗糙度参数标注。

(3) 能够正确使用国家标准对表面粗糙度做出规定。

(4) 能够运用电动轮廓仪进行 Ra 值检测。

任务描述

图 3-1 所示为表面粗糙度检测量块，试用电动轮廓仪检测表面粗糙度 Ra 值，并判定该检测量块是否合格。

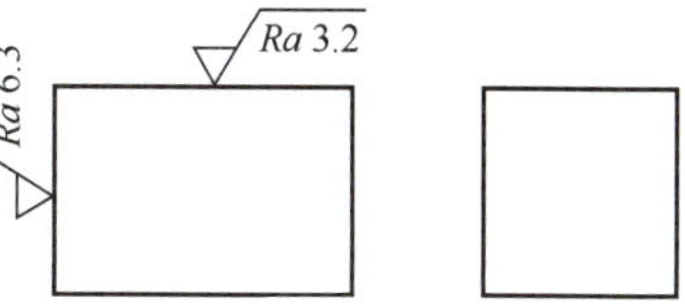

图 3-1　表面粗糙度检测量块

知识概述

经过机械加工或用其他加工方法获得的零件，由于受加工过程中的塑性变形、工艺系统的高频振动，以及刀具与零件在加工表面的摩擦等因素的影响，其表面会留下高低不平的切削痕迹，即几何形状误差。零件表面几何形状误差分为形状误差（宏观几何形状误差)、表面粗糙度(微观几何形状误差)和表面波纹度。表面粗糙度是指加工表面上具有的由较小间距和峰谷所组成的微观几何形状特性,它是一种微观几何形状误差,也称为微观不平度,如图 3-2 所示。

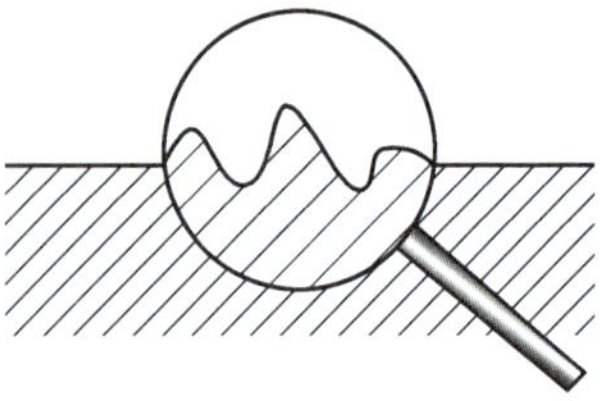

图 3-2　表面粗糙度

表面粗糙度反映的是实际零件表面几何形状误差的微观特征,而形状误差表示的则是零件几何要素的宏观特征,介于二者之间的是表面波纹度。目前还没有划分这 3 种误差的统一标准,通常以一定的波距 λ 与波高 h 之比来划分。如图 3-3(a)所示为表面实际轮廓,当 λ/h 值小于 40 时,为表面粗糙度,如图 3-3(b)所示;介于二者之间的为表面波纹度,如图 3-3(c)所示;当 λ/h 的值大于 1 000 时为形状误差,如图 3-3(d)所示。

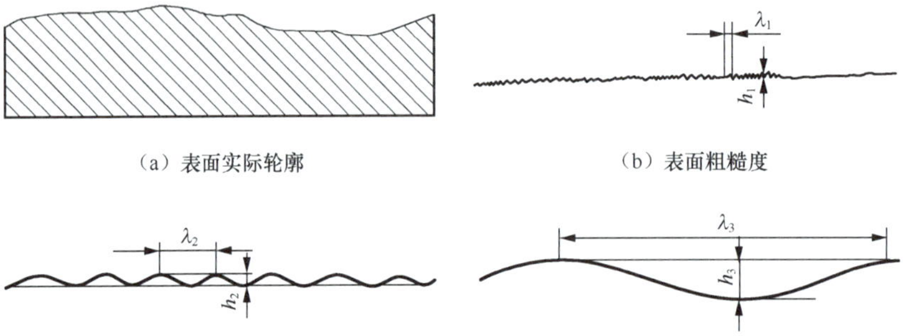

(a) 表面实际轮廓　(b) 表面粗糙度　(c) 表面波纹度　(d) 形状误差

图 3-3　零件的截面轮廓形状

一、表面粗糙度对零件使用性能的影响

对于已完工的零件,只有同时满足尺寸精度、几何精度、表面粗糙度的要求,才能保证零件几何参数的互换性。表面粗糙度对零件表面许多功能都有影响,主要表现在以下 4 个方面。

(1) 配合性质。零件的表面粗糙度对各类配合均有较大的影响。间隙配合:两个表面粗糙的零件在相对运动时会迅速磨损,造成间隙增大,影响配合性质。过盈配合:在装配时,表面上微观凸峰极易被挤平,产生塑性变形,使装配后的实际有效过盈量减小,降低了联结强度。过渡配合:零件多用压力及锤敲装配,表面粗糙度发生磨损,使配合变松,降低了定位和导向的精度。

(2) 耐磨性。相互接触的表面由于存在微观几何形状误差,只能在轮廓峰顶处接触,表面越粗糙,实际有效接触面积减小,摩擦系数就越大,相对运动的表面磨损得越快。然而,表面过于光滑,由于润滑油被挤出或分子间的吸附作用等原因,也会使摩擦阻力增大而加剧磨损。

(3) 耐腐蚀性。粗糙表面的微观凹谷处易存积腐蚀性物质,久而久之,这些腐蚀性物质就会渗入金属内层,造成表面锈蚀,因此,零件表面越粗糙,波谷越深,腐蚀越严重。

(4) 抗疲劳强度。在交变载荷、重载荷作用下,零件粗糙表面的波谷处易引起应力集中,使抗疲劳强度降低。

此外，表面粗糙度对接触刚度、结合面的密封性、零件的外观、零件表面导电性等都有影响。因此，为保证零件的使用性能和互换性，在设计零件几何精度时，必须提出合理的表面粗糙度要求，以保证机械零件的使用性能。

二、表面粗糙度有关术语及定义

1. 表面轮廓

表面轮廓是指平面与实际表面相交所得的轮廓线，如图 3-4 所示。按相截方向不同，表面轮廓分为横向表面轮廓和纵向表面轮廓。横向实际轮廓是指垂直于表面加工纹理方向的表面与表面相交所得的表面轮廓线，纵向表面轮廓是指平行于表面加工纹理方向的平面与表面相交所得的表面轮廓线。在评定表面粗糙度时，除非特别指明，否则通常为评定横向表面轮廓，即与加工纹理方向垂直的轮廓。

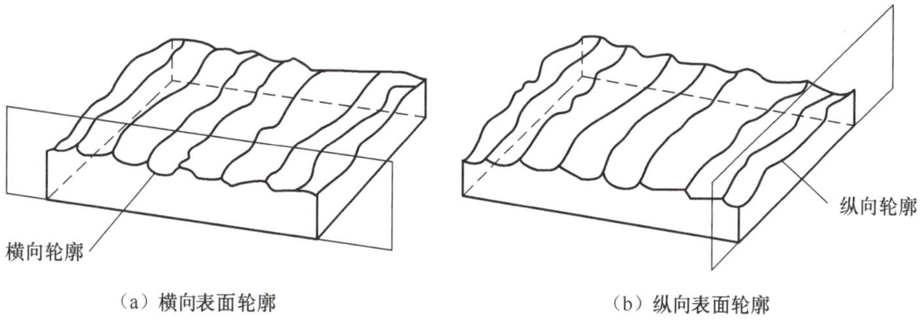

图 3-4　表面轮廓

2. 取样长度

取样长度 lr 是用于判别被评定轮廓的不规则特征的 x 轴方向上的长度，即具有表面粗糙度特征的一段基准线长度。x 轴的方向与轮廓总的走向一致，一般取样长度至少包含 5 个轮廓峰和轮廓谷，如图 3-5 所示。规定和限制这段长度是为了限制和减弱表面波度对表面粗糙度测量结果的影响，取样长度应与被测表面的粗糙度相适应。标准规定，按表面粗糙度数值选取相应的取样长度，表面越粗糙，取样长度应越大。

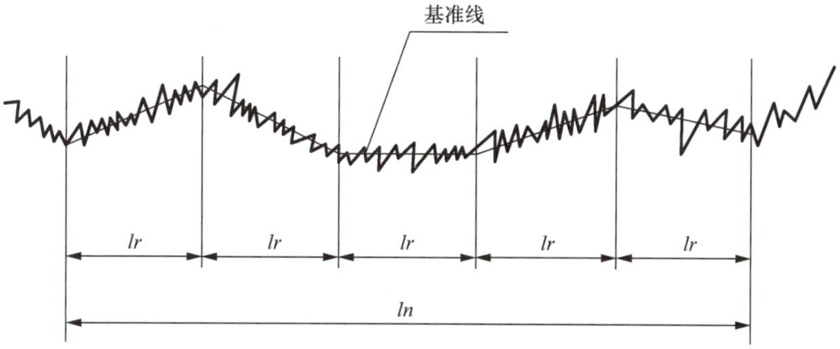

图 3-5　取样长度和评定长度

取样长度 lr 的数值可从标准值系列(0.08 mm、0.25 mm、0.8 mm、2.5 mm、8 mm 和

25 mm)中选取。

3. 评定长度

评定长度 ln 用于评定被评定轮廓在 x 方向上的长度。一般评定长度包含一个或几个取样长度。规定评定长度是为了克服加工表面的不均匀性,较客观地反映表面结构的真实情况。如图 3-5 所示,一般取评定长度 $ln=5lr$。

4. 中线

中线是指具有几何轮廓形状并划分轮廓的基准线,也是定量计算表面结构数值的基准线,分为粗糙度轮廓中线、波纹度轮廓中线和原始轮廓中线。确定轮廓中线有如下 2 种方法。

(1) 轮廓最小二乘中线。轮廓的最小二乘中线是在取样长度范围内,实际被测轮廓线上的各点至该线的距离平方和为最小,如图 3-6 所示。轮廓的最小二乘中线的数学表达式为

$$\int_0^{ln} z^2 \mathrm{d}x = 极小值$$

原始轮廓中线就是在原始轮廓上按照标称形状用最小二乘拟合确定的中线。

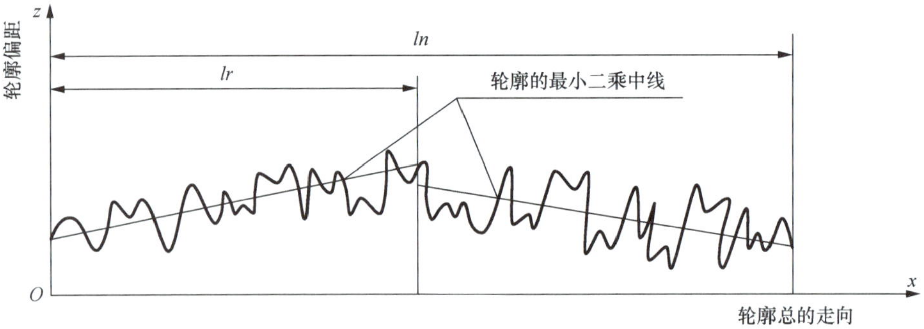

图 3-6　轮廓最小二乘中线示意图

(2) 轮廓算术平均中线。轮廓算术平均中线是指具有几何轮廓形状,在取样长度内与轮廓走向一致的基准线,该线划分轮廓并使上下两部分的面积相等。如图 3-7 所示,中间直线 m 是算术平均中线,F_1, F_2, …, F_n 代表中线上面部分的面积,F'_1, F'_2, …, F'_n 代表中线下面部分的面积,直线 m 使 $F_1+F_2+\cdots+F_n=F'_1+F'_2+\cdots+F'_n$。

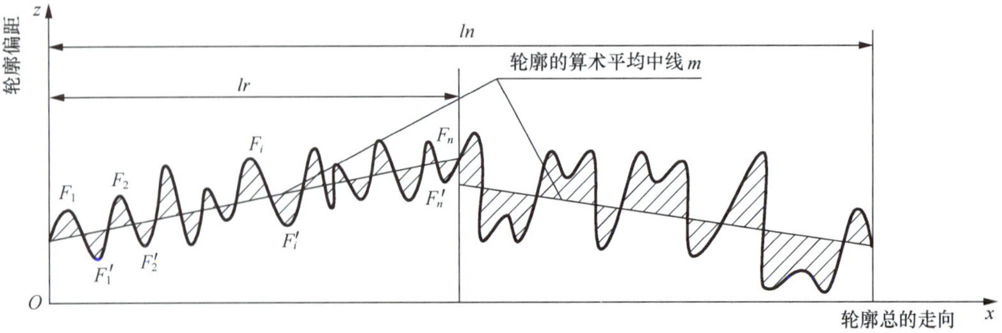

图 3-7　轮廓的算术平均中线示意图

最小二乘中线理论上是理想的、唯一的基准线，但在轮廓图形上，确定最小二乘中线的位置比较困难，因此只用于精确测量。轮廓算术平均中线与最小二乘中线差别很小，通常用图解法或目测法就可以确定，故实际应用中常用轮廓的算术平均中线代替最小二乘中线。

三、表面粗糙度的评定参数

1. 幅度参数

国家标准规定采用中线制(轮廓法)评定表面结构，表面结构幅度参数分为轮廓算术平均偏差 Ra 和轮廓最大高度 Rz。

(1) 轮廓算术平均偏差。轮廓算术平均偏差 Ra 是指在一个取样长度内，轮廓偏距 $z(x)$ 绝对值的算术平均值，如图 3-8 所示。其数学表达式为

$$Ra=\frac{1}{lr}\int_{0}^{lr}|z(x)|\mathrm{d}x$$

其中，z 为轮廓偏距。

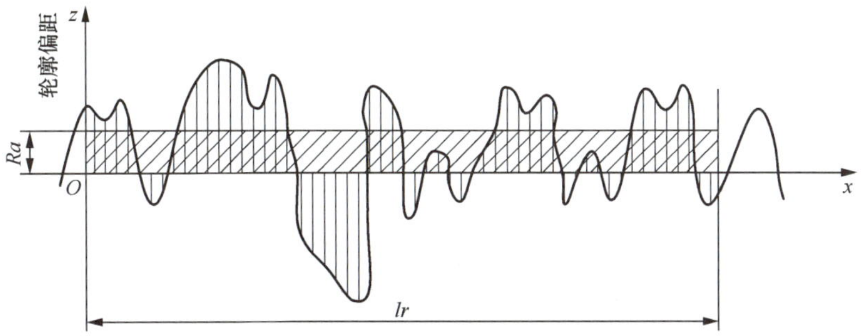

图 3-8　轮廓算术平均偏差 Ra 示意图

由上式可以看出，Ra 参数能充分反映表面微观几何形状高度方面的特性，Ra 越大，表明零件表面越粗糙。

(2) 轮廓最大高度。轮廓最大高度 Rz 是指在一个取样长度内，最大轮廓峰高 Z_p 与最大轮廓谷深 Z_v 之和，如图 3-9 所示。其数学表达式为

$$Rz=Z_p+Z_v$$

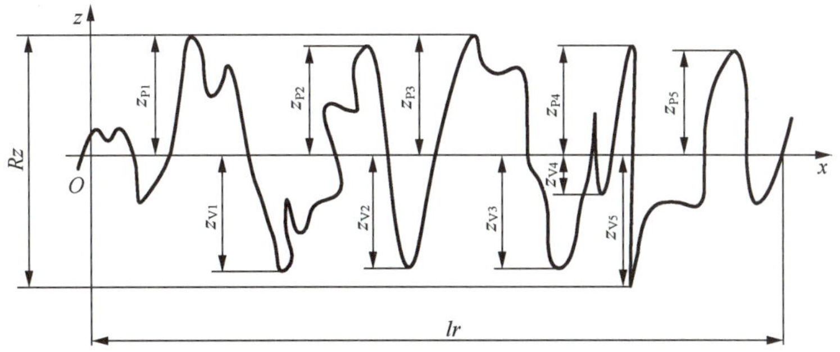

图 3-9　轮廓最大高度(以粗糙度轮廓为例)Rz 示意图

表面粗糙度在幅度参数(峰和谷)常用的参数值范围内(Ra 为 0.025～6.3 μm,Rz 为 0.1～25 μm)推荐优先选用 Ra 中的系列值,见表 3-1;用 Rz 时推荐优先选用系列值,见表 3-2。

表 3-1　　轮廓的算术平均偏差 *Ra* 的数值　　单位:μm

第一系列	第二系列	第一系列	第二系列	第一系列	第二系列	第一系列	第二系列
	0.008						
	0.010						
0.012			0.125		1.25	12.5	
	0.016		0.160	1.6			16.0
	0.020	0.20			2.0		20
0.025			0.25		2.5	25	
	0.032		0.32	3.2			32
	0.040	0.40			4.0		40
0.050			0.50		5.0	50	
	0.063		0.63	6.3			63
	0.080	0.80			8.0		80
0.100			1.00		10.0	100	

注:摘自《产品几何技术规范(GPS)　表面结构　轮廓法　表面粗糙度参数及其数值》(GB/T 1031—2009)。

表 3-2　　轮廓最大高度 *Rz* 的数值　　单位:μm

第一系列	第二系列	第一系列	第二系列	第一系列	第二系列	第一系列	第二系列	第一系列	第二系列	第一系列	第二系列
			0.125		1.25	12.5			125		1 250
			0.160	1.60			16.0		160	1 600	
		0.20			2.0		20	200			
0.025			0.25		2.5	25			250		
	0.032		0.32	3.2			32		320		
	0.040	0.40			4.0		40	400			
0.050			0.50		5.0	50			500		
	0.063		0.63	6.3			63		630		
	0.080	0.80			8.0		80	800			
0.100			1.00		10.0	100			1 000		

注:摘自《产品几何技术规范(GPS)　表面结构　轮廓法　表面粗糙度参数及其数值》(GB/T 1031—2009)。

2. 间距参数

轮廓单元的平均宽度 Rsm 是指在取样长度内,轮廓单元宽度 X_s 的平均值。轮廓单元是指轮廓峰和轮廓谷的组合宽度。轮廓单元宽度 X_s 是指 x 轴线与轮廓单元相交线段的长度,如图 3-10 所示,其数学表达式为

$$Rsm=\frac{1}{m}\sum_{i=1}^{m}X_{si}$$

其中，X_{si} 为第 i 个轮廓微观不平度的间距。

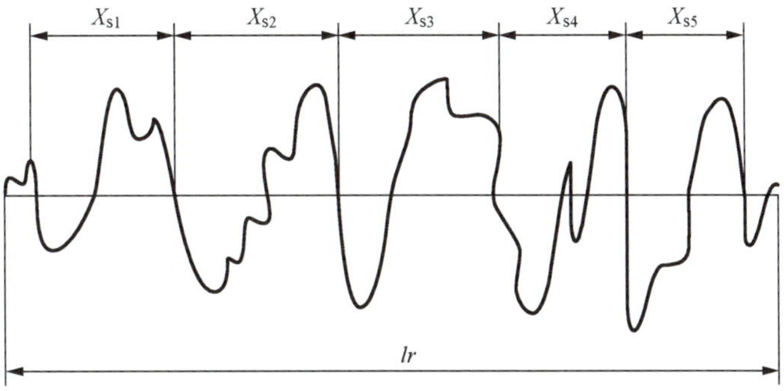

图 3-10　轮廓单元的平均宽度

注意，在计算参数 Rsm 时，需要判断轮廓单元的高度和间距，若无特殊规定，缺省的高度分辨力应分别按 Rz 的 10%选取，缺省的水平间距分辨力按取样长度的 1%选取，上述两个条件都应满足。Rsm 的大小反映了轮廓表面峰谷的疏密程度，Rsm 越小，峰谷越密，密封性越好，其数值见表 3-3。

表 3-3　　轮廓单元的平均宽度 Rsm 的数值　　单位：μm

第一系列	第二系列	第一系列	第二系列	第一系列	第二系列	第一系列	第二系列
	0.002		0.02		0.25		2.5
	0.003		0.023		0.32	3.2	
	0.004		0.04	0.4			4.0
	0.005	0.05			0.5		5.0
0.006			0.063		0.63	6.3	
	0.008		0.08	0.8			8.0
	0.01	0.1			1.00		10.0
0.012 5			0.125		1.25	12.5	
	0.016		0.16	1.6			
0.025		0.2			2.0		

注：摘自《产品几何技术规范(GPS)　表面结构　轮廓法　表面粗糙度参数及其数值》(GB/T 1031—2009)。

3. 形状特性参数

轮廓支承长度率 $Rmr(c)$ 是指在给定水平截面高度 c 上轮廓的实体材料长度 $Ml(c)$ 与评定长度的比率。其数学表达式为

$$Rmr(c)=\frac{Ml(c)}{ln}$$

所谓在给定水平截面高度 c 上轮廓的实体材料长度 $Ml(c)$ 是指在一个给定水平截面高

度 c 上用一条平行于 x 轴的线与轮廓单元相截所获得的各段截线长度之和，如图 3-11所示。

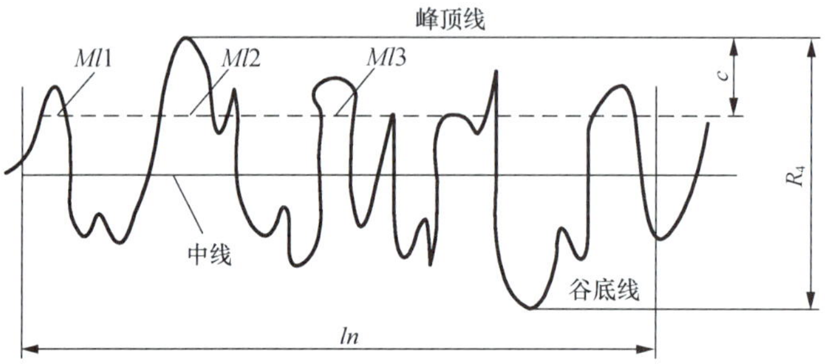

图 3-11　实体材料长度

其数学表达式为

$$Ml(c)=Ml1+Ml2+\cdots+Mln$$

轮廓支承长度率 $Rmr(c)$ 的数值见表 3-4。

表 3-4　轮廓支承长度率 $Rmr(c)$ 的数值　单位：μm

Rmr(c)	Rmr(c)	Rmr(c)	Rmr(c)
10	25	50	80
15	30	60	90
20	40	70	

注：摘自《产品几何技术规范(GPS)　表面结构　轮廓法　表面粗糙度参数及其数值》(GB/T 1031—2009)。

选用轮廓支承长度率 $Rmr(c)$ 的参数时，应同时给出轮廓截面高度 c 值，它可用微米或 Rz 的百分数表示。Rz 的百分数系列如下：5%、10%、15%、20%、25%、30%、40%、50%、60%、70%、80%和 90%。

轮廓支承长度率 $Rmr(c)$ 与表面轮廓形状有关，是反映表面耐磨性能的指标。如图 3-12所示，在给定水平位置 c 上，图 3-12(b)所示的表面比图 3-12(a)所示的实体材料长度大，所以，承载面积大，接触刚度高，表面耐磨性好。

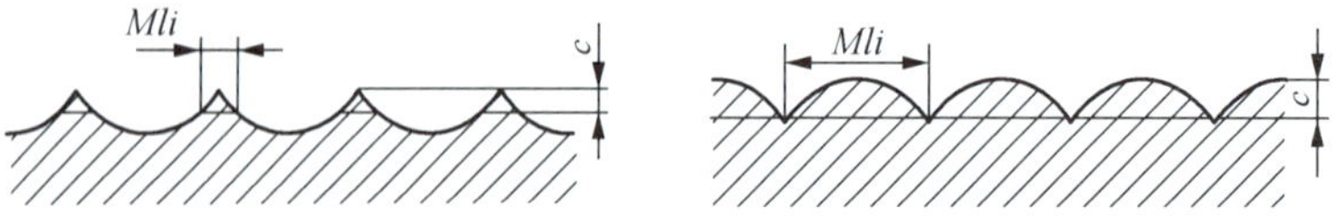

(a) 支承长度小　(b) 支承长度大

图 3-12　不同表面轮廓形状的实体材料长度

综上所述可知，在实际工程中选择评定参数的主要依据是表面功能的需要。国家标准《产品几何技术规范(GPS)　表面结构　轮廓法　术语、定义及表面结构参数》(GB/T 3505—2009)规定，幅度参数是基本评定参数，而间距参数和形状特性参数为附加评定参数。

四、表面粗糙度的特征代号及标注

1. 表面粗糙度的基本图形符号和扩展图形符号

为了标注表面粗糙度轮廓各种不同的技术要求，国标《产品几何技术规范(GPS)　技术产品文件中表面结构的表示法》(GB/T 131—2006)对表面粗糙度的符号(代号)及标注都作了规定，以下主要对高度参数 Ra、Rz 的标注进行简要说明。国标规定了 1 个基本图形符号和 2 个扩展图形符号，表面粗糙度在图样上用细实线画出，符号画法如图 3-13 所示，表面粗糙度的符号尺寸见表 3-5，表面粗糙度基本图形和扩展图形的符号及含义见表 3-6。

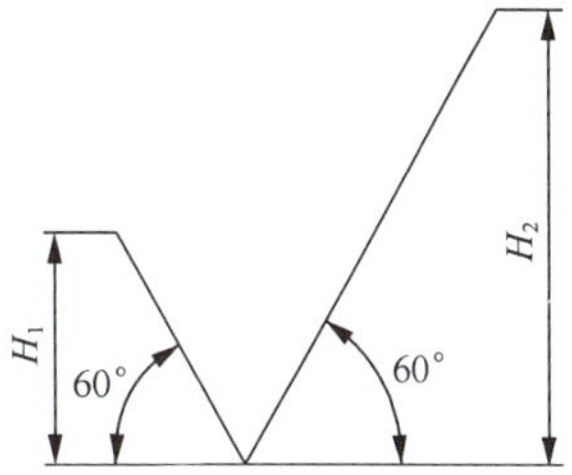

图 3-13　表面结构符号画法

表 3-5　表面粗糙度符号的尺寸系列　单位：mm

数字和字母高度 h	2.5	3.5	5	7	10	14	20
符号线宽 d_1 字母线宽 d	0.25	0.35	0.5	0.7	1	1.4	2
高度 H_1	3.5	5	7	10	14	20	28
高度 H_2	7.5	10.5	15	21	30	42	60

注：H_2 取决于标注内容。

表 3-6　基本图形和扩展图形的符号及含义

符　号	含　义
	基本图形符号，表示未指定工艺方法的表面，当通过一个注释解释时可单独使用
	扩展图形符号，表示用去除材料方法获得的表面；仅当其含义是“被加工表面”时可单独使用
	扩展图形符号，表示用不去除材料方法获得的表面，也可用于表示保持上道工序形成的表面，不管这种表面是通过去除材料方法或不去除材料方法获得的

2. 表面粗糙度的完整图形符号

当要求标注表面粗糙度特征的补充信息时，应在图 3-13 所示图形符号的长边端部加一条横线，构成表面粗糙度的完整图形符号。表面粗糙度的完整图形符号如图 3-14 所示。

3. 表面粗糙度符号的标注

(1) 表面图形符号的特征组成。当需要表示的加工表面对表面特征的其他规定有要求时，应在表面粗糙度符号的相应位置注上若干必要项目的表面特征规定。表面粗糙度特征的各项规定在符号中的注写位置如图 3-15 所示。

图 3-14　表面粗糙度的完整图形符号

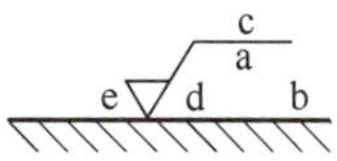

图 3-15　表面粗糙度特征的标注位置

① a 为注写表面结构单一要求，包括粗糙度幅度参数代号（Ra、Rz）、参数极限值（单位为 μm）和传输带或取样长度[其标注顺序及规定如下：传输带数值/评定长度/幅度参数代号（空格）幅度参数数值]。

② b 为注写第二个（或多个）表面粗糙度要求，附加评定参数（如 Rsm，单位为 mm）。

③ c 为加工方法。

④ d 为加工纹理方向的符号。

⑤ e 为加工余量（mm）。

（2）极限值及其判断规则的标注。图形符号组成特征的标注除“取样长度”和“评定长度”外，还应标注“极限值及其判断规则、传输带、加工方法或相关信息、表面纹理和加工余量”等信息。

极限值是指图样上给定的粗糙度参数值（单向上限值、下限值、最大值或双向上限值和下限值）。极限值的判断规则是指在完工零件表面上测出实测值后，如何与给定值比较，以判断其是否合格的规则。极限值的判断规则有以下 2 种。

① 16%规则。当所注参数为上限值时，用同一评定长度测得的全部实测值中，大于图样上规定值的个数不超过测得值总个数的 16%时，则该表面是合格的。

对于给定表面参数下限值的场合，如果用同一评定长度测得的全部实测值中，小于图样上规定值的个数不超过总数的 16%时，该表面也是合格的。

② 最大规则。在被检的整个表面上测得的参数值中，一个也不应超过图样上的规定值。为了指明参数的最大值，应在参数代号后面增加一个“max”的标记，例如，Ramax3.2。

16%规则是所有表面粗糙度要求标注的默认规则。当参数代号后无“max”字样者均为“16%规则”（默认）。

当标注单向极限要求时，一般是指参数的上限值（16%规则或最大规则的极限值），此时不必加注说明；如果是指参数的下限值，则应在参数代号前加“L”，例如：LRa6.3（16%规则）、Ramax1.6（最大规则）。

表示双向极限时应标注极限代号，上限值在上方用 U 表示，下限值在下方用 L 表示。如果同一参数具有双向极限要求，在不会引起歧义的情况下，可以不加 U、L。极限值及其判断规则的注法如图 3-16 所示。

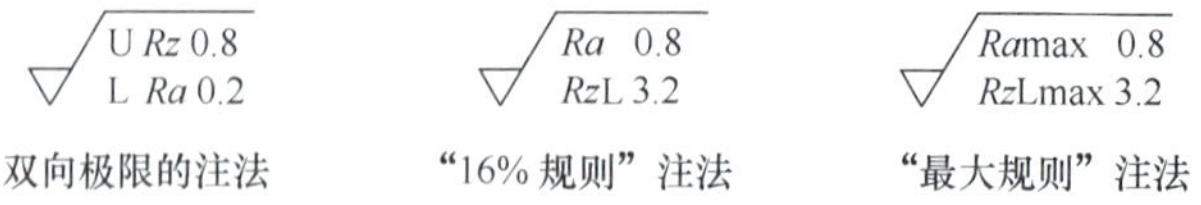

图 3-16 极限值及其判断规则的注法

（3）传输带和取样长度、评定长度的标注。传输带是指两个长、短波滤波器之间的波长范围，即评定时的波长范围。传输带被一个截止短波滤波器和另一个截止长波的长波滤波器所限制。滤波器由截止波长值表示，而长波滤波器的截止波长值即为取样长度。传输带（单位为 mm）标注在幅度参数符号的前面，并用斜线“/”隔开，如图 3-17 所示。图 3-17(a)中，$\lambda_c = 0.0025$ mm，$\lambda_c = lr = 0.8$ mm。

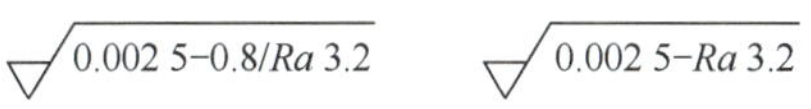

（a）　（b）　（c）

图 3-17　传输带的标注

（a）16% 规则　（b）最大规则

图 3-18　评定长度的标注

当参数代号中没有标注传输带时，表面粗糙度要求采用默认的传输带。R 轮廓传输带的截止波长值代号为短波滤波器和长波滤波器。评定 R 轮廓时，具体截止波长可查阅有关国家标准。

注写传输带（单位为 mm）时，短波滤波器在前，长波滤波器在后，并用连字号“－”隔开。如果只标注一个滤波器，应保留连字号“－”，以区分是短波滤波器还是长波滤波器（例如，“0.008－”表示短波滤波器，“－0.25”表示长波滤波器），如图 3-17 所示。此时，另一截止波长应解读为默认值。如果表面粗糙度参数没有默认的传输带、默认的短波滤波器或默认的取样长度（长波滤波器），则表面粗糙度代号中应该指出传输带，即短波滤波器或长波滤波器。

需要指定评定长度时，则应在幅度参数符号的后面注写取样长度的个数，如图 3-18 所示。图 3-18(a)的标注中，$ln=3lr$，$\lambda_c=lr=1$ mm，λ_s 默认为标准化值 0.002 5 mm，判断规则默认为 16%规则；图 3-18(b)所示的标注中，$ln=6lr$，传输带为 0.008～1 mm，判断规则采用最大规则。

注：λ_s 是指确定存在于表面上的粗糙度与比它短的波的成分之间相交界限的滤波器，λ_c 是确定存在于粗糙度与波纹度成分之间相交界限的滤波器。

（4）表面纹理方向的标注。纹理方向是指表面纹理的主要方向，通常由加工工艺决定。需要标注表面纹理及其方向时，则应采用规定的符号（摘自 GB/T 131—2006）进行标注。表面纹理标注符号如图 3-19 所示。

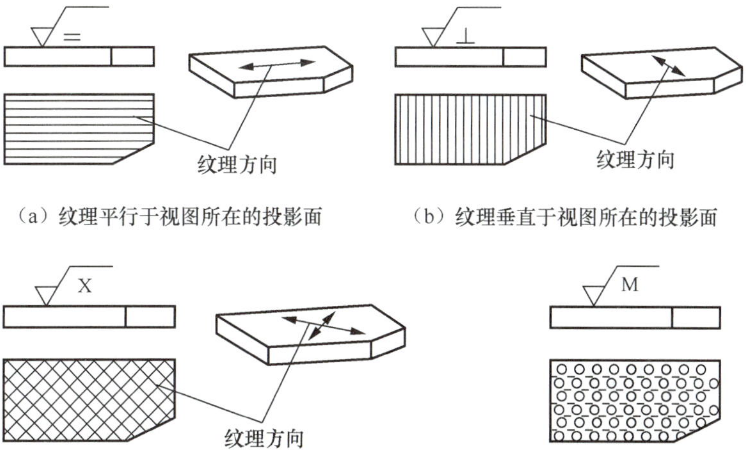

（a）纹理平行于视图所在的投影面　（b）纹理垂直于视图所在的投影面

（c）纹理呈两斜向交叉方向　（d）纹理呈多方向

图 3-19　表面纹理方向的标注

(5) 间距、形状特征参数的标注。若需要标注 Rsm、$Rmr(c)$ 值时，将其符号注在加工纹理的旁边，数值写在代号的后面。如图 3-20 所示，用磨削的方法获得的表面的幅度参数 Ra 上限值为 1.6 μm（采用最大原则），下限值为 0.2 μm（默认 16%规则），传输带皆采用 $\lambda_s=0.008$ mm，$\lambda_c=\lambda_r=1$ mm，评定长度值采用默认的标准化值 5；附加了间距参数 Rsm0.05 mm，加工纹理垂直于视图所在的投影面。

(6) 加工余量的标注。在零件图上标注的表面粗糙度轮廓技术要求都是针对完工表面的要求，因此不需要标注加工余量。但对于有多个加工工序的表面可以标注加工余量，例如，在加工完工零件形状的铸锻件图样中给出加工余量，一般同表面结构要求一起标注，如图 3-21 所示。图 3-21 所示加工余量的标注表示车削工序的直径方向加工余量为 0.4 mm。

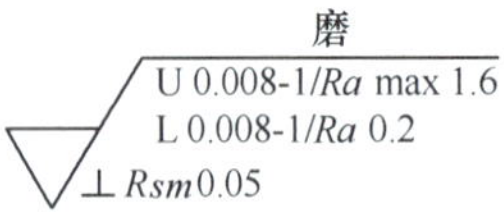

图 3-20　间距、形状特征参数的标注

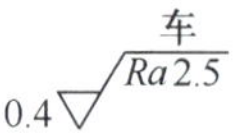

图 3-21　加工余量的标注

表面粗糙度部分代号及含义解释见表 3-7。

表 3-7　表面粗糙度部分代号及含义

符　号	含义/解释
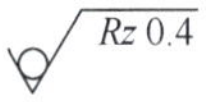	表示不允许去除材料，单向上限值，默认传输带，R 轮廓，粗糙度的最大高度 0.4 μm，评定长度为 5 个取样长度（默认），“16%规则”（默认）
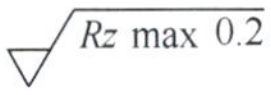	表示去除材料，单向上限值，默认传输带，R 轮廓，粗糙度最大高度的最大值 0.2 μm，评定长度为 5 个取样长度（默认），“最大规则”
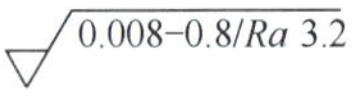	表示去除材料，单向上限值，传输带 0.008～0.8 mm，R 轮廓，算术平均偏差 3.2 μm，评定长度为 5 个取样长度（默认），“16%规则”（默认）
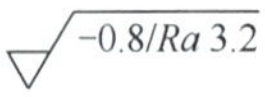	表示去除材料，单向上限值，传输带：根据 GB/T 6062，取样长度 0.8 μm（λ_s 默认 0.002 5 mm），R 轮廓，算术平均偏差 3.2 μm，评定长度包含 3 个取样长度，“16%规则”（默认）
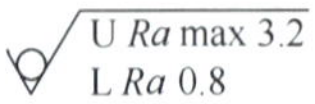	表示不允许去除材料，双向极限值，两极限值均使用默认传输带，R 轮廓，上限值：算术平均偏差 3.2 μm，评定长度为 5 个取样长度（默认），“最大规则”，下限值：算术平均偏差 0.8 μm，评定长度为 5 个取样长度（默认），“16%规则”（默认）
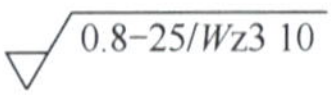	表示去除材料，单向上限值，传输带 0.8～25 mm，W 轮廓，波纹度最大高度 10 μm，评定长度包含 3 个取样长度，“16%规则”（默认）

4. 表面粗糙度的标注方法

(1) 表面粗糙度符号、代号一般标注在可见轮廓线、尺寸界线、引出线或它们的延长线上，符号的尖端必须从材料外指向表面，表面粗糙度的注写方向和读取方向要与尺寸的注写和读取方向一致。表面粗糙度的注写方向如图 3-22 所示。

(2) 表面粗糙度可标注在轮廓线上，其符号应从材料外指向并接触表面。表面粗糙度代号在图样上的标注如图 3-23 所示。必要时，也可用带箭头或黑点的指引线引出标注，如图 3-24 所示。

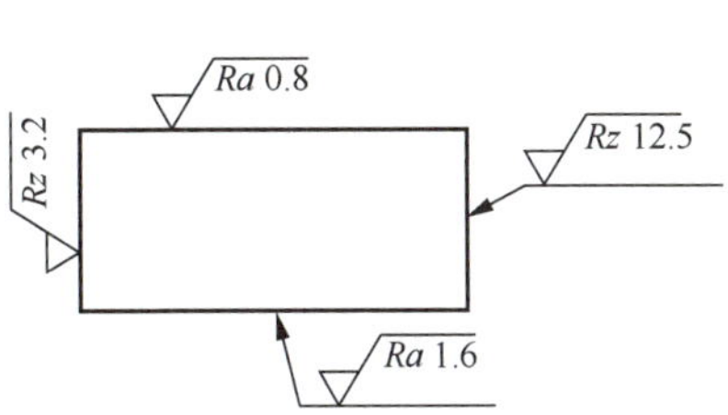

图 3-22　表面粗糙度的注写方向

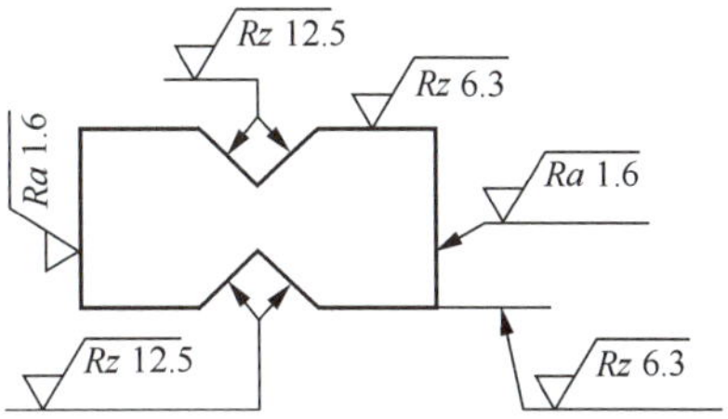

图 3-23　表面粗糙度代号在图样上的标注

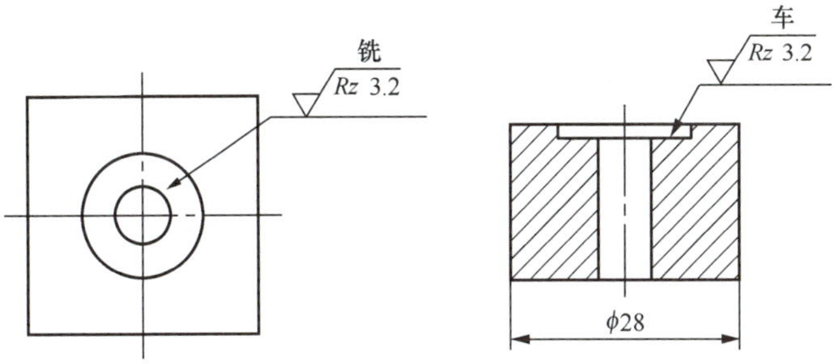

（a）标注形式 1　　（b）标注形式 2

图 3-24　用指引线引出标注表面粗糙度

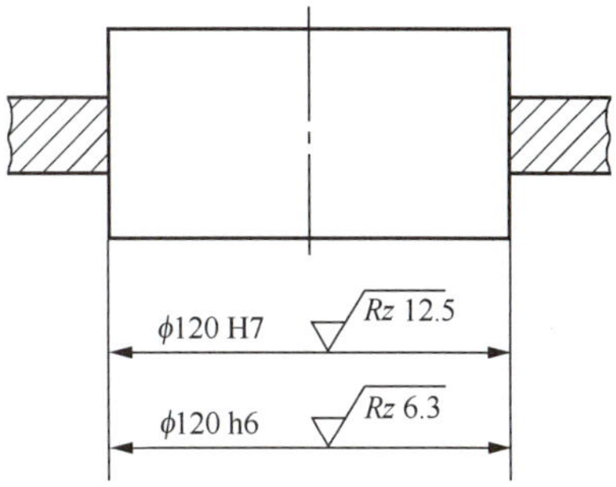

图 3-25　表面粗糙度注写在尺寸线上

（3）在不至引起误解时，表面粗糙度可以注写在给定的尺寸线上，如图 3-25 所示。

（4）表面粗糙度可以标注在几何公差框格上方，如图 3-26 所示。

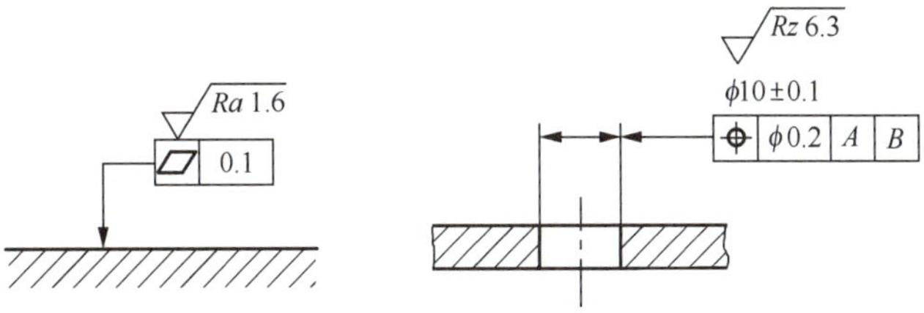

（a）表面粗糙度标注在几何公差上方　　（b）表面粗糙度标注在尺寸公差上方

图 3-26　表面粗糙度标注在形位公差框格上方

（5）表面粗糙度可以直接标注在延长线上，或用带箭头的指引线引出标注，如图 3-27 所示。

（6）简化标注。当零件的某些表面或多数表面具有相同的技术要求时，对这些表面的技术要求可以用特定符号统一标注在零件图的标题栏附近。该表面粗糙度要求符号后面应有圆括号，说明该要求的适用范围。如图 3-28(a)所示，括号内给出无任何其他标注的基本符号；如图 3-28(b)所示，在括号内给出粗糙度不同的表面的粗糙度要求。

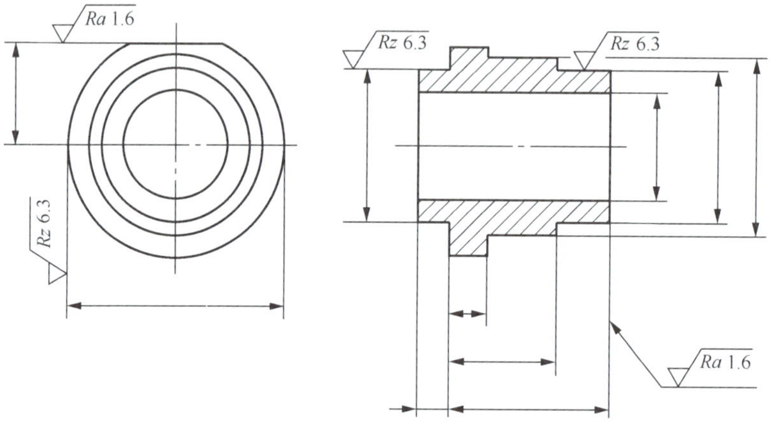

（a）表面粗糙度标注在延长线（尺寸界线）　（b）表面粗糙度标注在指引线上

图 3-27　表面粗糙度标注在延长线或用带箭头的指引线引出标注

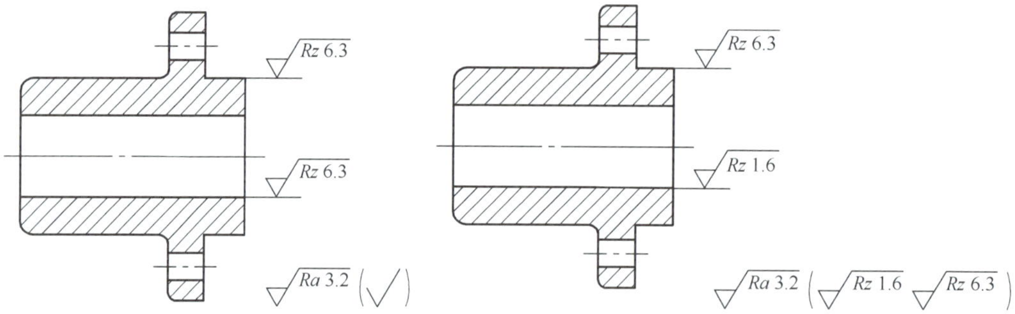

（a）含义为“其他”的简化注法　（b）含义为“除（括号内参数）以外”的简化注法

图 3-28　多数表面有相同的表面粗糙度要求时的简化注法

五、表面粗糙度的检测

测量表面粗糙度参数值时，若图样上没特别注明测量方向，则应在尺寸最大的方向上测量。通常就是在垂直于加工纹理方向的截面上测量。对无一定加工纹理方向的表面（如研磨、电火花等加工表面），应在几个不同方向上测量，取最大值为测量结果。此外，应注意测量时不要把表面缺陷包含进去。常用的测量方法有以下 4 种。

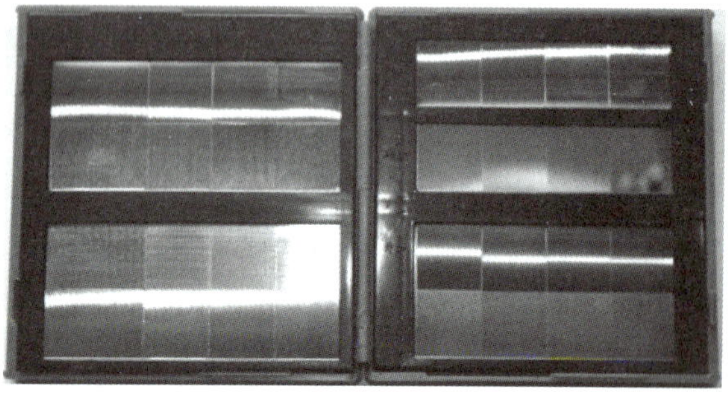

图 3-29　表面粗糙度样块

（1）比较法。比较法就是将被测零件表面与表面粗糙度样块（图 3-29），通过视觉、触感或其他办法（如借助显微镜、放大镜等）进行比较后，对被检表面的粗糙度作出评定的方法。样块规格有(单位为 μm)：磨 0.025,0.05,0.1,0.2,0.4,0.8,1.6,3.2;镗 0.4,0.8,1.6,3.2,6.3,12.5;铣 0.4,0.8,1.6,3.2,6.3,12.5;插刨 0.4,0.8,1.6,3.2,6.3,12.5,25 等。

用比较法评定表面粗糙度虽然不能精确地得出被检表面粗糙度数值,但由于器具简单,使用方便且能满足一般的生产要求,故常用于生产现场。但其结果很大程度上取决于检测人员的经验,此法只用于对表面粗糙度要求不高的工件。

(2) 光切法。光切法就是利用"光切原理"(即光的反射原理)来测量零件表面粗糙度。常用的仪器是光切显微镜,又称双管显微镜,该仪器适宜测量车、铣、刨或其他类似加工方法所加工的零件平面或外圆表面。光切显微镜主要用于测定参数,测量范围一般为 0.8～100 μm。

(3) 光波干涉法。光波干涉法是利用光波的干涉原理测量表面粗糙度的方法。常用的仪器是干涉显微镜,适宜用来测量粗糙度参数 Rz,测量范围为 0.05～0.8 μm。

(4) 针描法(轮廓法)。针描法的工作原理是利用金刚石触针在被测表面上等速缓慢移动,被测表面的微观不平度将使触针做垂直方向的上下移动,该微量移动通过传感器转换成电信号,并经过放大和处理,得到被测参数的相关数值。

按针描法原理设计制造的表面粗糙度测量仪器通常称为轮廓仪。根据转换原理的不同,有电感式轮廓仪、电容式轮廓仪、电压式轮廓仪等。轮廓仪可测 Ra、Rz、Rsm 及 $Rmr(c)$ 等多个参数。除轮廓仪外,还有光学触针轮廓仪,它适用于非接触测量,可以防止划伤零件表面。这种仪器通常直接显示 Ra 值,其测量范围为 0.025～6.3 μm。

任务分析

根据任务要求,该检测量块的表面粗糙度参数项目为轮廓算术平均偏差 Ra,参数值分别为 Ra3.2、Ra6.3,可选用电动轮廓仪检测两表面的表面粗糙度值,并判定合格性。

任务实施

一、任务准备

按组领取 BCJ-2 型电动轮廓仪及测件(或按工位分配学生)、被测工件等用品。

二、认识 BCJ-2 型电动轮廓仪

量仪说明与测量原理：电动轮廓仪又称表面粗糙度检查仪,是用针描法来测量表面粗糙度值的检测设备。针描法又称触针法,是一种接触测量。电动轮廓仪适用于测量 0.025～5 μm 的 Ra 值。有些型号的电动轮廓仪还配有各种附件,除了可测量一般零件外,还可测圆锥面、球面、曲面、小孔(孔径大于 3 mm 的小孔表面,孔径大于 7.5 mm、长达 280 mm的深孔表面)、沟槽等表面。

电动轮廓仪结构如图 3-30 所示,由传感器、驱动器、指示表、记录器和工作台等主要部件组成,传感器的端部装有金刚石触针。

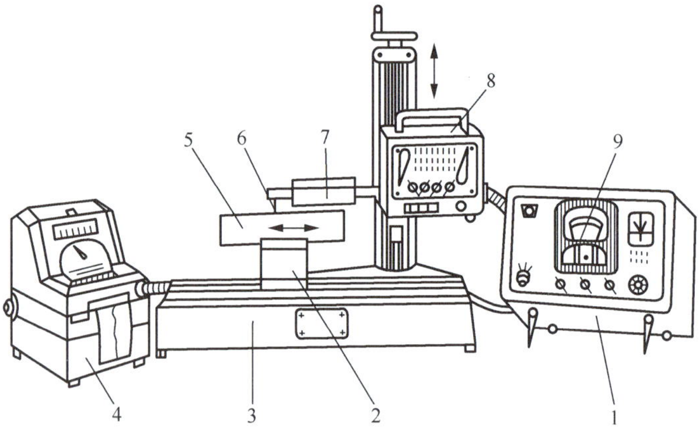

1—电箱；2—V 形块；3—工作台；4—记录器；5—工件；6—触针；7—传感器；8—驱动器；9—指示表

图 3-30　电动轮廓仪

电动轮廓仪的测量原理如图 3-31 所示。将触针搭在工件上，使触针与被测表面垂直接触，利用驱动器以一定的速度拖动传感器。由于被测表面粗糙不平，因此迫使触针在垂直于被测表面的方向上产生上下移动。这种机械的上下移动通过传感器转换成电信号，再经信号放大、相敏检波和功率放大后，推动自动记录装置，直接描绘出被测轮廓的放大图形，按此图形进行数据处理，即可得到 Ra 值。也可使信号通过滤波器，经检波后的信号由积分电路进行积分计算后，由指示表指出表面轮廓的算术平均偏差 Ra。电动轮廓仪的特点是体积小、重量轻、搬运方便、使用灵巧、操作简单、测量迅速方便、读数直观准确，而且对使用环境无严格要求，故应用广泛。

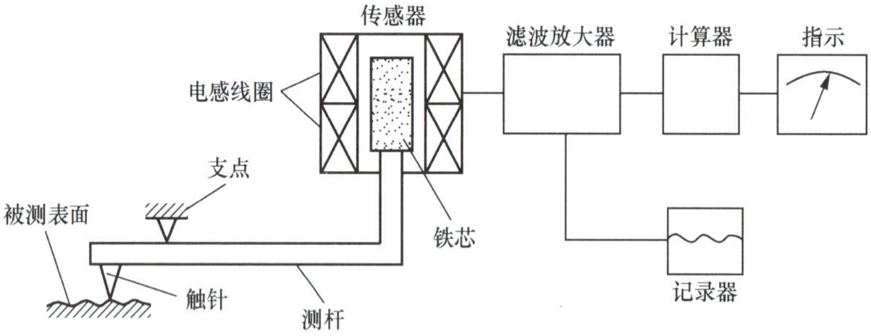

图 3-31　触针法测量原理

三、测量步骤

(1) 接上电源后，根据被测零件表面粗糙度的要求，选择合适的传感器，用连接线将其与驱动器连接。

(2) 将被测件擦干净，放在工作台的 V 形架上。

(3) 装好被测零件后，将传感器的测头轻轻搭在被测件上。操作时要特别小心，以免损坏金刚石触针，使触针与被测表面垂直，并使其运动方向与工件加工纹理方向垂直。

(4) 打开电动轮廓仪电源开关进行预热，时间不少于 30 min。

(5) 根据被测零件选择测量范围。例如，某零件的表面粗糙度 Ra 值要求为 0.2～0.4 μm，按钮应选择第三挡，切除长度在 0.25 挡。用手轻轻按动驱动器按钮，表针即指示数据，此时按复零按钮，表针立即回复零位。

(6) 变换不同测量位置连续测 4 次，将测量结果取平均值作为测得的值。

(7) 将测量结果及计算结果填写在实训任务书(表 3-8)，并作出合格性判定。

表 3-8　　用电动轮廓仪测量表面粗糙度

<table>
<tr><td>班　级</td><td></td><td>姓　名</td><td></td><td>学　号</td><td></td></tr>
<tr><td rowspan="2">仪器</td><td colspan="2">仪器名称与型号</td><td colspan="2">测量范围</td><td>测量方式</td></tr>
<tr><td colspan="2"></td><td colspan="2"></td><td></td></tr>
<tr><td>被测工件图
(尺规绘图)</td><td colspan="5"></td></tr>
<tr><td colspan="2" rowspan="2">被测表面轮廓最大高度允许 Ra 值</td><td colspan="2">被测表面一</td><td colspan="2">被测表面二</td></tr>
<tr><td colspan="2"></td><td colspan="2"></td></tr>
<tr><td rowspan="5">测量数据记录</td><td>序号</td><td colspan="2"></td><td colspan="2"></td></tr>
<tr><td>1</td><td colspan="2"></td><td colspan="2"></td></tr>
<tr><td>2</td><td colspan="2"></td><td colspan="2"></td></tr>
<tr><td>3</td><td colspan="2"></td><td colspan="2"></td></tr>
<tr><td>4</td><td colspan="2"></td><td colspan="2"></td></tr>
<tr><td colspan="2">平均值</td><td colspan="2"></td><td colspan="2"></td></tr>
<tr><td>结论分析</td><td colspan="5"></td></tr>
<tr><td>教师评语</td><td colspan="5"></td></tr>
</table>

注意事项如下。

(1) 根据被测工件表面粗糙度的大小，随时变换量程挡，以满足测量要求。

(2) 触针与被测工件表面接触时会留下划痕，这对一些重要的表面而言是不允许的。

(3) 因受触针圆弧半径大小的限制，不能测量粗糙度值要求很高的表面，否则会产生较大的测量误差。

拓展任务——用双管显微镜测量表面粗糙度

一、任务描述

如图 3-32 所示为表面粗糙度检测量块，试用双管显微镜测量表面粗糙度 Rz 值，并判定该检测量块是否合格。

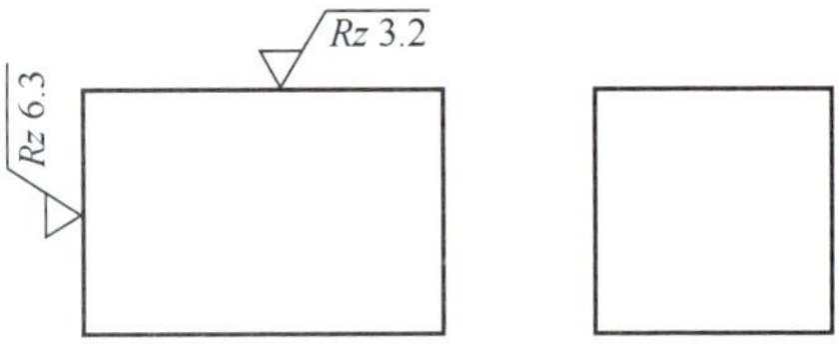

图 3-32 表面粗糙度检测量块

二、任务分析

根据任务要求，该检测量块的表面粗糙度参数项目为轮廓最大高度 Rz，参数值分别为 Rz3.2、Rz6.3，可选用双管显微镜检测两表面的表面粗糙度值，并判定合格性。

三、任务实施

1. 任务准备

按组领取双管显微镜及附件（或按工位分配学生）、被测工件等用品。

2. 认识双管显微镜

双管显微镜又称光切显微镜，其外形和结构如图 3-33 所示。它利用光切原理来测量零件表面粗糙度，可用于测量车、铣、刨及其他类似方法加工的金属外表面，还可用来观察木材、纸张、塑料、电镀层等表面的微观不平度。对大型工件和内表面，可采用印模法复制被测表面模型，然后再用双管显微镜进行测量。

(a) 外形

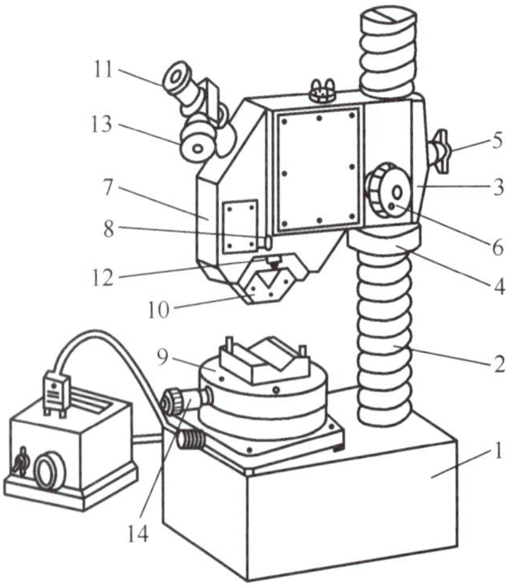

(b) 结构

1—底座；2—立柱；3—横臂；4—粗调螺母；5—锁紧旋手；6—微调手轮；7—壳体；8—手柄；9—工作台；10—可换物镜组；11—目镜；12—燕尾；13—目镜千分尺；14—横向移动千分尺

图 3-33 双管显微镜

双管显微镜主要用于测量轮廓最大高度 Rz，测量 Rz 的范围一般为 0.8～80 μm。必要时也可通过测出轮廓图形上的各点，用坐标点绘图法画出轮廓图形；或使用仪器上的拍照装置，拍摄出被测轮廓，近似评定 Ra 或轮廓单元的平均宽度 Rsm。双管显微镜可换物镜组有 4 组，见表 3-9。

表 3-9　　双管显微镜参数

物镜放大倍数	7	14	30	60
视场直径/mm	2.5	1.3	0.6	0.3
Rz 测量范围/μm	10～80	3.2～20	1.6～6.3	0.8～3.2
目镜套筒分度值/μm	1.26	0.63	0.294	0.145

双管显微镜的测量原理如图 3-34 所示。双管显微镜由两个镜管组成，右为照明管，左为观察管。两个镜管轴线成 90°。从照明管光源发出的光线，穿过聚光镜、狭缝（光阑）和物镜后，变成扁平的光束，以 45°倾角投射到被测表面上。光带在波峰 s 和波谷 s' 处产生反射。波峰 s 与波谷 s' 通过观察管的物镜分别成像于分划板的 a 点和 a' 点。这两点之间的距离 h' 即波峰、波谷影像的高度差（已放大）。测得 h'，便可求出被测表面的波峰、波谷高度差 h，即

$$h = ss'\cos 45°$$

$$ss' = h'/V$$

得

$$h = h'\cos 45°/V$$

其中，V 为物镜的放大倍数。

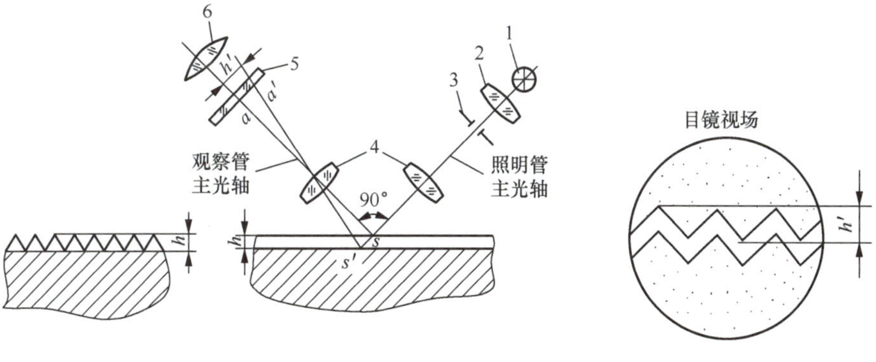

1—光源；2—聚光镜；3—狭缝；4—物镜；5—分划板；6—目镜

图 3-34　双管显微镜的测量原理

3. 测量步骤

(1) 可按被测表面粗糙度参数值的大小选择一对物镜，安装在两镜管的下端。将光源插头插接变压器并接通电源。

(2) 将被测件擦净，置于工作台 9（图 3-33）上，在垂直于加工纹理的方向上测量，即使加工纹理方向与工作台纵向移动方向垂直。

(3) 粗调焦。松开横臂 3 的锁紧旋手 5，转动粗调螺母 4，使横臂 3 连同壳体 7 沿着立

柱 2 上下缓慢移动，进行显微镜的粗调焦。同时，从目镜 11 观察，直至观察到工件表面上出现一绿色光带后锁紧横臂锁紧旋手 5。转动工作台 9，使加工纹理方向与光带垂直。

(4) 细调焦。转动微调手轮 6，配合调整目镜 11，进行显微镜的细调焦。直到在目镜视场中可看到清晰的狭亮波状光带，如图 3-35 所示。

(5) 测量。转动目镜千分尺 13，使分划板上的十字线移动，将十字线的水平线与波峰对准，记录下第一个读数，然后移动十字线，使十字线的水平线与峰谷对准，记录下第二个读数，如图 3-36 所示。两次读数差为图中的 a。

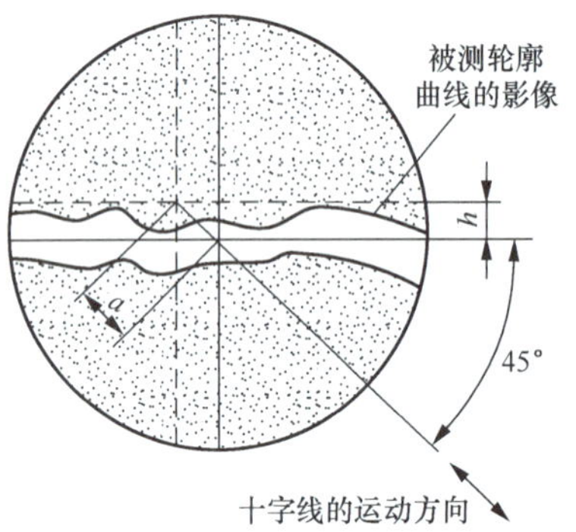

图 3-35　目镜视场的影像

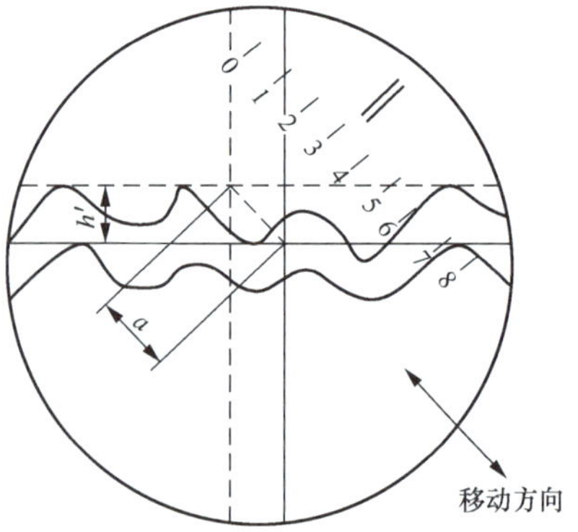

图 3-36　目镜读数示意图

由于读数是在目镜千分尺轴线（与十字线的水平线成 45°）方向测得的，因此两次读数差与目镜中影像高度 h' 的关系为

$$h = a\cos 45°$$

将此式带入式 $h = h'\cos 45°/V$ 中得

$$h = \frac{a}{2V}$$

上式的计算结果即轮廓最大高度 Rz 值。

(6) 记录数据并求平均值。如此重复测量 3 次，将测量结果填入实训任务书（表 3-10）中，根据被测零件的轮廓最大高度 Rz 值大小，做出合格性结论。

表 3-10　　双管显微镜测量零件表面粗糙度

班　级		姓　名		学　号	
仪器	名称	测量范围	物镜放大倍数 V	套筒分度值/mm	
被测工件图（尺规绘图）					

（续表）

被测表面轮廓最大高度允许 Rz 值		被测表面一	被测表面二
测量数据记录	序号		
	1		
	2		
	3		
平均值			
结论分析			
教师评语			

注意事项：

（1）仪器调好后一般不允许动横向移动千分尺。

（2）测量时，应选择两条光带边缘中比较清晰的一条进行测量，不要把光带宽度测量进去。

任务小结

表面粗糙度是实际表面几何形状误差的微观特性，即微小的峰谷高低程度及其间距状况。表面粗糙度对零件的耐磨性、配合性质、疲劳强度、耐腐蚀性、接触刚度等性能和寿命都有较大的影响。表面粗糙度评定参数主要有取样长度、评定长度、轮廓的最小二乘中线、算术平均中线等。表面粗糙度常用评定参数主要有：幅度参数有轮廓算术平均偏差 Ra 和轮廓最大高度 Rz；间距参数有轮廓单元的平均宽度 Rsm；形状特性参数有轮廓支承长度率 $Rmr(c)$。国家标准对以上参数的数值都作了规定，使用时应选表中所列数值，且优先选用第一系列。

表面粗糙度代号通常标注的位置为可见轮廓线上、尺寸界限上或尺寸线上；当地方狭小或不便标注时，代号可以引出标注。表面粗糙度的测量方法有比较法、光切法、光波干涉法、针描法等。

思考与练习

一、填空题

1. 微小的峰谷高低程度及其间距状况称为________。
2. 评定长度是指________，它可以包含几个________。
3. 表面粗糙度评定参数 Ra 称为________，Rz 称为________。

4. 测量表面粗糙度时，规定取样长度的目的在于________。

5. 国家标准中规定表面粗糙度的幅度评定参数有________、________2 项。

6. 在取样长度内，轮廓顶线和轮廓谷底之间的距离称为________。

7. 表面粗糙度符号中，基本符号为________，表示表面可用任何方法获得。

二、简答题

1. 表面粗糙度对零件使用性能有何影响？

2. 表面粗糙度的含义是什么？它与形状误差、表面波纹度有何区别？

3. 评定表面粗糙度时，为什么要规定取样长度？有了取样长度，为什么还要规定评定长度？

4. 评定表面粗糙度时，为什么要规定轮廓中线？

5. 常用的表面粗糙度测量方法有哪几种？各种方法分别适宜哪些评定参数？

三、应用题

1. 试将下列技术要求标注在图 3-37(a)、(b)上。

(1) 上、下表面粗糙度值 *Ra* 分别不允许大于 0.8 μm 和 1.6 μm，左、右侧面表面粗糙度 *Rz* 值分别不允许大于 6.3 μm 和 3.2 μm。

(2) 端圆柱面为不去除处材料表面，其表面粗糙度值 *Ra* 不允许大于 1.6 μm，小端圆柱面表面粗糙度 *Rz* 值不允许大于 0.8 μm。

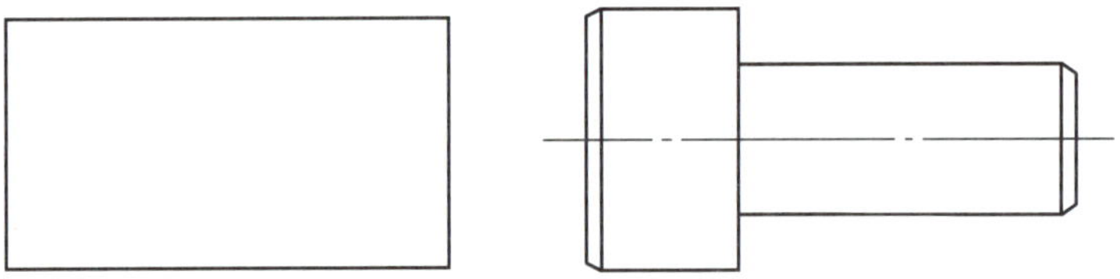

(a) 题(1)图　　(b) 题(2)图

图 3-37　按要求标注表面粗糙度

2. 将下列表面粗糙度要求标注在图 3-38 中。

(1) 用去除材料的方法获得表面 *a* 和 *b*，要求表面粗糙度参数 *Ra* 的上限值为 1.6 μm。

(2) 用任何方法加工 ϕd_1 和 ϕd_2 的圆柱面，要求表面粗糙度参数 *Ra* 的上限值为 6.3 μm，下限值为 3.2 μm。

(3) 其余用去除材料的方法获得各表面，要求表面粗糙度参数 *Ra* 的最大值为 12.5 μm。

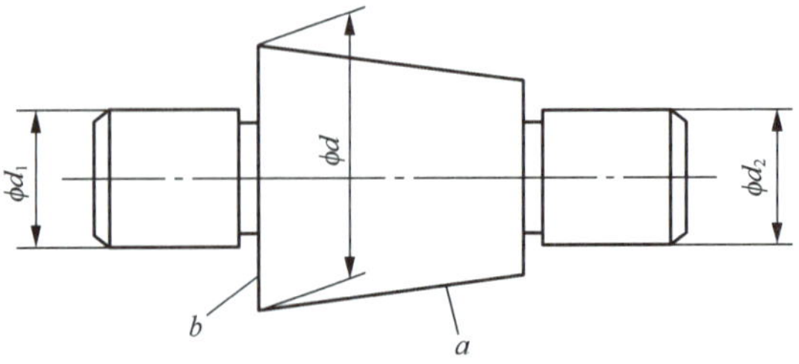

图 3-38　题 2 图

任务二　零件表面粗糙度精度设计

学习目标

知识目标

（1）掌握表面粗糙度的评定参数、参数值的选用方法。

（2）掌握表面粗糙度与尺寸公差、形状公差之间的协调关系。

技能目标

（1）能够对表面粗糙度评定参数进行标准化值选择。

（2）能够根据零件功能需要，初步进行表面粗糙度精度设计。

任务描述

如图 3-39 所示为减速器输出轴零件图，其上已标注了尺寸及其公差带代号、几何公差要求，现根据其功能、尺寸公差、几何公差等需要进行表面粗糙度标注。

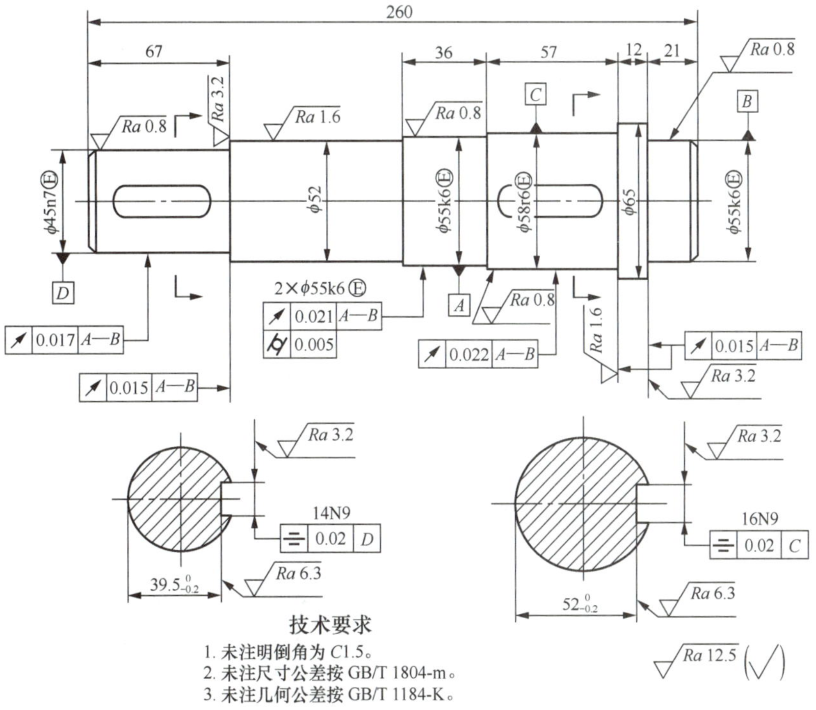

图 3-39　减速器输出轴零件图

知识概述

零件的表面粗糙度是一项重要的技术经济指标,零件表面粗糙度的选择主要是评定参数与参数值的选择。选择的原则是在满足零件表面使用功能的前提下,尽量使加工工艺简单、生产成本降低,尽量选用较大的参数值。

一、表面粗糙度评定参数的选择

评定参数的选择应考虑零件使用功能的要求、检测的方便性及仪器设备条件等因素。国家标准规定,轮廓的幅度参数(如 Ra 和 Rz)是必须标注的参数,其他参数是附加参数。一般情况下选用 Ra 和 Rz 就可以满足要求。只有对一些重要表面有特殊要求时,如涂镀性、抗腐蚀性、密封性有要求时,才需要加选 Rsm 来控制间距的细密度;对表面的支承刚度和耐磨性有较高要求时,需要加选 $Rmr(c)$来控制表面的形状特征。

在幅度参数中,Ra 最常用,它能较完整、全面地表达零件表面的微观几何特征。国家标准推荐,在常用参数范围(Ra 为 0.025～6.3 μm)内,应优先选用 Ra 参数,上述范围内用电动轮廓仪能方便地测出 Ra 的实际值。Rz 直观易测,用双管显微仪、干涉显微仪等即可测得,但不如 Ra 反映轮廓情况全面,往往用于小零件(测量长度很小)或表面不允许有较深的加工痕迹的零件。

二、表面粗糙度评定参数值的选择

表面粗糙度参数值的选择原则:在满足功能要求的前提下,尽量选用大一些的数值(除 $Rmr(c)$外),以减少加工困难、降低成本。除有特殊要求的表面外,一般多采用类比法选取,同时应做以下考虑。

(1) 一般情况下,同一个零件上,工作表面(或配合面)的表面粗糙度参数值应小于非工作面(或非配合面)的数值。

(2) 摩擦面、承受高压和交变载荷的工作面的表面粗糙度参数值应小一些。

(3) 承受交变载荷的表面易引起应力集中的部分(如圆角、沟槽、开孔等),表面粗糙度参数值应小些。

(4) 尺寸精度和形状精度要求高的表面,表面粗糙度参数值应小一些。

(5) 要求耐腐蚀的零件表面,表面粗糙度参数值应小一些。

(6) 要求配合稳定可靠时,表面粗糙度参数值小些。如小间隙配合表面、受重载作用的过盈配合表面,都应选择较小的表面粗糙度值。

(7) 确定零件配合表面的粗糙度时,应与其尺寸公差、形状公差相协调。

通常,尺寸公差、形状公差要求高的表面粗糙度参数值应相应地取得小,表面粗糙度参数值要与其尺寸公差、形状公差相协调。在正常的工艺条件下,表面粗糙度参数值与尺寸公差、形状公差值的对应关系见表 3-11。

表 3-11　　表面粗糙度参数值与尺寸公差、形状公差值的对应关系

形状公差 t 占尺寸公差 T 的百分率 t/T	表面粗糙度参数值占尺寸公差的百分率	
	Ra/T	Rz/T
约 60%	≤5%	≤20%
约 40%	≤2.5%	≤10%
约 25%	≤1.2%	≤5%

除此之外，确定零件配合表面的粗糙度时，还应考虑其他一些特殊因素和要求，如凡有关标准已对表面粗糙度值作出规定的标准件或常用典型零件，均应按相应的标准确定其表面粗糙度参数值。

三、表面粗糙度参数值与加工方法的关系

1. 表面粗糙度参数值的对应加工方法

表面粗糙度参数值的对应加工方法见表 3-12。

表 3-12　　表面粗糙度参数值的对应加工方法　　单位：μm

加工方法	表面粗糙度数值 Ra												
	50	40	25	12.5	6.3	3.2	1.6	0.8	0.4	0.2	0.1	0.05	0.025
砂型铸造、热轧		—	—	—									
锻造			—	—	—	—							
电火花加工				—	—	—	—						
冷轧、拉拔					—	—	—	—	—				
刨、插		—	—	—	—	—	—	—					
钻孔				—	—	—	—						
铣削			—	—	—	—	—	—	—				
车、镗			—	—	—	—	—	—	—	—	—		
拉削、铰孔					—	—	—	—					
磨削					—	—	—	—	—	—	—	—	
抛光								—	—	—	—	—	
研磨								—	—	—	—	—	

2. 轮廓算术平均偏差 Ra 的推荐选用值

轮廓算术平均偏差 Ra 的推荐选用值见表 3-13。

表 3-13　　轮廓算术平均偏差 Ra 的推荐选用值

应用场合				公称尺寸/mm					
经常装拆零件的配合表面		公差等级		≤50		50～120		120～500	
				轴	孔	轴	孔	轴	孔
		IT5		≤0.2	≤0.4	≤0.4	≤0.8	≤0.4	≤0.8
		IT6		≤0.4	≤0.8	≤0.8	≤1.6	≤0.8	≤1.6
		IT7		≤0.8		≤1.6		≤1.6	
		IT8		≤0.8	≤1.6	≤1.6	≤3.2	≤1.6	≤3.2
过盈配合	压入装配	IT5		≤0.2	≤0.4	≤0.4	≤0.8	≤0.4	≤0.8
		IT6～IT7		≤0.4	≤0.8	≤0.8	≤1.6	≤1.6	
		IT8		≤0.8	≤1.6	≤1.6	≤3.2	≤3.2	
	热装	—		≤1.6	≤3.2	≤1.6	≤3.2	≤1.6	≤3.2
滑动轴承的配合表面		公差等级		轴			孔		
		IT6～IT9		≤0.8			≤1.6		
		IT10～IT12		≤1.6			≤3.2		
		液体湿摩擦条件		≤0.4			≤0.8		
圆锥结合的工作面				密封结合		对中结合		其他	
						≤1.6		≤6.3	
密封材料处的孔、轴表面		密封形式		速度/m·s^{-1}					
				≤3		3～5		≥5	
		橡胶圈密封		0.8～1.6(抛光)		0.4～0.8(抛光)		0.2～0.4(抛光)	
		毛毡密封		0.8～1.6(抛光)					
		迷宫式		3.2～6.3					
		涂油槽式		3.2～6.3					
精密定心零件的配合表面		IT5～IT8	径向跳动	2.5	4	6	10	16	25
			轴	≤0.05	≤0.1	≤0.1	≤0.2	≤0.4	≤0.8
			孔	≤0.1	≤0.2	≤0.2	≤0.4	≤0.8	≤1.6
V 带和平带工作表面				带轮直径/mm					
				≤120		120～315		≥315	
				1.6		3.2		6.3	
箱体分界面（减速箱）		类型		有垫片		无垫片			
		需要密封		3.2～6.3		0.8～1.6			
		不需要密封		6.3～12.5					

任务分析

根据任务要求，该零件为减速器输出轴，轴上各段已经标注了尺寸及其公差带代号、几何公差要求，现需要进行表面粗糙度标注。该轴共分为 6 段，径向各表面的表面粗糙度选择可根据配合件要求确定，同时可参照尺寸公差、几何公差的公差等级和要求。

任务实施

（1）一段通过键连接装配有带轮（或齿轮），属经常装拆零件的配合表面，公称尺寸小于50 mm，参考表3-13“轮廓算术平均偏差 *Ra* 的推荐选用值”，可选择 *Ra*0.4～0.8；参照该段几何公差为7级，并结合经济要求，综合确定为 *Ra*0.8。该段右端轴肩有定位要求，考虑整体加工合理性和适应性，可选择 *Ra*3.2。

（2）二段没有装配零件，从尺寸标注上看，属于间接保证的尺寸段（封闭环段）；尺寸公差和几何公差没有具体要求，但表面结构应与左右段相适应，考虑左右两段表面粗糙度要求较高，可选择 *Ra*1.6。

（3）三段装配有滚动轴承，国家标准已对滚动轴表面粗糙度值作出规定，选择表面粗糙度值时应按相应的标准《滚动轴承　配合》（GB/T 275—2015）确定；同时参考表3-13，与几何公差相适应，故可选择 *Ra*0.8。

（4）四段通过键连接装配有齿轮，内容同“（1）”，该段轴表面选择 *Ra*0.8。该段右端轴肩有定位要求，为保证齿轮工作的稳定性，可选择 *Ra*1.6～3.2；考虑工作为内传动，且有较高的几何公差要求，定位精度要求较高，综合确定为 *Ra*1.6。

（5）五段无装配零件，按照零件正常加工条件就能保证其工作性能，故不另作表面粗糙度要求，即选择 *Ra*12.5 即能保证要求。

（6）六段装配有轴承，内容同“（3）”，该段轴表面选择 *Ra*0.8。

任务小结

零件的表面粗糙度是一项重要的技术经济指标，零件表面粗糙度的选择主要是评定参数与参数值的选择。选择的原则：在满足零件表面使用功能的前提下，尽量使加工工艺简单、降低生产成本并选用较大的参数值。

评定参数的选择应考虑零件使用功能的要求、检测的方便性及仪器设备条件等因素。国家标准规定，轮廓的幅度参数（如 *Ra* 和 *Rz*）是必须标注的参数。表面粗糙度参数值的选择原则：在满足功能要求的前提下，尽量选用大一些的数值，以减少加工困难，降低成本。确定零件配合表面的粗糙度时，应与其尺寸公差、形状公差相协调。

思考与练习

一、填空题

1. 零件表面粗糙度的选择主要是________与________的选择。

2. 表面粗糙度参数值的选择时，在满足功能要求的前提下，尽量选用________的数值，以________加工困难，________成本，除有特殊要求的表面外，一般多采用________选取。

3. 同一个零件上，工作表面(或配合面)的表面粗糙度参数值应________非工作面(或非配合面)的数值。

4. 确定零件配合表面的粗糙度时，应与其________、________相协调。

二、简答题

1. 在一般情况下，ϕ40H7 和 ϕ80H7 相比，ϕ40H6/f5 和 ϕ40H6/s5 相比，哪个应选较小的表面粗糙度？

2. 选择表面粗糙度参数值时应考虑哪些因素？

3. 判断下列每对配合(或工件)使用性能相同时，哪一个表面粗糙度要求高？为什么？

(1) ϕ60H7/f6 与 ϕ60H7/h6；　　(2) ϕ30H7 与 ϕ90h7；

(3) ϕ30H7/e6 与 ϕ30H7/r6；　　(4) ϕ40g6 与 ϕ40G6。

4. 常用的表面粗糙度测量方法有哪几种？

项目四

典型零件的主要结构误差检测

任务一　螺纹的中径、牙型半角和螺距检测

学习目标

知识目标

(1) 了解螺纹联接的种类及互换性要求。

(2) 掌握普通螺纹的基本牙型和主要几何参数。

(3) 掌握普通螺纹主要几何参数的误差对互换性的影响。

(4) 掌握作用中径的概念及中径的合格条件。

(5) 掌握普通螺纹公差与配合的构成特点。

技能目标

(1) 初步学会普通螺纹公差与配合的选用。

(2) 能够运用工具显微镜测量螺距、中径、牙型半角等主要参数。

任务描述

如图 4-1 所示为某型号螺栓的螺纹结构(具体规格可由教师根据实训条件选择),试用显微镜工具测量螺纹的中径、牙型半角和螺距等结构参数,并与同型号螺纹标准参数进行比较。

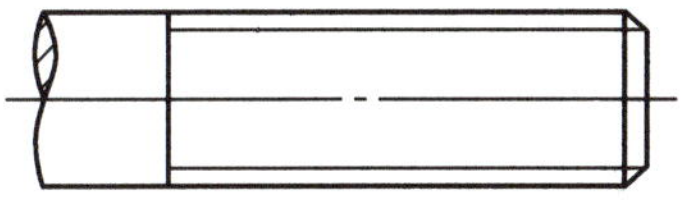

图 4-1　某型号螺栓的螺纹结构

知识概述

一、螺纹联接的基本知识

1. 螺纹的分类及使用要求

螺纹联接是机械制造及装配行业中广泛使用的一种联接形式,按用途不同可分为 2 类。

(1) 联接螺纹。联接螺纹主要用于紧固和联接零件,因此又称紧固螺纹。米制普通螺纹是使用最广泛的一种联接螺纹,要求其具有良好的旋合性和联接的可靠性。联接螺纹常用牙型为三角形。对普通联接螺纹的要求是满足可旋入性(可旋入性是指同规格的内、外螺纹件在装配时,不经挑选就能在给定的轴向长度内全部旋合)和联接的可靠性(联接可靠性是指用于联接和紧固时,应具有足够的联接强度和紧固性,确保机器或装置的使用性能)等。

(2) 传动螺纹。传动螺纹主要用于传递动力或精确位移,要求具有足够的强度和保证精确的位移。传动螺纹牙型有梯形、矩形等。机床中的丝杠、螺母常采用梯形牙型。对传动螺纹的要求是传动准确、可靠,螺牙接触性能好、耐磨性好等。

本任务只讨论联接用的米制普通螺纹。

2. 米制普通螺纹的基本几何参数

(1) 普通螺纹的公称牙型。普通螺纹的公称牙型是指国家标准中所规定的具有螺纹基本尺寸的牙型,它是将原始三角形规定削平高度,截去顶部和底部所形成的螺纹牙型,如图 4-2 所示。

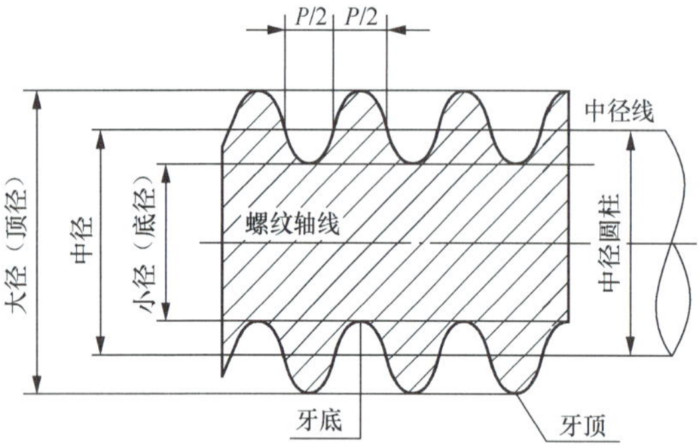

图 4-2 普通螺纹的公称牙型

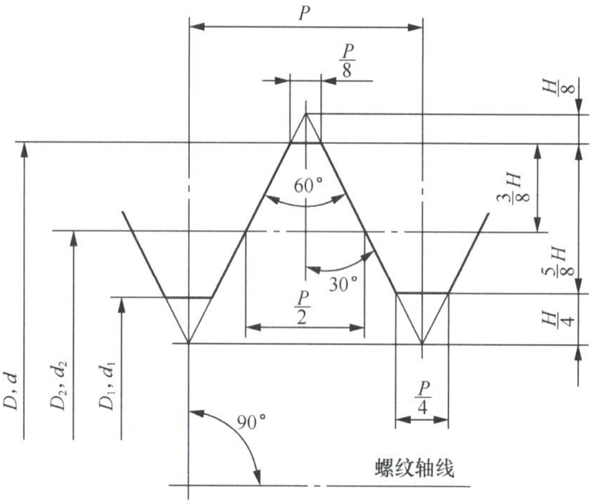

图 4-3 螺纹的直径

(2) 大径 D 或 d。大径是指与内螺纹牙底或外螺纹牙顶相切的假想圆柱或圆锥的直径。国标规定,米制普通螺纹大径的公称尺寸为螺纹的公称直径,如图 4-3 所示。

(3) 小径 D_1 或 d_1。小径是指与内螺纹牙顶或外螺纹牙底相切的假想圆柱或圆锥的直径,如图 4-3 所示。

(4) 中径 D_2 或 d_2。中径是指一个假想圆柱或圆锥的直径,该圆柱或圆锥的母线通过牙型沟槽和凸起宽度相等的地方。普通螺纹的中径不是大径和小径的平均值,如图 4-3 所示。

中径的大小决定了螺纹牙侧相对于轴线的径向位置,因此中径是螺纹公差与配合的主要参数。在同一螺纹配合中,内、外螺纹的中径、大径和小径的公称尺寸对应相同。

普通螺纹公称尺寸见表 4-1。

表 4-1　　　　　　　　普通螺纹公称尺寸　　　　　　　　单位：mm

公称直径 D、d	螺距 P	中径 D_2 或 d_2	小径 D_1 或 d_1	公称直径 D、d	螺距 P	中径 D_2 或 d_2	小径 D_1 或 d_1
4.5	0.75	4.013	3.688	17	1.5	16.026	15.376
	0.5	4.175	3.959		1	16.350	15.917
5	0.8	4.48	4.134	18	2.5	16.376	15.294
	0.5	4.675	4.459		2	16.701	15.835
6	1	5.350	4.917		1.5	17.026	16.376
	0.75	5.513	5.188		1	17.350	16.917
7	1	6.350	4.917	20	2.5	18.376	17.294
	0.75	6.513	5.188		2	18.701	17.835
8	1.25	7.188	6.647		1.5	19.026	18.376
	1.0	7.350	6.917		1	19.350	18.917
	0.75	7.513	7.188	22	2.5	20.376	19.294
9	1.25	8.188	7.647		2	20.701	49.835
	1.0	8.350	7.917		1.5	21.026	20.376
	0.75	8.513	8.188		1	21.350	22.917
10	1.5	9.026	8.376	24	3	22.051	20.752
	1.25	9.188	8.647		2	22.701	21.835
	1	9.350	8.917		1.5	23.026	22.376
	0.75	9.513	9.188		1	23.350	22.917
11	1.5	10.026	9.376	25	2	23.701	22.835
	1	10.350	9.917		1.5	24.026	23.376
	0.75	10.513	10.188		1	24.350	23.917
12	1.75	10.863	10.106	30	3.5	27.727	26.211
	1.5	11.026	10.376		2	28.701	27.835
	1.25	11.188	10.647		1.5	29.026	28.376
	1	11.350	10.917		1	29.350	28.917
14	2	12.701	11.835	36	4	33.402	31.670
	1.5	13.026	12.376		3	34.051	32.752
	1.25	13.188	12.647		2	34.701	33.835
	1	13.350	12.917		1.5	35.026	34.376
15	1.5	14.026	13.376	38	1.5	37.026	36.376
	1	14.350	13.917	39	4	36.402	34.670
16	2	14.701	13.835		3	37.051	35.752
	1.5	15.026	14.376		2	37.701	36.835
	1	15.350	14.917		1.5	38.026	37.376

注：摘自《普通螺纹　基本尺寸》(GB/T 196—2003)。

(5) 螺距 P。螺距是指相邻两牙在中径线上对应两点间的轴向距离。直径与螺距标准组合系列见表 4-2。

表 4-2　直径与螺距标准组合系列　单位：mm

公称直径 D、d			螺距 P							
第一系列	第二系列	第三系列	粗牙	细牙						
				3	2	1.5	1.25	1	0.75	0.5
	3.5		0.6							
4			0.7							0.5
	4.5		0.75							0.5
5			0.8							0.5
		5.5								0.5
6			1						0.75	
	7		1						0.75	
8			1.25		1				0.75	
		9	1.25		1				0.75	
10			1.5				1.25	1	0.75	
		11	1.5			1.5		1	0.75	
12			1.75				1.25	1		
	14		2			1.5	1.25	1		
		15				1.5		1		
16			2			1.5		1		
		17				1.5		1		
	18		2.5		2	1.5		1		
20			2.5		2	1.5		1		
	22		2.5		2	1.5		1		
24			3		2	1.5		1		
		25			2	1.5		1		
		26				1.5				
	27		3		2	1.5		1		
		28			2	1.5		1		
30			3.5	(3)	2	1.5		1		
		32			2	1.5				
	33		3.5	(3)	2	1.5				
		35				1.5				
36			4	3	2	1.5				
		38				1.5				
	39		4	3	2	1.5				

注：摘自《普通螺纹　直径与螺距系列》(GB/T 193—2003)。

(6) 牙型角 α 与牙型半角 $\alpha/2$。α 是指在螺纹牙型上相邻两牙侧间的夹角，对米制普通螺纹 $\alpha=60°$。牙型半角是指牙侧与螺纹轴线的垂线间的夹角，米制普通螺纹 $\alpha/2=30°$，如图 4-4 所示。牙型角正确时，牙型半角仍可能有误差，如两半角分别为 29°和 31°，故还应测量半角。

(7) 原始三角形高度 H。原始三角形高度是指原始等边三角形顶点到底边的垂直距离，$H=3P/2$，如图 4-3 所示。

(8) 牙型高度 h。牙型高度是指螺纹牙顶与牙底间的垂直距离，$h=5H/8$，如图 4-3 所示。

(9) 螺纹旋合长度。螺纹旋合长度是指两配合螺纹沿螺纹轴线方向相互旋合部分的长度，如图 4-5 所示。

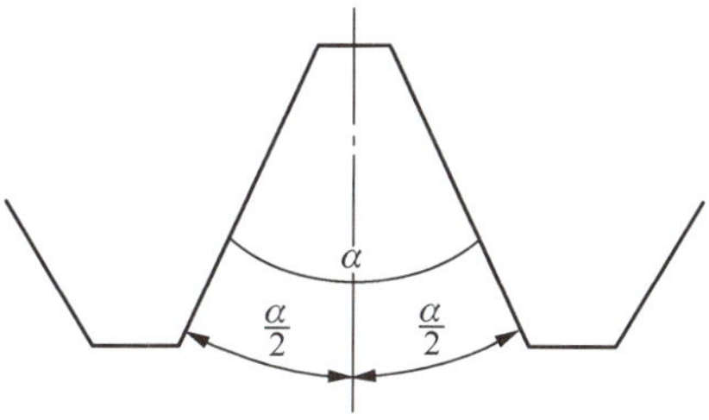

图 4-4　牙型角和牙型半角

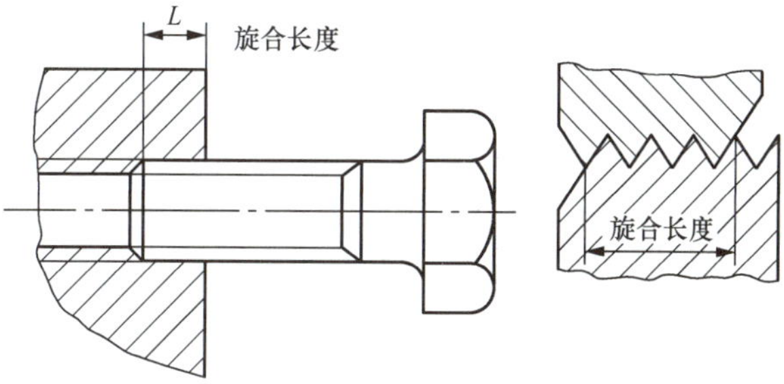

图 4-5　螺纹旋合长度

二、影响普通螺纹互换性的参数

影响螺纹互换性的几何参数有 5 个(大径、中径、小径、螺距和牙型半角)，其主要因素是螺距误差、牙型半角误差和中径误差。因普通螺纹主要保证旋合性和联接的可靠性，标准只规定中径公差，而不分别制定 3 项公差。

1. 螺距误差的影响

螺距误差包括与旋合长度无关的局部误差和与旋合长度有关的累积误差，从互换性的观点看，应考虑与旋合长度有关的累积误差。由于螺距有误差，在旋合长度上产生螺距累积误差 ΔP_{Σ}，使内、外螺纹无法旋合，如图 4-6 所示。

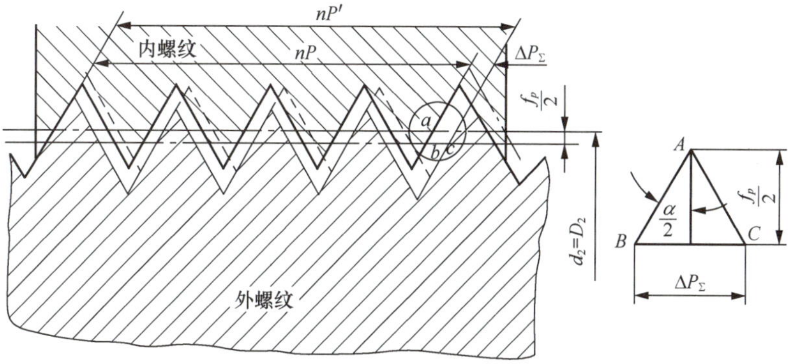

图 4-6　螺距误差对互换性的影响

因在车间生产条件下，很难对螺距逐个地进行检测，因而对普通螺纹不采用规定螺距公差的方法，而是将外螺纹中径减小或内螺纹中径增大，以保证达到旋合的目的。为讨论方便，设内、外螺纹的中径和牙型半角均无误差，内螺纹无螺距误差，仅外螺纹有螺距误差。此误差 ΔP_{Σ} 相当于使外螺纹中径增大 f_p 值，此 f_p 值称为螺距误差的中径当量或补偿值。

米制普通螺纹的牙型半角 $\alpha=60°$，故 $f_p=1.732|\Delta P_{\Sigma}|$。

2. 牙型半角误差的影响

牙型半角误差可能是由于牙型角 α 本身不准确或由于它与轴线的相对位置不正确而造成的，也可能是二者综合误差的结果。为便于分析，假设内螺纹具有理想牙型，外螺纹的中径和螺距与内螺纹相同，仅有半角误差，现分 2 种情况讨论。

(1) 外螺纹牙型半角小于内螺纹牙型半角。

如图 4-7(a)所示，$\Delta\frac{\alpha}{2}=\frac{\alpha_{外}}{2}-\frac{\alpha_{内}}{2}<0$，剖线部分产生靠近大径处的干涉而不能旋合。

为了保证可旋合性，可把内螺纹的中径增大 $f_{\frac{\alpha}{2}}$，或把外螺纹中径减小 $f_{\frac{\alpha}{2}}$。

当 $\alpha=60°$ 时，$H=0.866P$，可得

$$f_{\frac{\alpha}{2}}=0.44P\left|\Delta\frac{\alpha}{2}\right|$$

(2) 外螺纹牙型半角大于内螺纹牙型半角。

如图 4-7(b)所示，$\Delta\frac{\alpha}{2}=\frac{\alpha_{外}}{2}-\frac{\alpha_{内}}{2}>0$，剖面线部分产生靠近小径处的干涉而不能旋合。

当 $\alpha=60°$，$H=0.866P$，可得

$$f_{\frac{\alpha}{2}}=0.29P\left|\Delta\frac{\alpha}{2}\right|$$

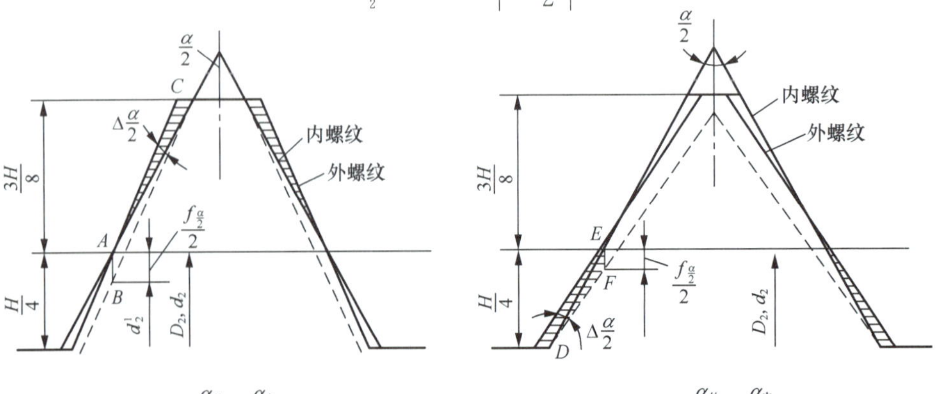

(a) $\frac{\alpha_{外}}{2}<\frac{\alpha_{内}}{2}$　　(b) $\frac{\alpha_{外}}{2}>\frac{\alpha_{内}}{2}$

图 4-7　牙型半角误差与中径当量的关系

一对内外螺纹，实际制造与结合中的问题通常是左、右半角不相等，产生牙型歪斜。$\Delta\frac{\alpha}{2}$可能为正，也可能为负，如果同时产生上述两种干涉，则可按上述两式的平均值计算，即

$$f_{\frac{\alpha}{2}}=0.36P\left|\Delta\frac{\alpha}{2}\right|$$

当左右牙型半角误差不相等时，$\Delta\frac{\alpha}{2}$的计算公式为

$$\Delta\frac{\alpha}{2}=\frac{\left|\Delta\left(\frac{\alpha}{2}\right)_{右}\right|+\left|\Delta\left(\frac{\alpha}{2}\right)_{左}\right|}{2}$$

3. 中径误差的影响

螺纹中径在制造过程中不可避免地会出现一定的误差，即单一中径对公称中径之差。误差$\Delta D_{2单一}$或$\Delta d_{2单一}$将直接影响螺纹的旋合性和结合强度。当外螺纹的中径大于内螺纹的中径时，会影响旋合性；反之，外螺纹中径过小，则配合太松，难以使牙侧间接触良好，影响联接可靠性。

因此，为了保证螺纹的旋合性，应该限制外螺纹的最大中径和内螺纹的最小中径。

为了保证螺纹的联接可靠性，还必须限制外螺纹的最小中径和内螺纹的最大中径。

4. 螺纹大、小径的影响

在螺纹制造时为了保证旋合性能，可以使内螺纹的大、小径的实际尺寸大于外螺纹大、小径的实际尺寸，这样不会影响配合及互换性。若内螺纹的小径过大或外螺纹的大径过小，将影响螺纹联接的强度，因此必须规定其公差。螺纹的检测手段有许多种，应根据螺纹的不同使用场合及螺纹加工条件，由产品设计者自行决定采用何种螺纹检验手段。

三、普通螺纹的公差与配合

1. 普通螺纹的公差带

《普通螺纹　公差》(GB/T 197—2018)中规定了螺纹配合最小间隙为零，且应保证间隙的螺纹公差和基本偏差。

(1) 螺纹的公差等级见表4-3。

表4-3　　螺纹的公差等级

螺纹直径	公差等级	螺纹直径	公差等级
内螺纹小径 D_1	4、5、6、7、8	外螺纹小径 d_1	4、6、8
内螺纹中径 D_2	4、5、6、7、8	外螺纹中径 d_2	3、4、5、6、7、8、9

其中3级精度最高，9级精度最低，一般6级为基本级。各级公差值可分别查阅表4-4和表4-5。在同一公差等级中，内螺纹中径公差比外螺纹中径公差大32%，因为内螺纹较难加工。对内螺纹的大径和外螺纹的小径不规定具体公差值，而只规定内、外螺纹牙底实际

轮廓不得超过按基本偏差所确定的最大实体牙型，即保证旋合时不发生干涉。

表 4-4　普通螺纹的基本偏差和公差　　单位：μm

螺距 P/mm	内螺纹的基本偏差 EI		外螺纹的基本偏差 es				内螺纹小径公差 T_{D1} 公差等级					外螺纹大径公差 T_d 公差等级		
	G	H	e	f	g	h	4	5	6	7	8	4	6	8
1	+26	0	−60	−40	−26	0	150	190	236	300	375	112	180	280
1.25	+28	0	−63	−42	−28	0	170	212	265	335	425	132	212	335
1.5	+32	0	−67	−45	−32	0	190	236	300	375	475	150	236	375
1.75	+34	0	−71	−48	−34	0	212	265	335	425	530	170	265	425
2	+38	0	−71	−52	−38	0	236	300	375	475	600	180	280	450
2.5	+42	0	−80	−58	−42	0	280	355	450	560	710	212	335	530
3	+48	0	−85	−63	−48	0	315	400	500	630	800	236	375	600
3.5	+53	0	−90	−70	−53	0	355	450	560	710	900	265	425	670
4	+60	0	−95	−75	−60	0	375	475	600	750	950	300	475	750
4.5	+63	0	−100	−80	−63	0	425	530	670	850	1 060	315	500	800
5	+71	0	−106	−85	−71	0	450	560	710	900	1 120	335	530	850
5.5	+75	0	−112	−90	−75	0	475	600	750	950	1 180	355	560	900
6	+80	0	−118	−95	−80	0	500	630	800	1 000	1 250	375	600	950
8	+100	0	−140	−118	−100	0	630	800	1 000	1 250	1 600	450	710	1 180

表 4-5　螺纹中径公差(部分)　　单位：μm

公称直径 D/mm	螺距 P/mm	内螺纹中径公差 T_{D2} 公差等级					外螺纹中径公差 T_{d2} 公差等级						
		4	5	6	7	8	3	4	5	6	7	8	9
5.6～11.2	0.75	85	106	132	170	—	50	63	80	100	125	—	—
	1	95	118	150	190	236	56	71	90	112	140	180	224
	1.25	100	125	160	200	250	60	75	95	118	150	190	236
	1.5	112	140	180	224	280	67	85	106	132	170	212	265
11.2～22.4	1	100	125	160	200	250	60	75	95	118	150	190	236
	1.25	112	140	180	224	280	67	85	106	132	170	212	265
	1.5	118	150	190	236	300	71	90	112	140	180	224	280
	1.75	125	160	200	250	315	75	95	118	150	190	236	300
	2	132	170	212	266	335	80	100	125	160	200	250	315
	2.5	140	180	224	280	355	85	106	132	170	212	265	335
22.4～45	1	106	132	170	212	—	63	80	100	125	160	200	250
	1.5	125	160	200	250	315	75	95	118	150	190	236	300
	2	140	180	224	280	355	85	106	132	170	212	255	335
	3	170	212	265	335	425	100	125	160	200	250	315	400
	3.5	180	224	280	355	450	106	132	170	212	265	335	425
	4	190	236	300	375	475	112	140	180	224	280	355	450
	4.5	200	250	315	400	500	118	150	190	236	300	375	475

注：每一级公称直径范围中，D 应大于最小值，小于等于最大值。

(2) 螺纹的基本偏差，如图 4-8 所示。国家标准中规定对内螺纹的中径、小径采用 G、H 两种公差带位置[图 4-8(a)和图 4-8(b)]，以下极限偏差 EI 为基本偏差。对外螺纹的中、大径规定了 a、b、c、d、e、f、g、h 共 8 种公差带位置[图 4-8(c)和图 4-8(d)]，以上极限偏差 es 为基本偏差。普通螺纹的基本偏差和公差见表 4-4。螺纹中径公差见表 4-5。选取公差带位置时，一般考虑螺纹表面涂镀层厚度和螺纹配合间隙因素。

(3) 旋合长度与配合精度。螺纹的配合精度不仅与公差等级有关，而且与旋合长度有关。螺纹旋合长度分为短旋合长度(S)、中等旋合长度(N)和长旋合长度(L)3 组。各组旋合长度的特点：长旋合长度旋合后稳定性好，且有足够的联接强度，但加工精度难以保证，当螺纹误差较大时，会出现螺纹副不能旋合的现象；短旋合长度，加工容易保证，但旋合后稳定性较差；一般情况下应采用中等旋合长度。集中生产的紧固件螺纹，图样上没有注明旋合长度，制造时螺纹公差均按中等旋合长度考虑。

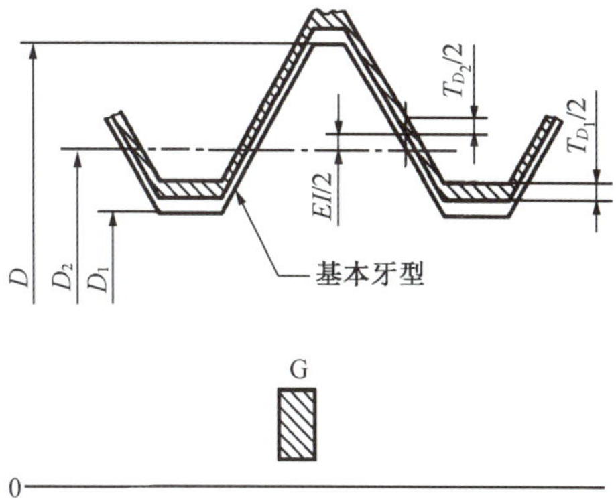

(a) 公差带位置为 G 的内螺纹

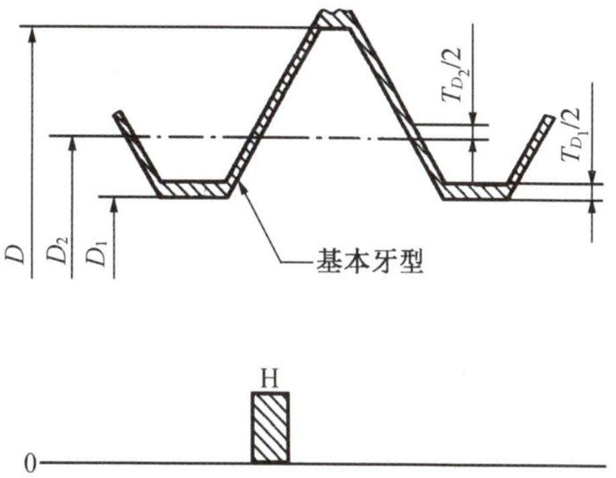

(b) 公差带位置为 H 的内螺纹

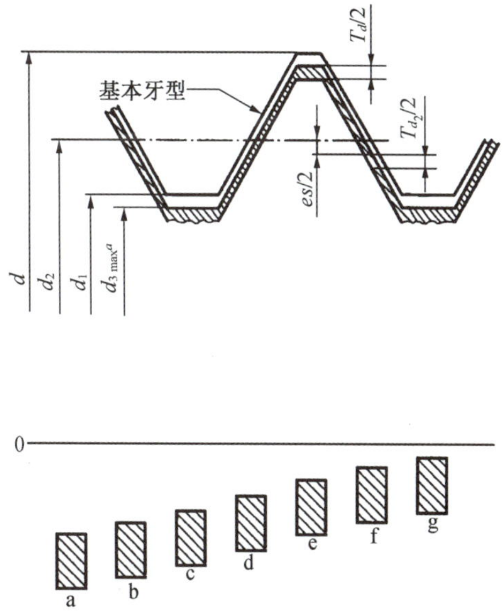

(c) 公差带位置为 e、f 和 g 的外螺纹

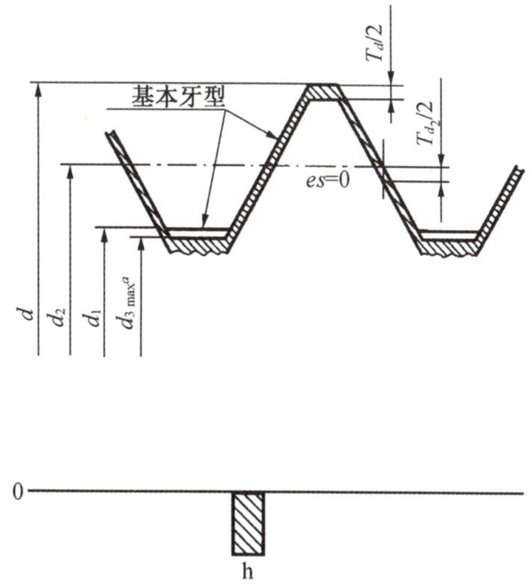

(d) 公差带位置为 h 的内螺纹

图 4-8　内、外螺纹的基本偏差

对于不同旋合长度组的螺纹，应采用不同的公差等级，以保证同一精度下螺纹配合精度和加工难易程度差不多。螺纹的旋合长度见表 4-6。

表 4-6　　螺纹的旋合长度　　单位：mm

公称直径 D、d		螺距 P	旋合长度			
			S	N		L
>	≤		≤	>	≤	>
5.6	11.2	0.75	2.4	2.4	7.1	7.1
		1	3	3	9	9
		1.25	4	4	12	12
		1.5	5	5	15	15
11.2	22.4	1	3.8	3.8	11	11
		1.25	4.5	4.5	13	13
		1.5	5.6	5.6	16	16
		1.75	6	6	18	18
		2	8	8	24	24
		2.5	10	10	30	30
22.4	45	1	4	4	12	12
		1.5	6.3	6.3	19	19
		2	8.5	8.5	25	25
		3	12	12	36	36
		3.5	15	15	45	45
		4	18	18	53	53
		4.5	21	21	63	63
45	90	1.5	7.5	7.5	22	22
		2	9.5	9.5	28	28
		3	15	15	45	45
		4	19	19	56	56
		5	24	24	71	71
		5.5	28	28	85	85
		6	32	32	95	95

注：摘自《普通螺纹　公差》(GB/T 197—2018)。

2. 螺纹公差带的选用

由螺纹公差等级和公差带位置组合，可得到各种公差带。为减少刀具、量具规格数量，提高经济效益，应按表 4-7 和表 4-8 选用螺纹公差带。依据螺纹公差精度(精密、中等、粗糙)和旋合长度组别(S、N、L)确定螺纹公差带。如果不知道螺纹的实际旋合长度(如标准螺栓)，推荐按中等组别(N)确定螺纹公差带。由表可看出，内外螺纹在同一配合精度等级中，旋合长度不同，中径公差等级也不同，这是由螺距累积误差引起的。

表 4-7　　内螺纹的推荐公差带

公差精度	公差带位置 G			公差带位置 H		
	S	N	L	S	N	L
精密	—	—	—	4H	5H	6H
中等	(5G)	**6G**	(7G)	**5H**	**6H**	**7H**
粗糙	—	(7G)	(8G)	—	7H	8H

注：摘自《普通螺纹　公差》(GB/T 197—2018)。

表 4-8　　外螺纹的推荐公差带

公差精度	公差带位置 e			公差带位置 f			公差带位置 g			公差带位置 h		
	S	N	L	S	N	L	S	N	L	S	N	L
精密	—	—	—	—	—	—	—	(4g)	(5g4g)	(3h4h)	4h	(5h4h)
中等	—	**6e**	(7e6e)		**6f**	—	(5g6g)	**6g**	(7g6g)	(5h6h)	6h	(7h6h)
粗糙	—	(8e)	(9e8e)	—	—	—		89	(9g8g)	—	—	—

注：摘自《普通螺纹　公差》(GB/T 197—2018)。

公差带选用顺序为粗字体公差带、一般字体公差带、带括号公差带。在方框内的粗字体公差带用于大量生产的紧固件螺纹。根据使用场合，螺纹的公差精度分为精密、中等和粗糙 3 个等级。精密级适用于精密螺纹，当要求配合性质变动较小时采用，如飞机上采用的 4h 及 4H、5H 的螺纹；中等级用于一般用途选用，如 6H、6h、6g 等；粗糙级适用于对精度要求不高或制造比较困难时采用，如热轧棒料螺纹和深盲孔内加工螺纹。

表 4-7 的内螺纹公差带和表 4-8 的外螺纹公差带可以形成任意组合。但为满足使用要求，保证内、外螺纹间有足够的螺纹接触高度并保证足够的联接强度，推荐完工后的螺纹零件宜优先组成 H/g、H/h 或 G/h 的配合，其中 H/h 最小间隙为零，应用最广。对于公称直径小于和等于 1.4 mm 的螺纹，应选用 5H/6h、4H/6h 或更精密的配合。其他配合应用在易装拆、高温下或需涂镀保护层的螺纹。如无其他特殊说明，推荐公差带适用于涂镀前螺纹，对需镀较厚保护层的螺纹可选 H/f、H/e 等配合。镀后实际轮廓上的任何点均不应超越按公差位置 H 或 h 所确定的最大实体牙型。

四、螺纹的检测方法

螺纹的检测方法有 2 种，即综合检验和单项测量。

1. 螺纹的综合检验

综合检验是指同时检验螺纹的几个参数，采用螺纹极限量规来检验内、外螺纹的合格性。即按螺纹的最大实体牙型做成通端螺纹量规，以检验螺纹的旋合性；再按螺纹中径的最小实体尺寸做成止端螺纹量规，以控制螺纹联接的可靠性，从而保证螺纹结合件的互换性。螺纹综合检验只能评定内、外螺纹的合格性，不能测出实际参数的具体数值，但检验效率高，适用于批量生产的中等精度的螺纹。

(1) 用螺纹工作量规检验外螺纹。车间生产中，检验螺纹所用的量规称为螺纹工作量规。如图 4-9 所示的是检验外螺纹大径用的光滑卡规和检验外螺纹用的螺纹环规。这些量规都有通规和止规，它们的检验项目如下。

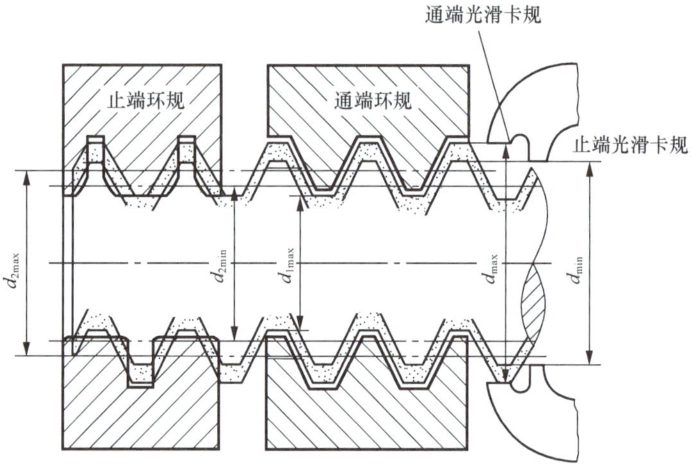

图 4-9　环规检验外螺纹

① 通端螺纹工作环规(T)，主要用来检验外螺纹作用中径($d_{2作用}$)，其次是控制外螺纹小径的最大极限尺寸(d_{1max})，属于综合检验。因此，通端螺纹工作环规应有完整的牙型，其长度等于被检螺纹的旋合长度。合格的外螺纹都应被通端螺纹工作环规顺利地旋入，这样就保证了外螺纹的作用中径未超出最大实体牙型的中径，即 $d_{2作用}<d_{2max}$。同时，外螺纹的小径也不超出它的最大极限尺寸。

② 止端螺纹工作环规(Z)，只用来检验外螺纹单一中径。为了尽量减少螺距误差和牙型半角误差的影响，必须使它的中径部位与被检验的外螺纹接触，因此止端螺纹工作环规的牙型做成截短的不完整的牙型，并将止端螺纹工作环规的长缩短到 2～3.5 牙。合格的外螺纹不应完全通过止端螺纹工作环规，但仍允许旋合一部分。具体规定：对小于或等于 4 牙的外螺纹，止端螺纹工作环规的旋合量不得多于 2 牙；对于大于 4 牙的外螺纹，止端螺纹工作环规的旋合量不得多于 3.5 牙。这些没有完全通过止端螺纹工作环规的外螺纹，说明它的单一中径没有超出最小实体牙型的中径，即 $d_{2单一}>d_{2min}$。

③ 光滑极限卡规。用来检验外螺纹的大径尺寸。通端光滑卡规应该通过被检验外螺纹的大径，这样可以保证外螺纹大径不超过它的最大极限尺寸；止端光滑卡规不应该通过被检验的外螺纹大径，这样就可以保证外螺纹大径不小于它的最小极限尺寸。

(2) 用螺纹工作量规检验内螺纹。如图 4-10 所示的是检验内螺纹小径用的光滑塞规和检验内螺纹用的螺纹塞规。这些量规都有通规和止规，它们对应的检验项目如下。

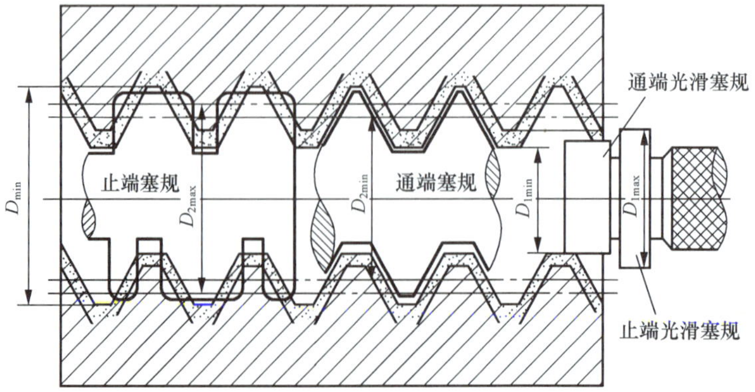

图 4-10　塞规检验内螺纹

① 通端螺纹工作塞规(T),主要用来检验内螺纹的作用中径($D_{2作用}$),其次是控制内螺纹大径最小极限尺寸(D_{min}),也是综合检验。因此通端螺纹工作塞规应有完整的牙型,其长度等于被检螺纹的旋合长度。合格的内螺纹都应被通端螺纹工作塞规顺利地旋入,这样就保证了内螺纹的作用中径及内螺纹的大径不小于它们的最小极限尺寸,即 $D_{2作用}>D_{2min}$。

② 止端螺纹工作塞规(Z),只用来检验内螺纹单一中径这个参数。为了尽量减少螺距误差和牙型半角误差的影响,止端螺纹工作塞规缩短到 2～3.5 牙,并做成截短的不完整的牙型。合格的内螺纹不完全通过止端螺纹工作塞规,但仍允许旋合一部分,即对于小于或等于 4 牙的内螺纹,止端螺纹工作塞规从两端旋合量之和不得多于 2 牙;对于大于 4 牙的内螺纹,量规旋合量不得多于 2 牙,这些没有完全通过止端螺纹工作塞规的内螺纹,说明它的单一中径没有超过最小实体牙型的中径,即 $D_{2单一}<D_{2max}$。

③ 光滑极限塞规。光滑极限塞规是用来检验内螺纹小径尺寸的。通端光滑塞规应通过被检验内螺纹小径,这样保证了内螺纹小径不小于它的最小极限尺寸;止端光滑塞规不应通过被检验内螺纹小径,这样就可以保证内螺纹小径不超过它的最大极限尺寸。普通螺纹塞规及其光滑量规设计可参见《普通螺纹量规　技术条件》(GB/T 3934—2003)。

为了避免检验与验收时发生争议,制造者和检验(或验收)者应使用同一规格的量规。若使用同一规格的量规有困难,操作人员宜使用新的(或磨损少的)通端螺纹量规和磨损较多的(或接近磨损极限的)止端螺纹量规;检验人员或验收人员宜使用磨损较多(或接近磨损极限的)通端螺纹量规和新的(或磨损较少的)止端螺纹量规。当检验中发生争议时,若判定该工件内螺纹或工件外螺纹为合格的螺纹量规,经检定符合 GB/T 3934—2003 的要求时,则该工件内螺纹或外螺纹应按合格处理。

2. 螺纹的单项测量

单项测量是指用量具或量仪测量螺纹每个参数的实际值,可以对各项误差进行分析,找出产生原因,从而指导生产。单项测量主要用于测量精密螺纹、螺纹量规、螺纹刀具等,在分析与调整螺纹加工工艺时,也采用单项测量。单项测量用的测量器具可分为专用量具(如螺纹千分尺,通常只测量螺纹中径这一参数)与通用量仪(如工具显微镜,可分别测量螺纹各个参数)。

(1) 螺纹千分尺测量中径。测量外螺纹中径时,可以使用带插入式测量头的螺纹千分尺。它的构造与外径千分尺相似,差别在于两个测量头的形状不同。螺纹千分尺的测量头做成和螺纹牙型相吻合的形状。即一个为 V 形测量头,与螺纹牙型凸起部分相吻合;另一个为圆锥形测量头,与螺纹牙型沟槽相吻合,如图 4-11 所示。

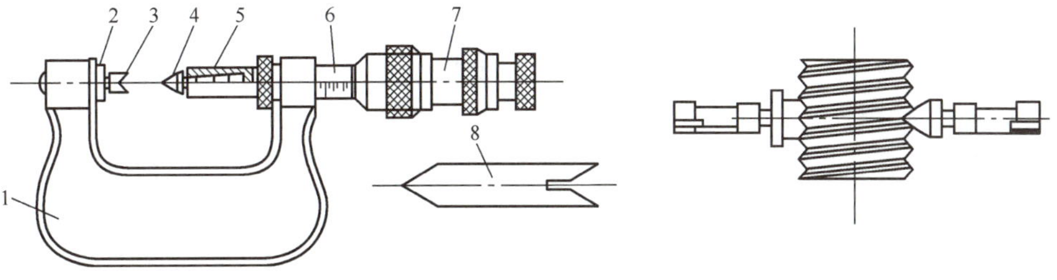

1—螺纹千分尺弓架;2—架跕;3—V 形测量头;4—圆锥形测量头;5—主量杆;
6—内套筒;7—外套筒;8—校对样板

图 4-11　螺纹千分尺

这种螺纹千分尺有可换测量头，每对测量头只能用来测量一定螺距范围的螺纹。螺纹千分尺有 0～25 mm 至 325～350 mm 等数种规格。

用螺纹千分尺测量外螺纹中径时，读得的数值是螺纹中径的实际尺寸，它不包括螺距误差和牙型半角误差在中径上的当量值。但是螺纹千分尺的测量头是根据牙型角和螺距的标准尺寸制造的，当被测量的外螺纹存在螺距和牙型半角误差时，测量头与被测量的外螺纹不能很好地吻合，所以测出的螺纹中径的实际尺寸误差相当显著，一般误差为 0.05～0.20 mm。因此，螺纹千分尺只能用于工序间测量或对粗糙级的螺纹工件测量，而不能用来测量螺纹切削工具和螺纹量具。

(2) 三针测量螺纹中径。接触三针量法是将 3 根直径相同的量针放在螺纹牙型沟槽中间，用接触式量仪或测微量具测出 3 根量针外母线之间的跨距 M，根据已知的螺距 P、牙型半角 $\alpha/2$ 及量针直径 d_0 的数值算出中径 d_2，如图 4-12所示。

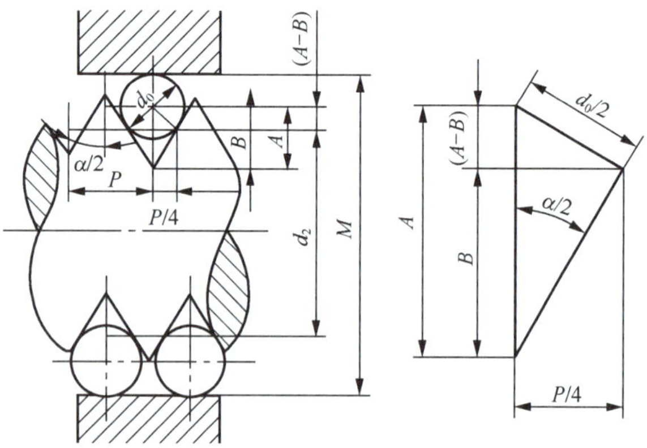

图 4-12　三针量法测量螺纹中径

由图 4-12 可知

$$M = d_2 + 2(A - B) + d_0$$

式中
$$A = \frac{d_0}{2\sin\frac{\alpha}{2}},\quad B = \frac{P}{4}\cot\frac{\alpha}{2}$$

由计算可得
$$d_2 = M - d_0\left[1 + \frac{1}{2\sin\frac{\alpha}{2}}\right] + \frac{P}{4}\cot\frac{\alpha}{2}$$

对于公制普通螺纹有 $\alpha = 60°$，则

$$d_2 = M - 3d_0 + 0.886P$$

从上述公式可知，三针量法的测量精度，除与所选量仪的示值误差和量针本身的误差有关外，还与被检螺纹的螺距误差和牙型半角误差有关。为了消除牙型半角误差对测量结果的影响，应选最佳量针 $d_{0(最佳)}$，使它与螺纹牙型侧面的接触点恰好在中径线上，如图 4-13 所示。

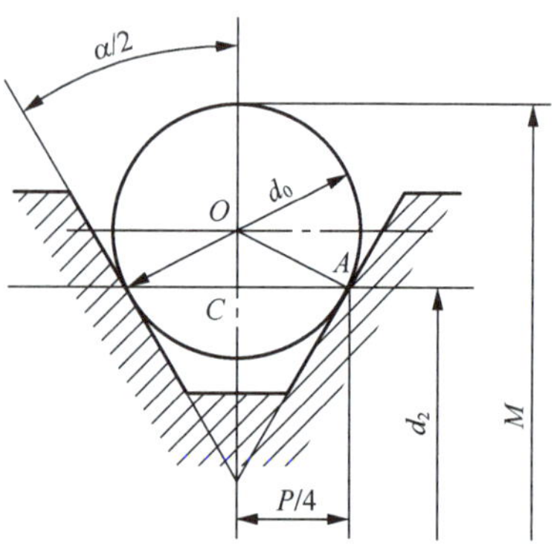

图 4-13　最佳量针

由图 4-13 可知 $\angle CAO = \frac{\alpha}{2}$，$AC = \frac{P}{4}$，$OA = \frac{d_{0(最佳)}}{2}$

故
$$d_{0(最佳)}=\frac{P}{2\cos\frac{\alpha}{2}}=\frac{P}{\sqrt{3}}$$

从上式可以看出，若对每种螺距给出相应的最佳量针的直径，这样量针的种类将增加到 20 多种，这是该量法的不足之处。但是它可计算出螺纹的单一中径，且计算公式可以简化为

$$d_{2单一}=M-1.5d_{0(最佳)}$$

三针的精度分为 2 个等级，即 0 级和 1 级。0 级三针主要用来测量螺纹中径公差在 4～8 μm 的螺纹工件；1 级三针用来测量螺纹中径公差在 8 μm 以上的螺纹工件。用三针量法的测量精度比目前常用的其他方法的测量精度要高，且在生产条件下应用也较方便，是目前应用最广的一种测量方法。

(3) 工具显微镜测量螺纹各参数。工具显微镜是一种以影像法作为测量基础的精密光学仪器，加测量刀后能以轴切法来进行更精确的测量。它可以测量精密螺纹的基本参数（大径、中径、小径、螺距、牙型半角），也可以测量轮廓复杂的样板、成型刀具、冲模及其他各种零件的长度、角度、半径等，因此在工厂的计量室和车间中应用普遍。工具显微镜结构、工作原理及使用方法请参照后文“任务分析”中的相关内容。

任务分析

本任务主要是进行螺纹的中径、牙形半角和螺距等基本参数的检测，根据前述内容可选用工具显微镜作为检测工具。

任务实施

一、认识工具显微镜

在计量室中用万能工具显微镜将被测螺纹的牙型轮廓放大成像，按被测螺纹的影像测量其螺距、牙型半角和中径，是一种广泛采用的测量方法，称为影像法。

工具显微镜可用于测量螺纹量规、螺纹刀具、齿轮滚刀及轮廓样板等，它分为小型、大型、万能和重型 4 种形式。虽然它们的测量精度和测量范围各不相同，但基本原理是相似的。大型工具显微镜的外形如图 4-14 所示，它主要由目镜 1、工作台 5、底座 7、支座 12、立柱 13、悬臂 14 和千分尺 6、10 等部分组成。转动手轮 11，可使立柱绕支座左右摆动；转动千分尺 6、10，可使工作台横、纵向移动；转动手轮 8，可使工作台绕轴心线旋转。

仪器的光学系统如图 4-15 所示。由主光源 1 发出的光经聚光镜 2、滤色片 3、透镜 4、光阑 5、反射镜 6、透镜 7 和玻璃工作台 8，将被测工件 9 的轮廓经物镜 10、反射棱镜 11 投射到目镜的焦平面 13 上，从而在中央目镜 15 中观察到放大的轮廓影像。另外，也可用反射光

源照亮被测工件,以工件表面上的反射光线,经物镜 10、反射棱镜 11 投射到目镜的焦平面上,同样可在中央目镜 15 中观察到放大的轮廓影像。物镜共有 4 支,其放大倍率分别为 1×、1.5×、3×和 5×,可根据不同放大倍率选用。角度读数目镜放大倍率为 10×,则总放大倍率为 10×、15×、30×和 50×。

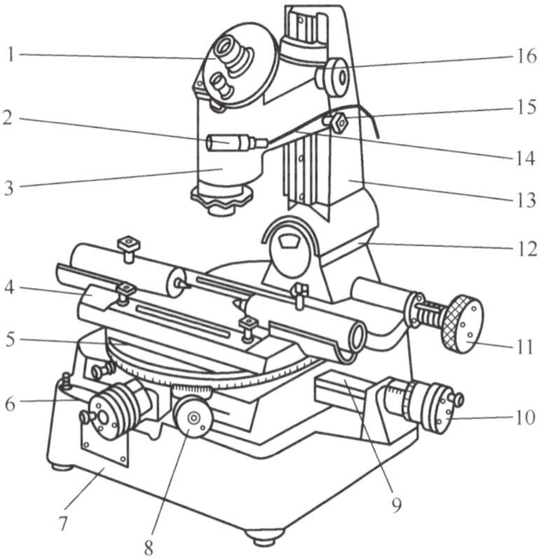

1—目镜;2—灯泡光源;3—镜筒;4—旋转支座;5—工作台;6—横向调节手轮(横向千分尺);7—底座;8—旋转手轮;9—横向导轨;10—纵向调节手轮(纵向千分尺);11—摆动调节手轮;12—支座;13—立柱;14—悬臂;15—锁紧螺钉;16—升降调节旋钮

图 4-14　大型工具显微镜外形

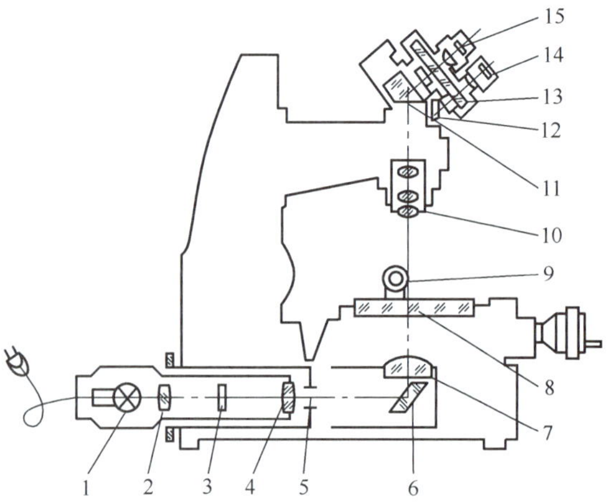

1—主光源;2—聚光镜;3—滤色片;4—透镜;5—光阑;6—反射镜;7—透镜;8—玻璃工作台;9—被测工件;10—物镜;11—反射棱镜 1;12—反射棱镜 2;13—分划板;14—角度读数目镜;15—中央目镜

图 4-15　工具显微镜的光学系统

仪器的目镜外形如图 4-16(a)所示,它由玻璃分划板、中央目镜、角度读数目镜、反射镜和手轮等组成。目镜的结构原理如图 4-16(b)所示。从中央目镜可观察到被测工件的轮廓影像和分划板的米字刻线,如图 4-16(c)所示。从角度读数目镜中,可以观察到分划板上 0°～360°的度值刻线和固定游标分划板上 0′～60′的分值刻线,如图 4-16(d)所示。转动手轮可使刻有度值刻线的分划板转动,它转过的角度,可从角度读数目镜中读出。当该目镜中固定游标的零刻线与度值刻线的零位对准时,则米字刻线中间虚线 $A—A$ 正好垂直于仪器工作台的纵向移动方向。

二、任务准备

按组领取检测工具(大型工具显微镜)或按组分配工位、被测工件等用品。

三、实施步骤

(1) 将工具显微镜和被测工件(被测螺纹)擦拭干净,并将工件小心地安装在两顶尖之间,拧紧顶尖的固紧螺钉(要当心工件掉下砸坏工作台面)。同时,检查工作台圆周刻度是否对准零位。

(2) 接通电源，用调焦筒(仪器专用附件)调节主光源 1(图 4-15)，旋转主光源外罩上的 3 个调节螺钉，直至灯丝位于光轴中央且成像清晰。这表示灯丝已位于光轴上，并在聚光镜 2 的焦点上。

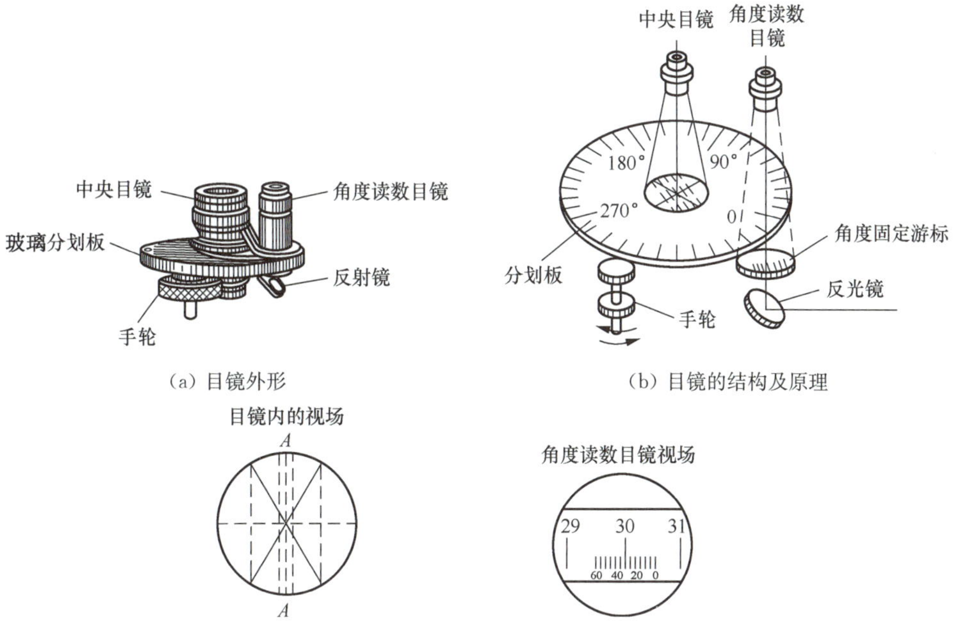

(a) 目镜外形　　(b) 目镜的结构及原理

(c) 轮廓影像和半字刻线　　(d) 分划板上的度值刻线和分值刻线

图 4-16　工具显微镜的目镜

(3) 根据被测螺纹尺寸，从仪器说明书中查出适宜的光阑直径，然后调好光阑的大小。

(4) 旋转手轮 11(图 4-14)，按被测工件螺纹的螺旋升角度 φ，调整立柱 13 的倾斜度。

(5) 调整目镜 14、15 上的调节环(图 4-15)，使米字刻线和度值、分值刻线清晰。松开锁紧螺钉 15(图 4-14)，旋转手柄 16，调整仪器的焦距，使被测轮廓影像清晰(若要求严格，可用专用的调焦棒在两顶尖中心线的水平内调焦)，然后旋紧锁紧螺钉 15。

(6) 测量螺纹主要参数。

① 测量中径。螺纹中径 d_2 是指将螺纹截成牙凸和牙凹宽度相等并和螺纹轴线同心的假想圆柱面直径。对于单线螺纹，它的中径也等于在轴截面内，沿着与轴线垂直的方向量得的两个相对牙型侧面间的距离。

为了使轮廓影像清晰，需要将立柱顺着螺旋线方向倾斜一个螺旋升角度，其值为

$$\tan \phi = \frac{np}{\pi d_2},$$

其中，p 为螺纹螺距(mm)；d_2 为螺纹中径公称值(mm)；n 为螺纹线数。

测量时，转动纵向千分尺 10 和横向千分尺 6(图 4-14)，并移动工作台，使目镜中的 A—A 虚线与螺纹投影牙型的一侧重合，如图 4-17 所示，记下横向千分尺的第一次读数。

转动横向千分尺，使 A—A 虚线与对面牙型轮廓重合，如图 4-17 所示，记下横向千分尺第 2 次读数。两次读数之差，即为螺纹的实际中径。为了消除被测螺纹安装误差的影响，

需要测出 $d_{2左}$ 和 $d_{2右}$（测量 $d_{2右}$ 值时，应先将显微镜立柱反向倾斜螺旋升角 φ），然后取二者的平均值作为实际中径，即

$$d_{2实际}=\frac{d_{2左}+d_{2右}}{2}$$

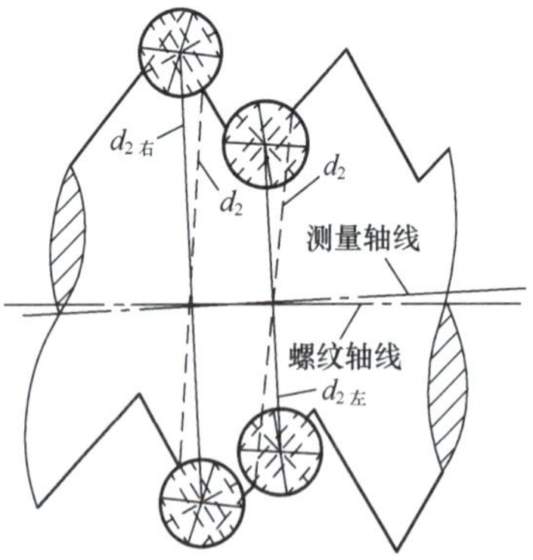

图 4-17 测量中径

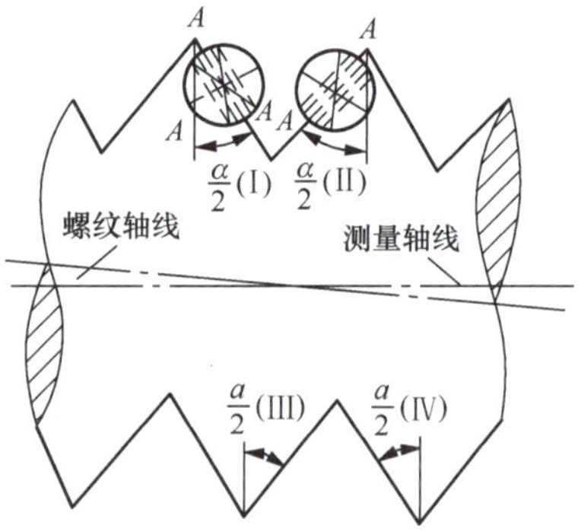

图 4-18 测量牙形半角 1

② 测量牙型半角。螺纹牙型半角 $\alpha/2$ 是指在螺纹牙型上，牙侧与螺纹轴线的垂线间的夹角。测量时，转动纵向和横向千分尺并调节手轮（图 4-14），使目镜中的 $A—A$ 虚线与螺纹投影牙型的某一侧面重合，如图 4-18 所示。此时，角度读数目镜中显示的读数，即为该牙侧的半角数值。

在角度读数目镜中，当角度读数为 000 时，则表示 $A—A$ 虚线垂直于工作台纵向轴线，如图 4-19(a)所示。当 $A—A$ 虚线与被测螺纹牙型一边对准时，如图 4-19(b)所示，得该半角的数值为

$$\left(\frac{\alpha}{2}\right)_{右}=360°-330°4'=29°56'$$

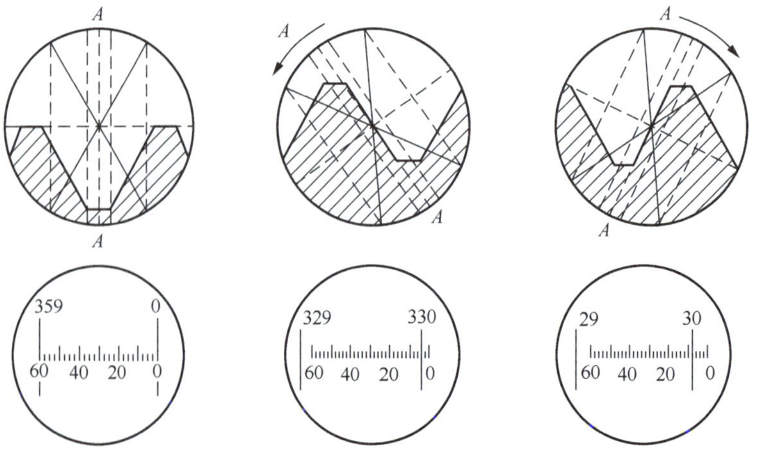

(a) $A—A$ 虚线垂直于作台纵向轴线角度读数　(b) $A—A$ 虚线与被测螺纹牙型一边对准时角度读数　(c) $A—A$ 虚线与被测螺纹牙型另一边对准时角度读数

图 4-19 测量牙形半角 2

同理，当 $A—A$ 虚线与被测螺纹牙型另一边对准时，如图 4-19(c)所示，则得另一半角的数值为

$$\left(\frac{\alpha}{2}\right)_{左}=30°8'$$

为了消除被测螺纹的安装误差的影响，需分别测出 $\frac{\alpha}{2}$（Ⅰ）、$\frac{\alpha}{2}$（Ⅱ）、$\frac{\alpha}{2}$（Ⅲ）和 $\frac{\alpha}{2}$（Ⅳ），并按下述方式处理。计算公式为

$$\left(\frac{\alpha}{2}\right)_{左}=\frac{\frac{\alpha}{2}(\text{Ⅱ})+\frac{\alpha}{2}(\text{Ⅳ})}{2}$$

$$\left(\frac{\alpha}{2}\right)_{右}=\frac{\frac{\alpha}{2}(\text{Ⅰ})+\frac{\alpha}{2}(\text{Ⅲ})}{2}$$

将它们与牙型半角公称值 $\frac{\alpha}{2}$ 比较，可得牙型半角偏差为

$$\Delta\left(\frac{\alpha}{2}\right)_{左}=\left(\frac{\alpha}{2}\right)_{左}-\frac{\alpha}{2}$$

$$\Delta\left(\frac{\alpha}{2}\right)_{右}=\left(\frac{\alpha}{2}\right)_{右}-\frac{\alpha}{2}$$

$$\Delta\frac{\alpha}{2}=\frac{\left|\Delta\left(\frac{\alpha}{2}\right)_{左}\right|+\left|\Delta\left(\frac{\alpha}{2}\right)_{右}\right|}{2}$$

为了使轮廓影像清晰，测量牙型半角时，同样要使立柱倾斜一个螺旋升角 ϕ。

③ 测量螺距。螺距 P 是指相邻两牙在中径线上对应两点间的轴向距离。测量时，转动纵向和横向千分尺且移动工作台，利用目镜中的 $A—A$ 虚线与螺纹投影牙型的一侧重合，记下纵向千分尺第一次读数。然后移动纵向工作台，使牙型纵向移动几个螺距的长度，使同侧牙型与目镜中的 $A—A$ 虚线重合，记下纵向千分尺第 2 次读数。两次读数之差，即为 n 个螺距的实际长度，如图 4-20 所示。

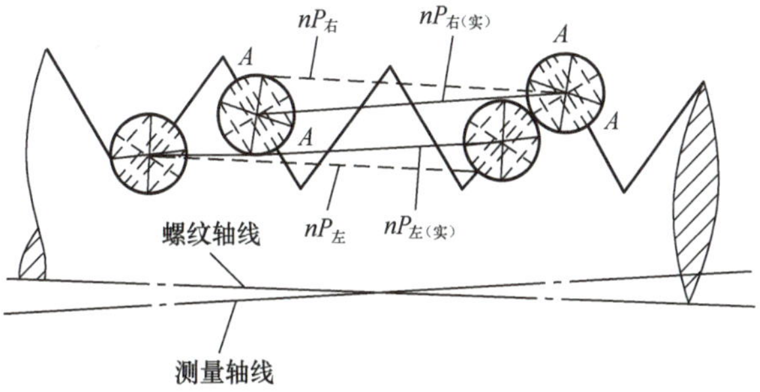

图 4-20　测量螺距 P

为了消除被测螺纹安装误差的影响，同样要测量出 $nP_{左(实)}$ 和 $nP_{右(实)}$。然后，取它们的

平均值作为螺纹 n 个螺距的实际尺寸，即

$$nP_{实}=\frac{nP_{左(实)}+nP_{右(实)}}{2}$$

n 个螺距的累积偏差为

$$\Delta nP_{实}=nP_{实}-nP$$

(7) 记录测量参数，根据所给螺纹结构参数(查阅国家标准所得)，判断被测螺纹的合格性，并填写实训任务书(表 4-9)。

表 4-9　　螺纹的中径、牙形半角和螺距检测

班　级		姓　名		学　号	
被测零件图 (尺规绘图)					
测量数据	螺纹中径	零件图螺纹中径尺寸			
		实际螺纹中径尺寸			
	牙形半角	零件图牙型半角尺寸			
		实际牙型半角尺寸			
	螺距	零件图螺距尺寸			
		实际螺距尺寸			
结论分析					
教师评语					

任务小结

螺纹在机械行业中应用广泛，主要起联接、传动、密封作用。螺纹联接的使用要求是可旋入性和连接可靠性。螺纹的种类很多，本任务重点研究普通螺纹。普通螺纹的主要几何参数有：大径 D 或 d、小径 D_1 或 d_1、中径 D_2 或 d_2、螺距 P、牙型角 α 和牙型半角 $\frac{\alpha}{2}$ 等。普通螺纹的螺距误差、中径误差和牙型半角误差都对螺纹的互换性有影响。外螺纹存在螺距误差和牙侧角误差，相当于外螺纹的中径增大；内螺纹存在螺距误差和牙侧角误差，相当于外螺纹的中径减小。因此，控制作用中径间接地控制了螺距偏差和牙侧角偏差。作用中

径是实际中径与螺距误差和牙侧角误差的中径当量之和。为了保证螺纹的互换性，国家标准对普通螺纹的公差带进行了规定——普通螺纹的公差带由构成公差带大小的公差等级和确定公差带位置的基本偏差所组成，并对内、外螺纹的中径、顶径规定了不同的公差等级：对内螺纹规定了代号为G、H的2种基本偏差；对外螺纹规定了代号为e、f、g和h的4种基本偏差。同时，标准还规定了螺纹的完整标记方法，由螺纹特征代号、尺寸代号、公差带代号、旋合长度代号和旋向代号等组成，如M6×0.75—5h6h—S—LH。

螺纹的测量有单项测量和综合测量。螺纹的单项测量常用测量工具为螺纹千分尺、量针和工具显微镜等，测量精度高。螺纹的综合测量使用光滑极限量规，其只能用于测量螺纹零件的合格性，不能用于测量具体参数值，生产率高。

普通螺纹的检测方法：在成批生产中，采用螺纹量规和光滑极限量规联合检验(综合测量)；需要对螺纹误差分析，找出误差产生原因时，可采用工具显微镜、螺纹千分尺、单针法或三针法进行测量(单项测量)。

思考与练习

一、填空题

1. 影响螺纹旋合性的主要因素是________、________和________。

2. 普通螺纹的螺距累积误差由其________控制；用来控制普通螺纹的牙型角偏差的是________。

3. 普通螺纹中径公差可以同时限制________、________和________ 3个参数的误差。

4. 外螺纹的大径公差等级有________、________和________ 3种。

5. 内螺纹的小径________外螺纹的大径________将会影响螺纹联接的________，因此必须规定其公差。

6. 长旋合长度旋合后________好，且有________的联接强度，但________难以保证。

7. 在同一公差等级中，内螺纹中径公差比外螺纹中径公差大，是因为内螺纹________。

8. M10×2-5g6g-L 的含义：M10________，2________，5g________，6g________，L________。

9. 光滑极限塞规是用来检验内螺纹的________尺寸的。

10. 大型工具显微镜属于________量仪，可分别检测螺纹的________。

二、简答题

1. 普通螺纹结合的基本要求是什么？

2. 影响螺纹互换性的主要因素有哪些？

3. 圆柱螺纹的综合测量与单项测量各有何特点？

4. 用三针法(d_0=1.732 mm)测量M24外螺纹的中径时，测得M=24.57 mm。该螺纹的实际中径是多少？

5. 查表确定M40—6H/6h中径、小径和大径的基本偏差，计算内外螺纹的中径、小径和大径的极限尺寸，并绘出内、外螺纹的公差带图。

任务二 滚动轴承配合件几何精度选择

学习目标

知识目标

(1) 掌握滚动轴承公差基本概念。

(2) 掌握滚动轴承的公差等级代号、游隙代号的含义和应用。

(3) 熟悉轴承公差及其特点。

(4) 掌握平键联接的特点及结构参数。

技能目标

(1) 学会选择滚动轴承相关公差。

(2) 学会滚动轴承与轴、外壳孔的配合及其应用。

(3) 学会正确选择平键联接。

(4) 掌握矩形花键联接并能够正确选择花键联接。

任务描述

如图 4-21 所示，已知减速器的功率为 6 kW，从动轴转速为 85 r/min，其两端的轴承为 6212 深沟球轴承(d＝60 mm，D＝110 mm)，轴上安装齿轮，模数 m＝3 mm，齿数 Z＝80。

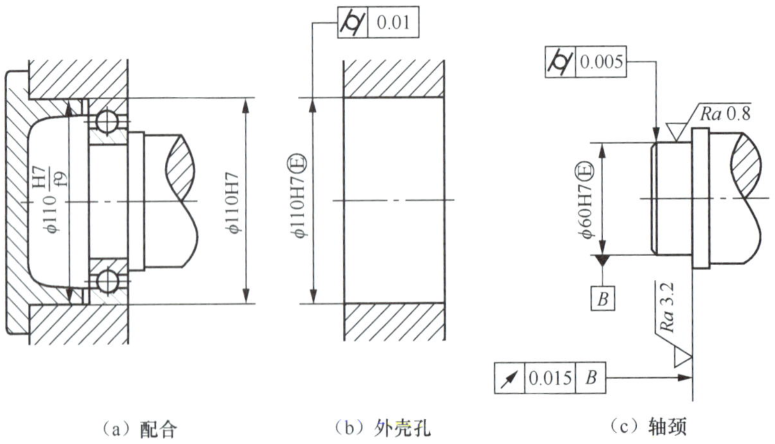

(a) 配合　(b) 外壳孔　(c) 轴颈

图 4-21 减速器轴颈和外壳孔几何精度确定

试确定轴颈和外壳孔的公差带、几何公差值和表面粗糙度参数值，并标注在图样上（由机械设计已算得 $F=0.02C$）。

知识概述

一、滚动轴承公差等级

轴承的公差包括尺寸公差和轴承的旋转精度。尺寸公差是指轴承内径、外径和宽度等尺寸公差；轴承的旋转精度是指轴承内外圈的径向跳动、端面对滚道的跳动、端面对内孔的跳动等。按《滚动轴承 向心轴承 产品几何技术规范（GPS）和公差值》（GB/T 307.1—2017），轴承按其公称尺寸精度与旋转精度分为 5 个精度等级，分别用 PN、P6（P6X）、P5、P4 和 P2 表示，其中 PN 级精度最低，P2 级精度最高。滚动轴承公差等级代号如表 4-10 所示。只有深沟轴承有 P2 级；圆锥滚子轴承有 P6X 级而无 P6 级。

表 4-10　滚动轴承公差等级代号

代　号	含　义	示　例
/PN	公差等级符合标准规定的普通级，代号中省略不表示	6203
/P6	公差等级符合标准规定的 6 级	6203/P6
/P6X	公差等级符合标准规定的 6X 级	30210/P6X
/P5	公差等级符合标准规定的 5 级	6203/P5
/P4	公差等级符合标准规定的 4 级	6203/P4
/P2	公差等级符合标准规定的 2 级	6203/P2
/SP	尺寸精度相当于 4 级，旋转精度相当于 4 级	234420/SP
/UP	尺寸精度相当于 4 级，旋转精度高于 4 级	234730/UP

注：摘自《滚动轴承　代号方法》（GB/T 272—2017）。

PN 级为普通精度级，主要应用于旋转精度要求不高的一般机械中，如普通机床、汽车、拖拉机的变速机构，普通电机、水泵、压缩机的旋转机构等，该级精度在机器制造中应用最广。

除 PN 级外的 P6、P6X、P5、P4 和 P2 级统称为高精度轴承，均应用于旋转精度要求较高或转速较高的旋转机构中。例如，普通机床的主轴，前轴承多用 P5 级，后轴承多用 P6 级；较精密机床主轴的轴承采用 P4 级；精密仪器、仪表的旋转机构也常用 P4 级轴承。P2 级轴承应用在旋转精度和转速很高的机械中，如精密坐标镗床的主轴、高精度磨床主轴所使用的轴承。滚动轴承安装在机器上时，其内圈与轴颈配合，外圈与壳体孔配合。它们的配合性质对保证机器正常运转、提高机械效率、延长使用寿命有极其重要的意义，因此轴承必须满足下列 2 项要求。

（1）合理的旋转精度。轴承工作时，其内、外圈和端面的跳动能引起机件运转不平稳，而导致振动和噪声。

(2) 滚动体与套圈之间有合适的径向游隙和轴向游隙,如图 4-22 所示。滚动轴承径向或轴向游隙过大,会引起较大的振动和噪声,以及转轴的径向或轴向窜动;游隙过小,又会使滚动体与套圈之间产生较大的接触应力,从而引起摩擦发热,使轴承寿命下降。游隙代号(表 4-11)分为 6 组,常用基本组代号为 0,且一般不予标注。

公差等级代号与游隙代号需同时表示时,可进行简化,取公差等级代号加上游隙组号(N 组不表示)组合表示。

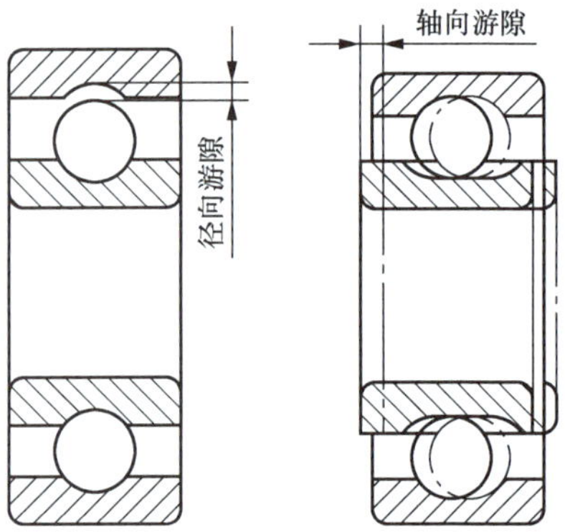

(a) 径向游隙　　(b) 轴向游隙

图 4-22　轴承间隙

滚动轴承公差等级代号与游隙代号需同时标注时,可以进行简化,以公差等级代号加上游隙组号(N 组不表示)的组合表示。N 组称基本组,其他组称辅助组,C1～C5 组的游隙依次由小到大。/P52 表示轴承公差等级 P5,径向游隙 2 组。

表 4-11　　滚动轴承的游隙代号

代号	含　义	示　例	代号	含　义	示　例
/C2	游隙符合标准规定 2 组	6210/C2	/C4	游隙符合标准规定 4 组	NN3006 K/C4
/CN	游隙符合标准规定 N 组,代号中省略不表示	6210	/C5	游隙符合标准规定 5 组	NNU4920 K/C5
/C3	游隙符合标准规定 3 组	6210/C3	/CA	公差等级为 SP 和 UP 的机床主轴用圆柱滚子轴承径向游隙	

注:摘自 GB/T 272—2017。

二、滚动轴承的公差及其特点

滚动轴承的尺寸公差,主要是指成套轴承的内径和外径的公差。由于滚动轴承的内圈和外圈都是薄壁零件,在制造、保管和自由状态下容易变形,但当轴承内圈与轴、外圈与壳体孔装配后,这种微量变形也容易得到矫正。因此,国家标准对轴承内径和外径尺寸公差作出了 2 种规定:一是规定了内、外径尺寸的最大值和最小值所允许的极限偏差(即单一内、外径偏差),其主要目的是控制轴承的变形程度;二是规定了内、外径实际量的尺寸的最大值和最小值的平均值极限偏差(即单一内、外径偏差 Δd_{mp} 和 ΔD_{mp},其数值见 GB/T 307.1—2017),目的是保证轴承配合精度。对于高精度的 P4、P2 级轴承,上述两个公差项目都作了规定,而对其他一般公差等级的轴承,只要套圈任一横截面内测得的最大直径与最小直径平均值对公称直径的偏差(即单一平面平均内、外径偏差 Δd_{mp} 和 ΔD_{mp})在内、外径公差带内,就认为合格。除此之外,对所有公差等级的轴承都规定了控制圆度的公差(即单一径向平面内的内、外径变动量)和控制圆柱度的公差(即平均内、外径变动量)。滚动轴承是标准部件,为了便于互换,轴承内圈与轴采用基孔制配合,外圈与孔采用基轴制配合。轴承内、外径尺寸公差的特点是采用单向制,所有公差等级的公差都单向配置在零线下侧,即上极限偏差为零，下极限偏差为负值。不同公差等级轴承内、外径公差带的分布如图 4-23 所示。

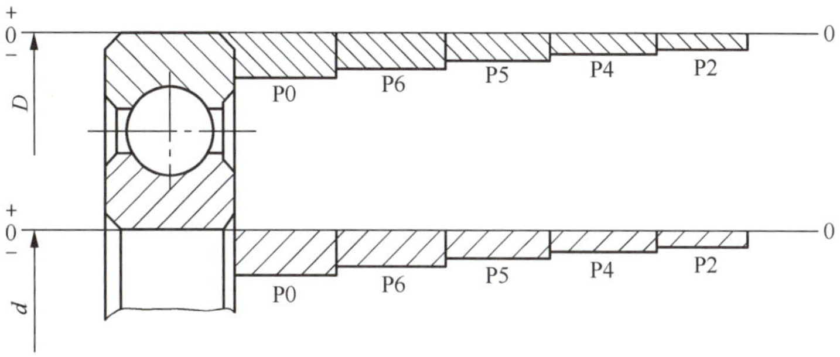

图 4-23　不同公差等级轴承内、外径公差带的分布

在国家标准《产品几何技术规范(GPS)　线性尺寸公差 ISO 代号体系　第 1 部分：公差、偏差和配合的基础》(GB/T 1800.1—2020)中，基准孔的公差带在零线之上，而轴承内孔虽然也是基准孔，但其所有公差等级的公差带都在零线之下。因此，轴承内圈与轴配合，比国家标准中基孔制同名配合要紧得多。配合性质向过盈增加的方向转化。所有公差等级的公差带都偏置在零线之下，这主要是考虑了轴承配合的特殊需要。因为在多数情况下，轴承内圈是随轴一起转动的，二者之间的配合必须有一定的过盈。但由于内圈是薄壁零件，且使用一定时间之后，轴承往往要拆换，因此过盈量的数值又不宜过大。假如轴承内孔的公差带与一般基准孔的公差带一样，单向偏置在零线上侧，并采用标准 GB/T 1800.1—2020 中推荐的常用(或优先)的过盈配合，则所取得过盈量往往太大。若用过渡配合，可能出现轴孔结合不可靠；而采用非标准的配合，不仅会给设计带来麻烦，而且还不符合标准化和互换性的原则。为此，轴承标准将内径的公差带偏置在零线下侧，再与标准 GB/T 1800.1—2020 推荐的常用(或优先)过渡配合中某些轴的公差带结合，完全能满足轴承内孔与轴配合的性能要求。轴承外径与外壳孔配合采用基轴制，轴承外径的公差带与 GB/T 1800.1—2020 中基轴制的基准轴的公差带虽然都在零线下侧，都是上偏差为零、下偏差为负值，但是二者的公差数值是不同的。因此，轴承外圈与外壳孔配合与 GB/T 1800.1—2020 中的圆柱基轴制同名配合相比，配合性质也是不完全相同的。

三、滚动轴承配合的选择

滚动轴承的配合是指成套轴承的内孔与轴及外径与外壳孔的尺寸配合。合理地选择其配合，对于充分发挥轴承的技术性能，保证机器正常运转、提高机械效率、延长使用寿命等都有极为重要的意义。

1. 轴承配合选择的任务

(1) 确定与轴承内孔结合的轴的公差带。

(2) 确定与轴承外径结合的外壳孔的公差带。

国家标准 GB/T 275—2015 中，轴承常用配合及轴、轴承座孔的公差带位置，如图 4-24 所示。

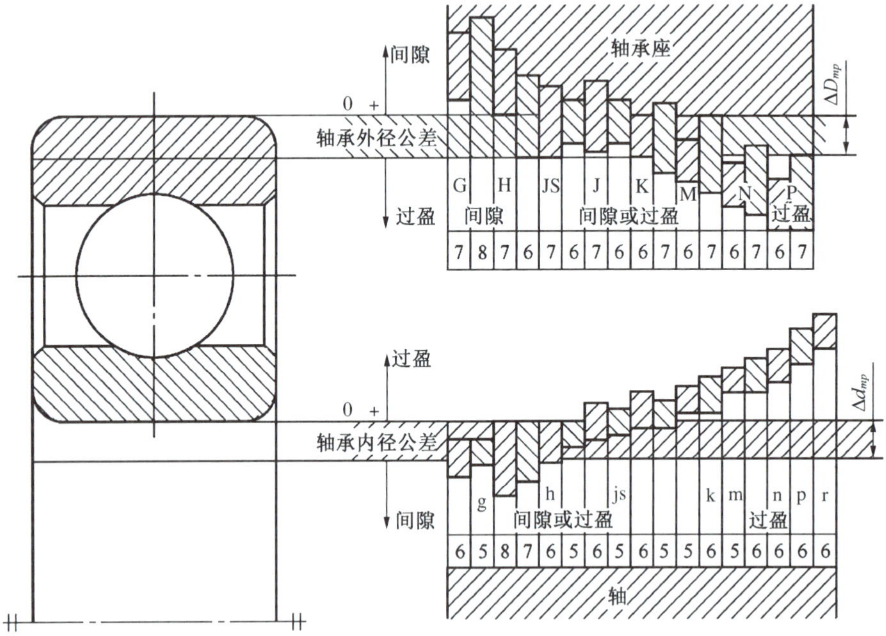

图 4-24 轴承常用配合与轴、轴承座孔的公差带位置

GB/T 275—2015 的适用范围如下：

① 对主机的旋转精度、运转平稳性、工作温度无特殊要求的安装情况。

② 对轴承的外形尺寸、种类等符合有关规定，且公称内径 $d \leqslant 500$ mm，公称外径 $D \leqslant 500$ mm。

③ 轴承公差符合 GB/T 307.1—2017 中的/PN、/P6(/P6X)。

④ 轴承游隙符合《滚动轴承 游隙 第 1 部分：向心轴承的径向游隙》(GB/T 4604.1—2012)中的 N 组。

⑤ 轴为实心或厚壁钢制轴。

⑥ 轴和外壳为钢或铸铁制件。

2. 配合选择的基本原则

负荷的类型、轴承的类型和尺寸大小、轴和轴承座孔的公差等级、材料强度、轴承游隙、轴承承受工作负荷的状况、工作环境及拆卸的要求等，对轴承的配合都有直接的影响，在选择配合时都应考虑到。

(1) 负荷类型。机器在运转过程中，滚动轴承内、外套圈可能承受以下 3 种类型的负荷。

① 局部负荷。作用在轴承上的合成径向负荷始终作用在套圈滚道的局部区域内，这种负荷称为局部负荷，如图 4-25(a)外圈、图 4-25(b)内圈所示。轴承承受一个方向不变的径向负荷 F_r，固定套圈所承受的负荷性质即为局部负荷或称固定负荷。

② 循环负荷。作用在轴承上的合成径向负荷顺次地作用在套圈滚道的整个圆周上，且沿滚道圆周方向旋转，一转以后重复形成循环，这种负荷称为循环负荷，如图 4-25(a)内圈、图 4-25(b)外圈所示。循环负荷的特点是负荷与套圈相对转动，因此又称旋转负荷。

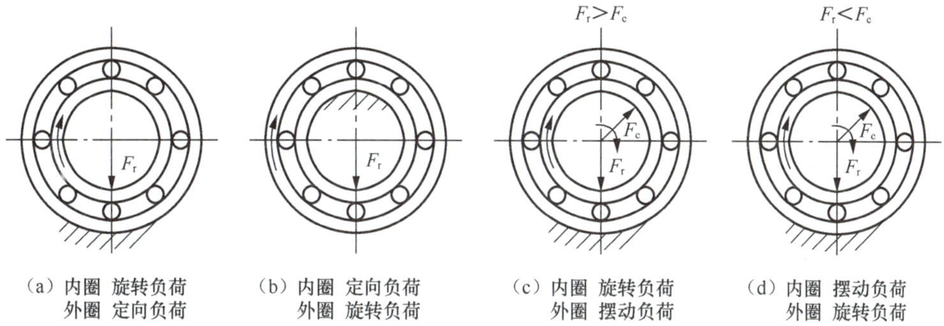

图 4-25　滚动轴承的负荷类型

③ 摆动负荷。在轴承套圈上同时作用一个方向与大小不变的合成径向负荷与一个数值较小的旋转径向负荷所组成的合力 F_c，这种负荷称为摆动负荷，如图 4-25(c)外圈、图 4-25(d)内圈所示。F_r 是不变的径向负荷，F_c 是旋转的径向负荷，$F_r > F_c$。它们的合成负荷 F 仅在小于 180°的角度内所对应的一段滚道内摆动。如图 4-26 所示，圆弧 AB 间为摆动负荷的作用区域。

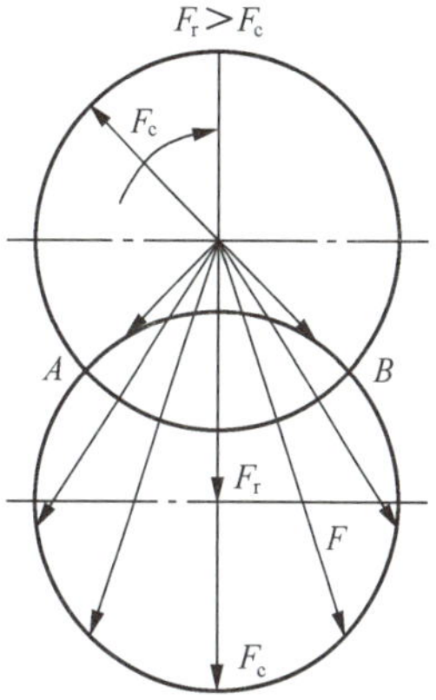

图 4-26　摆动负荷作用区域

对承受循环负荷的套圈应选过渡配合或较紧的过渡配合，过盈量的大小，以其转动时与轴或壳体孔间不产生爬行现象为原则。对承受局部负荷的套圈应选较松的过渡配合或较小的间隙配合，以便使套圈滚道间的摩擦力矩带动套圈偶尔转位、受力均匀、延长使用寿命。对承受摆动负荷的套圈，其配合要求与循环负荷相同或略松一点。对于承受冲击负荷或重负荷的轴承配合，应比在轻负荷和正常负荷下的配合要紧，负荷越大，其配合过盈量越大。

国家标准将向心轴承负荷的大小按径向当量动负荷 P_r 与径向额定动负荷 C_r 的关系分为 3 种，即轻负荷、正常负荷、重负荷，见表 4-12。

表 4-12　动负荷种类与大小

动负荷种类(大小)	P_r/C_r
轻负荷	≤0.07
正常负荷	>0.07～0.15
重负荷	>0.15

注：摘自 GB/T 275—2015。

总之，配合选择以使套圈在轴上或外壳孔内的配合不产生“爬行”现象为原则。要考虑轴承套圈相对负荷的状况，即相对负荷方向旋转或摆动的套圈，应选择过盈配合或过渡配合。相对于负荷方向固定的套圈，应选择间隙配合。当用不可分离型轴承作游动支承时，应将相对于负荷方向为固定的套圈作为游动套圈，选择间隙或过渡配合。

随着轴承尺寸的增大，选择的过盈配合过盈量越大，间隙配合间隙越大。采用过盈配合会导致轴承游隙的减小，应检验安装后轴承的游隙是否满足使用要求，以便正确选择配合及轴承游隙。

(2) 滚动轴承游隙的选择。游隙大小对轴承承载能力的影响很大，其径向游隙又分为原始游隙、安装游隙和工作游隙。原始游隙，即未安装前的游隙。试验分析表明，工作游隙为比零稍小的负值时轴承寿命最高。产品样本中所列的基本额定动负荷 C_r 及基本额定静负荷 C_{or} 是轴承工作游隙为零时的理想负荷数值。

轴承游隙的合理选择，应在原始游隙的基础上，先考虑因配合、内外圈温度差及负荷等因素所引起的游隙变化，使工作游隙接近最佳状态，然后选择游隙组别。对于在一般情况下工作的向心轴承(非调整式轴承)，应优先选用基本组(0 组)游隙。当对游隙有特殊要求时，可选用辅助组游隙(相关数值可参阅国家标准 GB/T 4604.1—2012)。

(3) 公差带的选择。根据径向当量动负荷 P_r 的大小和性质进行选择，具体参照 GB/T 275—2015。

① 向心轴承和轴的配合。轴公差带代号按表 4-13 选择。

表 4-13　　向心轴承和轴的配合轴公差带代号

圆柱孔轴承						
运转状态		负荷状态	深沟球轴承、调心球轴承和角接触球轴承	圆柱滚子轴承和圆锥滚子轴承	调心滚子轴承	公差带
说明	举例		轴承公称内径/mm			
旋转的内圈负荷及摆动负荷	一般通用机械、电动机、机床主轴、泵、内燃机、直齿轮传动装置、铁路机车车辆轴箱、破碎机等	轻负荷	≤18	—	—	h5
			>18~100	≤40	≤40	j6
			>100~200	>40~140	>40~100	k6
			—	>140~200	>100~200	m6
		正常负荷	≤18	—	—	j5js5
			>18~100	≤40	≤40	k5
			>100~140	>40~100	>40~65	m5
			>140~200	>100~140	>65~100	m6
			>200~280	>140~200	>100~140	n6
			—	>200~400	>140~280	p6
			—	—	>280~500	r6
		重负荷	—	>50~140	>50~100	n6
			—	>140~200	>100~140	p6
			—	>200	>140~200	r6
			—	—	>200	r7
固定的内圈负荷	静止轴上的各种轮子、张紧轮绳轮、振动筛、惯性振动器	所有负荷	所有尺寸			f6
						g6
						h6
						j6

（续表）

圆柱孔轴承			
仅有轴向负荷		所有尺寸	j6 js6
圆锥孔轴承			
所有负荷	铁路机车车辆轴箱	装在退卸套上的所有尺寸	h8(IT6)
	一般机械传动	装在紧定套上的所有尺寸	H9(IT7)

注：① 凡对精度有较高要求的轻负荷场合，应用 j5、k5、…代替 j6、k6、…。
② 正常负荷状态时，圆锥滚子轴承、角接触球轴承配合对游隙影响不大，可用 k6、m6 代替 k5、m5。
③ 重负荷下轴承游隙应选大于 0 组。
④ 凡有较高精度或转速要求的场合，应选用 h7 (IT5)代替 h8 (IT6)等。
⑤ IT6、IT17 表示圆柱度公差数值。

② 向心轴承和壳体孔的配合。孔公差带代号按表 4-14 选择。

表 4-14　　向心轴承和外壳孔的配合孔公差带代号

运转状态		负荷状态	其他状况	公差带	
说　明	举　例			球轴承	滚子轴承
固定的外圈负荷	一般机械、铁路机车车辆轴箱、电动机、泵、曲轴主轴承	轻、正常、重负荷	轴向易移动，可采用剖分式外壳	H7、G7	
		冲击负荷	轴向能移动，可采用整体或剖分式外壳	J7、Js7	
摆动负荷		轻和正常负荷			
		正常和重负荷	轴向不移动，采用整体式外壳	K7	
		重冲击负荷		M7	
旋转的外圈负荷	张紧滑轮、轴承的轮毂	轻负荷		J7	K7
		正常和重负荷		K7、M7	M7、N7
		重冲击负荷		—	N7、P7

注：① 并列公差带随尺寸的增大从左至右选择，对旋转精度有较高要求时，可相应提高一个公差等级。
② G7 不适用于剖分式外壳。

③ 推力轴承和轴的配合。轴公差带代号按表 4-15 选择。

表 4-15　　推力轴承和轴的配合轴公差带代号

运转状态	负荷状态	推力球和推力滚子轴承	推力调心滚子轴承	公差带
		轴承公称内径/mm		
仅有轴向负荷		所有尺寸		J6、js6
固定的轴圈负荷	径向和轴向联合负荷	— —	≤250 ＞250	J6 js6
旋转的轴圈负荷或摆动负荷		— — —	≤200 200～400 ＞400	k6 m6 n6

注：① 要求较小过盈时，可分别用 j6、k6、m6 代替 k6、m6、n6。
② 推力调心滚子轴承也包括推力圆锥滚子轴承和推力角接触球轴承。

④ 推力轴承和壳体孔的配合。孔公差带代号按表 4-16 选择。

表 4-16　推力轴承和外壳孔的配合孔公差带代号

运转状态	负荷状态	轴承类型	公差带	备　注
仅有轴向负荷		推力球轴承	H8	—
		推力圆柱、圆锥滚子轴承	H7	—
		推力调心滚子轴承		外壳孔与座圈间间隙为0.001*D*（*D* 为轴承公称外径）
固定的座圈负荷	径向和轴向联合负荷	推力角接触球轴承、推力调心滚子轴承、推力圆锥滚子轴承	H7	—
旋转的座圈负荷或摆动负荷			K7	普通使用条件
			M7	有较大径向负荷

3. 公差等级和配合表面粗糙度值的选择

与轴承配合的轴或外壳孔的公差等级与轴承精度有关，轴承精度高时，所选用的公差等级也要高些；对同一公差等级的轴承，轴与轴承内孔配合时，轴选用的公差等级比壳体孔与轴承外径配合时壳体孔选用的公差等级要高一级。如与/P0、/P6(/P6X)级轴承配合的轴，其公差等级一般为 IT6，壳体孔一般为 IT7。对旋转精度和运转平稳性有较高要求的场合，在提高轴承公差等级的同时，轴承配合部位也应按相应精度提高。配合表面的表面粗糙度值和公差等级的选择参考表 4-17。

表 4-17　配合表面的表面粗糙度值

轴或轴承座直径/mm		轴或外壳配合表面直径公差等级								
		IT7			IT6			IT5		
		表面粗糙度								
超过	到	*Rz*/μm	*Ra*/μm		*Rz*/μm	*Ra*/μm		*Rz*/μm	*Ra*/μm	
			磨	车		磨	车		磨	车
	80	10	1.6	3.2	6.3	0.8	1.6	4	0.4	0.8
80	500	16	1.6	3.2	10	1.6	3.2	6.3	0.8	1.6
端面		25	3.2	6.3	25	3.2	6.3	10	1.6	3.2

注：摘自 GB/T 275—2015。

4. 配合面及端面的几何公差

轴颈和壳体孔表面的圆柱度公差、轴肩及壳体孔的轴向跳动按表 4-18 的规定进行选择。其标注方法如图 4-27 所示。

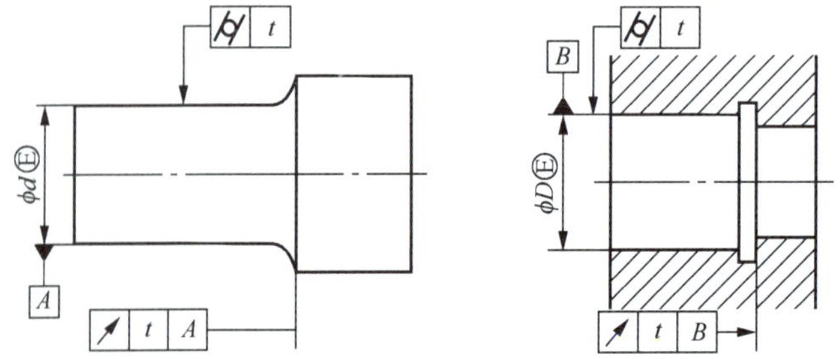

(a) 轴颈　　(b) 外壳孔

图 4-27　轴颈和外壳孔公差标注

表 4-18　　滚动轴承配合面的几何公差

轴承公称内、外径（公称尺寸）/mm	圆柱度 t				端面圆跳动 t_1			
	轴颈		外壳孔		轴肩		外壳孔肩	
	轴承公差等级							
	P0	P6(6X)	P0	P6(6X)	P0	P6(6X)	P0	P6(6X)
	公差值/μm							
>6	2.5	1.5	4	2.5	5	3	8	5
>6～10	2.5	1.5	4	2.5	6	4	10	6
>10～18	3	2	5	3	8	5	12	8
>18～30	4	2.5	6	4	10	6	15	10
>30～50	4	2.5	7	4	12	8	20	12
>50～80	5	3	8	5	15	10	25	15
>80～120	6	4	10	6	15	10	25	15
>120～180	8	5	12	8	20	12	30	20
>180～250	10	7	14	10	20	12	30	20
>250～315	12	8	16	12	25	15	40	25
>315～400	13	9	18	13	25	15	40	25
>400～500	15	10	20	15	25	15	40	25

任务分析

任务所述齿轮减速器功率为 6 kW，转速不高(85 r/min)，轴承类型可选为深沟球轴承(6212)，属于一般用减速器。因此，该减速器工作时，旋转精度要求不高；齿轮传动时，轴承内圈与轴一起旋转，承受负荷；外圈相对于负荷方向静止；$F=0.01C$，远小于 $0.07C$，属于轻负荷轴承。

任务实施

(1) 确定轴承精度等级。由分析可知，该减速器旋转精度要求不高，故选择 P0 级轴承，0 级精度，代号中可以省略不标注。

(2) 确定轴颈和外壳孔公差带。由于分析知，齿轮传动时，轴承内圈与轴一起旋转，承受负荷，应选择较紧的配合；外圈相对于负荷方向静止，它与外壳孔的配合应选择较松的配合。由于 $F=0.01C$，小于 $0.07C$，故该减速器轴承属于轻负荷。查表 4-13、表 4-14，轴颈公差带选为 j6，外壳孔公差带选为 H7。

(3) 确定轴颈和外壳孔几何公差类型和几何公差值。由图所标尺寸知，轴颈段直径为

ϕ 110 mm，查表 4-18，轴颈圆柱度公差确定为 0.005 mm，轴肩轴向圆跳动公差确定为 0.015 mm，外壳孔的圆柱度公差确定为 0.01 mm。

(4) 确定配合面表面粗糙度参数值。轴颈和外壳孔查表 4-17 中表面粗糙度数值，磨削轴取 $Ra \leqslant 0.8$ μm；轴肩端面取 $Ra \leqslant 3.2$ μm。精车外壳孔取 $Ra \leqslant 3.2$ μm。

(5) 轴颈和外壳孔公差标注。因滚动轴承是标准件，装配图上只需要标注出轴颈和外壳孔的公差带代号。标注结果如图 4-21 所示。

拓展知识——键(槽)与花键(槽)的公差配合及其误差检测方法

一、单键联接公差配合及键(槽)误差检测

键联接在机械工程中应用广泛，通常用于轴与毂的联接，可用于传递扭矩，也可作导向用，如变速箱中的齿轮可以沿轴移动以达到变速的目的。键的类型可分为单键和花键。单键包括平键、半圆键、楔键和切向键，其中平键和半圆键的应用最多，如图 4-28 所示。

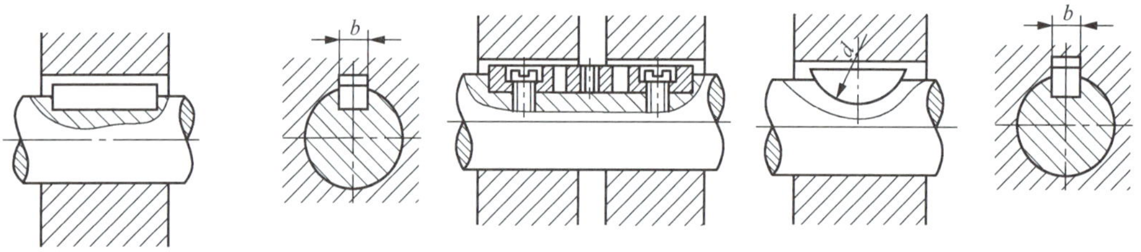

(a) 平键　　(b) 导向平键　　(c) 半圆键

图 4-28　平键和半圆键

平键和半圆键联接是由键、键槽和轮毂 3 部分组成的，其结构参数如图 4-29 所示。工作过程中是通过键的侧面和键槽的侧面相互接触来传递转矩的，因此它们的宽度尺寸 b 是主要配合尺寸。平键、半圆键的剖面尺寸及键槽形式在国家标准《平键　键槽的剖面尺寸》(GB/T 1095—2003)等中都作出了规定。

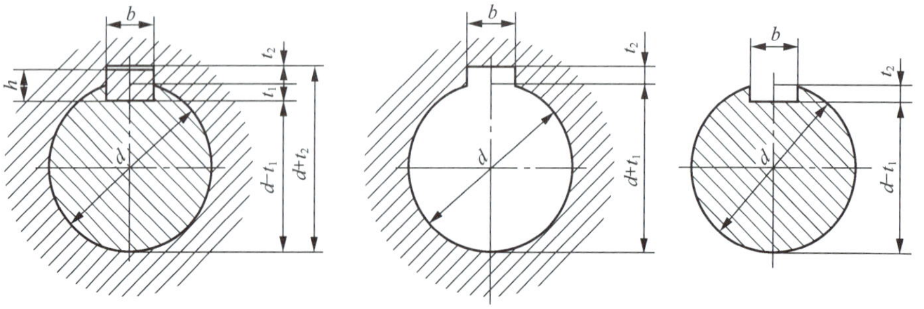

图 4-29　平键和半圆键联接的结构参数

1. 普通平键的公差与配合

平键的公差与配合在 GB/T 1095—2003 和《普通型　平键》(GB/T 1096—2003)中已明确规定。由于键是标准件,所以键与键槽宽 b 的配合采用基轴制,其尺寸大小是根据轴的直径进行选取的。按照配合的松紧不同,平键联接的配合分为松联接、正常联接和紧密联接。如图 4-30 所示为平键联接的尺寸公差带图。平键联接的配合种类和应用见表 4-19。

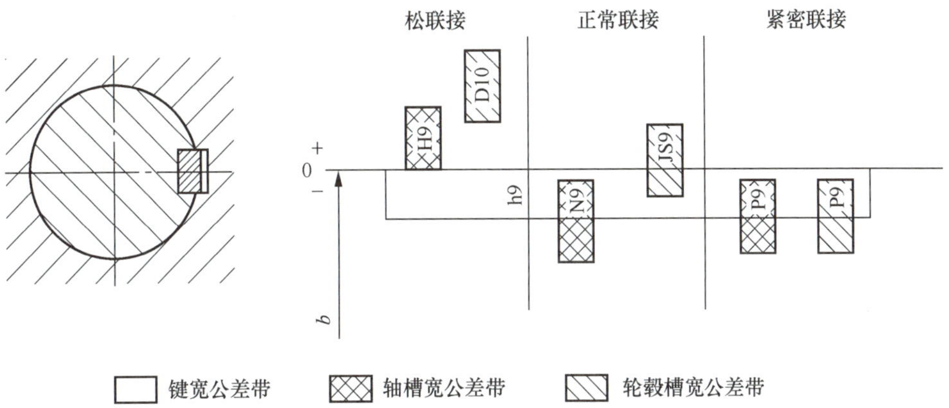

图 4-30　平键联接的尺寸公差带图

表 4-19　平键联接的配合种类及应用

配合种类	尺寸 b 的公差			配合性质及应用
	键	轴槽	轮毂槽	
松连接	h9	H9	D10	主要用于导向平键,轮毂可在轴上做轴向移动
正常连接		N9	JS9	键在轴上及轮毂中均固定,用于载荷不大的场合
紧密连接		P9	P9	键在轴上及轮毂中均固定,而比上一种配合更紧。主要用于载荷较大,或载荷具有冲击性及双向传递扭矩的场合

平键联接中,平键及键槽公差见表 4-20 和表 4-21。其他非配合尺寸中,键长和轴槽长的公差分别采用 h14 和 H14。为了便于装配,轴槽及轮毂槽的宽度 b 对轴及轮毂轴心线的对称度,一般按《形状和位置公差　未注公差值》(GB/T 1184—1996)表 B4 中对称度公差 7～9 级选取。当键长大于 500 mm 时,其长度应按《优先数和优先系数》(GB/T 321—2005)的 R20 系列选取,为减小由于直线度而引起的问题,键长应小于 10 倍的键宽。表面结构对键联接配合性质的稳定性和使用寿命有很大影响。推荐键槽、轮毂槽的键槽宽度 b 两侧面的表面结构参数 Ra 值为 1.6～3.2 μm,轴槽底面、轮毂槽底面的表面结构参数 Ra 值推荐为 6.3 μm。键的标记为"国标号键型号 ($b \times h \times L$)"。例如,宽度 $b=16$ mm、高度 $h=10$ mm、长度 $L=100$ mm 的 B 型普通平键标记为"GB/T 1096 键 B16×10×100"。若为 A 型键,"A"可以省略。

表 4-20　　普通平键键槽尺寸与公差　　单位：mm

<table>
<tr><td rowspan="5">键尺寸
b×h</td><td colspan="11">键　槽</td></tr>
<tr><td colspan="6">宽度 b</td><td colspan="5">深　度</td></tr>
<tr><td rowspan="3">基本
尺寸</td><td colspan="5">极限偏差</td><td colspan="2">轴 t_1</td><td colspan="2">毂 t_2</td><td rowspan="2">半径</td></tr>
<tr><td colspan="2">正常连接</td><td>紧密连接</td><td colspan="2">松连接</td><td rowspan="2">基本
尺寸</td><td rowspan="2">极限
偏差</td><td rowspan="2">基本
尺寸</td><td rowspan="2">极限
偏差</td></tr>
<tr><td>轴 N9</td><td>毂 JS9</td><td>轴和毂 P9</td><td>轴 H9</td><td>毂 D10</td><td>min
max</td></tr>
<tr><td>4×4</td><td>4</td><td rowspan="3">0
−0.030</td><td rowspan="3">±0.015</td><td rowspan="3">−0.012
−0.042</td><td rowspan="3">+0.030
0</td><td rowspan="3">+0.078
+0.030</td><td>2.5</td><td>+0.10</td><td>1.8</td><td rowspan="3">+0.10</td><td rowspan="4">0.16
0.25</td></tr>
<tr><td>5×5</td><td>5</td><td>3.0</td><td rowspan="13">+0.20</td><td>2.3</td></tr>
<tr><td>6×6</td><td>6</td><td>3.5</td><td>2.8</td></tr>
<tr><td>8×7</td><td>8</td><td rowspan="2">0
−0.036</td><td rowspan="2">±0.018</td><td rowspan="2">−0.015
−0.051</td><td rowspan="2">+0.036
0</td><td rowspan="2">+0.098
+0.040</td><td>4.0</td><td>3.3</td><td rowspan="10">+0.20</td></tr>
<tr><td>10×8</td><td>10</td><td>5.0</td><td>3.3</td><td rowspan="5">0.25
0.40</td></tr>
<tr><td>12×8</td><td>12</td><td rowspan="4">0
−0.043</td><td rowspan="4">±0.021 5</td><td rowspan="4">−0.018
−0.061</td><td rowspan="4">0.043
0</td><td rowspan="4">0.120
+0.050</td><td>5.0</td><td>3.3</td></tr>
<tr><td>14×9</td><td>14</td><td>5.5</td><td>3.8</td></tr>
<tr><td>16×10</td><td>16</td><td>6.0</td><td>4.3</td></tr>
<tr><td>18×11</td><td>18</td><td>7.0</td><td>4.4</td></tr>
<tr><td>20×12</td><td>20</td><td rowspan="4">0
−0.052</td><td rowspan="4">±0.026</td><td rowspan="4">−0.022
−0.074</td><td rowspan="4">+0.052
0</td><td rowspan="4">+0.049
+0.065</td><td>7.5</td><td>4.9</td><td rowspan="5">0.40
0.60</td></tr>
<tr><td>22×14</td><td>22</td><td>9.0</td><td>5.4</td></tr>
<tr><td>25×14</td><td>25</td><td>9.0</td><td>5.4</td></tr>
<tr><td>28×16</td><td>28</td><td>10.0</td><td>6.4</td></tr>
<tr><td>32×18</td><td>32</td><td>0
−0.062</td><td>±0.031</td><td>+0.062
0</td><td>+0.062
0</td><td>+0.180
+0.080</td><td>11.0</td><td>7.4</td></tr>
</table>

注：摘自 GB/T 1095—2003。

表 4-21　　普通平键尺寸与公差(部分)　　单位：mm

<table>
<tr><td rowspan="2">b</td><td>公称尺寸</td><td>8</td><td>10</td><td>12</td><td>14</td><td>16</td><td>18</td><td>20</td><td>22</td><td>25</td><td>28</td></tr>
<tr><td>偏差 h9</td><td colspan="2">0
−0.036</td><td colspan="4">0
−0.043</td><td colspan="4">0
−0.052</td></tr>
<tr><td rowspan="2">h</td><td>公称尺寸</td><td>7</td><td>8</td><td>8</td><td>9</td><td>10</td><td>11</td><td>12</td><td>14</td><td>14</td><td>16</td></tr>
<tr><td>偏差 h11</td><td colspan="5">0
−0.090</td><td colspan="5">0
−0.110</td></tr>
</table>

注：摘自 GB/T 1096—2003。

2. 键槽表面粗糙度和几何公差

(1) 键槽表面粗糙度。轴槽、轮毂槽的键槽两侧面粗糙度参数 *Ra* 值推荐为 1.6～3.2 μm；轴槽底面、轮毂底面的表面粗糙度参数 *Ra* 值为 6.3 μm。

(2) 键槽的几何公差。为了便于装配，轴槽和轮毂槽对轴及轮毂轴线应规定对称度公差，根据不同要求，一般可按对称度公差 7～9 级选取。键槽(轴槽及轮毂槽)的对称度公差的公称尺寸是指键宽(轴槽宽及轮毂槽宽)*b*。键槽的尺寸公差、几何公差、表面粗糙度参数在图样上的标注如图 4-31 所示。

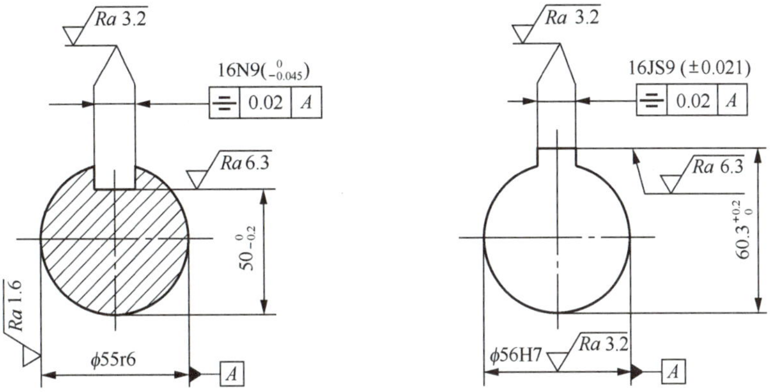

图 4-31　键槽尺寸及公差标注

3. 键(槽)的误差检验

对于平键联接,需要检测的项目有键宽,轴槽和轮毂槽的宽度、深度及槽的对称度。

(1) 键和槽宽。单件小批量生产,一般采用通用计量器具测量,如千分尺、游标卡尺等。大批量生产时,用极限量规控制,如图 4-32(a)所示。

(2) 轴槽和轮毂槽深。单件小批量生产,一般用游标卡尺或外径千分尺测量轴尺寸 $d-t_1$,用游标卡尺或内径千分尺测量轮毂尺寸 $d+t_2$。大批量生产时,用专用量规(如轮毂槽深极限量规和轴槽深极限量规)测量,如图 4-32(b)、图 4-32(c)所示。

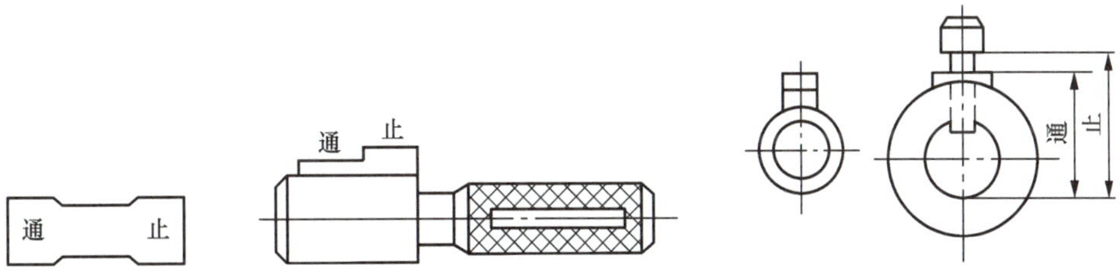

(a) 槽宽极限量规　(b) 轮毂槽深极限量规　(c) 轴槽深极限量规

图 4-32　键槽尺寸量规

(3) 键槽对称度。单件小批量生产时,可用分度头、V 形块和百分表测量。大批量生产一般用综合量规检验,如对称度极限量规。只要量规通过即为合格,如图 4-33(a)和图 4-33(b)所示。

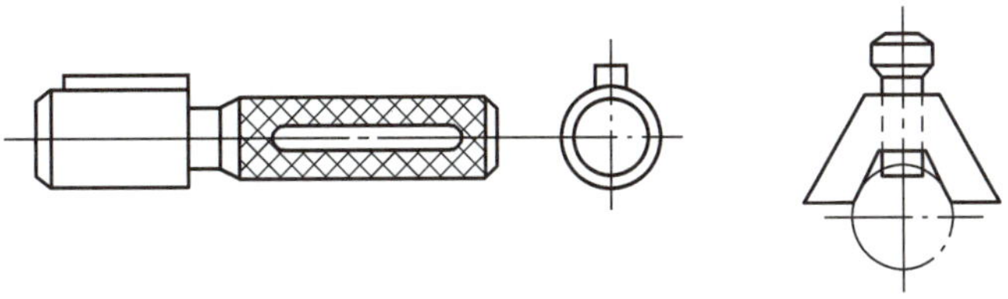

(a) 轮毂槽对称度量规　(b) 轴槽对称度量规

图 4-33　键槽对称度量规

二、花键联接公差配合及花键(槽)误差检测

花键是将键与轴制成一个整体,由两个(花键轴和花键孔)联接件组成的联接,其作用是传递转矩和导向。与单键联接相比,花键具有定心精度高、导向性能好、承载能力强、联接可靠等特点。花键按截面形状可分为矩形花键、渐开线花键等,其中以矩形花键应用最广泛。矩形花键有 3 个主要尺寸,即大径 D、小径 d 和键(键槽)宽 B,如图 4-34 所示。矩形花键联接有 3 种定心方式,即小径定心、大径定心和键(键槽)宽 B 定心。矩形花键尺寸分轻、中两个系列,键数规定为 6 键、8 键、10 键 3 种。轻、中两个系列的键数是相等的,对于同一小径两个系列的键(或键槽)宽尺寸也是相等的,不同的是中系列的大径比轻系列的大,所以中系列配合时的接触面积大、承载能力高。其轻型系列分 15 个规格,中型系列分 20 个规格。轻系列多用于机床行业,中系列多用于汽车、工程机械产品。矩形花键公称尺寸系列见表 4-22,键槽截面尺寸见表 4-23,相关数据摘自《矩形花键尺寸、公差和检验》(GB/T 1144—2001)。

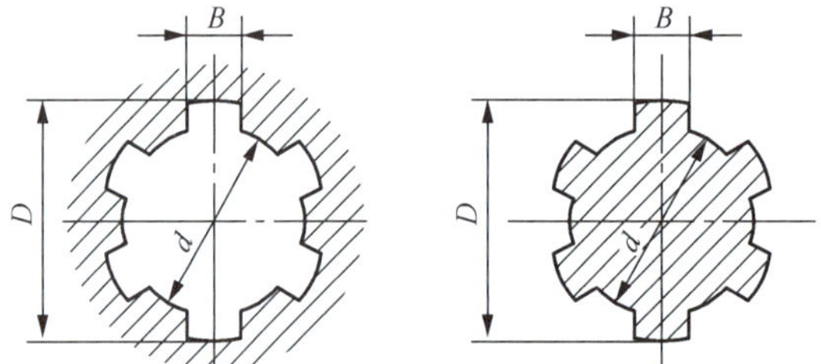

图 4-34　矩形花键的公称尺寸

表 4-22　矩形花键公称尺寸系列　单位:mm

小径 d	轻系列				中系列			
	规格 $N\times d\times D\times B$	键数 N	大径 D	键宽 B	规格 $N\times d\times D\times B$	键数 N	大径 D	键宽 B
11	—	—	—	—	6×11×14×3	6	14	3
13	—	—	—	—	6×13×16×3.5	6	16	3.5
16	—	—	—	—	6×16×20×4	6	20	4
18	—	—	—	—	6×18×22×5	6	22	5
21	—	—	—	—	6×21×25×5	6	25	5
23	6×23×26×6	6	26	6	6×23×28×6	6	28	6
26	6×26×30×6	6	30	6	6×26×32×6	6	32	6
28	6×28×32×7	6	32	7	6×28×34×7	6	34	7
32	8×32×36×6	8	36	6	8×32×38×6	8	38	6
36	8×36×40×7	8	40	7	8×36×42×7	8	42	7
42	8×42×46×8	8	46	8	8×42×48×8	8	48	8
46	8×46×50×9	8	50	9	8×46×54×9	8	54	9
52	8×52×58×10	8	58	10	8×52×60×10	8	60	10

表 4-23　　　　　　　　　　键槽截面尺寸　　　　　　　　　　单位：mm

轻系列					中系列				
规格 $N\times d\times D\times B$	C	r	$d_{1\min}$ 参考	$a_{\min}$ 参考	规格 $N\times d\times D\times B$	C	r	$d_{1\min}$ 参考	$a_{\min}$ 参考
—	—	—	—	—	6×11×14×3	0.2	0.1	—	—
					6×13×16×3.5				
					6×16×20×4	0.3	0.2	14.4	1.0
					6×18×22×5			16.6	
					6×21×25×5			19.5	2.0
6×23×26×6	0.2	0.1	22	3.5	6×23×28×6	0.3	0.2	21.2	1.2
6×26×30×6	0.3	0.2	24.5	3.8	6×26×32×6	0.4	0.3	23.6	
6×28×32×7			26.6	4.0	6×28×34×7			25.8	1.4
8×32×36×6			30.3	2.7	8×32×38×6			29.4	1.0
8×36×40×7			34.4	3.5	8×36×42×7			33.4	
8×42×46×8			40.5	5.0	8×42×48×8			39.4	2.5
8×46×50×9			44.6	5.7	8×46×54×9	0.5	0.4	42.6	1.4
8×52×53×10	0.4	0.3	49.6	4.8	8×52×60×10			48.6	2.5
8×56×62×10			53.5	6.5	8×56×65×10			52.0	

1. 矩形花键的尺寸公差与配合

国标规定以小径 d 作为定心尺寸，其大径 D 及键槽宽 B 为非定心尺寸，如图 4-35 所示。热处理后的内、外花键的小径可采用内圆磨及成型磨精加工以获得较高的加工及定心精度。选择花键尺寸公差带的一般原则：当定心精度要求高、传递转矩大时，为了使联接的各表面接触均匀，应选择精密传动用的尺寸公差带；反之，则选用一般的尺寸公差带。当精密传动用的内花键需要控制键侧配合时，槽宽的公差带可以选用 H7，一般情况下可以选用 H9。当内花键小径 d 的公差带选用 H6 和 H7 时，外花键小径的公差带允许选用高一级。尺寸 d、D 和 B 的精度等级选择好之后，具体公差等级可按表 4-24 选择。具体的公差数值可以根据尺寸的大小及精度等级查阅 GB/T 1800.1—2020。内、外花键小径 d 的极限尺寸遵循包容原则。

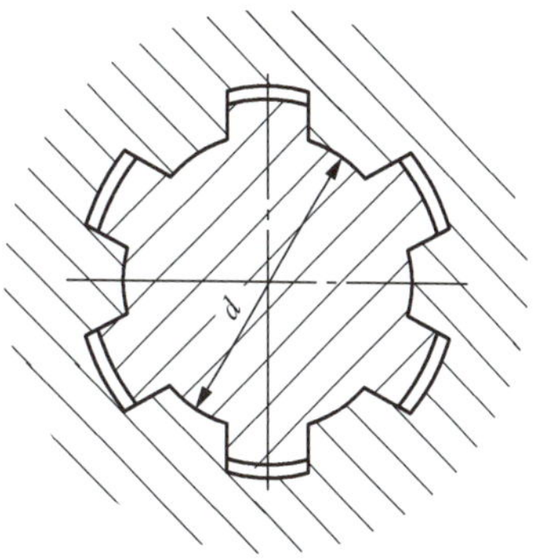

图 4-35　矩形花键的小径 d 定心

2. 花键的几何公差

花键除上述尺寸公差外，还有几何公差的要求。在大批量生产条件下，为了便于采用综合量规进行检验，花键的几何公差主要是控制键（键槽）的位置度误差（包括等分度误差和对称度误差）和键侧对轴线的平行度误差。位置度公差标注形式如图 4-36 所示，位置度公差按表 4-25 确定。

表 4-24　内、外花键的尺寸公差带

内花键				外花键			装配形式
小径 *d*	大径 *D*	键槽宽 *B*		小径 *d*	大径 *D*	键槽宽 *B*	
		拉削后不热处理	拉削后热处理				
一般用							
H7	H10	H9	H11	f7	a11	d10	滑动
				g7		f9	紧滑动
				h7		h10	固定
精密传动用							
H5	H10	H7、H9		f5	a11	d8	滑动
				g5		f7	紧滑动
				h5		h8	固定
H6	H10	H7、H9		f6	a11	d8	滑动
				g6		f7	紧滑动
				h6		h8	固定

注：① 精密传动用的内花键，当需要控制键侧配合间隙时，槽宽可选 H7，一般情况下可选 H9。
② *d* 为 H6 和 H7 的内花键，允许与提高一级的外花键配合。
③ 摘自 GB/T 1144—2001。

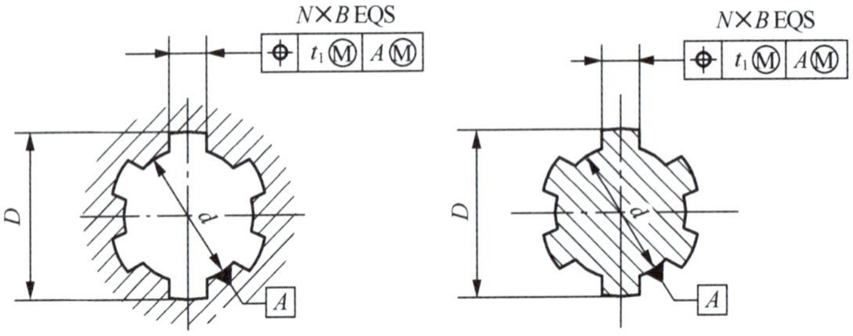

图 4-36　花键的位置度公差标注

表 4-25　位置度公差　单位：mm

键或键槽宽 *B*			3	3.5～6	7～10	12～18
t_1	键槽宽		0.010	0.015	0.020	0.025
	键宽	滑动、固定	0.010	0.015	0.020	0.025
		紧滑动	0.006	0.010	0.013	0.016

对于较长的花键，还需要控制键侧面对轴线的平行度误差，其数值标准中未作规定，可以根据产品性能在设计时自行规定。对单件、小批量生产的花键，可检验键宽的对称度误差和键槽的等分度误差。对称度标注形式如图 4-37 所示，对称度公差按表 4-26 确定。

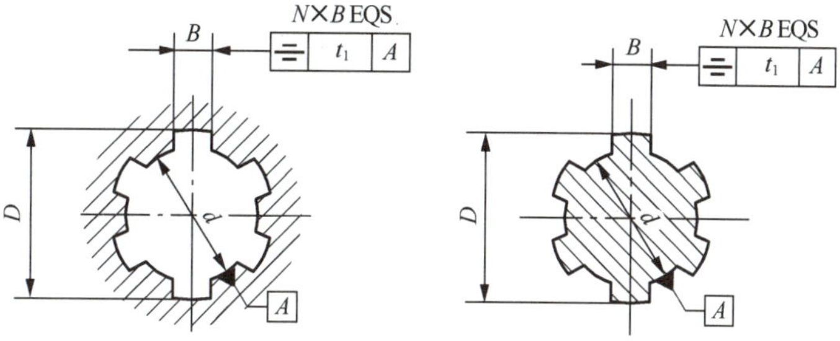

图 4-37 较长花键的对称度公差标注

表 4-26 对称度公差 单位：mm

键或键槽宽 B		3	3.5～6	7～10	12～18
t_2	一般用	0.010	0.012	0.015	0.018
	精密传动用	0.006	0.008	0.009	0.011

注：摘自 GB/T 1144—2001。

3. 花键的标注及误差检测方法

(1) 花键的标注。矩形花键在图样上的标注包括以下项目：键数(N)×小径(d)×大径(D)×键宽(B)，其各自的公差带代号和精度等级标注于各公称尺寸之后，如图 4-38 所示。例如，某矩形花键联接，键数 $N=6$，小径 $d=23$ mm，配合为 H7/f7；大径为 $D=26$ mm，配合为 H10/a11，键(键槽)宽度 $B=6$ mm，配合为 H11/d10。根据不同需要各种标注如下。花键规格为 $N\times d\times D\times B(6\times23\times26\times6)$。

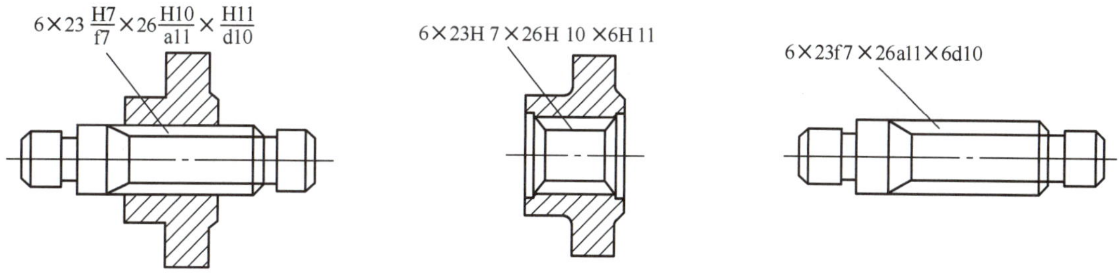

(a) 花键副：6×23H7/f6×26H10/a11×6H11/d10 (b) 内花键：6×23H7×26H10×6H11 (c) 外花键：6×23f6×26a11×6d10

图 4-38 矩形花键参数的标注

(2) 花键的误差检测。花键的误差检测分为单项检测和综合检测 2 类。单项检测是对花键的单项参数如小径、大径、键(键槽)宽等尺寸和位置误差分别进行测量或检验。综合检测是对花键的尺寸、几何误差按控制实效边界原则，用综合量规进行检验。矩形花键的误差检测方法是根据不同的生产规模而确定的。在单件小批量生产中，没有现成的量规可以使用，可采用通用量具按独立原则分别对各尺寸(d、D 和 B)进行单项误差检测，并检测键宽的对称度、键(键槽)的等分度等几何误差项目。当花键小径定心时，采用包容原则。各键(键槽)的对称度公差及花键各部位均遵守独立原则时，一般采用单项检测，各键(键槽)位置度公差与键(键槽)宽的尺寸公差关系采用最大实体原则,且该位置度公差与小径定心表面(基准)尺寸公差的关系也采用最大实体原则时,应采用综合检测。对于大批量生产,一般采用量规进行误差检测[内花键用综合塞规见图 4-39(a)、外花键用综合环规见图 4-39(b)],按包容原则综合检测花键的小径 d、大径 D 及键(键槽)宽 B 的作用尺寸,即包括上述位置度(等分度、对称度在内)和同轴度等几何误差。综合量规只有通端,故需要用单项规(内花键用塞规、外花键用卡板)分别检测尺寸 d、D 和 B 的最小实体尺寸。

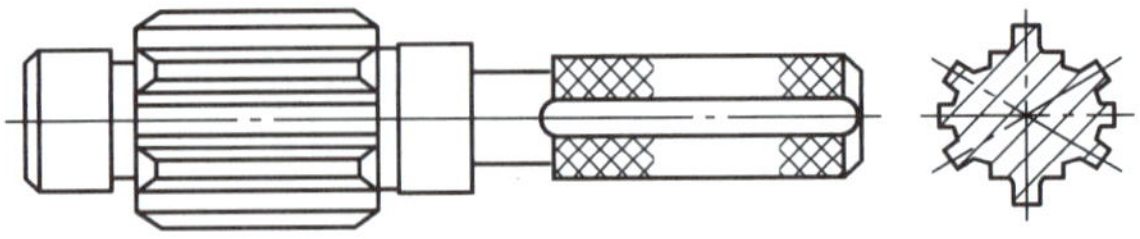

(a) 内花键

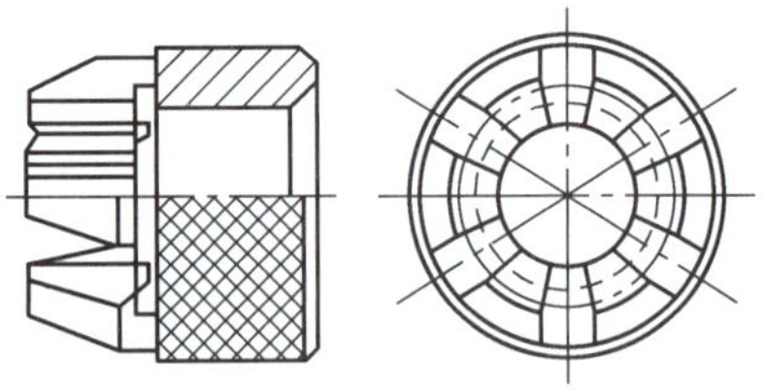

(b) 外花键

图 4-39　花键综合量规

综合通规在使用过程中会有磨损,为了使它具有合理的使用寿命,允许综合通规的尺寸在使用中超出制造公差带(磨损会使量规尺寸产生变化),直到磨损至规定的磨损极限时才停止使用。检测时,合格的标志是综合量规能通过、单项量规不能通过。

任务小结

滚动轴承是标准件,其性能取决于尺寸精度。尺寸精度是指内径、外径、宽度等尺寸公差及几何公差。滚动轴承的工作性能及寿命还与安装时相配合的孔、轴颈的尺寸精度、几何公差及表面粗糙度有关。常用滚动轴承的公差等级有 5 级,即 P0、P6(P6X)、P5、P4 和 P2,等级依次增高。常用游隙代号有 6 组,即 C1、C2、0、C3、C4 和 C5,其中前 3 组为基本组,游隙由小到大。合理的游隙可提高轴承的工作质量和寿命。滚动轴承内、外圈结合面公差带的特点:采用单向制,所有公差等级的公差都单向配置在零线下侧,即上偏差为零,下偏差为负值,轴承内圈与轴配合采用基孔制,外圈与外壳孔采用基轴制。由于轴承内、外径上极限偏差均为零,所示与轴配合较紧,与外壳孔配合较松,从而保证内、外圈工作不“爬行”。

国家标准对轴承内径和外径尺寸公差作了 2 种规定:一是规定了单一内、外径偏差 Δd_s 和 ΔD_s,其主要目的是限制变形量;二是规定了单一平面平均内、外径偏差 Δd_{mp} 和 ΔD_{mp},目的是用于轴承的配合。滚动轴承受载荷分为局部、循环、摆动负荷,依据负荷类型及大小选择轴承。承受定向负荷的套圈应选择较松的过渡配合或小间隙配合;承受旋转负荷的套圈应选择过渡配合或较紧的过渡配合;承受摆动负荷的套圈应选择与旋转负荷的套圈相同或稍松一点的配合。

键联接的种类有单键和花键,普通平键和矩形花键联接的公差与配合。普通平键的主要几何参数包括 B、t_1、t_2 等。平键联接是通过其侧面相互接触来传递转矩的,因此,键宽 B

的是平键联接的主要配合尺寸。平键联接的配合种类分为正常连接、紧密连接和松连接。平键形位公差一般选取对称度，键及键槽侧面为工作表面，应取较小的表面粗糙度。花键联接的种类包括矩形花键和渐开线花键。其特点是多参数性，配合采用基孔制及配合必须考虑几何公差的影响。矩形花键有 3 个主要参数：小径 d、大径 D 和键(键槽)宽 B。矩形花键的定心方式是以小径 d 定心。配合采用基孔制，几何公差一般选取位置度。对于较长的花键，还应规定平行度公差。

思考与练习

一、填空题

1. 根据国家标准的规定，向心滚动轴承按其尺寸公差和旋转精度分为________个公差等级，其中________级精度最低，________级精度最高。

2. 滚动轴承国家标准将内圈内径的公差带规定在零线的________方，在多数情况下轴承内圈随轴一起转动，两者之间配合必须有一定的________。

3. 当轴承的旋转速度较高，又在冲击振动负荷下工作时，轴承与轴颈和外壳孔的配合最好选用________配合。轴颈和外壳孔的公差随轴承的________的提高而相应提高。

4. 在装配图上标注滚动轴承与轴和外壳孔的配合时，只需标注________的公差代号。

5. 向心轴承负荷的大小用________与________的比值区分。

6. 作用在轴承上的径向负荷可以分为________、________、________。

7. 滚动轴承的配合是指成套轴承的________与轴和________与外壳孔的尺寸配合。

8. 单键分为________、________和________ 3 种，其中以________应用最广。

9. 花键按键的轮廓形状的不同可分为________、________、________。其中应用最广的是________。

10. 内外花键的配合分为________、________和________3 种。

二、简答题

1. 试述滚动轴承尺寸公差与公差带的特点。

2. 选择滚动轴承与轴和外壳孔的配合时应考虑哪些因素？

3. 某机床转轴上安装 6308/P6 向心球轴承，内径为 40 mm，外径为 90 mm，该轴承受到一个 4 000 N 的定向径向负荷，内圈随轴一起转动，而外圈静止。试确定轴颈与外壳孔的极限偏差、形位公差值和表面粗糙度参数值，并把所选公差标注在如图 4-40 所示的图样上。

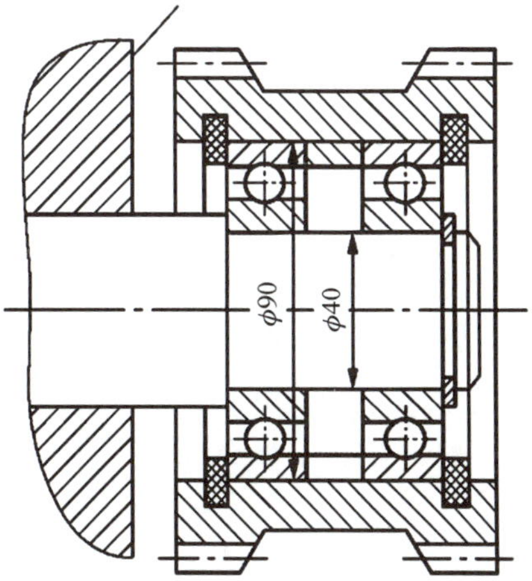

图 4-40　简答题 3 图

4. 某机床转轴上安装了 6 级精度的深沟球轴承，其内径为 40 mm，外径为 90 mm，该轴承承受一个 4 000 N 的定向径向负荷，轴承的额定动负荷为

31 400 N,内圈随轴一起转动,外圈固定。试确定:

(1) 与轴承配合的轴颈、外壳孔的公差带代号。

(2) 画出公差带图,计算出内圈与轴、外圈与孔配合的极限间隙、极限过盈。

(3) 把所选的公差带代号和形位公差、表面粗糙度标注在如图 4-41 所示的图样上。

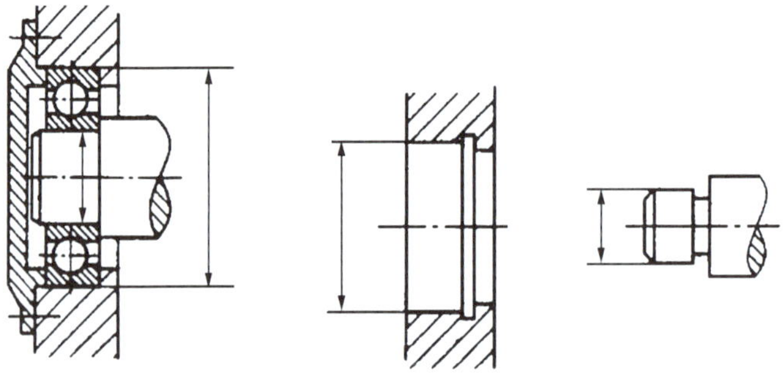

图 4-41　简答题 4 图

5. 矩形花键联接在装配图上的标注:$6\times26\frac{H6}{f6}\times32\frac{H10}{a11}\times6\frac{H9}{d8}$,试确定该花键副属何系列及什么传动?试查出内外花键主要尺寸的公差值及键、键槽宽的对称度公差,画出内、外花键截面图,并标注尺寸公差及几何公差。

任务三　渐开线圆柱齿轮误差检测

学习目标

知识目标

（1）了解齿轮传动的特点及其使用要求，以及齿轮加工误差基本知识。

（2）掌握齿轮副的公差项目及其误差类型。

（3）掌握影响齿轮的传递运动准确性、传动平稳性、载荷分布均匀性、齿轮副侧隙偏差的误差项目类型及代号。

（4）掌握齿轮副的安装及传动误差影响因素。

（5）了解双面啮合综合检查仪结构及使用方法。

（6）了解齿厚游标卡尺、公法线千分尺、径向跳动检查仪、万能测齿仪、基节仪和单盘式渐开线检查仪结构及使用方法。

技能目标

（1）熟练掌握双面啮合综合检查仪检测齿轮径向综合误差的方法。

（2）熟悉齿厚游标卡尺测量齿厚偏差的方法。

（3）熟悉公法线千分尺检测公法线平均长度偏差和公法线长度变动的方法。

（4）熟悉径向跳动检查仪检测齿圈径向跳动误差的方法。

（5）熟悉万能测齿仪检测齿轮齿距偏差及齿距累积误差的方法。

（6）熟悉单盘式渐开线检查仪检测渐开线齿形误差的方法。

任务描述

以图 4-42 所示齿轮零件（教师可根据实训情况自行选择齿轮零件和检测项目）作为误差检测对象，以表 4-27 精度要求中“径向综合总偏差”和“一齿径向综合偏差”精度作为检测项目，对该零件进行误差检测，并作出合格性判定。

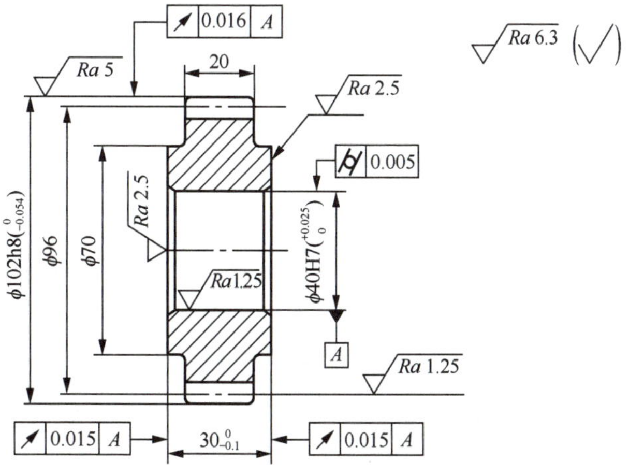

图 4-42　齿轮零件图

表 4-27　齿轮结构参数、检验项目及公差值(允许值)

结构参数	代号	数值
法向模数	m_n	3
齿数	Z_1	32
压力角	α	20°
配对齿轮齿数	Z_2	70
齿厚及其极限偏差	$S_{E_{ani}}^{E_{ans}}$	$4.712_{-0.166}^{-0.080}$
精度等级	8(F_p)、7(f_p、F_α、F_β)GB/T 10095.1、8(F_{id})、7(f_{id}) GB/T 10095.2	
检验项目	**代号**	**允许值/μm**
齿距累积总偏差	F_p	±12
单个齿距极限偏差	f_p	53
齿廓总偏差	F_α	16
螺旋线总偏差	F_β	15
径向综合总偏差	F_{id}	72
一齿径向综合偏差	f_{id}	20

知识概述

齿轮在加工过程中会由于各种因素产生多项误差，为了便于分析误差对齿轮传动质量的影响，按轮齿方向分为径向误差、切向误差和轴向误差；按齿轮误差项目对传动性能的主要影响分为影响运动准确性的误差、影响传动平稳性的误差和影响载荷分布均匀性的误差。为了保证齿轮传动质量，必须控制单个齿轮的误差。齿轮误差有单项误差和综合误差，国家标准规定了常用项目、检测方法及仪器。

一、齿轮传动的基本要求

在机械产品中，齿轮传动的应用极为广泛。凡有齿轮传动的机器或仪器，其工作性能、承载能力、使用寿命及工作精度等都与齿轮的制造精度有密切关系，具体要求归纳起来有以下 4 项。

(1) 传递运动准确性(运动精度)。要求齿轮在一转范围内，最大转角误差应限制在允许的范围内，传动比变化小以保证从动轮与主动轮运动协调一致。

(2) 传动平稳性(平稳性精度)。要求齿轮在传动中瞬时速比变化不大，以减小齿轮传动中的冲击、振动和噪声。

(3) 载荷分布均匀性(接触精度)。要求齿轮啮合时齿面接触良好，以免载荷分布不均引起应力集中，造成局部磨损，影响齿轮使用寿命。

(4) 合理的齿轮副侧隙。要求齿轮啮合时非工作齿面间应有一定间隙，用于储存润滑油，补偿受力后的弹性变形、受热后的膨胀，以及制造和安装产生的误差，保证在传动中不致出现卡死、齿面烧伤及换向冲击等情况。

上述对齿轮传动的 4 项使用要求，根据齿轮的用途和工作条件不同，各有侧重。精密机床、仪器上的分度或读数齿轮，主要要求传递运动准确性，对传动平稳性也有一定要求，而对接触精度的要求往往是次要的。重型、矿山机械(如轧钢机、起重机等)由于传递动力大，且圆周速度不高，对载荷分布均匀性要求较高，齿侧间隙应大些，而对传递准确性要求不高。而高速重载齿轮，对传递运动的准确性、传动的平稳性和载荷分布的均匀性都有很高要求。当需要可逆传动时，应对齿侧间隙加以限制，以减少反转时的空程误差。

二、齿轮的主要加工误差

齿轮加工通常采用展成法，即用滚刀或插齿刀在滚齿机、插齿机上与齿坯做啮合滚切运动，加工出渐开线齿轮。高精度齿轮还需进行磨齿、剃齿等精加工工序。滚切齿轮的加工误差主要来源于机床刀具工件系统的周期性误差，还与夹具、齿坯及工艺系统的安装、调试误差有关。

(1) 几何偏心产生的误差。齿坯孔与机床心轴有安装偏心 e 时，如图 4-43(a)所示，则加工出来的齿轮如图 4-43(b)所示。以孔中心 O 定位进行测量时，在齿轮一转内产生齿圈径向圆跳动误差，同时齿距和齿厚也产生周期性变化，即径向误差。

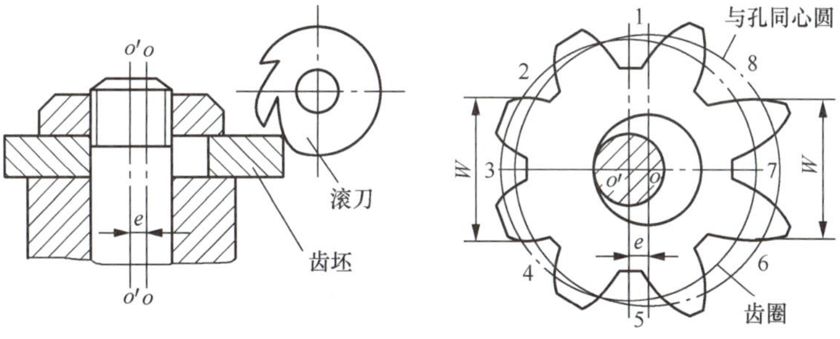

(a) 齿坯安装偏心　　(b) 齿轮偏心

图 4-43　齿坯安装偏心引起齿轮加工误差

(2) 运动偏心产生的误差。当机床分度蜗轮轴线与工作台中心线安装有偏心 e_K [图 4-44(a)]，加工齿坯时，蜗轮蜗杆中心距周期性地变化，相当于蜗轮的节圆半径在变化，而蜗杆的线速度是恒定不变的，则在蜗轮(齿坯)一转内，蜗轮转速必然呈周期性变化，如图 4-44(b)所示。当角速度 ω 增加到 $\omega+\Delta\omega$ 时，切齿提前使齿距和公法线都变长，当角速度由 ω 减少到 $\omega-\Delta\omega$ 时，切齿滞后使齿距和公法线都变短，使齿轮产生切向周期性变化的切向误差。以上两种偏心引起的误差以齿坯转一转为一周期，称为长周期误差。

(3) 机床传动链产生的误差。机床分度蜗杆安装偏心 e_W 和轴向窜动，使蜗轮(齿坯)转速不均匀，加工出的齿轮有齿距偏差和齿形误差。如蜗杆为单头，蜗轮有齿，则在蜗轮(齿坯)一转中产生 z 次误差。

(4) 滚刀的制造误差和安装误差。滚刀本身的基节、齿形等制造误差也会反映到被加工齿轮的每一齿上，产生基节偏差和齿形误差。滚刀偏心 e_d、轴线倾斜及轴向跳动使加工出的齿轮径向和轴向都产生误差。例如滚刀单头，齿轮为 z 齿，则在齿坯转中产生 z 次误差。以上 2 项所产生的误差在齿坯一转中多次重复出现，称为短周期误差。

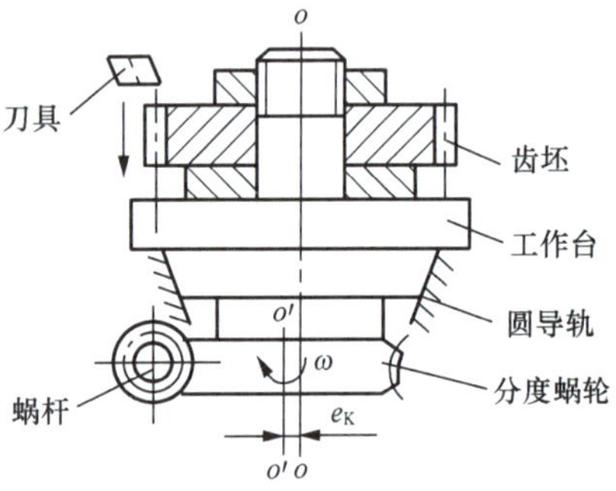

(a) 蜗轮安装偏心

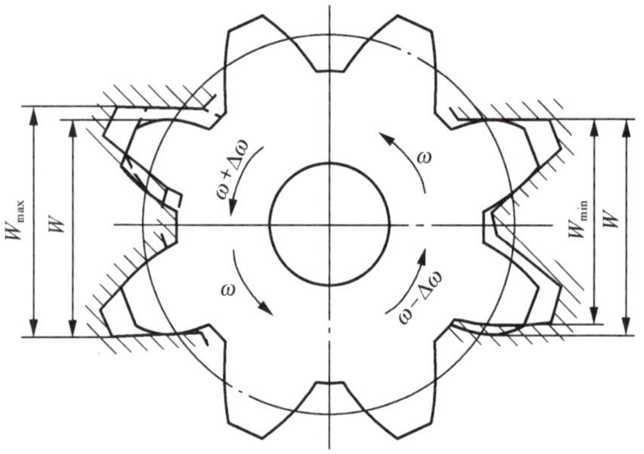

(b) 切出齿轮形状

图 4-44 蜗轮安装偏心引起齿轮切向误差

三、渐开线圆柱齿轮精度检测标准

渐开线圆柱齿轮的精度检测相关国家标准见表 4-28。

表 4-28 渐开线圆柱齿轮精度国家标准

标 准 号	标准名称
GB/T 10095.1—2022	圆柱齿轮 ISO 齿面公差分级制 第 1 部分：齿面偏差的定义和允许值
GB/T 10095.2—2008	圆柱齿轮 精度制 第 2 部分：径向综合偏差与径向跳动的定义和允许值
GB/Z 18620.1—2008	圆柱齿轮 检验实施规范 第 1 部分：轮齿同侧齿面的检验
GB/Z 18620.2—2008	圆柱齿轮 检验实施规范 第 2 部分：径向综合偏差、径向跳动、齿厚和侧隙的检验
GB/Z 18620.3—2008	圆柱齿轮 检验实施规范 第 3 部分：齿轮坯、轴中心距和轴线平行度的检验
GB/Z 18620.4—2008	圆柱齿轮 检验实施规范 第 4 部分：表面结构和轮齿接触斑点的检验
GB/T 13924—2008	渐开线圆柱齿轮精度 检验细则

注：GB/T 10095.2—2008 于 2024 年 3 月 1 日被《圆柱齿轮 ISO 齿面公差分级制 第 2 部分：径向综合偏差的定义和允许值》(GB/T 10095.2—2023)代替。

(1) 检测标准的应用范围。GB/T 10095.1—2022 只适用于单个齿轮的每一个要素，不包括齿轮副。GB/T 10095.2—2008 适用于产品齿轮与测量齿轮的啮合检验，不适用于两个产品齿轮的啮合检验。GB/Z 18620.1～4—2008 是关于齿轮检验方法的描述和意见的指导性技术文件，所提供的数值不作为严格的精度判据，而作为共同协议的关于钢或铁制齿轮的指南来使用。GB/T 13924—2008 是 GB/T 10095.1—2022 和 GB/T 10095.2—2008 的配套标准，用于渐开线圆柱形产品齿轮精度的评价。它们适用于平行轴传动的渐开线齿轮，其参数范围为法向模数 m_n 为 0.5～70 mm；分度圆直径 $d \leqslant 10\,000$ mm；有效齿宽 $B \leqslant 10\,000$ mm。

(2) 齿轮的精度等级。GB/T 10095.1—2022 对轮齿同侧齿面公差规定了 13 个精度等级，0 级精度最高，12 级精度最低。1～2 级目前工艺尚未达到此水平，供将来发展用；3～5

级为高精度级;6～8 级为中等精度级;9～12 级为低精度级。

GB/T 10095.2—2008 对径向综合公差规定了 9 个精度等级,其中 4 级最高,12 级最低,5 级为基础级。模数范围也与 GB/T 10095.1—2022 不同:法向模数 m_n 为0.2～10 mm;分度圆直径 d 为 5.0～1 000 mm。

(3) 齿轮精度等级的选择。按各项误差的特性及对传动性能的影响,将齿轮指标分成Ⅰ、Ⅱ和Ⅲ 3 个性能组,见表 4-29。

表 4-29　　齿轮误差特性对传动性能的影响

性能组别	公差项目	误差特性	对传动性能的主要影响
Ⅰ	F_{is}、F_p、F_{pk}、F_τ、F_{id}	以齿轮一转为周期的误差	传递运动的准确性
Ⅱ	f_{is}、f_{id}、F_α、f_{pb}、f_p	齿轮一转内多次周期性重复出现的误差	传动的平稳性、噪声、振动
Ⅲ	F_β	螺旋线总误差	载荷分布的均匀性

注:各公差项目代号含义将在后续内容中讲述。

在进行精度等级选择时,首先根据用途、使用条件和经济性确定主要性能组的精度等级,然后再确定其他两组的精度等级。根据使用的要求不同,对各公差组可选相同或不同的精度等级,但在同一公差组内各项公差与极限偏差应保持相同的精度等级。一对齿轮副中两个齿轮的精度等级一般取同级,必要时也可选不同等级。对读数、分度齿轮传递角位移,要求控制齿轮传动比的变化,可根据传动链要求的准确性,即允许的转角误差选择第Ⅰ公差组精度等级。而第Ⅱ公差组的误差是第Ⅰ公差组误差的组成部分,相互关联,一般可取同级精度。读数、分度齿轮对传递功率要求不高,故第Ⅲ公差组精度可稍低。对高速齿轮要求控制瞬时传动比的变化,可根据圆周速度或噪声强度来选择第Ⅱ公差组精度等级。当速度很高时,第Ⅰ公差组精度可取同级,速度不高时可选稍低等级。轮齿的接触精度不能保证传动平稳,故第Ⅲ公差组精度不低于第Ⅱ公差组。

承载齿轮要求载荷在齿宽上分布均匀,可根据强度和寿命选择第Ⅲ公差组精度等级。而第Ⅰ、Ⅱ公差组精度可稍低,低速重载时第Ⅱ公差组可稍低于第Ⅲ公差组,中速轻载时可采用同级精度。各公差组选不同精度等级时以不超过一级为宜,精度等级选择时可参考表 4-30 和表 4-31。

表 4-30　　圆柱齿轮精度等级与圆周速度的关系

齿的形式	布氏硬度(HBS)	第Ⅱ公差组精度等级					
		5	6	7	8	9	10
		圆周速度/$(m \cdot s^{-1})$					
直齿	≤350 >350	>15	到 18 到 15	到 12 到 10	到 6 到 5	到 4 到 3	到 1 到 1
非直齿	≤350 >350	>30	到 36 到 30	到 25 到 20	到 12 到 9	到 8 到 6	到 2 到 1.5

表 4-31　　一些机械常用齿轮精度等级

齿轮用途	精度等级	齿轮用途	精度等级	齿轮用途	精度等级
测量齿轮	3～5	轻型汽车	5～8	拖拉机、轧钢机	6～10
汽轮机减速器	3～6	载重汽车	6～9	起重机	7～10
金属切削机床	3～8	一般用减速器	6～9	矿山绞车	8～10
航空发动机	4～7	机车	6～7	农业机械	8～11

各级精度的 $\pm f_p$、F_p、F_α、F_r、F_{id}、f_{id}、F_β 和接触斑点等公差或极限偏差可查表 4-32 至表 4-39，相关数据源于 GB/T 10095.1—2022，GB/T 10095.2—2008 及 GB/T 18620.4—2008。

表 4-32　　单个齿距偏差 $\pm f_{pt}$（GB/T 10095.1—2022 代号为 f_p）公差值　　单位：μm

分度圆直径 d/mm	模数 m/mm	精度等级												
		0	1	2	3	4	5	6	7	8	9	10	11	12
$5\leqslant d\leqslant 20$	$0.5\leqslant m\leqslant 2$	0.8	1.2	1.7	2.3	3.3	4.7	6.5	9.5	13.0	19.0	26.0	37.0	53.0
	$2<m\leqslant 3.5$	0.9	1.3	1.8	2.6	3.7	5.0	7.5	10.0	15.0	21.0	29.0	41.0	59.0
$20<d\leqslant 50$	$0.5\leqslant m\leqslant 2$	0.9	1.2	1.8	2.5	3.5	5.0	7.0	10.0	14.0	20.0	28.0	40.0	56.0
	$2<m\leqslant 3.5$	1.0	1.4	1.9	2.7	3.9	5.5	7.5	11.0	15.0	22.0	31.0	44.0	52.0
	$3.5<m\leqslant 6$	1.1	1.5	2.1	3.0	4.5	6.0	8.5	12.0	17.0	24.0	34.0	43.0	68.0
	$6<m\leqslant 10$	1.2	1.7	2.5	3.5	4.9	7.0	10.0	14.0	20.0	23.0	40.0	56.0	79.0
$50<d\leqslant 125$	$0.5\leqslant m\leqslant 2$	0.9	1.3	1.9	2.7	3.8	5.5	7.5	11.0	15.0	21.0	30.0	43.0	61.0
	$2<m\leqslant 3.5$	1.0	1.5	2.1	2.9	4.1	6.0	8.5	12.0	17.0	23.0	33.0	47.0	66.0
	$3.5<m\leqslant 6$	1.1	1.6	2.3	3.2	4.6	6.5	9.0	13.0	18.0	26.0	36.0	52.0	73.0
	$6<m\leqslant 10$	1.3	1.8	2.6	3.7	5.0	7.5	10.0	15.0	21.0	30.0	42.0	59.0	84.0
	$10<m\leqslant 16$	1.6	2.2	3.1	4.4	6.5	9.0	13.0	18.0	25.0	35.0	50.0	71.0	100.0
	$16<m\leqslant 25$	2.0	2.8	3.9	5.5	8.0	11.0	16.0	22.0	31.0	44.0	63.0	89.0	125.0

注：GB/T 10095.1—2022 中单个齿距偏差的代号为 f_p。

表 4-33　　齿距积累总偏差 F_p　　单位：μm

分度圆直径 d/mm	模数 m/mm	精度等级												
		0	1	2	3	4	5	6	7	8	9	10	11	12
$5\leqslant d\leqslant 20$	$0.5\leqslant m\leqslant 2$	2.0	2.8	4.0	5.5	8.0	11.0	16.0	23.0	32.0	45.0	64.0	90.0	127.0
	$2<m\leqslant 3.5$	2.1	29	4.2	6.0	8.5	12.0	17.0	23.0	33.0	47.0	65.0	94.0	133.0
$20<d\leqslant 50$	$0.5\leqslant m\leqslant 2$	2.5	3.6	5.0	7.0	10.0	14.0	20.0	29.0	41.0	57.0	81.0	115.0	162.0
	$2<m\leqslant 3.5$	2.6	3.7	5.0	7.5	10.0	15.0	21.0	30.0	42.0	59.0	84.0	119.0	163.0
	$3.5<m\leqslant 6$	2.7	3.9	5.5	7.5	11.0	15.0	22.0	31.0	44.0	62.0	87.0	123.0	174.0
	$6<m\leqslant 10$	2.9	4.1	6.0	8.0	12.0	16.0	23.0	33.0	45.0	65.0	93.0	131.0	185.0

（续表）

分度圆直径 d/mm	模数 m/mm	精度等级												
		0	1	2	3	4	5	6	7	8	9	10	11	12
$50<d\leqslant125$	$0.5\leqslant m\leqslant2$	3.3	4.6	6.5	9.0	13.0	18.0	26.0	37.0	52.0	74.0	104.0	147.0	208.0
	$2<m\leqslant3.5$	3.3	4.7	6.5	9.5	13.0	19.0	27.0	38.0	53.0	76.0	107.0	151.0	214.0
	$3.5<m\leqslant6$	3.4	4.9	7.0	9.5	14.0	19.0	28.0	39.0	55.0	78.0	110.0	156.0	220.0
	$6<m\leqslant10$	3.6	5.0	7.0	10.0	14.0	20.0	29.0	41.0	58.0	82.0	116.0	164.0	231.0
	$10<m\leqslant16$	3.9	5.5	7.5	11.0	15.0	22.0	31.0	44.0	62.0	88.0	124.0	175.0	248.0
	$16<m\leqslant25$	4.3	6.0	8.5	12.0	17.0	24.0	34.0	48.0	68.0	96.0	136.0	193.0	273.0

表 4-34　齿廓总偏差 F_α　单位：μm

分度圆直径 d/mm	模数 m/mm	精度等级												
		0	1	2	3	4	5	6	7	8	9	10	11	12
$5\leqslant d\leqslant20$	$0.5\leqslant m\leqslant2$	0.8	1.1	1.6	2.3	3.2	4.6	6.5	9.0	13.0	18.0	26.0	37.0	52.0
	$2<m\leqslant3.5$	1.2	1.7	2.3	3.3	4.7	6.5	9.5	13.0	19.0	26.0	37.0	53.0	75.0
$20<d\leqslant50$	$0.5\leqslant m\leqslant2$	0.9	1.3	1.8	2.6	3.6	5.0	7.5	10.0	15.0	21.0	29.0	41.0	58.0
	$2<m\leqslant3.5$	1.3	1.8	2.5	3.6	5.0	7.0	10.0	14.0	20.0	29.0	40.0	57.0	81.0
	$3.5<m\leqslant6$	1.6	2.2	3.1	4.4	6.0	9.0	12.0	18.0	25.0	35.0	50.0	70.0	99.0
	$6<m\leqslant10$	1.9	2.7	3.8	5.5	7.5	11.0	15.0	22.0	31.0	43.0	61.0	87.0	123.0
$50<d\leqslant125$	$0.5\leqslant m\leqslant2$	1.0	1.5	2.1	2.9	4.1	6.0	8.5	12.0	17.0	23.0	33.0	47.0	66.0
	$2<m\leqslant3.5$	1.4	2.0	2.8	3.9	5.5	8.0	11.0	16.0	22.0	31.0	44.0	63.0	89.0
	$3.5<m\leqslant6$	1.7	2.4	3.4	4.8	6.5	9.5	13.0	19.0	27.0	38.0	54.0	76.0	108.0
	$6<m\leqslant10$	2.0	2.9	4.1	6.0	8.0	12.0	16.0	23.0	33.0	46.0	65.0	92.0	131.0
	$10<m\leqslant16$	2.5	3.5	5.0	7.0	10.0	14.0	20.0	28.0	40.0	56.0	79.0	112.0	159.0
	$16<m\leqslant25$	3.0	4.2	6.0	8.5	12.0	17.0	24.0	34.0	48.0	68.0	96.0	136.0	192.0

表 4-35　径向跳动公差 F_r　单位：μm

分度圆直径 d/mm	法向模数 m_n/mm	精度等级												
		0	1	2	3	4	5	6	7	8	9	10	11	12
$5\leqslant d\leqslant20$	$0.5\leqslant m_n\leqslant2.0$	1.5	2.5	3.0	4.5	6.5	9.0	13	18	25	36	51	72	102
	$2.0<m_n\leqslant3.5$	1.5	2.5	3.5	4.5	6.5	9.5	13	19	27	38	53	75	105
$20<d\leqslant50$	$0.5\leqslant m_n\leqslant2.0$	2.0	3.0	4.0	5.5	8.0	11	16	23	32	46	65	92	130
	$2.0<m_n\leqslant3.5$	2.0	3.0	4.0	6.0	8.5	12	17	24	34	47	67	95	134
	$3.5<m_n\leqslant6.0$	2.0	3.0	4.5	6.0	8.5	12	17	25	35	49	70	99	139
	$6.0<m_n\leqslant10$	2.5	3.5	4.5	6.5	9.5	13	19	26	37	52	74	105	148

（续表）

分度圆直径 d/mm	法向模数 m_n/mm	精度等级												
		0	1	2	3	4	5	6	7	8	9	10	11	12
$50<d\leqslant125$	$0.5\leqslant m_n\leqslant2.0$	2.5	3.5	5.0	7.5	10	15	21	29	42	59	83	118	167
	$2.0<m_n\leqslant3.5$	2.5	4.0	5.5	7.5	11	15	21	30	43	61	86	121	171
	$3.5<m_n\leqslant6.0$	3.0	4.0	5.5	8.0	11	16	22	31	44	62	88	125	176
	$6.0<m_n\leqslant10$	3.0	4.0	6.0	8.0	12	16	23	33	46	65	92	131	185
	$10<m_n\leqslant16$	3.0	4.5	6.0	9.0	12	18	25	35	50	70	99	140	198
	$16<m_n\leqslant25$	3.5	5.0	7.0	9.5	14	19	27	39	55	77	109	154	218

注：GB/T 10095.1—2022 中径向跳动公差的代号为 F_{rT}。

表 4-36　径向综合总偏差 F_i''　单位：μm

分度圆直径 d/mm	法向模数 m_n/mm	精度等级								
		4	5	6	7	8	9	10	11	12
$5\leqslant d\leqslant20$	$0.2\leqslant m_n\leqslant0.5$	7.5	11	15	21	30	42	60	85	120
	$0.5<m_n\leqslant0.8$	8.0	12	16	23	33	46	66	93	131
	$0.8<m_n\leqslant1.0$	9.0	12	18	25	35	50	70	100	141
	$1.0<m_n\leqslant1.5$	10	14	19	27	38	54	76	108	153
	$1.5<m_n\leqslant2.5$	11	16	22	32	45	63	89	126	179
	$2.5<m_n\leqslant4.0$	14	20	28	39	56	79	112	158	223
$20<d\leqslant50$	$0.2\leqslant m_n\leqslant0.5$	9.0	13	19	26	37	52	74	105	148
	$0.5<m_n\leqslant0.8$	10	14	20	28	40	56	80	113	160
	$0.8<m_n\leqslant1.0$	11	15	21	30	42	60	85	120	169
	$1.0<m_n\leqslant1.5$	11	16	23	32	45	64	91	128	181
	$1.5<m_n\leqslant2.5$	13	18	26	37	52	73	103	146	207
	$2.5<m_n\leqslant4.0$	16	22	31	44	63	89	126	178	251
	$4.0<m_n\leqslant6.0$	20	28	39	56	79	111	157	222	314
	$6.0<m_n\leqslant10$	26	37	52	74	104	147	209	295	417
$50<d\leqslant125$	$0.2\leqslant m_n\leqslant0.5$	12	16	23	33	46	66	93	131	185
	$0.5<m_n\leqslant0.8$	12	17	25	35	49	70	98	139	197
	$0.8<m_n\leqslant1.0$	13	18	26	36	52	73	103	146	206
	$1.0<m_n\leqslant1.5$	14	19	27	39	55	77	109	154	218
	$1.5<m_n\leqslant2.5$	15	22	31	43	61	86	122	173	244
	$2.5<m_n\leqslant4.0$	18	25	36	51	72	102	144	204	288
	$4.0<m_n\leqslant6.0$	22	31	44	62	88	124	176	248	351
	$6.0<m_n\leqslant10$	28	40	57	80	114	161	227	321	454

注：GB/T 10095.1—2022 中径向综合总偏差的代号为 F_{id}。

表 4-37　　一齿径向综合偏差 f_i''　　单位：μm

分度圆直径 d/mm	法向模数 m_n/mm	精度等级								
		4	5	6	7	8	9	10	11	12
$5 \leqslant d \leqslant 20$	$0.2 \leqslant m_n \leqslant 0.5$	1.0	2.0	2.5	3.5	5.0	7.0	10	14	20
	$0.5 < m_n \leqslant 0.8$	2.0	2.5	4.0	5.5	7.5	11	15	22	31
	$0.8 < m_n \leqslant 1.0$	2.5	3.5	5.0	7.0	10	14	20	28	39
	$1.0 < m_n \leqslant 1.5$	3.0	4.5	6.5	9.0	13	18	25	36	50
	$1.5 < m_n \leqslant 2.5$	4.5	6.5	9.5	13	19	26	37	53	74
	$2.5 < m_n \leqslant 4.0$	7.0	10	14	20	29	41	58	82	115
$20 < d \leqslant 30$	$0.2 \leqslant m_n \leqslant 0.5$	1.5	2.0	2.5	3.5	5.0	7.0	10	14	20
	$0.5 < m_n \leqslant 0.8$	2.0	2.5	4.0	5.5	7.5	11	15	22	31
	$0.8 < m_n \leqslant 1.0$	2.5	3.5	5.0	7.0	10	14	20	28	40
	$1.0 < m_n \leqslant 1.5$	3.0	4.5	6.5	9.0	13	18	25	36	51
	$1.5 < m_n \leqslant 2.5$	4.5	6.5	9.5	13	19	26	37	53	75
	$2.5 < m_n \leqslant 4.0$	7.0	10	14	20	29	41	58	82	116
	$4.0 < m_n \leqslant 6.0$	11	15	22	31	43	61	87	123	174
	$6.0 < m_n \leqslant 10$	17	24	34	48	67	95	135	190	269
$50 < d \leqslant 125$	$0.2 \leqslant m_n \leqslant 0.5$	1.5	2.0	2.5	3.5	5.0	7.5	10	15	21
	$0.5 < m_n \leqslant 0.8$	2.0	3.0	4.0	5.5	8.0	11	16	22	31
	$0.8 < m_n \leqslant 1.0$	2.5	3.5	5.0	7.0	10	14	20	28	40
	$1.0 < m_n \leqslant 1.5$	3.0	4.5	6.5	9.0	13	18	26	36	51
	$1.5 < m_n \leqslant 2.5$	4.5	6.5	9.5	13	19	26	37	53	75
	$2.5 < m_n \leqslant 4.0$	7.0	10	14	20	29	41	58	82	116
	$4.0 < m_n \leqslant 6.0$	11	15	22	31	44	62	87	123	174
	$6.0 < m_n \leqslant 10$	17	24	34	48	67	95	135	191	269

注：① 公差表仅在供需双方有协议时使用，无协议时，用模数和直径实际值计算齿轮精度。$F_i''=3.2m_n+1.0\sqrt{d}+6.4$ 和 $f_i''=2.96m_n+0.01\sqrt{d}+0.8$，参数 m_n 和 d 应取其分段界限值的几何平均值代入。

② GB/T 10095.1—2022 中径向综合偏差的代号为 f_{id}。

表 4-38　　螺旋线总偏差 F_β　　单位：μm

分度圆直径 d/mm	齿宽 b/mm	精度等级												
		0	1	2	3	4	5	6	7	8	9	10	11	12
$5 \leqslant d \leqslant 20$	$4 \leqslant b \leqslant 10$	1.1	1.5	2.2	3.1	4.3	6.0	8.5	12.0	17.0	24.0	35.0	49.0	69.0
	$10 < b \leqslant 20$	1.2	1.7	2.4	3.4	4.9	7.0	9.5	14.0	19.0	28.0	39.0	55.0	78.0
	$20 < b \leqslant 40$	1.4	2.0	2.8	3.9	5.5	8.0	11.0	16.0	22.0	31.0	45.0	63.0	89.0
	$40 < b \leqslant 80$	1.6	2.3	3.3	4.6	6.5	9.5	13.0	19.0	26.0	37.0	52.0	74.0	105.0
$20 < d \leqslant 50$	$4 \leqslant b \leqslant 10$	1.1	1.6	2.2	3.2	4.5	6.5	9.0	13.0	18.0	25.0	36.0	51.0	72.0
	$10 < b \leqslant 20$	1.3	1.8	2.5	3.6	5.0	7.0	10.0	14.0	20.0	29.0	40.0	57.0	81.0

（续表）

分度圆直径 d/mm	齿宽 b/mm	精度等级												
		0	1	2	3	4	5	6	7	8	9	10	11	12
$20<d\leqslant50$	$20<b\leqslant40$	1.4	2.0	2.9	4.1	5.5	8.0	11.0	16.0	23.0	32.0	46.0	65.0	92.0
	$40<b\leqslant80$	1.7	2.4	3.4	4.8	6.5	9.5	13.0	19.0	27.0	38.0	54.0	76.0	107.0
	$80<b\leqslant160$	2.0	2.9	4.1	5.5	8.0	11.0	16.0	23.0	32.0	46.0	65.0	92.0	130.0
$50<d\leqslant125$	$4\leqslant b\leqslant10$	1.2	1.7	2.4	3.3	4.7	6.5	9.5	13.0	19.0	27.0	28.0	53.0	76.0
	$10<b\leqslant20$	1.3	1.9	2.6	3.7	5.5	7.5	11.0	15.0	21.0	30.0	42.0	60.0	84.0
	$20<b\leqslant40$	1.5	2.1	3.0	4.2	6.0	8.5	12.0	17.0	24.0	34.0	48.0	68.0	95.0
	$40<b\leqslant80$	1.7	2.5	3.5	4.9	7.0	10.0	14.0	20.0	28.0	39.0	56.0	79.0	111.0
	$80<b\leqslant150$	2.1	2.9	4.2	6.0	8.5	12.0	17.0	24.0	33.0	47.0	67.0	94.0	133.0
	$160<b\leqslant250$	2.5	3.5	4.9	7.0	10.0	14.0	20.0	28.0	40.0	56.0	79.0	112.0	158.0
	$250<b\leqslant400$	2.9	4.1	6.0	8.0	12.0	16.0	23.0	33.0	46.0	65.0	92.0	130.0	184.0

表 4-39　直齿轮装配后的接触斑点

精度等级按 GB/T 10095	b_{c1} 占齿宽的百分比		h_{c1} 占有效齿面高度的百分比		b_{c2} 占齿宽的百分比		h_{c2} 占有效齿面高度的百分比	
	直齿轮	斜齿轮	直齿轮	斜齿轮	直齿轮	斜齿轮	直齿轮	斜齿轮
4 级及更高	50%		70%	50%	45%		50%	30%
5 级和 6 级	45%		50%	40%	35%		30%	20%
7 级和 8 级	35%		50%	40%	35%		30%	20%
9 级至 12 级	25%		50%	40%	25%		30%	20%

注：① 本表对齿廓和螺旋线修形的齿面不适用。

② 本表试图描述那些通过直接测量，证明符合表列精度的齿轮副中获得的最好接触斑点，不能作为证明齿轮精度等级的替代方法。

③ b'、b''、h'、h''参见后图 4-68 接触斑点示意图。

在齿轮检验时，无须对全部项目都进行检验，只对部分项目进行检验即可。例如切向综合偏差（F_{is}、f_{is}）可以用来替代齿距偏差；齿距累积偏差 F_{pk} 供一般高速齿轮使用。径向综合偏差（F_{is}、f_{is}）与径向跳动 F_r，这 3 项偏差虽然测量方便、快速，但由于反映齿轮误差不够全面，只能作为辅助检验项目，即在批量生产齿轮时，先按 GB/T 10095.1—2022 的要求进行检验，考核齿轮是否符合规定的精度等级，然后再对后生产的齿轮只检查径向综合偏差或径向跳动，揭示由于齿轮加工时安装偏心等原因造成的径向误差。因此，齿轮的必检项目为单个齿距偏差 f_p、齿距累积总偏差 F_p、齿廓总偏差 F_α 和螺旋线总偏差 F_β，它们分别控制运动的准确性、平稳性和接触的均匀性。此外，还应检验齿厚偏差以控制齿轮副侧隙。

四、影响传递运动准确性的误差类型

在齿轮传动中影响传递运动准确性的误差主要是齿轮的长周期误差，共有 5 项误差，即切向综合总偏差 F_{is}、齿距累积总偏差 F_p、齿距累积偏差 F_{pk}、齿圈径向跳动偏差 F_r 和径向综合偏差 F_{id}。

1. 切向综合总偏差 F_{is}

F_{is} 是指被测齿轮与测量齿轮单面啮合检验时，被测齿轮一转内，齿轮分度圆上实际圆周位移与理论圆周位移的最大差值。测量过程中，只有同侧齿面单面接触，以分度圆弧长计值，如图 4-45 所示。

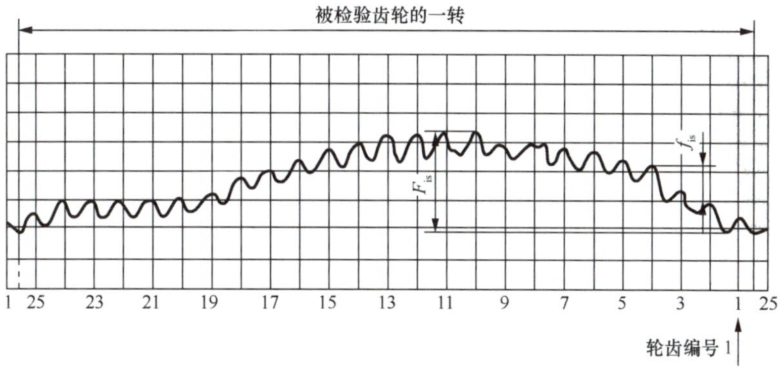

图 4-45　切向综合总偏差 F_{is} 和一齿切向综合偏差 f_{is}

除另有规定外，切向综合偏差的测量不是必需的，而经供需双方同意时，这种方法最好与轮齿接触的检测同时进行，有时可以用来替代其他的检测方法。检测齿轮允许用精确齿条、蜗杆、测头等代替。F_{is} 主要反映齿轮一转的转角误差，说明齿轮传递运动的不准确性，其转速忽快忽慢地发生周期性变化。F_{is} 是几何偏心、运动偏心及各短周期误差综合影响的结果。F_{is} 可通过单啮仪用啮合法测量，其原理如图 4-46(a)所示。以被测齿轮回转轴线为基准，被测齿轮与测量齿轮做有间隙的单面啮合传动，被测齿轮每齿的实际转角与被测齿轮的转角进行比较，其差值通过计算机偏差处理系统得到，由输出设备将其记录成切向综合偏差曲线(图 4-45)。

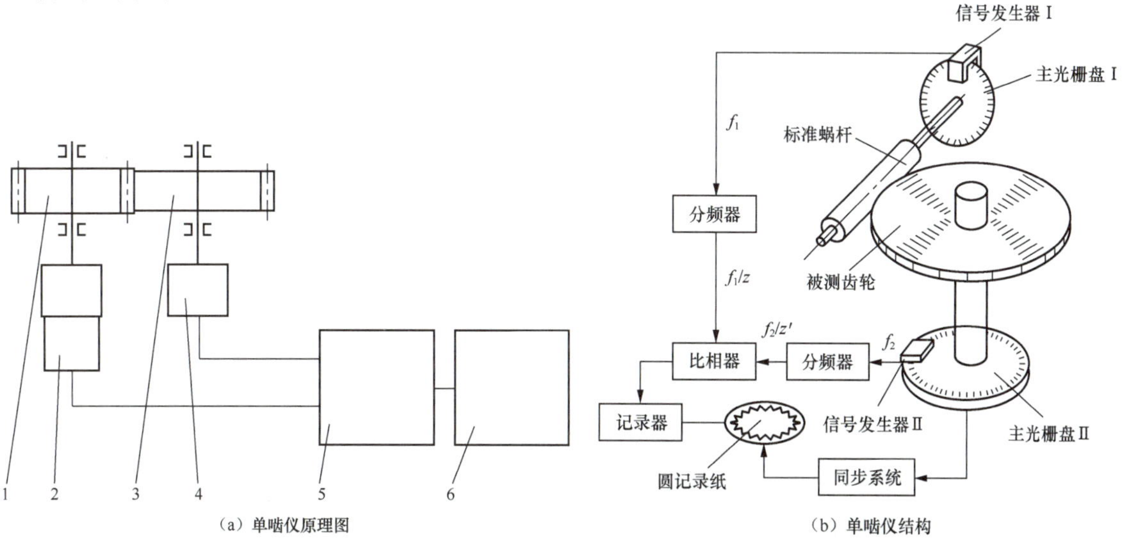

1—测量齿轮；2—角度传感器及驱动装置；3—被测齿轮；4—测角传感器；5—计算机；6—输出设备

图 4-46　单啮仪原理图

测量仪器为齿轮单面啮合检测仪，如图 4-46(b)所示，用标准蜗杆与被测齿轮啮合，二者各带一光栅盘与信号发生器，其角位移信号存储在比相器内并进行比相，并记录被测齿轮的切向综合误差线(标准蜗杆精度高于被测齿轮，故其误差可忽略不计)。单面啮合综合测量仪的主要优点：测量自动化、效率高；测量的结果接近实际使用情况，反映了齿轮总的质量；此种综合测量，各单项误差可相互抵消，因此可提高齿轮合格率。但由于单面啮合测量仪的制造精度要求很高，价格昂贵，目前工厂中尚未广泛使用。

2. 齿距累积总偏差 F_p

F_p 是指齿轮同侧齿面任意弧段($k=1$ 至 $k=z$)内的最大齿距累积偏差。它表现为齿距累积偏差曲线的总幅值，如图 4-47 所示。

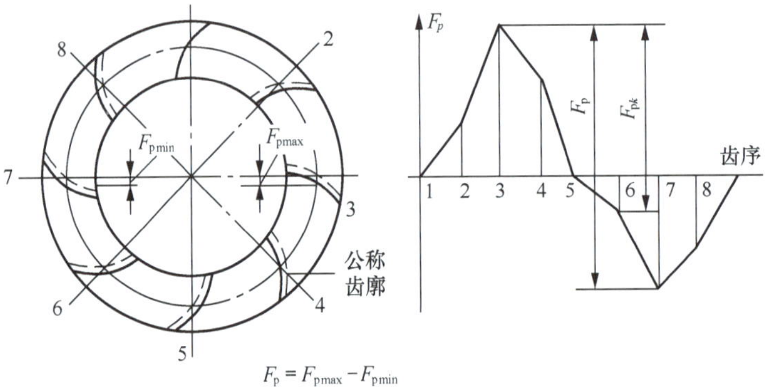

图 4-47　齿距累积总偏差

F_p 的测量是沿分度圆上每齿测量一点，反映由齿坯偏心和蜗轮偏心造成的综合误差，但因其取有限个点进行断续测量，故不如 F'_{id} 反映全面。但由于 F_p 的测量可采用齿距仪、万能测齿仪等仪器，因此是目前工厂中常用的一种测量齿轮运动精度的方法。

3. k 个齿距累积偏差 F_{pk}

F_{pk} 是指任意 k 个齿距的实际弧长与理论弧长的代数差。为了控制齿轮局部积累误差，可以测量 k 个齿的齿距累积误差 F_{pk}，即理论上它等于这 k 个齿距的单个齿距偏差的代数和，如图 4-47(b)所示。除另有规定外，F_{pk} 的计值仅限于不超过圆周 1/8 的弧段内，因此偏差 F_{pk} 的允许值适用于齿距数为 2 到 $z/8$ 的弧段内。通常，F_{pk} 取 $k\approx z/8$(整数)就足够了。对于特殊的应用(如高速齿轮)还需检验较小弧段，并规定相应的 k 值。F_{pk} 的测量分为直接法和相对法。

(1) 直接法。直接法测量原理如图 4-50 所示。以被测齿轮回转轴线为基准，测头的径向位置在齿高中部与齿面接触，应保证测头定位系统径向和切向定位的重复性。被测齿轮一次安装 10 次重复测量，重复性应大于公差的 1/5。分度装置(如圆光栅、分度盘等)对被测齿轮按理论齿距角进行分度，由测头读数系统直接得到测得值，按偏差定义处理，求得 F_{pk} 和 F_p。

直接法的测量仪器有齿距测量仪、万能齿轮测量机、齿轮测量中心、坐标测量机、分度头和万能工具显微镜等，处理测量结果有 2 种方法。如用自动化机器测量，则由计算机系统自动进行数据处理，直接打印出结果；否则，需用人工计算。以逐齿量得值按表 4-40 的方法计算，求出 F_{pk} 和 F_p(以 $z=12$ 齿轮为例)。

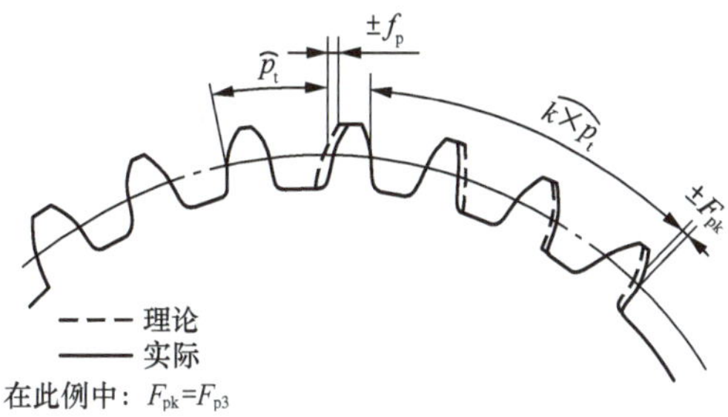

图 4-48　齿距累积偏差

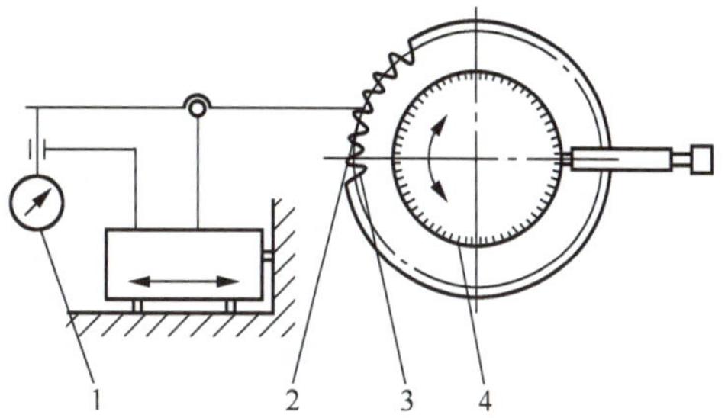

1—测头读数系统；2—测头；3—被测齿轮；4—分度装置

图 4-49　齿距偏差直接法测量原理图

表 4-40　直接法测量数据处理　单位：μm

齿序 i	公称齿距角/(°)	相对 0 号齿的齿距累积总偏差 F_{pi}(读数值)	单个齿距偏差 $f_{pti}=F_{pi}-F_{p(i-1)}$	$F_{pki}=\|F_{pi}-F_{p(i-k)}\|$
0(12)	0	0	+2	5
1	30	+2		4
2	60	+5	+3	5
3	90	+7	+2	5
4	120	+10	+0	5
5	150	+5	−5	2
6	180	+2	−3	8
7	210	−2	−4	7
8	240	−4	−2	6
9	270	−7	−3	5
10	300	−5	+2	1
11	330	−2	+3	5
12	360	0	+2	5

注：摘自《渐开线圆柱齿轮精度 检验细则》(GB/T 13924—2008)。

k 个齿距累积偏差 F_{pk} 为

$$F_{pk}=F_{pkmax}=8\ \mu m$$

齿距累积总偏差 F_p 为

$$F_p=F_{pimax}-F_{pimin}=+10-(-7)=17\ \mu m$$

(2) 相对法。相对法测量原理如图 4-49 所示，以被测齿轮回转轴线为基准(或以齿顶圆为基准)，测头 A、B 在接近齿高中部分别与相邻同侧齿面(相邻的几个齿面)接触，并处于齿轮轴线同心圆及同一端截面上。测量时，以任一齿距(或 k 个齿距)作为相对标准，A、B 测量头依次测量每个齿距(或 k 个齿距)的相对差值。按偏差定义处理，求得 F_{pk} 和 F_p。相对法的测量仪器有万能测齿仪、

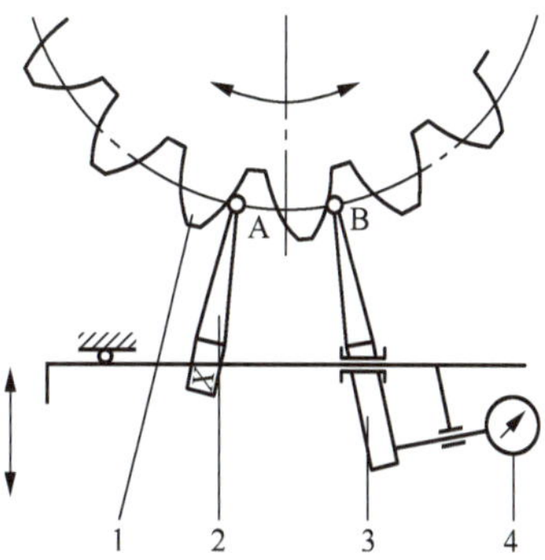

1—被测齿轮；2—定位测头 A；3—活动测头 B；4—传感器

图 4-50　齿距偏差相对法测量原理图

半自动齿距仪、上置式齿轮仪和旁置式齿距仪等。

4. 径向跳动偏差 F_r

F_r 是指测量头(圆形、圆柱形、砧形)相继置于每个齿槽内时[图 4-51(a)],从它到齿轮轴线的最大和最小径向距离之差,如图 4-51(b)所示。图中偏心量是径向跳动的一部分。F_r 主要反映由于齿坯偏心造成的齿轮径向长周期误差。

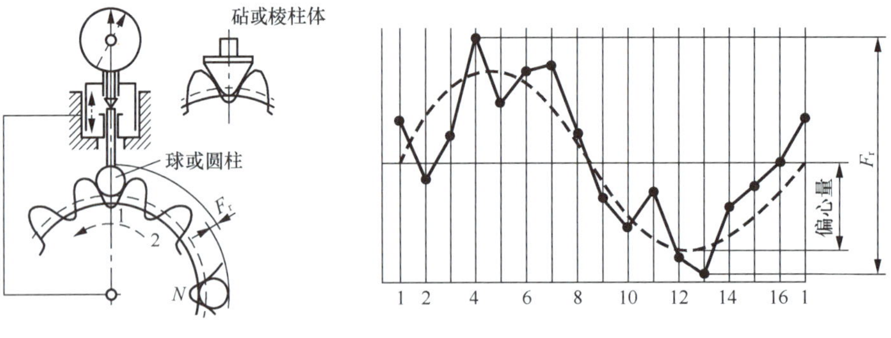

图 4-51 径向跳动检测原理

可用球、圆柱或砧形测头测量 F_r,如图 4-51(a)所示。检查中,测量头在近似齿高中部与齿槽的左、右齿面接触。测量头尺寸按《圆柱齿轮 检验实施规范 第 2 部分:径向综合偏差、径向跳动、齿厚和侧隙的检验》(GB/Z 18620.2—2008)执行,也可用坐标测量机测量。在工厂中常用图 4-52 所示的偏摆检查仪测量 F_r。如用球(也可用圆柱代替球)测量头与齿廓在分度圆附近接触,其直径可用下式近似求出。但此测量方法效率较低,适用于单件小批量生产。

$$d_{球}=\frac{\pi m}{2\cos\alpha}$$

当 $\alpha=20°$ 时,有

$$d_{球}\approx 1.68m\ (m\ 为被测齿轮模)$$

5. 径向综合总偏差 F_{id}

F_{id} 是指在径向(双面)综合检验时,产品齿轮的左右齿面同时与测量齿轮接触,并转过一整圈时出现的中心距最大值和最小值之差。径向综合总偏差曲线如图 4-53 所示。

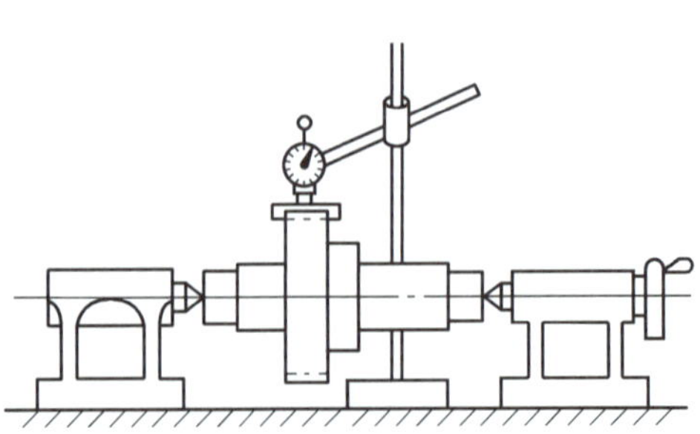

图 4-52 偏摆检查仪测量 F_r

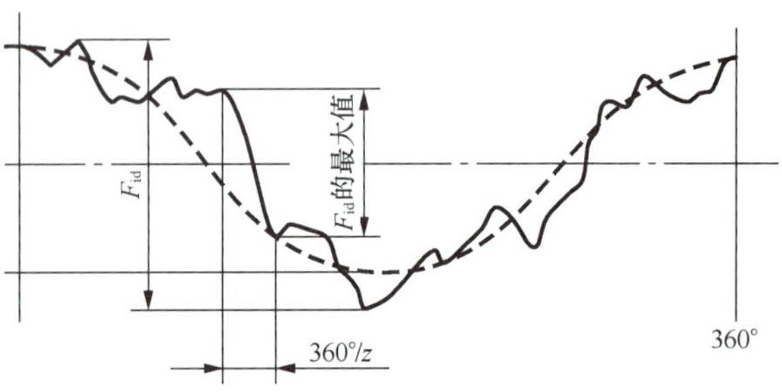

图 4-53 径向综合总偏差曲线

F_{id} 主要反映齿坯偏心和刀具安装、调整造成的齿厚、齿廓偏差及基节齿距偏差，此时啮合中心距发生变化，此误差属于长周期误差，可采用双面啮合仪测量 F_{id}。如图 4-54 所示，被测齿轮装在固定滑座上，测量齿轮装在浮动滑座上，由弹簧顶紧使两齿轮双面紧密啮合。齿轮啮合转动时，由于被测齿轮的径向周期误差推动测量齿轮及浮动滑座，使中心距变动，由指示表读出或自动记录仪画出误差曲线。

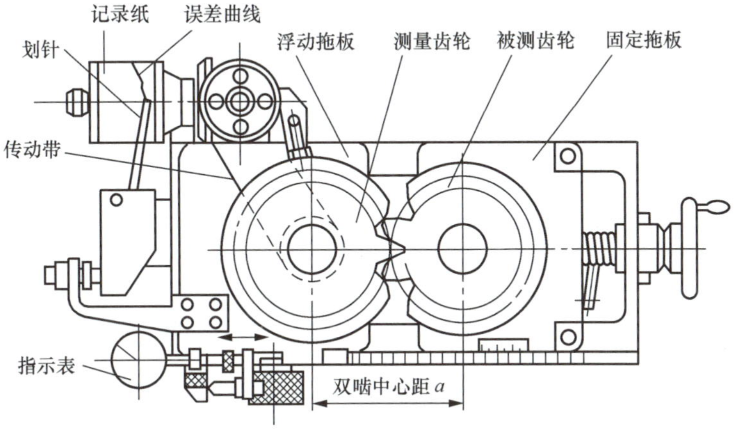

图 4-54　双面啮合仪测量 F_{id}

双面啮合仪测量 F_{id} 的优点：仪器比单面啮合仪简单，操作方便，效率高，适用于成批大量生产的齿轮或小模数齿轮的检测。缺点：其只能反映径向误差，不够完善，同时因双面啮合为双面误差的综合反映，与齿轮实际工作状态不完全符合。

五、影响传动平稳性的误差类型

引起齿轮瞬时传动比变化的主要是短周期误差，共包括以下 5 项指标：一齿切向综合偏差 f_{is}、一齿径向综合偏差 f_{id}、齿廓总偏差 F_{α}、基圆齿距偏差 f_{pb} 和单个齿距偏差 f_{p}。

1. 一齿切向综合偏差 f_{is}

f_{is} 是指被测齿轮与测量齿轮做单面啮合时，在被测齿轮一个齿距内的切向综合偏差。其中，高频波纹即为 f_{is}，以分度圆弧长计值。f_{is} 的测量仪器与测量 F_{is} 相同，在单面啮合综合测量仪上同时测出 F_{is} 和 f_{is}。f_{is} 主要反映由刀具制造、安装误差及机床分度蜗杆安装、制造所造成的齿轮切向短周期综合误差。f_{is} 能综合反映转齿和换齿误差对传动平稳性的影响。

2. 一齿径向综合偏差 f_{id}

f_{id} 是产品齿轮啮合一整圈时，对应一个齿距（$360°/z$）的径向综合偏差值。f_{id} 等于齿轮转过一个齿距角时其双啮中心距的变动量。产品齿轮所有齿的 f_{id} 不应超过规定的允许值。f_{id} 的优缺点及测量仪器与测量 F_{id} 相同，在双面啮合仪上同时测出 F_{id} 和 f_{id}，其曲线中高频波纹即为 f_{id}。f_{id} 主要反映由于刀具安装偏心及制造误差（包括刀具的齿距、齿形误差及偏心等）所造成的齿轮径向短周期综合误差，但不能反映机床链的短周期误差引起的齿轮切向的短周期误差。

3. 齿廓总偏差 F_α

齿廓偏差是指实际齿廓偏离设计齿廓的量，该量在端面内且垂直于渐开线齿廓的方向计值，有齿廓总偏差 F_α、齿廓形状偏差 $f_{H\alpha}$ 和齿廓倾斜偏差 $f_{f\alpha}$。F_α 是指在计算范围 L_α 内，包容实际齿廓迹线的两条设计齿廓迹线间的距离。除齿廓总偏差 F_α 外，齿廓形状偏差和齿廓倾斜偏差均属非必检项目，不再赘述。

设计齿廓是指符合设计规定的齿廓，当无其他限定时，是指端面齿廓。在齿廓曲线图中，未经修形的渐开线齿廓迹线一般为直线。齿廓迹线若偏离了直线，其偏离量即表示与被检齿轮的基圆所展成的渐开线的偏差。齿廓计值范围 L_α 等于从有效长度 L_{AE} 的顶端和倒棱处减去8%。齿廓偏差对传动平稳性的影响如图 4-55 所示。啮合齿 A_1 与 A_2 应在啮合线上的 a 点啮合，但由于有齿形误差两齿在 a'点啮合，引起瞬时传动比变化，破坏了传动平稳性。

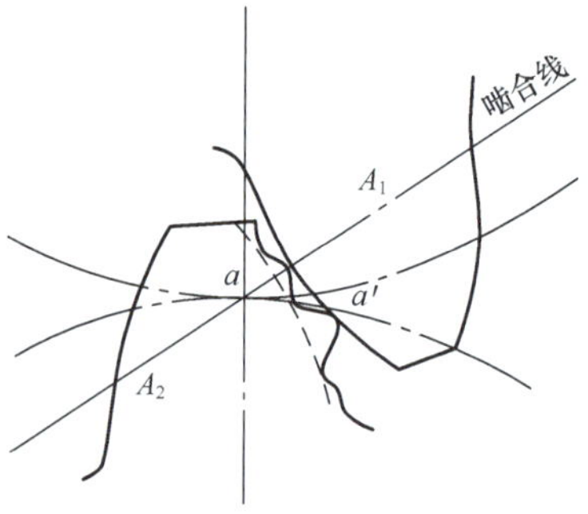

图 4-55　有齿形误差的啮合情况

F_α 常用单盘或万能渐开线检查仪进行测量。其原理是利用精密机构发生正确的渐开线与实际齿廓进行比较以确定齿廓总偏差。如图 4-56(a)所示为单圆盘渐开线检查仪（每种齿轮需要一个专用基圆盘）。被测齿轮 2 与一直径等于该齿轮基圆直径的基圆盘 1 同轴安装，测量时转动手轮 6 及丝杠 5 使滑座 7 移动，直尺 3 与基圆盘 1 在一定的接触压力作用下做纯滚动，如图 4-56(b)所示。直尺移动的距离 ab 与基圆盘转动的弧长 $r_b \cdot \phi$ 相等，故当齿形无误差（理想渐开线）时杠杆 6（一端为测头，另一端与表 8 相连）不转动，指示表为零；若被测齿廓不是理想渐开线时，则测量头摆动使杠杆 4 转动，指示表 8 有读数，即为 F_α。

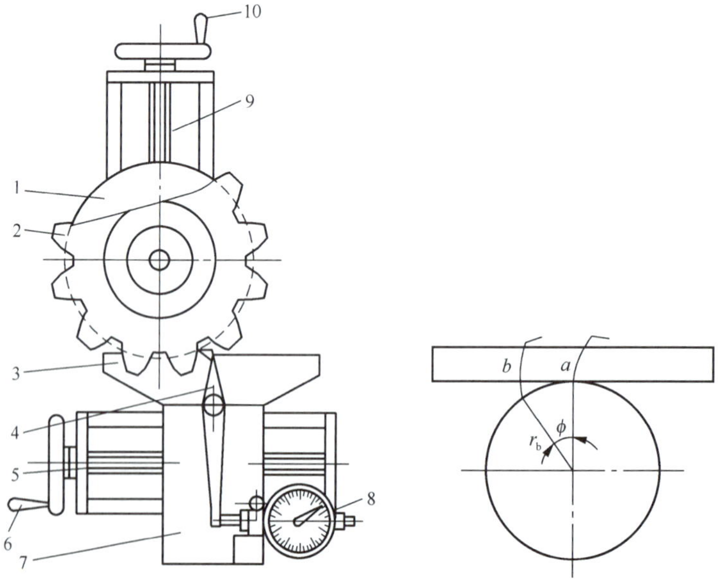

(a) 单圆盘渐开线检查仪　　(b) 工作原理

1—基圆盘；2—被测齿轮；3—直尺；4—杠杆；5—丝杠；6—转动手轮；7—滑座；8—指示表

图 4-56　单盘渐开线检查仪测量 F_α

单圆盘渐开线检查仪由于基圆盘数量多，故适合批量生产齿轮的检测。万能式渐开线检测仪可测不同基圆大小的齿轮，但结构复杂，价格较贵，适用多品种小批量生产。在测量 F_α 时，至少在圆周三等分处的两侧齿面进行。

4. 基圆齿距偏差 f_{pb}

一个齿轮的端面基圆齿距 f_b 是公法线上的两个相邻同侧齿面的端面齿廓间的距离，它也是位于相邻的同侧齿面上渐开线齿廓起点间的基圆圆周上的弧长。f_{pb} 为实际基圆齿距与公称基圆齿距之差。实际基圆齿距是指切于基圆柱的平面与两相邻同侧齿面交线间的距离，如图 4-57 所示。公称基圆齿距可由计算或查表求得。

f_{pb} 主要是由于齿轮滚刀的齿距偏差、齿廓偏差及齿轮插刀的基圆齿距偏差、齿廓偏差造成的。

滚、插齿加工时，齿轮基圆齿距两端点是由刀具相邻齿同时切出来的，故与机床传动链误差无关；而磨齿时，则与机床分度机构误差、砂轮角度及机床的基圆半径调整有关。

f_{pb} 对传动的影响是由啮合的基圆齿距不等引起的。理想的啮合过程中，啮合点应在理论啮合线上。当基圆齿不等距时，啮合点将脱离啮合线。若 $p_{b2} < p_{b1}$，将出现齿顶啮合现象，如图 4-58(a) 所示；若 $p_{b2} > p_{b1}$，则后续齿提前进入啮合，如图 4-58(b)所示，故使瞬时传动比不断变化，影响齿轮运动平稳性。

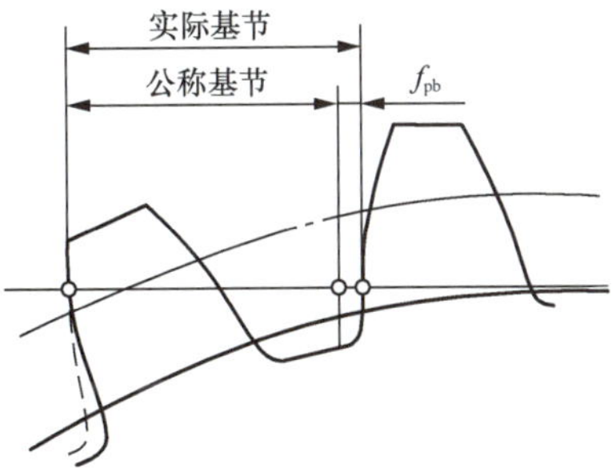

图 4-57　基圆齿距偏差 f_{pb}

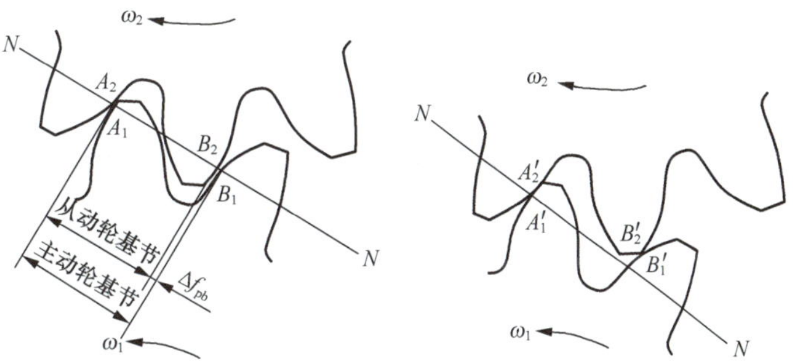

(a) $p_{b2}<p_{b1}$ 时，齿顶啮合现象　　(b) $p_{b2}>p_{b1}$ 时，齿顶啮合现象

图 4-58　基圆齿距偏差对传动平稳性的影响

f_{pb} 通常用基圆齿距仪、万能测齿仪或万能工具显微镜等仪器测量。如图 4-59 所示为一基圆齿距仪，测量时用量块（尺寸等于公称基圆齿距）调整活动测量头 1 与固定测量头 2 之间的距离，使其等于公称基圆齿距尺寸 f_b，并调整指示表为零。定位测量头 3 用于保证 1、2 测量头在垂直于基圆切平面的方向上进行测量，表头读出数值即为各齿的 f_{pb}。

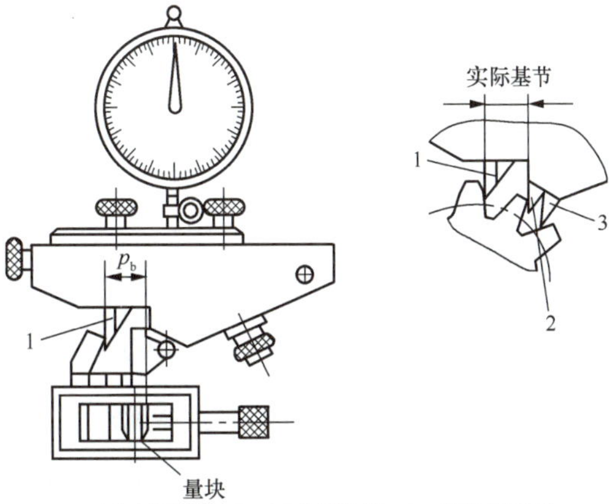

1—活动测量头；2—固定测量头；3—定位测量头

图 4-59　基圆齿距仪测量 f_{pb}

基圆齿距仪可以在机测量，避免其他同类仪器测量在脱机后齿轮重新“对刀”

“定位”的问题出现。

5. 单个齿距偏差 f_p

f_p 是指在端面上，在接近齿高中部的一个与齿轮轴线同心的圆上，实际齿距与理论齿距的代数差，如图 4-60 所示。

采用滚齿加工时，f_p 主要是机床蜗杆偏心及轴向窜动所造成的，即机床传动链误差造成的。所以，f_p 可以用来揭示传动链的短周期误差或加工中的分度误差，属于单项指标。f_p 的测量方法及使用仪器与 f_p 的测量相同。f_p 需对轮齿的两侧面进行测量。

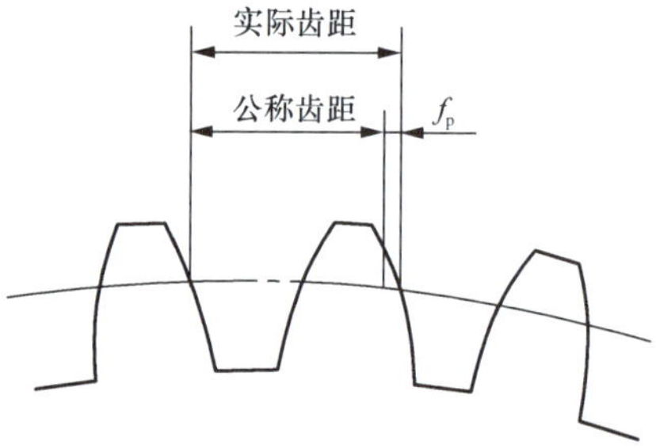

图 4-60　齿距偏差

影响齿轮传动平稳性的误差是齿轮一转中多次重复出现的短周期误差，应包括转齿及换齿误差，能同时揭示转齿与换齿误差的有 f_{is} 和 f_{id}。

根据需要可将单项指标组合为既有转齿误差又有换齿误差的综合性组合后应用，如将转齿性指标 f_α 与 f_p、换齿性指标 f_{pb} 与 f_p 进行组合。

六、影响载荷分布均匀性的偏差类型

引起齿轮载荷分布均匀性偏差的主要是螺旋线偏差。螺旋线偏差是指在端面基圆切线方向上测得的实际螺旋线偏离设计螺旋线的量。螺旋线偏差包括螺旋线总偏差 F_β、螺旋线形状偏差 $f_{f\beta}$和螺旋线倾斜偏差 $f_{H\alpha}$。除螺旋线总偏差 F_β 外，螺旋线形状偏差 $f_{f\beta}$ 和螺旋线倾斜偏差 $f_{H\alpha}$ 均属非必检项目，本节不再赘述。

F_β 是指在计值范围 L_β 内，包容实际螺旋线迹线的两条设计螺旋线间的距离，如图 4-61所示。L_β 是指齿廓两端处各减去 5%的迹线长度，但减去量不得超过一个模数。F_β 可以在螺旋线检测仪上测量未修形螺旋线的斜齿螺旋线偏差。螺旋线总公差是螺旋线偏差的允许值。

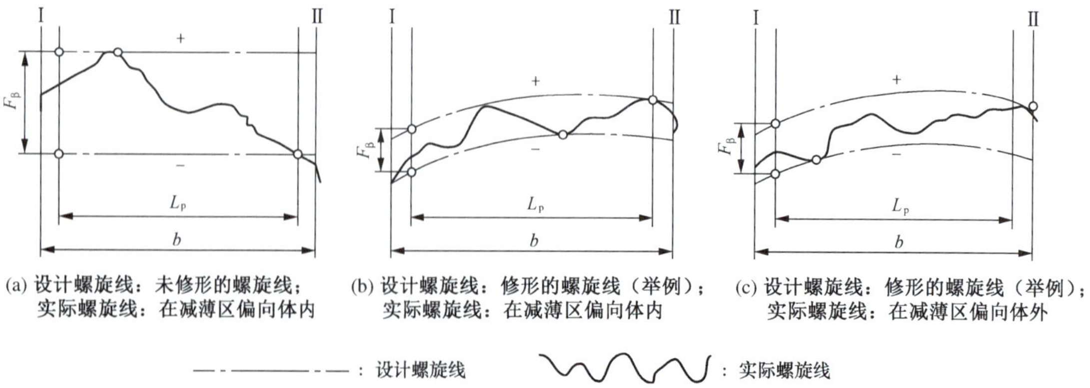

图 4-61　螺旋线总偏差 F_β

螺旋线总偏差主要是由机床导轨倾斜、夹具和齿坯安装误差引起的，斜齿轮的螺旋线总偏差还与运动链调整有关。螺旋线偏差影响齿轮啮合过程中的接触状况，影响齿面载荷分布的均匀性，用于评定轴向重合度 $\varepsilon_\beta > 1.25$ 的斜宽齿轮及人字齿轮，适合于大功率、高速高精度宽斜齿轮传动。

七、影响齿轮副侧隙的偏差类型

为保证齿轮副侧隙，通常在加工齿轮时要适当地减薄齿厚，齿厚的检验项目共有 2 项：齿厚偏差 f_{sn} 与公法线长度变动量 E_{bn}。

1. 齿厚偏差 f_{sn}（上偏差 E_{sns}、下偏差 E_{sni} 和公差 T_{sn}）

f_{sn} 是指分度圆柱面上齿厚最大极限（s_{ns}）或最小极限（s_{ni}）与法面齿厚 s_n 之差。齿厚上偏差和下偏差（E_{sns} 和 E_{sni}）统称为齿厚的极限偏差，即为

$$E_{sns} = s_{ns} - s_n$$

$$E_{sni} = s_{ni} - s_n$$

齿厚公差 T_{sn} 是指齿厚上偏差与下偏差之差，即为 $T_{sn} = E_{sns} - E_{sni}$，齿厚公差 T_{sn} 如图 4-62 所示，但在分度圆柱面上齿厚不便于测量，故用分度圆弦齿厚 $\bar{s}$ 代替。由图 4-63 可推导出分度圆弦齿厚 $\bar{s}$ 及弦齿顶高 $\bar{h}$，即

$$\bar{s} = 2r\sin\frac{90^\circ}{z} = mz\sin\frac{90^\circ}{z}$$

$$\bar{h} = h + r - r\cos\frac{90^\circ}{z} = m\left[1 + \frac{z}{2}\left(1 - \cos\frac{90^\circ}{z}\right)\right]$$

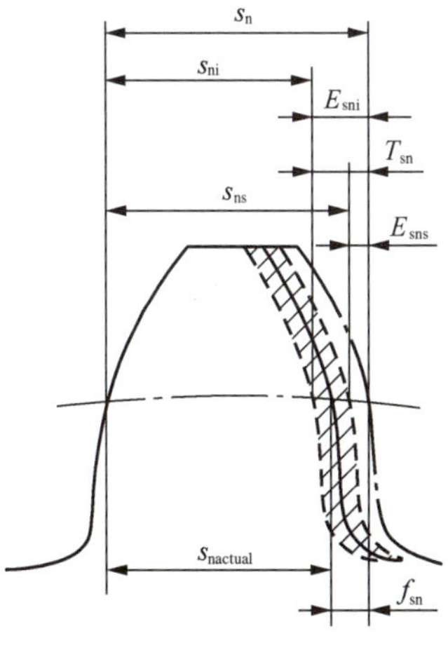

图 4-62 齿厚偏差 E_{sn}

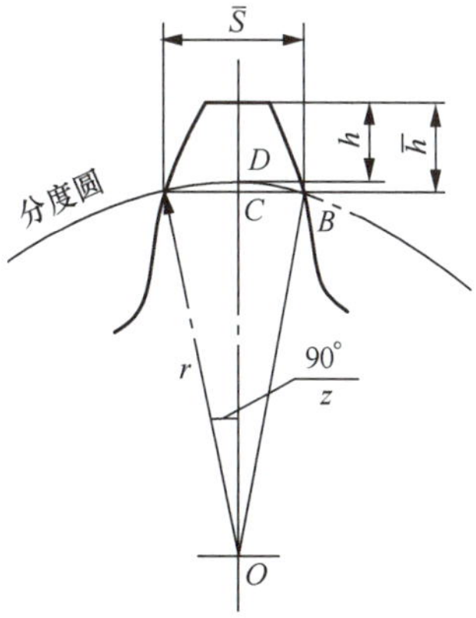

图 4-63 $\bar{s}$ 和 $\bar{h}$ 的几何关系

计算后可用齿厚游标卡尺测量外齿轮的 f_{sn}，如图 4-64 所示。注意齿厚游标卡尺不能用于测量内齿轮。齿厚游标卡尺测量弦齿厚的优点：可以用一个手持的量具进行测量，携

带方便，使用简便。但由于测量齿厚以齿顶圆为基准，测量结果受齿顶圆偏差影响较大，因此需提高齿顶圆精度或改用测量公法线平均长度偏差的方法。

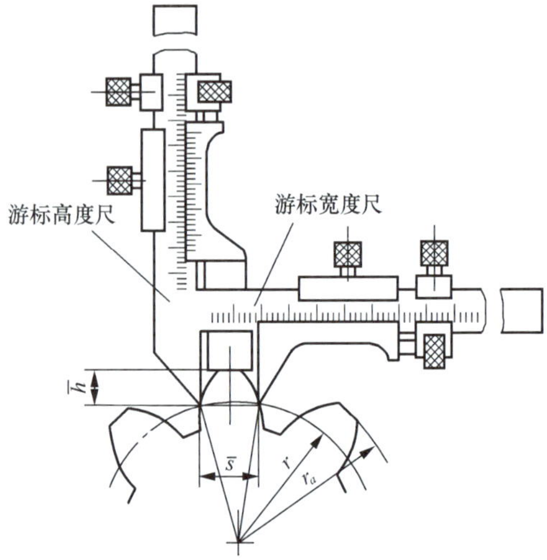

图 4-64　分度圆弦齿厚测量

2. 公法线长度变动量 E_{bn}（上偏差 E_{bns}、下偏差 E_{bni}）

E_{bn} 是指在齿轮一周范围内实际公法线最大值与最小值之差，如图 4-65 所示。

$$E_{bn}=W_{kmax}-W_{kmin}$$

在齿轮一周内公法线长度平均值（在沿圆周均匀分布的 4 个位置上进行测量）与设计值之差称为公法线平均长度偏差，用 E_{wm} 表示。

W_k 的长度是在基圆柱切平面上跨 k 个齿（齿槽）在接触到一个齿的右齿面和另一个齿的左齿面的两个平行平面之间测得的距离，如图 4-66 所示。

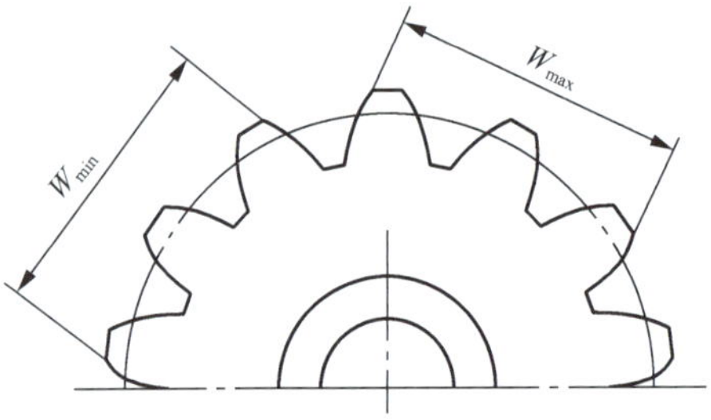

图 4-65　公法线长度变动量 E_{bn}

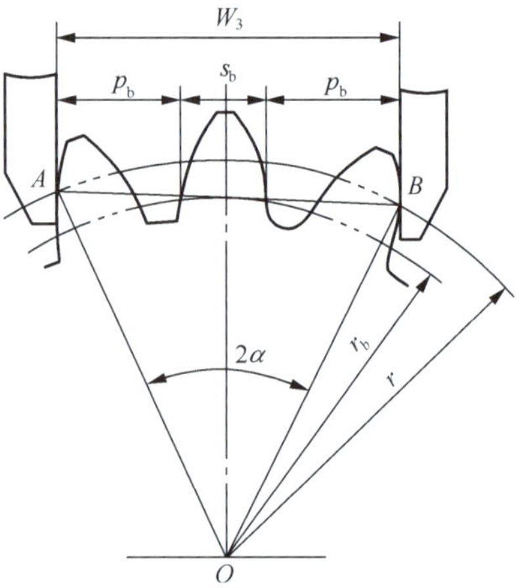

图 4-66　轮齿公法线长度测量的极限尺寸

从图 4-66 中可看出公法线长度为

$$W_k=(k-1)p_b+s_b$$

由此可推导出公法线长度的计算公式为

$$W_k=m\cos\alpha[(k-0.5)\pi+z\,inv\alpha]$$

当 $\alpha=20°$，齿轮为标准圆柱齿轮时，

$$W_k=m[1.476(2k-1)+0.014z]$$

其中，k 为跨齿数，$k=\dfrac{z}{9}+0.5$；m 为模数；z 为齿轮齿数。

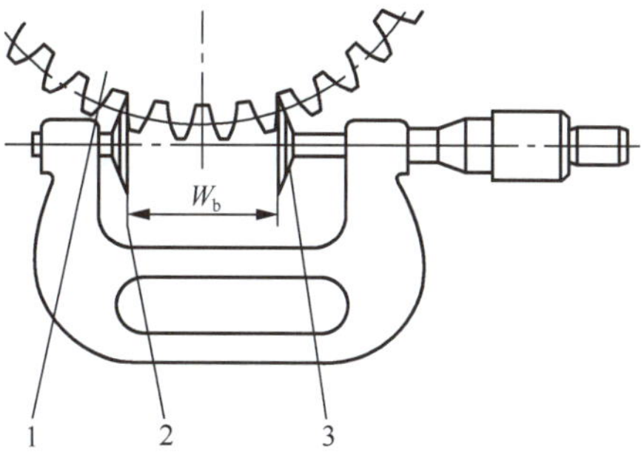

1—被测齿轮；2—固定测砧；3—活动测砧

图 4-67　公法线千分尺测量 E_{bn}

测量公法线的仪器有公法线千分尺、公法线指示千分尺、公法线指示卡规、万能测齿仪及万能工具显微镜等。常用的公法线千分尺或公法线指示卡规测量，如图 4-67 所示。

由于齿轮加工时，E_{bn} 可用公法线千分尺在机测量，使用方便，而且测量为直线值，精度高。同时，E_{bn} 反映了基圆齿距、基圆齿厚对 E_{bn} 的影响，所以生产中常用 E_{bn} 值作为制齿工序完成的依据。因此，在设计和工艺图样中，应对 E_{bn} 给予关注。但对 10～12 级低精度齿轮，由于机床已达到足够精度，故只检验 F_r 一项，不必检验 E_{bn}，E_{bn} 是一种替代检验项目。

E_{wm} 不同于公法线长度变动量 E_{bn}，E_{wm} 是反映齿厚减薄量的另一种方式，而 E_{bn} 则反映齿轮的运动偏心，属于传递运动准确性误差。E_{wm} 能替代齿厚偏差 E_{sn}，这是因为公法线平均长度内包含齿厚的影响。由于测量 E_{bn} 使用公法线千分尺，不以齿顶圆定位，因此测量精度高，是比较理想的方法。

在图上标注公法线长度的公称值 W_{kthe} 和上偏差 E_{bns}、下偏差 E_{bni}。若其测量结果在上、下偏差范围内，即为合格。齿轮的运动偏心会影响公法线长度，为了排除其影响，应取平均值，如图 4-68 所示。

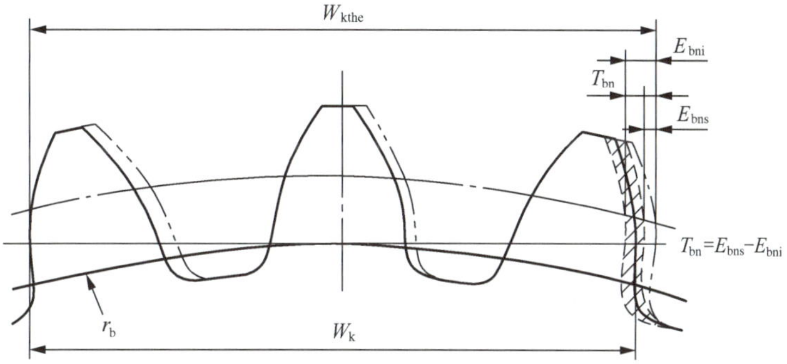

图 4-68　公法线长度偏差 E_{bn}

八、齿轮副的安装及传动误差

一对齿轮安装后应进行如下项目的检验。

1. 齿轮副的接触斑点

安装好的齿轮副在轻微的制动下，运转后齿面上分布的接触擦亮痕迹即为接触斑点，如图 4-69 所示。接触斑点可以用沿齿高方向和齿长方向的百分数表示，是一个特殊的非几何量的测量项目。

GB/Z 18620.4—2008 中要求用光泽法和着色法检验接触斑点。齿轮副接触斑点的检验应安装在箱体中进行，也可在齿轮副滚动试验机上或齿轮式单面啮合检验仪上进行。先在被测齿轮副中小齿轮部分(不少于 5 个齿)齿面上涂以适当厚度的涂料,转动小齿轮轴使齿轮副工作齿面啮合,直至齿面上出现清晰的涂料被擦掉的痕迹。检验时使用规定的痕迹涂料,涂层应均匀,且能确保油膜厚度在 0.006～0.012 mm。对于齿面不修形的齿轮,接触斑点的分布位置应趋于齿面中部,齿顶和两端部棱边不允许接触。对于修形齿轮,接触斑点的位置按设计要求规定。

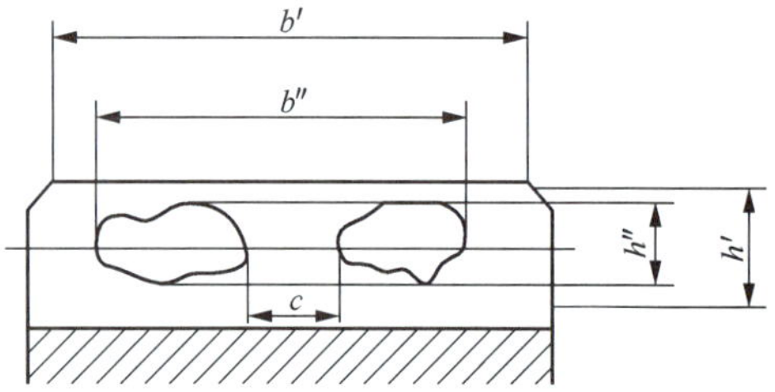

图 4-69　接触斑点

检测后,用照相、画草图或用透明胶带记录等方式加以保存。此项主要影响载荷分布均匀性。接触斑点的检验方法比较简单,对大规格齿轮尤其具有实用意义,这项指标综合了齿轮加工误差和安装误差对接触精度的影响。因此,若接触斑点检验合格,则此齿轮副中单个齿轮的齿厚和公法线公差项目可不予考核。

2. 齿轮副的侧隙

"侧隙"是指两个相配齿轮的工作面相接触时,在两个非工作齿面间所形成的间隙,如图 4-70 所示。图中侧隙是按最小中心距位置绘制的,如中心距增大,侧隙也将增大。

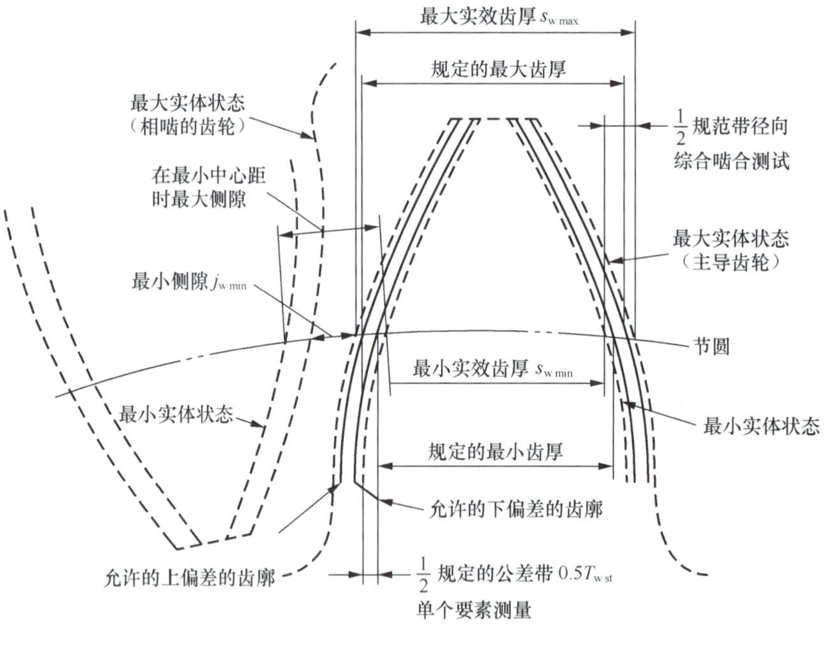

图 4-70　端面上的齿厚与侧隙

通常在稳定的工作状态下的侧隙(工作侧隙)与齿轮在静态下安装于箱体内所测得的侧隙(装配侧隙)是不同的,工作侧隙小于装配侧隙。工作侧隙分为以下 3 种。

(1) 圆周侧隙 j_{wt} 是齿轮副中一个齿轮固定时,另一个齿轮所能转过的节圆弧长的最大值,以分度圆上弧长计。

(2) 法向侧隙 j_{bn} 是齿轮副中两齿轮工作齿面互相接触时,非工作齿面之间的最短距离，与 j_{wt} 的关系为 $j_{bn}=j_{wt}\cos\alpha_{wt}\cos\beta_b$。

(3) 径向侧隙 j_r 是将两个相配齿轮的中心距缩小，直到左侧和右侧齿面都接触时，这个缩小的量为径向侧隙，与 j_{wt} 的关系为 $j_r=\dfrac{j_{wt}}{2\tan\alpha_{wt}}$。

齿轮副侧隙的检验包括齿轮副圆周侧隙 j_{wt} 和法向侧隙 j_{bn} 的检验。测量方法为单点法，即在箱体上对安装好的齿轮副进行测量，也可在滚动试验机上进行测量。

单点法测量圆周侧隙时，在中心距和使用中心距相同的情况下，将齿轮副的一个齿轮固定，在另一齿轮的分度圆切线方向放置一指示表，然后晃动此齿轮，由指示表读出其晃动量，即为圆周侧隙值 j_{wt}，如图 4-71 所示。

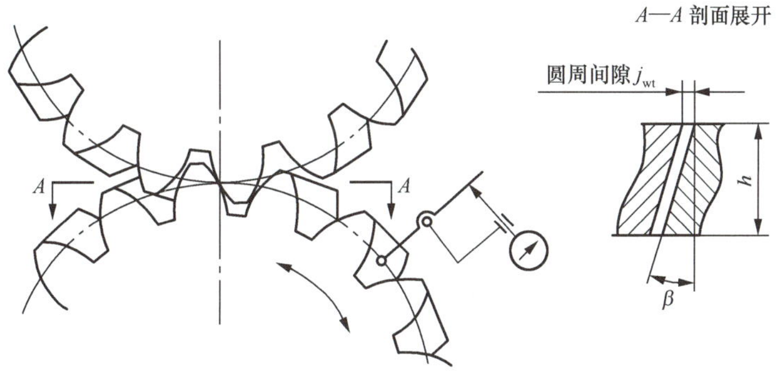

图 4-71 圆周侧隙单点测量

单点法测量法向侧隙时，在中心距和使用中心距相同的情况下，可用测片或塞片进行测量，也可与测量圆柱侧隙相似使用指示表，但要把指示表测量头置于与齿面垂直的方向上，此时从指示表上读出的晃动量即为法向侧隙值，如图 4-72 所示。

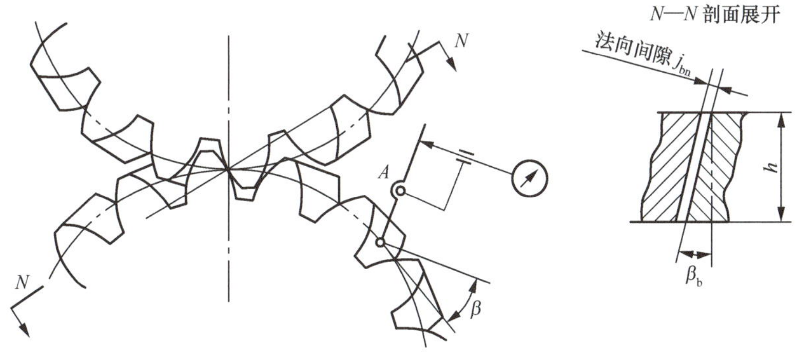

图 4-72 法向侧隙单点测量

单点法应对大齿轮每转过大约 60°的位置进行齿轮副侧隙的测量。

3. 齿轮副的中心距偏差 f_α

f_α 是指在齿轮副的齿宽中间平面内，实际中心距与公称中心距之差，主要影响侧隙。中心距公差是设计者规定的允许偏差。公称中心距是考虑了最小侧隙及两齿轮的齿顶和其相啮合的非渐开线齿廓齿根部分的干涉后确定的。在控制运动用的齿轮中，其侧隙必须控制。当轮齿上的载荷反向时，对中心距的公差必须考虑下列因素：轴、箱体和轴承的偏斜；由于箱体的偏差和轴承的间隙导致齿轮轴线的不一致和错斜；安装误差及轴承跳动；温度的影响；旋转件的离心伸胀；其他因素，如润滑剂污染及非金属齿轮材料的溶胀。齿轮传动中，一个齿轮带动若干齿轮（或反过来）的情形，需要限制中心距的允许偏差，如齿轮系。其公差值由于 GB/Z 18620.3—2008 未给出，仍用 GB/T 10095.1—2022 中规定的数值。

4. 轴线的平行度偏差

由于轴线平行度偏差的影响与其方向有关，所以“轴线平面内的偏差”$f_{\Sigma\delta}$ 和“垂直平面上的偏差”$f_{\Sigma\beta}$ 是不同的，如图 4-73 所示。

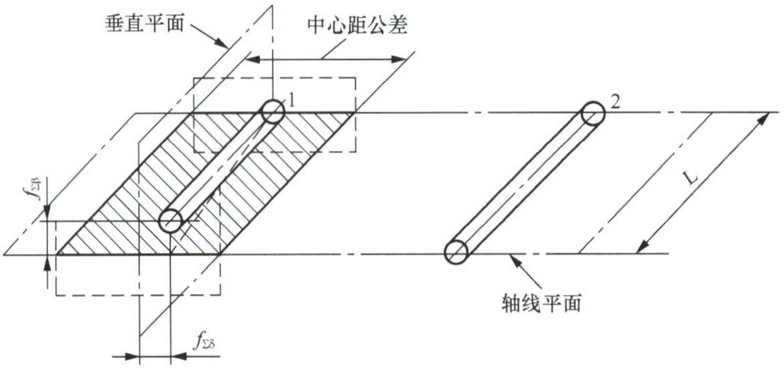

图 4-73　轴向平行度偏差

$f_{\Sigma\delta}$ 是在两轴线的公共平面上测量的，$f_{\Sigma\beta}$ 是在与公共平面垂直的“交错轴平面”上测量的。每项平行度偏差是以与有关轴的轴承间距离 L（轴承中间距）和齿宽 b 相关联的值来表示的。$f_{\Sigma\delta}$ 的公共平面是用两轴承跨距中较长的一个 L 和另一根轴上的一个轴承来确定的，如果两轴承的跨距相同，则用小齿轮轴和大齿轮轴的一个轴承。$f_{\Sigma\delta}$ 和 $f_{\Sigma\beta}$ 都影响螺旋线啮合偏差，因此规定了最大推荐值，即

$$f_{\Sigma\delta}=2f_{\Sigma\beta}=\left(\frac{L}{b}\right)F_{\beta}$$

$$f_{\Sigma\beta}=0.5\left(\frac{L}{b}\right)F_{\beta}$$

任务分析

被测齿轮的径向综合误差包含有用来作为测量齿轮的理想精确齿轮的误差，这一现象可在对齿轮加工后出现的径向综合误差进行分析时发现。而理想精确齿轮的误差与被测齿轮径向综合误差之间可能存在叠加和抵消，从而导致被测齿轮误收或误判，定性分析了两种误差之间的关系并采用正确的检测设备可以避免误收或误判现象出现。

齿轮加工时对其理想参数影响的因素较多，不良的影响因素将导致齿轮参数产生误差，而这些误差又使齿轮使用功能下降，甚至不能满足使用要求。因此，齿轮加工后必须检测其合格性，主要是对齿轮使用要求有影响的一些参数及相关的评定项目进行检测。本任务涉及检测项目主要有“径向综合总偏差”和“一齿径向综合偏差”，所用仪器是齿轮双面啮合综合检查仪。

两齿轮的径向综合总误差 ΔF_{id} 和一齿径向综合误差 Δf_{id} 反映的是它们中心距的变化。其实质反映的是齿轮加工过程中齿轮在夹具上的定位中心(机床心轴中心)与齿轮的理论中心(齿轮自身定位孔中心)不重合的偏心量的变化。这样的测量原理与测量方式实质是模拟了齿轮加工时的旋转中心与自身定位孔的偏心量逐渐变化的过程。

说明：由于较多,限于篇幅,本任务仅对“计量器具及检测原理说明”和“任务实施步骤”作必要说明。

任务实施

一、认识双面啮合综合检查仪

齿轮双面啮合测量是指用一理想精确的测量齿轮与被测齿轮双面啮合传动,以双啮中心距的变动量来评定齿轮的质量。

径向综合误差 ΔF_{id} 是指被测齿轮与理想精确的测量齿轮双面啮合时,在被测齿轮一转范围内双啮中心距的最大值与最小值之差。一齿径向综合误差 Δf_{id} 是指被测齿轮与理想精确的测量齿轮双面啮合时,在被测齿轮一齿距角内双啮中心距变动的最大值。

双面啮合综合检查仪的外形结构如图 4-74 所示。它能测量圆柱齿轮、圆锥齿轮和蜗轮副。测量范围：模数 1～10 mm,中心距 50～300 mm。仪器结构比较简单,在底座 1 上有固定滑板 2 和浮动滑板 5,浮动滑板 5 与游标尺 3 在底座 1 的导轨上浮动,在弹簧力的作用下使被测齿轮与标准齿轮始终保持紧密啮合。标准齿轮精度比被测齿轮高 2 级以上。固定滑板 2 与游标尺 3 连接,用调整位置手轮 17 移动,以调整两滑座间的距离。

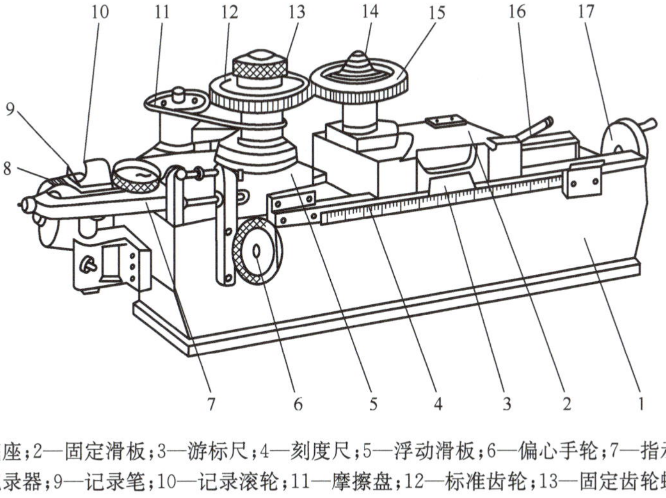

1—底座;2—固定滑板;3—游标尺;4—刻度尺;5—浮动滑板;6—偏心手轮;7—指示表;8—记录器;9—记录笔;10—记录滚轮;11—摩擦盘;12—标准齿轮;13—固定齿轮螺母;14—心轴;15—被测齿轮;16—锁紧手柄;17—调整位置手轮

图 4-74　双面啮合综合检查仪的外形结构

测量时,被测齿轮 15 装在固定滑板 2 的心轴 14 上,标准齿轮 12 装在浮动滑板 5 的心轴上。调整两滑板的距离,放松浮动滑板,使两齿轮保持紧密啮合,旋转被测齿轮,此时由于齿圈偏心、齿形误差、基节偏差等因素引起双啮中心距的变化，使浮动滑板产生位移。此位移量可通过指示表 7 读出，或由仪器附带的机械式记录器绘出误差曲线。

二、实施步骤

（1）如图 4-74 所示，在浮动滑板和固定滑板的心轴上分别装上标准齿轮和被测齿轮。

（2）旋转调整位置手轮 17，使两齿轮双面啮合，按下锁紧手柄 16 锁紧固定滑板 2。

（3）调整滑块，使指示表有 1～2 圈的压缩量。将坐标纸包紧在记录圆筒上，放下记录笔 9，将笔尖调到记录纸的中心，并与记录纸接触。

（4）放松偏心手轮 6，由弹簧力作用使两个齿轮双面啮合。

（5）缓慢转动标准齿轮一周，由于被测齿轮的加工误差，双啮中心距就产生变动，其变动情况从指示表或记录曲线（图 4-75）中反映出来。在被测齿轮转一转时，由指示表读出双啮中心距最大值与最小值，两读数之差就是齿轮径向综合误差 ΔF_{id}。在被测齿轮转一齿距角内，从指示表读出双啮中心距的最大变动量，即为一齿径向综合误差 Δf_{id}。

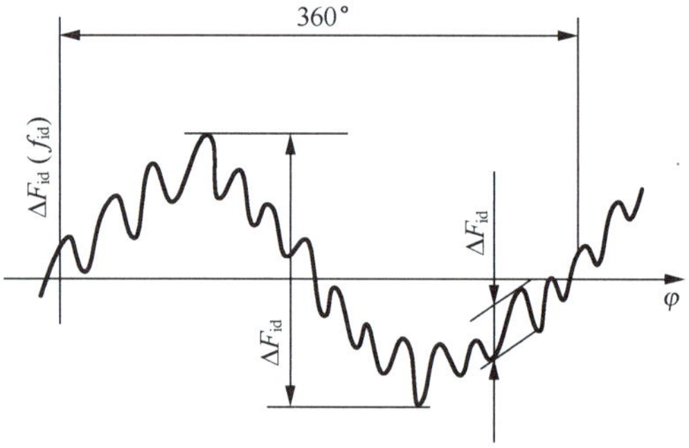

图 4-75　齿轮径向综合偏差曲线

（6）根据齿轮的技术要求，查出径向综合公差 F_{id} 和一齿径向综合公差 f_{id}，处理数据结果，记录相关参数，判断被测齿轮的合格性并填写实验任务书（表 4-41）。

表 4-41　用双面啮合仪检测齿轮径向综合误差

班　　级		姓　　名		学　　号	
器具名称		分度范围		测量范围	
被测零件图（尺规绘图）					
	齿数		模数		压力角
记录检测曲线					
	径向综合偏差 ΔF_{id}				
	径向一齿综合偏差 Δf_{id}				
结论分析					
教师评语					

拓展知识

一、用齿厚游标卡尺测量齿厚偏差(f_{sn})

1. 计量器具及检测原理说明

齿厚偏差 f_{sn} 可用齿厚游标卡尺、光学齿厚卡尺和万能测齿仪等测量，本书以齿厚游标卡尺测量为例。

(1) 齿厚游标卡尺的结构：齿厚游标卡尺的外形结构如图 4-64 所示。它主要由两条互相垂直的刻线尺组成，垂直游标卡尺用以控制测量部位(分度圆至齿顶圆)，即确定弦齿高，水平游标卡尺用以测量弦齿厚。通过游标读数原理进行毫米刻线的细分读数，其分度值均为 0.02 mm。测量范围为模数 $m=1\sim16$ mm。

(2) 测量原理：齿厚偏差是在分度圆柱面上，法向齿厚的实际值与公称值之差。分度圆上的弧齿厚不易测量，故一般用分度圆上的弦齿厚来评定齿厚偏差。理论上应以齿轮旋转中心确定分度圆位置，而在实际测量时由于受齿厚游标卡尺结构的限制，只能根据实际齿顶圆来确定分度圆，即测量弦齿高位置处的弦齿厚偏差。当测量一压力角为 20°的非变位直齿圆柱齿轮时，其弦齿高和弦齿厚分别按下式计算。

弦齿高为

$$\bar{h}_f=m+\frac{mz}{2}\left(1-\cos\frac{90^\circ}{z}\right)+\frac{d'_a-d_a}{2}$$

弦齿厚为

$$\bar{S}_f=mz\sin\frac{90^\circ}{z}$$

其中，m 为模数；z 为齿数；d_a 为理论齿顶圆直径；d'_a 为实际测得齿顶圆直径。

计算齿厚偏差的公式为：$\Delta f_{sn}=\bar{S}'_f-\bar{S}_f$。测量原理如图 4-76 所示。

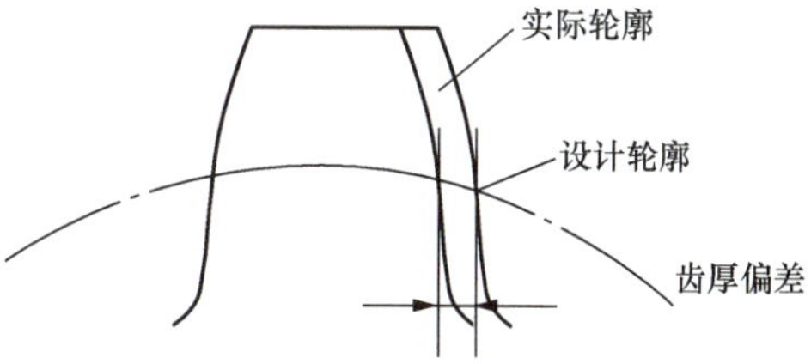

图 4-76　测量原理

2. 检测步骤

(1) 用外径千分尺测量齿顶圆实际直径 d'_a。

(2) 计算公称弦齿厚 $\bar{S}_f$ 和实际分度圆弦齿高 $\bar{h}_f$。也可查出 $m=1$ 时 $\bar{S}_f$ 和 $\bar{h}_f$ 的值，见表 4-42。

(3) 根据确定的 $\bar{h}_f$ 值，将刻线尺 1(垂直尺)准确地定位到弦齿高处，并把螺钉固紧。

(4) 将卡尺置于齿轮上，使垂直尺顶端与齿顶圆接触，然后将量爪靠近齿廓，从水平游标尺上读出分度圆弦齿厚的实际值 $\bar{S}_f$。在测量时须使量爪测量面与被测齿面保持良好接触，否则将产生较大的测量误差。接触良好与否可以用透光法加以判断。测量应在齿轮圆周的几个等距离位置上进行。

表 4-42　$m=1$ 时弦齿高和弦齿厚的值

z	$z\sin\frac{90^\circ}{z}$	$1+\frac{z}{2}\left(1-\cos\frac{90^\circ}{z}\right)$	z	$z\sin\frac{90^\circ}{z}$	$1+\frac{z}{2}\left(1-\cos\frac{90^\circ}{z}\right)$	z	$z\sin\frac{90^\circ}{z}$	$1+\frac{z}{2}\left(1-\cos\frac{90^\circ}{z}\right)$
11	1.565 5	1.056 0	26	1.569 8	1.023 7	41	1.570 4	1.015 0
12	1.566 3	1.051 3	27	1.569 8	1.022 8	42	1.570 4	1.014 6
13	1.566 9	1.047 1	28	1.569 9	1.022 0	43	1.570 5	1.014 3
14	1.567 3	1.044 0	29	1.570 0	1.021 3	44	1.570 5	1.014 0
15	1.567 9	1.011 1	30	1.570 1	1.020 5	45	1.570 5	1.013 7
16	1.568 3	1.038 5	31	1.570 1	1.019 9	46	1.570 5	1.013 4
17	1.568 6	1.036 3	32	1.570 2	1.019 3	47	1.570 5	1.013 1
18	1.568 8	1.034 2	33	1.570 2	1.019 7	48	1.570 5	1.012 8
19	1.569 0	1.032 1	34	1.570 2	1.018 1	49	1.570 5	1.012 6
20	1.569 2	1.030 8	35	1.570 3	1.017 6	50	1.570 5	1.012 4
21	1.569 3	1.029 1	36	1.570 3	1.017 1	51	1.570 5	1.012 1
22	1.569 4	1.028 0	37	1.570 3	1.016 7	52	1.570 6	1.011 9
23	1.569 5	1.026 8	38	1.570 3	1.016 2	53	1.570 6	1.011 6
24	1.569 6	1.025 7	39	1.570 1	1.015 8	54	1.570 6	1.011 4
25	1.569 7	1.021 7	40	1.570 1	1.015 4	55	1.570 6	1.011 2

（5）可以重复测量 4～5 次，取平均值，得出 $\bar{S}_f$。

（6）按下述条件判断齿厚偏差是否合格。

$$E_{sni} \leqslant \Delta f_{sn} = \bar{S}'_f - \bar{S}_f \leqslant E_{sns}$$

其中，E_{sns} 为齿厚上偏差；E_{sni} 为齿厚下偏差。

二、用公法线千分尺检测公法线平均长度偏差（E_W）和公法线长度变动（F_W）

1. 计量器具及检测原理说明

公法线平均长度偏差 ΔE_W 是指在齿轮一周内，公法线长度的平均值与公称值之差。ΔE_W 与齿厚偏差有关，因此可用来评定齿侧间隙。公法线长度变动 ΔF_W 是指同一齿轮上测得的实际公法线长度的最大值 W_{max} 与最小值 W_{min} 之差，即 $\Delta F_W = W_{max} - W_{min}$，因为 ΔF_W 能部分表明齿轮转动时啮合线长度的变动，故可用 ΔF_W 评定运动精度。

公法线长度 W 是指跨 n 个齿的异侧齿型的平行切线间的距离，可用公法线千分尺（图 4-77）、公法线指示卡规（图 4-78）、万能测齿仪等测量。

测量时，对标准直齿圆柱齿轮，其跨齿数 k 及公法线长度 W_k 应满足

$$W_k = m[1.476 \times (2k - 1)] + 0.014z$$

其中，m 为齿轮模数（mm）；z 为齿轮齿数；n 为跨齿数。

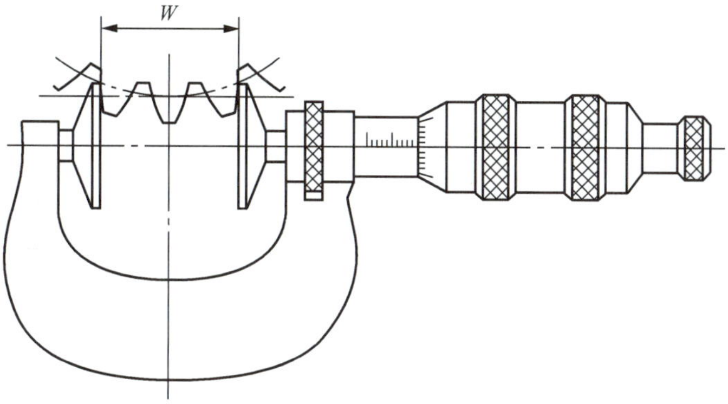

图 4-77　公法线千分尺

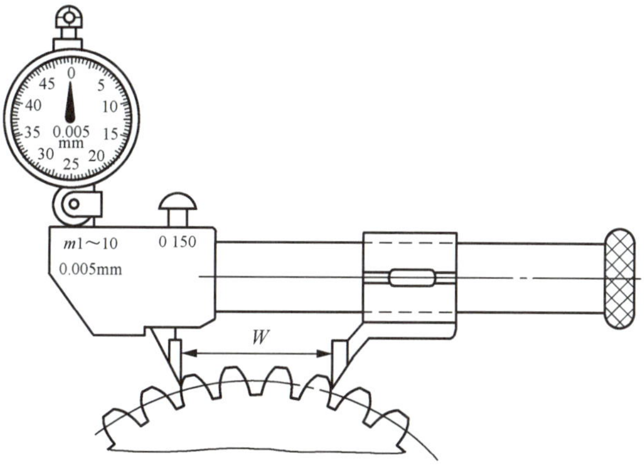

图 4-78　公法线指示卡规

当齿型角 $\alpha=20°$，变位系数 $x=0$，齿数为 z 时，取 $n=\frac{z}{9}+0.5$ 的整数。

W 和 n 也可在表 4-43 中查取。公法线长度测量方法简单，又能保证一定的测量精度，但不适用于小模数齿轮、内齿轮、窄斜齿轮以及精密齿轮的测量。

表 4-43　　直齿圆柱齿轮公法线长度的公称值

齿轮齿数 z	跨齿数 k	公法线公称长度 W_k	齿轮齿数 z	跨齿数 k	公法线公称长度 W_k/mm	齿轮齿数 z	跨齿数 k	公法线公称长度 W_k/mm
15	2	4.638 3	27	4	10.710 6	39	5	13.830 8
16	2	4.652 3	28	4	10.724 6	40	5	13.844 8
17	2	4.666 3	29	4	10.738 6	41	5	13.855 8
18	3	7.632 4	30	4	10.752 6	42	5	13.872 8
19	3	7.646 4	31	4	10.766 6	43	5	13.886 8
20	3	7.660 4	32	4	10.780 6	44	5	13.900 8
21	3	7.674 4	33	4	10.794 6	45	6	16.867 0

（续表）

齿轮齿数 z	跨齿数 k	公法线公称长度 W_k	齿轮齿数 z	跨齿数 k	公法线公称长度 W_k/mm	齿轮齿数 z	跨齿数 k	公法线公称长度 W_k/mm
22	3	7.688 4	34	4	10.808 6	46	6	16.888 1
23	3	7.702 4	35	4	10.822 6	47	6	16.895 0
24	3	7.716 5	36	5	13.788 8	48	6	16.909 0
25	3	7.730 5	37	5	13.802 8	49	6	16.923 0
26	3	7.744 5	38	5	13.816 8	50	6	16.937 0

注：表中 $\alpha=20°$，$m=1$，$x=0$。对于其他模数的齿轮，则将表中的数值乘以模数。

2. 检测步骤

（1）按被测齿轮齿数，查表 4-43（也可以按公式计算），求出公法线公称长度 W_k 及跨齿数 k。

（2）沿齿圈一周逐个测量公法线长度（最好测量全齿圈，也可隔一齿测量一值）并记录。取测得值的平均值作为公法线平均长度的测量结果。将平均值减去公法线平均长度偏差 ΔE_W，所有读数中最大值与最小值之差，即为公法线长度变动量 ΔF_W。

（3）查阅公差表，处理数据结果，记录相关参数，判断被测齿轮的合格性。

三、用径向跳动检查仪检测齿圈径向跳动误差（ΔF_r）

1. 计量器具及检测原理说明

齿圈径向跳动误差 ΔF_r 是指在齿一转范围内，测量头在齿槽内的轮齿上与齿高中部双面接触时，测量头相对于齿轮轴心线的最大变动量。齿圈径向跳动误差 ΔF_r，可用径向跳动检查仪、万能测齿仪或偏摆检查仪等仪器检测。本书选用径向跳动检查仪检测齿圈径向跳动误差 ΔF_r。径向跳动检查仪的外形结构如图 4-79 所示。该检查仪可测模数为 0.3～5 mm的齿轮，指示表的分度值为 0.001 mm。仪器备有不同直径的球形测量头，可以测量各种不同模数的齿轮。不同模数的齿轮，应选用不同直径的

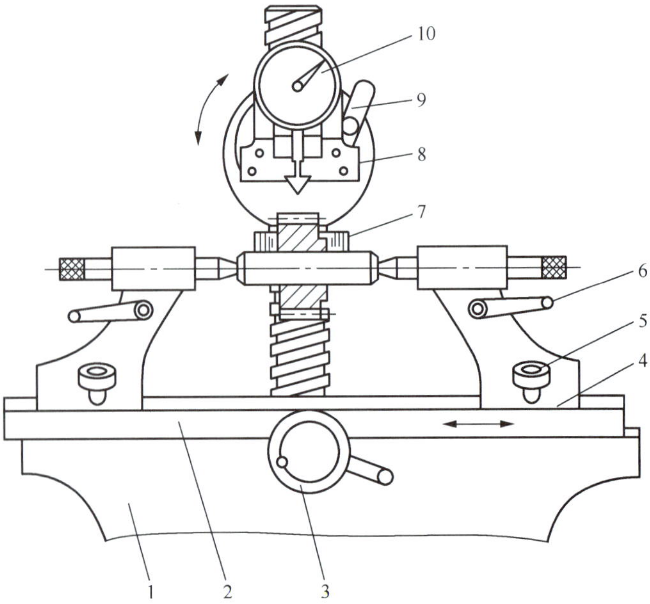

1—底座；2—滑板；3—纵向移动手轮；4—顶尖座；5—顶尖座锁紧手轮；6—顶尖锁紧手柄；7—升降螺母；8—指示表架；9—指示表提升手柄；10—指示表

图 4-79　径向跳动检查仪

测量头，其对应关系见表 4-44。

表 4-44　　测头推荐值

模数/mm	0.3	0.5	0.7	1	0.25	0.5	1.75	2	3	4	5
测量头直径/mm	0.5	0.8	1.2	1.7	2.1	2.5	2.9	3.3	5.0	6.7	8.3

为了使测量头球面在被测齿轮的分度圆附近与齿面接近，球形测头的直径应选取为

$$d_p \approx 1.68m$$

其中，d_p 为球形的测头直径；m 为齿轮模数。

测量时，将测量头放入齿间，逐齿测出径向的相对差值，在齿轮一圈中指示表读数最大的变动量，即为齿圈径向跳动量。径向跳动检查仪的测量原理如图 4-80 所示。

图 4-80　径向跳动检查仪的测量原理

2. 检测步骤

(1) 将被测齿轮套在心轴上，心轴装在仪器的两顶尖之间。心轴与顶尖间的松紧要适当，以能灵活转动而没有轴向窜动为宜。

(2) 根据被测齿轮模数选择适当的球形测头，并安装在指示表 10 的测量杆下端。

(3) 旋转纵向移动手轮 3，调整滑板 2 的位置，使指示器测量头位于齿轮宽的中部。调节升降螺母 7 和指示表提升手柄 9，使测量头位于齿槽内。调整指示表 10 的零位，然后开始测量。

(4) 逐齿测量，每测一齿，必须抬起指示表提升手柄 9，使指示表测量头离开齿间。测量一圈，记下指示表读数。

(5) 处理测量结果(其中最大读数与最小读数之差即为 ΔF_r)，根据齿轮的技术要求，查出齿圈径向跳动公差 F_r，并判断被测齿轮的合格性。

四、用万能测齿仪检测齿轮单个齿距偏差(Δf_p)及齿距累积总偏差(ΔF_p)

1. 计量器具及检测原理说明

单个齿距偏差 Δf_p 是指在分度圆上实际齿距与公称齿距之差。齿距累积总偏差 ΔF_p 是指分度圆上任意两个同侧齿面间的实际弧长与公称弧长的最大差值。添加齿轮齿距偏差 Δf_p 及从单个齿距累积误差 ΔF_p 通常用周节仪或万能测齿仪进行测量。本书采用万能测齿仪进行测量。齿距累积总偏差一般采用 2 种测量方法(相对法和绝对法)，本书采用相对法测量。

相对测量法是以被测齿轮上任一实际齿距作为基准，将仪器指示表调为零，然后沿整个齿圈依次测出其他实际齿距与作为基准的齿距的差值(称为相对齿距偏差)，经过数据处理求出 ΔF_p(同时也可求得齿距偏差 Δf_p)。

万能测齿仪是应用比较广泛的齿轮测量仪器，除测量圆柱齿轮的齿距、基节、齿圈径向跳动和齿厚外，还可以测量圆锥齿轮和蜗轮。其测量基准是内孔。如图 4-81(a)所示为万能测齿仪的外形图。弧形支架 7 上的顶针可装齿轮心轴，工作台支架 2 可以在水平面内做纵向和横向移动。工作台上的滑板 4 能够做径向移动，借助螺钉 3 可固定在任意位置上。松开螺钉 3，靠弹簧的作用，滑板 4 能匀速地移到测量位置，进行逐齿测量。滑板上的测量装置 5 上带有测量头和指示表 6。万能测齿仪的测量范围为模数 $m=0.5\sim10$ mm，最大直径为 150 mm，指示表的分度值 $i=0.001$ mm。

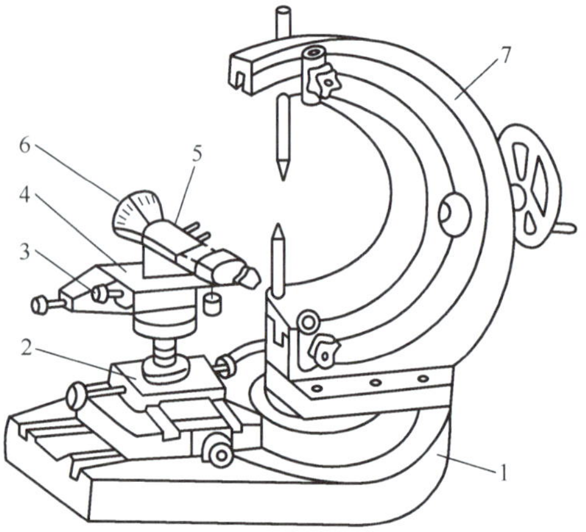

(a) 外形图

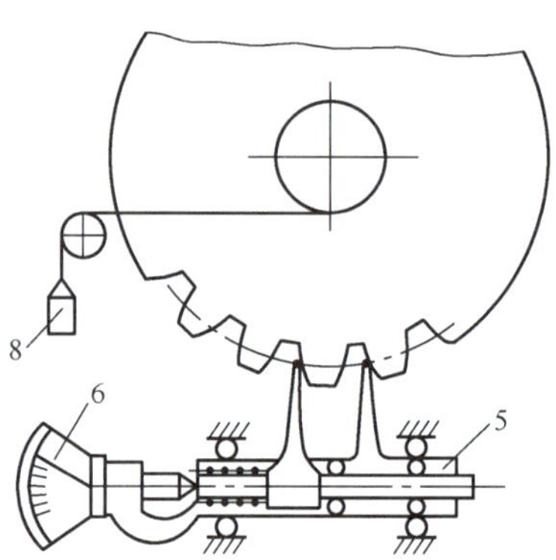

(b) 测量原理

1—底座；2—工作台支架；3—螺钉；4—滑板；5—测量装置；6—指示表；7—弧形支架；8—重锤

图 4-81　万能测齿仪

用万能测齿仪测量时，将套在心轴上的齿轮装在仪器上、下顶尖之间，调节测量滑架使活动测量头与固定测量头沿齿轮径向大致位于分度圆附近，将仪器指示表调零，重锤可以保证齿面和测头接触稳定可靠。测完一齿后，将测量滑架沿径向退出，使齿轮转过一齿后再进入齿间，直到测完一周后再测量基准齿，此时仪器指示表仍指在零。必须注意，由于重锤的作用，每次将测量滑架退出时要用手扶住齿轮，以免损坏测量头。

2. 检测步骤

(1) 将被测齿轮套到心轴上(无间隙)，并一起安装在仪器的两顶尖上。

(2) 调整仪器的工作台和测量装置，使两测头位于齿高中部的同一圆周上，与两相邻同侧齿面接触。在齿轮心轴上挂上重锤 8，产生重力，让齿面紧靠测量头。

(3) 以被测齿轮的任一齿距作为基准齿距，调整指示表的零位。然后将测量头退出并进入被测齿面，反复 3 次，以检查指示表的示值稳定性。

(4) 按顺序逐齿测量各个齿距，记下数据。

(5) 数据处理。齿距偏差和齿距累积误差可以用计算法或作图法确定。计算法较为方便常用，下面举例说明。为方便起见，可以列成表格形式(表 4-45)。将测得的齿距偏差记入表中第 2 列，对测得值按顺序逐齿累加，记入第 3 列。计算基准齿距对公称齿距的偏差。因为第一个齿距是任意选定的，假设它对公称齿距的偏差为 k，以后每测一齿都引入了该偏

差 k。k 值为各个齿距相对偏差的平均值，其计算公式为

$$k=\sum_{1}^{n}\Delta f_{\text{p相对}}/z=\frac{+5}{10}=+0.5\ \mu\text{m}$$

将第 2 列齿距相对偏差分别减去 k 值，记入第 4 列，其中最大的绝对值为该被测齿轮的齿距偏差，即

$$\Delta f_{\text{p}}=-4.5\ \mu\text{m}$$

将实际齿距偏差逐一累加，记入第 5 列，该列中最大值与最小值之差为被测齿轮的齿距累积误差，即

$$\Delta F_{\text{p}}=(+4)-(-4.5)=8.5\ \mu\text{m}$$

将根据计算确定的齿距偏差和齿距累积误差与被测齿轮所要求的相应极限偏差或公差值相比较，判断被测齿轮的合格性。

表 4-45　齿距偏差及齿距累积误差计算示例（齿数 $z=10$）　单位：μm

齿距序号	相对齿距偏差读数值 $\Delta f_{\text{p相对}}$	读数值累加 $\sum_{1}^{n}\Delta f_{\text{p相对}}$	齿距偏差 Δf_{p}	齿距累积总偏差 ΔF_{p}
1	0	0	−0.5	−0.5
2	+3	+3	+2.5	+2
3	+2	+5	+1.5	+3.5
4	+1	+6	+0.5	+4
5	−1	+5	−1.5	+2.5
6	−2	+3	−2.5	0
7	−4	−1	−4.5	−4.5
8	+2	+1	+1.5	−3
9	0	+1	+0.5	−3.5
10	+4	+5	+3.5	0

相对齿距偏差修正值 $k=\sum_{1}^{n}\Delta f_{\text{p相对}}/z=\frac{+5}{10}=+0.5\ \mu\text{m}$

测量结果：$\Delta F_{\text{p}}=(+4)-(-4.5)=8.5\ \mu\text{m}$；$\Delta f_{\text{p}}=-4.5\ \mu\text{m}$

五、用基节仪检测基节偏差（Δf_{pb}）

1. 计量器具及检测原理说明

基节偏差 Δf_{pb} 是指实际基节与公称基节之差，如图 4-82 所示。此基节不在基圆柱上测量，而是在基圆柱的切平面上测量。实际基节是指基圆柱切平面与两相邻同侧齿面交线

之间的法向距离，只能在两相邻齿面的重叠区内取得（图 4-82 所示 ϕ 角区内）。

公称基节在数值上等于基圆柱上的弧齿距 p_b。当压力角 $\alpha=20°$，齿轮模数为 m 时，有

$$p_b=\pi m\cos\alpha=2.952m$$

基节测量如图 4-83 所示，测量头 1 和 2 的工作面均面向齿轮，与相邻两齿面接触时两测量头之间的距离表示实际基节。另外，用等于公称基节的量块来校准，实测与校准 2 次在指示表上的读数之差即为基节偏差。

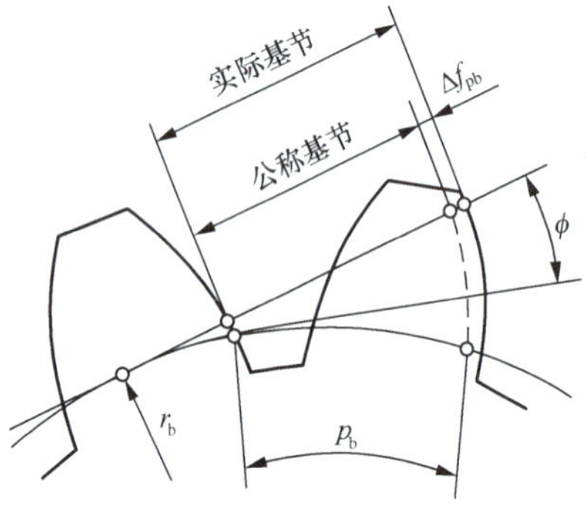

图 4-82　基节偏差

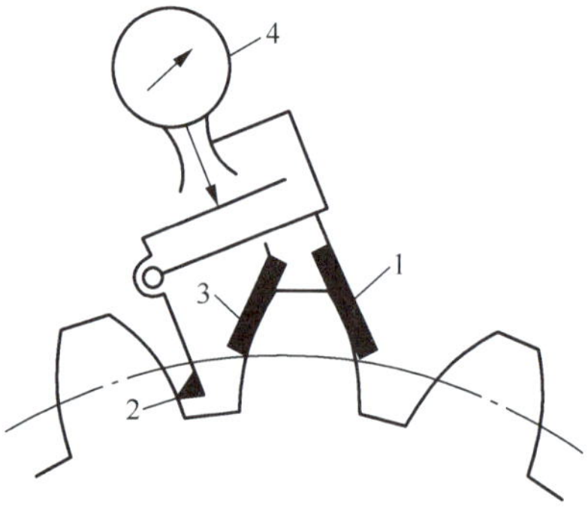

1,2—测头；3—定位头；4—指示表

图 4-83　基节测量

基节偏差的相对测量可用基节仪或万能测齿仪进行。基节仪有手持式和台式 2 种，如图 4-84 所示为手持切线接触式基节仪的 1 种。它利用基节仪与量块比较进行测量，其分度值为 0.001 mm，可测模数为 2～16 mm。

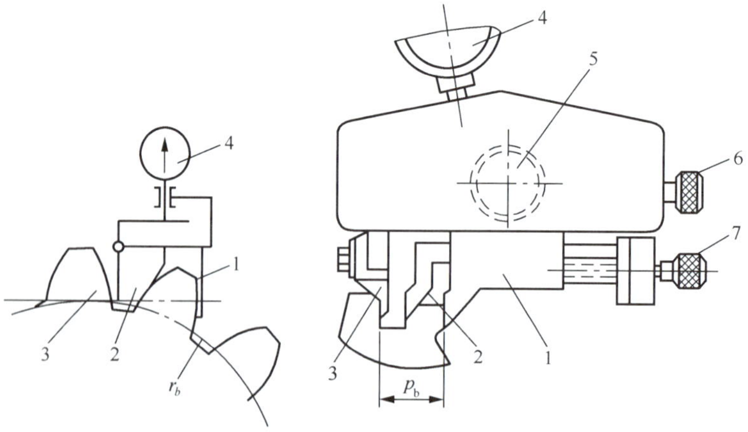

1—固定量爪；2—辅助支承爪；3—活动量爪；4—指示表；5—固定量爪锁紧螺钉；6—固定量爪调节螺钉；7—辅助支承爪调节螺钉

图 4-84　基节仪

2. 任务实施步骤

（1）按公式计算公称基节值。按计算出的公称基节值组合量块，将量块组放入块规座

内并锁紧，如图 4-85 所示。

(2) 借助块规座的组合量块，调整基节仪两量爪 1 和 3 的位置，使指示表指针在示值范围内对零。

(3) 将调好的仪器置于齿轮上，使固定量爪 1 在齿顶圆附近与齿廓相切，使活动量爪 3 在齿根圆附近与齿廓相切，并在两相邻齿面的重叠区内沿齿廓摆动，指示表的最小读数即为基节偏差值。

(4) 至少在齿轮每隔 120°的 3 个部位，在左右齿廓两边分别测量，取最大的正、负基节偏差各一个作为被测齿轮的基节偏差。

(5) 记录相关数据，判断该齿轮基节偏差的合格性。

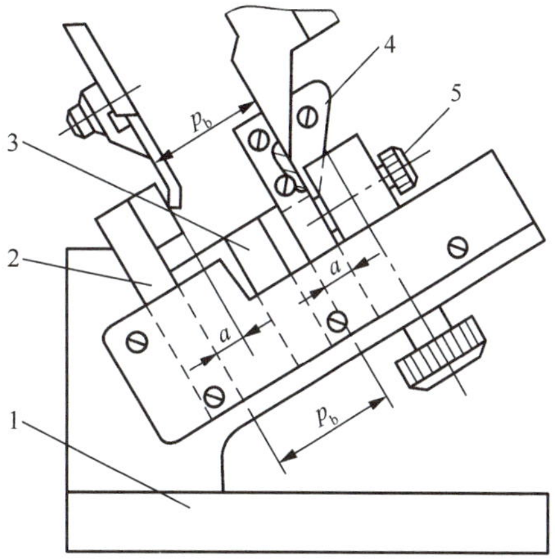

1—块规座；2，4—校对块；3—量块；5—固紧螺钉

图 4-85　块规座

六、用单盘式渐开线检查仪检测渐开线齿形误差(Δf_f)

1. 计量器具及检测原理说明

齿形误差 Δf_f 是指在齿形的工作部分内，包容实际齿形的两条设计齿形间的法向距离。如图 4-86 所示为单盘式渐开线检查仪的原理图。被测齿轮 2 和可换的基圆盘 1 装在同一心轴上。基圆盘直径要精确等于被测齿轮上的基圆直径，直尺 4 和基圆盘 1 以一定压力相接触。在滑板 7 上装有杠杆 5。它的测量头 3 与被测齿面接触。它们的接触点刚好调整在基圆盘 1 与直尺 4 相接触的平面上。杠杆 5 的另一端与指示表 8 接触。当基圆盘 1 与直尺 4 做无滑动的纯滚动时，测量头 3 相对于基圆盘 1 展示了理论上的渐开线。如果被测齿形与理论齿形不符合，则测量头 3 就会相对于直尺 4 产生偏移。这一微小的位移，通过杠杆 5 由指示表 8 读出数值，或由记录器 6 绘出相应的曲线。

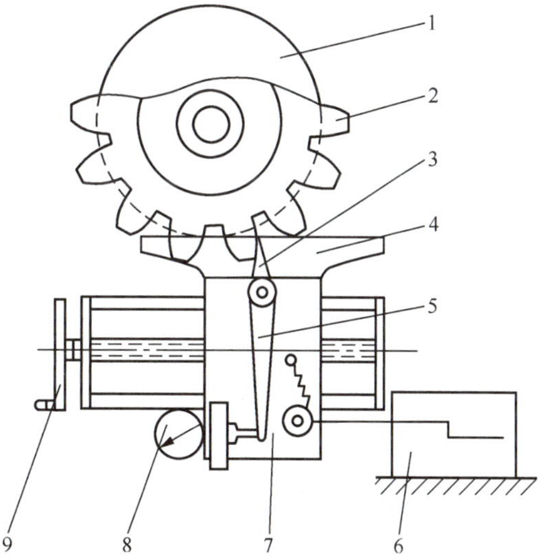

1—基圆盘；2—被测齿轮；3—测量头；4—直尺；5—杠杆；6—记录器；7—滑板；8—指示表；9—手轮

图 4-86　单盘式渐开线检查仪的原理图

如图 4-87 所示为单盘式渐开线检查仪的外形结构。在底座 2 上装有横向拖板 5。转动手轮 1 和 10，拖板 5 和 9 就分别在底座 2 的横向和纵向导轨上移动。在横向拖板 5 上装有直尺 7，在纵向拖板 9 的心轴上装有被测齿轮 12 和基圆盘 8(被测齿轮的标准基圆盘)。

在压缩弹簧的作用下，基圆盘 8 与直尺 7 紧密接触。在横向拖板 5 上还装有测量头 14，它的微小位移量可通过杠杆 4，由指示表 15 指示出来。测量齿形时的展开角由刻度盘 11 读出，直尺 7 还可借调节螺钉做相对于拖板 5 的微小移动。测量头 14 的位置由横向位置标志 3 粗略地指示出来。

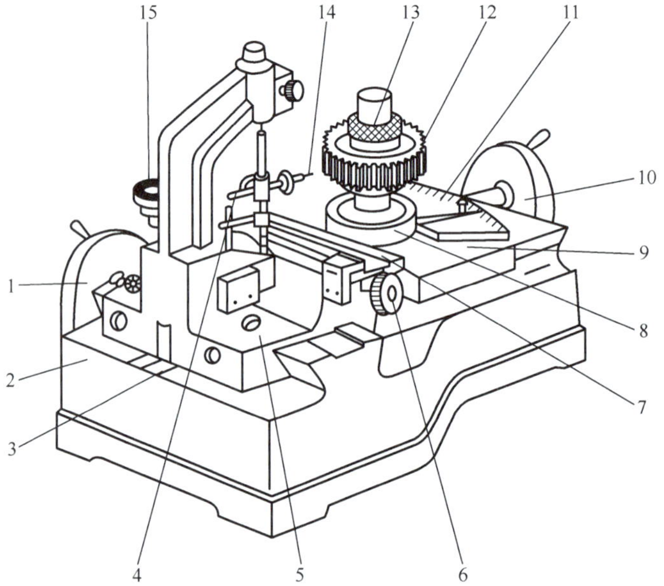

1，10—手轮；2—底座；3—横向位置标志；4—杠杆；5—横向拖板；6—调节螺钉；7—直尺；8—基圆盘；9—纵向拖板；11—刻度盘；12—被测齿轮；13—压紧螺母；14—测量头；15—指示表

图 4-87　单盘式渐开线检查仪的外形结构

2. 检测步骤

(1) 旋转手轮 1 来移动横向拖板 5，使杠杆 4 的摆动中心对准底座背面的横向位置标志 3。

(2) 调整测量头 14 端点，使其恰好位于直尺和基圆盘的相切平面上。调整时，在仪器的直尺和基圆盘之间夹紧一平面样板或长量块，调节测量头的端点使它正好与平面样板接触，并使刃口侧面大致处于垂直方向，然后拧紧锁紧螺母。

(3) 调整测量头的端点使它正好位于直尺的工作面与垂直于直尺工作面并通过基圆盘中心的法平面的交线上。调整时，将仪器上的展开角用夹子固定在刻度盘的零位上。将缺口样板装在仪器心轴上，使测量头的端点与缺口样板的缺口表面接触。旋转手轮 10，纵向移动缺口样板，若指示表的示值不变，即表示测量位于要求的位置上。如果指示表的示值有变动，则旋转手轮 10，使基圆盘与直尺相接触，并保持一定的压力。

(4) 取下缺口样板，旋转手轮 10，使直尺与基圆盘压紧。松开夹子，转动手轮 1，调整测量起始点的展开角，并记下刻度盘读数。

(5) 装上被测齿轮使测量头与被测齿面接触，用手微动齿轮，并使指示表上的示值再回到零位，再用压紧螺母 13 紧固被测齿轮。

(6) 旋转手轮 1，按实训报告给定的展开角间隔，从起测点至终测点记录指示表上的读数。在展开角内，千分表读数的最大值与最小值之差，即为所测齿轮的齿形误差。

(7) 在被测齿轮圆周上，每隔大约 90°位置选测一齿，每齿都测左、右齿廓，取其中的最大值作为该齿轮的齿形误差 Δf_f。

(8) 查出齿形公差 f_f，记录并处理的测量数据，判断被测齿轮的合格性。

任务小结

在齿轮传动中，根据不同的性能要求，应提出不同的检测项目，其中影响传递运动准确性的误差主要是齿轮的长周期误差，共有 5 项误差，即切向综合总偏差 F_{is}、齿距累积总偏差 F_p、齿距累积偏差 F_{pk}、齿圈径向跳动 F_r、径向综合偏差 F_{id}；影响传动平稳性的误差主要是短周期误差，共包括 5 项误差，即一齿切向综合偏差 f_{is}、一齿径向综合偏差 f_{id}、齿廓总偏差 F_α、基圆齿距偏差 f_{pb}、单个齿距偏差 f_{pt}；影响齿轮副侧隙偏差的指标主要有齿厚偏差 f_{sn}（上偏差 E_{sns}、下偏差 E_{sni} 和公差 T_{sn}）和公法线长度变动量 E_{bn}（上偏差 E_{bns}、下偏差 E_{bni}）；齿轮副的安装及传动误差应检验的项目主要有齿轮副的接触斑点、齿轮副的侧隙、齿轮副的中心距偏差 f_α，轴线的平行度偏差等。本任务针对各检测项目中主要因素进行检测，用双面啮合仪检测齿轮径向综合误差 ΔF_{id}；用齿厚游标卡尺测量齿厚偏差 Δf_{sn}；用公法线千分尺检测公法线平均长度偏差 ΔE_W 和公法线长度变动 ΔF_W；用径向跳动检查仪检测齿圈径向跳动误差 ΔF_r；用万能测齿仪检测齿轮齿距偏差 Δf_p 及齿距累积误差 ΔF_p；用基节仪检测基节偏差 Δf_{pb}；用单盘式渐开线检查仪检测渐开线齿形误差 Δf_f。

思考与练习

一、填空题

1. 影响传递运动准确性的误差主要是齿轮的长周期误差，共有 5 项误差，即________、________、________、________、________。

2. 影响传动平稳性的误差主要是短周期误差，共包括 5 项误差，即________、________、________、________、________。

3. 引起齿轮载荷分布均匀性偏差主要是螺旋线偏差，螺旋线偏差包括________和________。

4. 影响齿轮副侧隙偏差的指标主要有________和________。

5. 评定传递运动准确性指标中，可选用 1 个________指标，或 2 个________指标。

6. 表示传动平稳性的综合指标有________和________。

7. 齿圈径向跳动只反映________误差，采用这一指标必须与反映________误差的单项指标组合，才能评定传递运动准确性。

8. 载荷分布均匀性的评定指标是________。

9. 齿轮公法线长度变动 ΔF_w 是控制________的指标，公法线平均长度偏差 ΔF_{wn} 是控制齿轮副________的指标。

10. 齿轮副的侧隙可分为________和________2 种，保证侧隙（即最小侧隙）与齿轮的精度________（有关或无关）。

二、简答题

1. ΔF_{p} 是什么？它能反映影响齿轮传递运动准确性的什么误差？其与评定传递运动准确性的其他指标比较有何优缺点？

2. 接触斑点应在什么情况下检验才最能确切反映齿轮的载荷分布均匀性，影响接触斑点的因素有哪些？

3. 影响齿轮副侧隙大小的因素有哪些？

4. 测齿圈径向跳动时，为什么对不同模数的齿轮，要选用不同直径的球形测头？

5. 什么是齿轮的切向综合误差？它是哪几项误差的综合反映？

参考文献

[1] 徐茂功.公差配合与技术测量[M].4版.北京：机械工业出版社，2017.

[2] 刘霞.公差配合与测量技术[M].北京：机械工业出版社，2017.

[3] 黄云清.公差配合与测量技术[M].4版.北京：机械工业出版社，2019.

[4] 甘永立.几何量公差与检测[M].10版.上海：上海科学技术出版社，2013.